国家电网
STATE GRID

U0879976

电网企业专业技能考核题库

电力电缆安装运维工（输电）

国网宁夏电力有限公司　编

中国电力出版社
CHINA ELECTRIC POWER PRESS

内 容 提 要

本书编写依据国家职业技能鉴定、电力行业职业技能鉴定与国家电网有限公司技能等级评价（认定）相关制度、规范、标准，立足宁夏电网生产实际，融合新型电力系统构建及新时代技能人才发展目标要求。本书主要内容为电网企业技能人员技能等级认定与评价实操试题，包含技能笔答及技能操作两大部分，其中技能笔答主要以问答题形式命题，技能操作以任务书形式命题，均明确了各个环节的考核知识点、标准答案和评分标准。

本书为电网企业生产技能人员的培训教学用书，可供从事相应职业（工种）技能人员学习参考，也可作为电力职业院校教学参考书。

图书在版编目（CIP）数据

电力电缆安装运维工. 输电 / 国网宁夏电力有限公司编. —北京：中国电力出版社，2022.9
电网企业专业技能考核题库
ISBN 978-7-5198-6998-4

Ⅰ. ①电…　Ⅱ. ①国…　Ⅲ. ①输电线路–电力电缆–电缆敷设–鉴定–习题集　Ⅳ. ①TM757-44

中国版本图书馆 CIP 数据核字（2022）第 144290 号

出版发行：中国电力出版社
地　　址：北京市东城区北京站西街 19 号（邮政编码 100005）
网　　址：http://www.cepp.sgcc.com.cn
责任编辑：马　丹　马雪倩
责任校对：黄　蓓　王海南　朱丽芳
装帧设计：郝晓燕
责任印制：钱兴根

印　　刷：三河市百盛印装有限公司
版　　次：2022 年 9 月第一版
印　　次：2022 年 9 月北京第一次印刷
开　　本：889 毫米×1194 毫米　16 开本
印　　张：22.75
字　　数：652 千字
定　　价：88.00 元

《电网企业专业技能考核题库　电力电缆安装运维工（输电）》

编　委　会

《电网企业专业技能考核题库　电力电缆安装运维工（输电）》

编　写　组

主　　编　康文军

副 主 编　王　剑　李　虎　王海默

编写人员　曾　勇　伍　弘　赵志钰　徐兆国　马三龙

陈　瑞　陈剑涛　刘　欣　李润雨　房子祎

王晓伟　杜迎春　秦　钟

审稿人员　周宏文　刘世涛　陈　泓　杨新勇　郝金鹏

潘伟峰

前 言

国网宁夏电力有限公司以国家职业技能鉴定、电力行业职业技能鉴定与国家电网有限公司技能等级评价（认定）相关制度、规范、标准为依据，主要针对电网企业各类技能工种的初级工、中级工、高级工、技师、高级技师等人员，以专业操作技能为主线，立足宁夏电网生产实际，结合新型电力系统构建要求，编写了《电网企业专业技能考核题库》丛书。丛书在编写原则上，以职业能力建设为核心；在内容定位上，突出针对性和实用性，涵盖了国家电网有限公司相关政策、标准、规程、规定及现代电力系统新设备、新技术、新知识、新工艺等内容。

丛书的深度、广度遵循了“适应发展需求、立足实践应用”的工作思路，全面涵盖了国家电网有限公司技能等级评价（认定）内容，能够为国网宁夏电力有限公司实施技能等级评价（认定）专业技能考核命题提供依据，也可服务于同类电网企业技能人员能力水平的考核与认定。本套丛书可供电网企业技能人员学习参考，可作为电网企业生产技能人员的培训教学用书，也可作为电力职业院校教学参考用书。

由于时间和水平有限，难免存在疏漏之处，恳请各位专家和读者提出宝贵意见。

目　录

第一部分
初级工

第一章　电力电缆安装运维工（输电）初级工技能笔答

Jb0001532001　什么是电缆线路的回流线？（5 分）

考核知识点：电缆基础知识

难易度：中

标准答案：

单芯电缆金属屏蔽（金属套）单点互联接地时，为抑制单相接地故障电流形成的磁场对外界的影响和降低金属屏蔽（金属套）上的感应电压，沿电缆线路敷设一根阻抗较低的接地线。

Jb0001533002　决定电缆长期允许载流量的因素有哪些？（5 分）

考核知识点：电缆基础知识

难易度：难

标准答案：

（1）导体电阻。载流量与导体材料的电阻率的平方根成反比，与导体截面面积的平方根成正比。

（2）绝缘材料性能。载流量与绝缘材料的耐热性能、热阻和介质损耗角正切值有关。

（3）敷设环境，主要指周围环境温度、周围媒质热阻以及多根电缆并列对载流量的影响。

Jb0001531003　请说出 YJV30 电缆名称、特性及使用。（5 分）

考核知识点：电缆基础知识

难易度：易

标准答案：

该电缆为交联聚乙烯绝缘、铜芯、聚氯乙烯护套、裸细钢丝铠装电缆；用于室内、隧道内及矿井中，能承受机械外力作用，能承受相当拉力。

Jb0001532004　简述电力系统中一、二次系统的组成。（5 分）

考核知识点：电力系统

难易度：中

标准答案：

一次系统是指由发电机、送电线路、变压器、断路器等发电、输电、变电及配电等设备组成的系统。二次系统是由继电保护、安全自动控制、信号测量、仪表系统、通信及调度自动化等组成的系统。

Jb0001531005　电缆外护层具有的“三耐”“五护”功能是什么？（5 分）

考核知识点：电缆基础知识

难易度：易

标准答案：
（1）“三耐”是耐寒、耐热、耐油。
（2）“五护”是防潮、防雷、防鼠、防蚁、防腐蚀。

Jb0001532006　电缆护层的主要作用是什么？（5分）
考核知识点：电缆基础知识
难易度：中
标准答案：
电缆护层的主要作用是保护电缆绝缘不受水分、潮气及其他有害物质侵入，承受敷设条件下的机械外力，使电缆不受机械损伤和各种环境因素影响，确保电缆绝缘的电气性能在正常使用寿命期内长期稳定。

Jb0001531007　电力电缆线路在什么条件才能达到并维持热稳定工作状态？（5分）
考核知识点：电缆基础知识
难易度：易
标准答案：
（1）电缆通过周围媒质向外散发的热量大于或等于电缆各部分所发出的热量之和。
（2）电缆散热量随温度的变化率大于电缆发热量随温度的变化率。

Jb0001531008　YJQ43是什么电缆的型号？这种电缆适用于什么敷设环境？（5分）
考核知识点：电缆基础知识
难易度：易
标准答案：
YJQ43这一型号所表示的电缆是，交联聚乙烯绝缘铜芯铅包粗圆钢丝铠装聚乙烯外护套电缆。这种电缆适合用于水底敷设，能承受较大拉力。

Jb0001531009　请说明交联聚乙烯电缆中“交联”一词的含义。（5分）
考核知识点：电缆基础知识
难易度：易
标准答案：
“交联”是一种化学反应的术语，交联聚乙烯是由聚乙烯经过交联反应而产生的，即采用物理或化学方法，将聚乙烯分子从线型或支链型结构经交联反应成三维网状结构的交联聚乙烯大分子。

Jb0001533010　电力电缆的绝缘层材料应具备哪些主要性能？（5分）
考核知识点：电缆基础知识
难易度：难
标准答案：
（1）高的击穿强度。
（2）低的介质损耗。
（3）相当高的绝缘电阻。
（4）优良的耐放电性能。

（5）具有一定的柔软性和机械强度。
（6）绝缘性能长期稳定。

Jb0001531011　电力系统运行应满足哪些基本要求？（5分）
考核知识点：电力系统
难易度：易
标准答案：
（1）保证供电的可靠性。
（2）保证良好的电能质量。
（3）保证供电的经济性。

Jb0001531012　什么叫边缘效应或尖端效应？（5分）
考核知识点：电工基础
难易度：易
标准答案：
导体表面的电场强度与其表面电荷密度成正比；在导体边缘或尖端由于曲率半径最小，表面电荷密度最大，电场强度高，容易发生局部放电，这种现象称为边缘效应或尖端效应。

Jb0001531013　电力电缆主要由哪四部分组成？（5分）
考核知识点：电缆基础知识
难易度：易
标准答案：
主要由线芯、绝缘层、屏蔽层和保护层四部分组成。

Jb0001531014　简述电力电缆线芯的材料要求？（5分）
考核知识点：电缆基础知识
难易度：易
标准答案：
（1）导电性能好。
（2）机械性能优良。
（3）资源丰富。

Jb0001531015　充油电缆用的绝缘油有什么特性？（5分）
考核知识点：电缆基础知识
难易度：易
标准答案：
（1）黏度低、流动性好。
（2）击穿强度高，介损小。
（3）具有良好的吸气性能。

Jb0001531016　简述CYZQ202电缆的结构。（5分）
考核知识点：电缆基础知识

难易度：易

标准答案：

铜芯、纸绝缘、铅包、钢带径向加强、无铠装、聚氯乙烯护套充油电缆。

Jb0001531017 简述电力电缆绝缘层作用。（5 分）

考核知识点：电缆基础知识

难易度：易

标准答案：

电缆绝缘层是将线芯与大地以及不同相的线芯间在电气上彼此隔离，从而保证电能输送。

Jb0001531018 什么是电力电缆的介质损耗？（5 分）

考核知识点：电缆基础知识

难易度：易

标准答案：

绝缘介质处于交流电场中，绝缘层中将会有泄漏电流通过，使绝缘层（介质）发热，这部分损耗即为介质损耗。

Jb0001531019 用于电力电缆的塑料绝缘主要有哪几类？（5 分）

考核知识点：电缆基础知识

难易度：易

标准答案：

聚氯乙烯电力电缆，简称 PVC 电缆；聚乙烯电力电缆，简称 PE 电缆；交联聚乙烯电力电缆，简称 XLPE 电缆。

Jb0001531020 简述 110kV 电缆护层保护器的作用。（5 分）

考核知识点：电缆基础知识

难易度：易

标准答案：

系统过电压时，电缆金属护套开路端会出现很高的过电压。为防止护层绝缘击穿，开路端需装设护层保护器，以降低电缆护层绝缘所承受的过电压。

Jb0001531021 简述型号为 YJLW02－1×400 电缆的数字和字母表示的含义。（5 分）

考核知识点：电缆基础知识

难易度：易

标准答案：

表示铜芯、交联聚乙烯绝缘、皱纹铝包、无铠装、聚氯乙烯外护套、导线截面为 $400mm^2$ 的单芯电缆电缆。

Jb0001531022 简述电缆导体屏蔽层的作用。（5 分）

考核知识点：电缆基础知识

难易度：易

标准答案：

屏蔽层的作用是消除导体表面的不光滑（多股导线绞合会产生的尖端）所引起导体表面电场强度的增加，使绝缘层和电缆导体有较好的接触。

Jb0001532023　遇到电气设备着火时，应怎么办？（5分）

考核知识点：安全要求

难易度：中

标准答案：

遇到电气设备着火时应立即将有关设备的电源切断，然后进行救火。对带电设备应使用干式灭火器、二氧化碳灭火器等灭火，不得使用泡沫灭火器灭火。对注油设备应使用泡沫灭火器或干燥沙子灭火。电厂和变电站控制室内应备有防毒面具，防毒面具要按规定使用，并定期进行试验，使其经常处于良好状态。

Jb0001531024　什么是交流电和正弦交流电？（5分）

考核知识点：电工基础

难易度：易

标准答案：

大小和方向随时间作有规律变化的电压和电流称为交流电。正弦交流电是随时间按照正弦函数规律变化的电压和电流。

Jb0001531025　什么是全电路欧姆定律？（5分）

考核知识点：电工基础

难易度：易

标准答案：

全电路欧姆定律是：在闭合电路中的电流与电源电压成正比，与全电路中总电阻成反比。用公式表示为：$I=E/(R+R_i)$。

Jb0001531026　低压电缆为什么要有中性线？（5分）

考核知识点：电缆基础知识

难易度：易

标准答案：

（1）保护接地。

（2）通过不平衡电流。

Jb0001531027　请说出YJV电缆名称、特性及使用范围。（5分）

考核知识点：电缆基础知识

难易度：易

标准答案：

（1）该电缆为交联乙烯绝缘、铜芯、聚氯乙烯护套、裸细钢丝铠装电缆。

（2）用于室内、隧道内及矿井中，能承受机械外力作用，能承受相当拉力。

Jb0001531028　什么是电气主接线？（5分）

考核知识点：电力系统

难易度：易

标准答案：

电气主接线是发电厂或变电站中，主要电气设备和母线的连接方式。包括主母线和厂（所）用电系统按一定的功能要求的连接方式。

Jb0001532029　为什么电力电缆要焊接地线？（5分）

考核知识点：电缆基础知识

难易度：中

标准答案：

（1）由于电缆的金属护套与线芯是绝缘的，当电缆发生绝缘击穿或线芯中流过较大故障电流时，金属护套的感应电可能使得内衬层击穿，引起电弧，直到将金属护套烧熔成洞。

（2）为了消除这种危害，必须将金属护套、铠装层、电缆头保护壳和法兰支架等用导线与接地网连通。

Jb0001532030　交联聚乙烯绝缘电缆内半导体屏蔽层有何作用？（5分）

考核知识点：电缆基础知识

难易度：中

标准答案：

（1）线芯表面采用半导电屏蔽层可以均匀线芯表面不均匀电势的作用。

（2）防止内屏蔽与绝缘层间接触不紧而产生气隙，提高电缆起始放电电压。

（3）抑制电树或水树生长。

（4）通过半导体屏蔽层热阻的分温作用，使主绝缘温升下降，起到热屏蔽作用。

Jb0001531031　施行人工呼吸法前应做哪些准备工作？（5分）

考核知识点：安全要求

难易度：易

标准答案：

（1）检查口鼻中有无异物堵住，如有痰、鼻涕、脱落的假牙、血块黏液等应先迅速除掉，以免妨碍呼吸。

（2）解衣扣，松裤带，摘假牙等。

Jb0001532032　交联聚乙烯电缆内半导体层、绝缘层和外半导电层同进挤出工艺的优点是什么？（5分）

考核知识点：电缆基础知识

难易度：中

标准答案：

（1）可以防止主绝缘与半导体屏蔽以及主绝缘与绝缘屏蔽之间引入外界杂质。

（2）在制造过程中防止导体屏蔽的主绝缘发生意外的损伤，防止半导电层的损伤而引起的实判效应。

（3）由于内外屏蔽与主绝缘紧密结合，提高了起始游离放电电压。

Jb0001532033　基尔霍夫第一定律的基本内容是什么？（5分）

考核知识点： 电工基础

难易度： 中

标准答案：

基本内容是研究电路中各支路电流之间的关系。电路中任何一个节点（2个以上的支路连接点叫节点）的电流其代数和为零，其数学表达式为$\Sigma I = 0$规定一般取流入节点的电流为正，流出节点的电流为负。

Jb0001532034　基尔霍夫第二定律的基本内容是什么？（5分）

考核知识点： 电工基础

难易度： 中

标准答案：

基本内容是研究回路中各部分电压之间的关系。对于电路中任何一个闭合回路内，各段电压的代数和为零。规定电压方向与绕行方向一致者为正，相反取负。其数学表达式为$\Sigma U = 0$，或$\Sigma E = \Sigma IR$即任一闭合回路中各电阻元件上的电压降代数和等于电动势代数和。

Jb0001531035　简述型号为YJLW02－110－1×800电缆的数字和字母表示的含义。（5分）

考核知识点： 电缆基础知识

难易度： 易

标准答案：

表示铜芯、交联聚乙烯绝缘、皱纹铝包、无铠装、聚氯乙烯外护套、额定电压110kV、导线截面面积为800mm^{2}的单芯电缆。

Jb0001531036　触电时对人体伤害的严重程度与哪些因素有关？其中最主要的因素是什么？（5分）

考核知识点： 安全要求

难易度： 易

标准答案：

（1）与流过人体电流的大小及频率、电流通过人体的持续时间，电流通过人体的路径以及人体的健康状况等因素有关。

（2）其中最主要因素是流过人体电流的大小。

Jb0001531037　目前电缆产品中广泛使用的绝缘材料的种类有哪些？（5分）

考核知识点： 电缆基础知识

难易度： 易

标准答案：

（1）油浸纸绝缘电缆。

（2）橡胶绝缘电缆。

（3）聚氯乙烯绝缘电缆。

（4）聚乙烯绝缘电缆。

（5）交联聚乙烯电缆。

Jb0001532038 NH－YJY－8.7/10kV 电缆表示它是什么结构？主要用于什么地方？（5 分）

考核知识点：电缆基础知识

难易度：中

标准答案：

（1）它是交联聚乙烯或硅烷交联乙烯纤维云母复合绝缘耐火电力电缆。

（2）用于石油、化工、冶金、发电厂、输变电工程、高层建筑、地铁、通信站、核工、军工、航空、隧道、高科研、消防系统等地方。

Jb0001532039 环境温度在 60℃或 100℃以上，选用哪些电缆合适？（5 分）

考核知识点：电缆基础知识

难易度：中

标准答案：

（1）60℃以上高温场所，应按经受高温及其持续时间和绝缘型类要求，选用耐热聚氯乙烯、普通交联聚乙烯、辐射式交联聚乙烯或乙丙橡皮绝缘等适合的耐热型电缆。

（2）100℃以上高温环境，宜采用矿物油绝缘电缆。

Jb0001531040 试说 5 种常用绳结。（5 分）

考核知识点：生产基本技能

难易度：易

标准答案：

常用绳结有平扣、活结、猪蹄扣、抬扣、拴马扣、水手扣、瓶扣、吊物扣、倒物扣、背扣。

Jb0001531041 内护套的作用和要求有哪些？（5 分）

考核知识点：电缆基础知识

难易度：易

标准答案：

（1）内护套的作用是密封和防腐。

（2）内护套的要求有：① 应采用密封性好、不透气、耐热、耐寒、耐腐蚀材料；② 要有一定机械强度，且柔软又可多次弯曲，容易制造和资源多的材料。

Jb0001531042 高压和超高压电力电缆标称截面面积一般分为哪几种？（5 分）

考核知识点：电缆基础知识

难易度：易

标准答案：

一般分为 240、300、400、500、630、800、1000、1200、1600、2000、2500mm^2，共 11 种。

Jb0001531043 电力电缆导体芯数有几种？（5 分）

考核知识点：电缆基础知识

难易度：易

标准答案：

电力电缆导体芯数有单芯、二芯、三芯、四芯、五芯。

Jb0001531044　常用的电缆按用途可分为哪几种？（5分）

考核知识点：电缆基础知识

难易度：易

标准答案：

常用电缆按用途可分为电力电缆、控制电缆、通信电缆、射频电缆、定温电缆、温控电缆。

Jb0001531045　110kV以上的电缆有哪些？（5分）

考核知识点：电缆基础知识

难易度：易

标准答案：

110kV以上的电缆有自容式充油电缆、钢管充油电缆、充气电缆以及塑料绝缘电缆。

Jb0001531046　什么叫电路？它由什么组成？（5分）

考核知识点：电工基础

难易度：易

标准答案：

（1）电流流通的闭合路径叫电路。

（2）电路由电源、负载、开关（控制器装置）以及连接它们的导体组成。

Jb0001531047　什么叫直流电流？什么叫脉动电流？什么叫交流电流？（5分）

考核知识点：电工基础

难易度：易

标准答案：

（1）如果电流的大小和方向都不随时间变化，则称为直流电流。

（2）如果电流的大小随时间发生变化而方向不变，则称为脉动电流。

（3）如果电流的大小和方向均随时间变化，则称为交流电流。

Jb0001531048　什么叫交流电的周期、频率？（5分）

考核知识点：电工基础

难易度：易

标准答案：

（1）交流电从某一瞬时值起，经过一个循环变化又全达到同样的瞬间时值，其间隔的时间叫作周期。用字母T表示，单位为秒。

（2）交流电每秒钟变化的周期叫作频率。用字母f表示，单位为赫兹（Hz），显然，周期与频率互为倒数。$T=1/f$或$f=1/T$。

Jb0001531049　什么叫工频交流电？（5分）

考核知识点：电工基础

难易度：易

标准答案：

电压与电流随时间按正弦函数变化，频率为50Hz或周期为0.02s的交流电，称为工频交流电。

Jb0001531050 什么是交流电三要素？（5分）

考核知识点：电工基础

难易度：易

标准答案：

频率、幅值、初相位被称为正弦交流电的三要素。

Jb0001532051 简述中性点、零点、中性线、零线的含义。（5分）

考核知识点：电工基础

难易度：中

标准答案：

（1）中性点是指发电机或变压器的三相电源绕组连成星形时三相绕组的公共点。

（2）零点是指接地的中性点。

（3）中性线是指从中性点引出的导线。

（4）零线是指从零点引出的导线。

Jb0001531052 什么叫电晕？（5分）

考核知识点：电工基础

难易度：易

标准答案：

当带电体表面的电场大得足以使空气发生游离和局部放电，称为电晕。

Jb0001531053 什么叫击穿？（5分）

考核知识点：电工基础

难易度：易

标准答案：

绝缘材料在电压的作用下，丧失了绝缘性能而产生贯穿性的导通或破坏，称为击穿。击穿的原因是电场与热共同作用的结果。

Jb0001531054 什么叫闪络？（5分）

考核知识点：电工基础

难易度：易

标准答案：

固体绝缘周围的空气，在电场作用下发生的放电现象，称为闪络。

Jb0001531055 目前电力系统内主要使用什么形式的高压电力电缆？简述该电缆的优点。（5分）

考核知识点：电缆基础知识

难易度：易

标准答案：

（1）电力系统主要使用交联聚乙烯绝缘电缆。

（2）电缆优点是：结构和工艺合理、电气性能优良、运行安全可靠。

Jb0001531056　什么叫绝缘电阻？（5 分）

考核知识点：电工基础

难易度：易

标准答案：

不同的绝缘材料放在两个电极之间，在相同电压作用下，流过的泄漏电流也不同，反映出绝缘材料有不同的电阻，此电阻称为绝缘电阻。

Jb0001521057　人体对电场的感知水平是多少？（5 分）

考核知识点：电工基础

难易度：易

标准答案：

经过反复测试证明：当人体所处的电场达到 240kV/m 时，裸露的皮肤上首先开始感觉到有微风拂过，故现在普遍把 240kV/m 这个临界场强作为人体对电场的感知水平。

Jb0001521058　确保带电作业人员安全的基本条件是什么？（5 分）

考核知识点：安全要求

难易度：易

标准答案：

（1）流经人体的电流不超过人体感知水平 1mA。

（2）人体体表电场强度不超过人体感知水平 240kV/m。

（3）人体周围的起隔离作用的各种介质有充分的绝缘强度，在可能的过电压下不发生闪络与击穿。

Jb0001532059　简述电缆主绝缘的作用。（5 分）

考核知识点：电缆基础知识

难易度：中

标准答案：

电缆主绝缘是包覆在导线外围四周起着电绝缘作用的构件。电缆绝缘层能确保传输的电流或电磁波、光波只沿着导线行进而不流向外面，导体上具有的电位能被隔绝。即既要保证导线的正常传输功能，又要确保外界物体和人身的安全。

Jb0001532060　简述电缆内护套和外护套的作用。（5 分）

考核知识点：电缆基础知识

难易度：中

标准答案：

电线电缆内护套层的作用是使绝缘层不会与水、空气或其他物体接触，防止绝缘受潮和绝缘层不受机械伤害。电缆外护套的主要作用是加强绝缘性能，同时保护电缆不受机械损伤。

Jb0001531061　电缆的基本结构是什么？（5 分）

考核知识点：电缆基础知识

难易度：易

标准答案：

电缆的基本结构是导体、绝缘层、护层这三部分。

Jb0001532062　简述接地箱的定义。（5 分）

考核知识点：电缆基础知识

难易度：中

标准答案：

用于单芯电缆线路中，为降低电缆护层感应电压，将电缆的金属屏蔽（金属套）直接连接或者通过过电压限制器后接地的装置，有电缆护层直接接地箱、电缆护层保护接地箱两种，其中电缆护层保护接地箱中装有护层过电压限制器。

Jb0001532063　与架空线路相比，电缆线路具有哪些优点？（5 分）

考核知识点：电缆基础知识

难易度：中

标准答案：

（1）电缆线路能适应各种敷设环境，敷设在地下，基本上不占用地面空间，同一地下电缆通道，可以容纳多回电缆线路。

（2）电缆线路供电可靠性较高，对人身比较安全。自然因素（如风雨、雷电、盐雾、污秽等）和周围环境对电缆影响很小。

（3）在城市电网中电缆隐蔽于地下能满足美化市容的需要。

（4）电缆线路运行维护费用小。

（5）电缆的电容能改善电力系统功率因数，有利于降低供电成本。

Jb0001531064　什么是电缆绝缘老化？（5 分）

考核知识点：电缆基础知识

难易度：易

标准答案：

电缆绝缘长期在电和热的作用下运行，其物理性能会发生变化，导致其绝缘强度降低或介质损耗增长而最终引起绝缘崩溃，称为绝缘老化。

Jb0001532065　电缆腐蚀的基本概念及类型分类？（5 分）

考核知识点：电缆基础知识

难易度：中

标准答案：

（1）电缆的腐蚀一般是指电缆的金属护套（铅或铝）遭受腐蚀。

（2）就电缆腐蚀的类型来分，可分为化学腐蚀和电解腐蚀。

Jb0001531066　电缆采用铅做护套材料的优点有哪些？（5 分）

考核知识点：电缆基础知识

难易度：易

标准答案：

电缆采用铅做护套材料的优点有：

（1）密封性好。
（2）熔化点低。
（3）韧性好，不影响电缆的可曲性。
（4）耐腐蚀性比一般金属好。

Jb0001532067　电缆清册的内容及电缆编号的含义是什么？（5分）
考核知识点：电缆基础知识
难易度：中
标准答案：
电缆清册是施放电缆和指导施工的依据，运行维护的档案资料，应列入每根电缆的编号、起始点、型号、规格、长度，并分类统计出总长度，控制电缆还应列出每根电缆的备用芯。电缆编号是识别电缆的标志，故要求全厂编号不重复，并且有一定的含义和规律，能表达电缆的特征。

Jb0001531068　选择电力电缆的截面应从哪几个方面考虑？（5分）
考核知识点：电缆基础知识
难易度：易
标准答案：
（1）电缆长期允许通过的工作电流。
（2）短路时的热稳定性。
（3）线路上的电压降不能超出允许工作范围。

Jb0001531069　根据《电业生产安全规定》，电气工作人员必须具备的条件是什么？（5分）
考核知识点：安全要求
难易度：易
标准答案：
（1）经医生鉴定身体健康，无妨碍工作的病症（体格检查每两年至少一次）。
（2）具备必要的电气知识和业务技能，且按工作性质掌握相关的规程，并经考试合格。
（3）具备必要的安全生产之知识，学会紧急救护法，特别要学会触电急救方法。

Jb0001531070　如何对触电者进行紧急救护？（5分）
考核知识点：安全要求
难易度：易
标准答案：
首先迅速脱离电源；其次现场就地急救，应争分夺秒。如果被救护者心跳和呼吸都已停止、失去知觉时，立即就地迅速用心肺复苏法抢救，采取口对口人工呼吸和人工胸外挤压两种急救方法同时进行。如果现场只有 1 人抢救时，可交替使用这两种办法，先行口对口吹气 2 次，再进行心脏按压 15 次，如此循环连续操作，直到救活为止，在保证急救的同时应设法通知医生。

Jb0001531071　扑灭电气火灾时应注意哪些？（5分）
考核知识点：安全要求
难易度：易

标准答案：

（1）切断电源，火灾现场尚未停电时，应设法先切断电源。

（2）防止触电，人身与带电体之间保持必要的安全距离，电压110kV及以下者不应小于3m，220kV及以上者不应小于5m。

（3）泡沫灭火器不宜用于带电灭火。

Jb0001531072　怎样使用手提式干粉灭火器？（5分）

考核知识点：安全要求

难易度：易

标准答案：

先打开喷嘴盖，拔出保险销，提起灭火器，然后一只手握住喷粉管，把喷嘴对准火焰根部，另一只手按下压把，由近到远，左右横扫，迅速向前推进，注意不要使火焰蹿回，以防复燃。

Jb0001531073　在电力线路上工作，保证安全的组织措施应包括哪些内容？（5分）

考核知识点：安全要求

难易度：易

标准答案：

（1）现场勘察制度。

（2）工作票制度。

（3）工作许可制度。

（4）工作监护制度。

（5）工作间断制度。

（6）工作终结和恢复送电制度。

Jb0001531074　填用第一种工作票的工作有哪些？（5分）

考核知识点：安全要求

难易度：易

标准答案：

在停电的线路或同杆（塔）架设多回线路中的部分停电线路上的工作；在停电的配电设备上的工作；高压电力电缆需要停电的工作；在直流线路停电时的工作；在直流接地极线路或接地极上的工作。

Jb0001531075　在电力线路上工作，保证安全的技术措施有哪些？（5分）

考核知识点：安全要求

难易度：易

标准答案：

保证安全的技术措施有停电；验电；接地；使用个人保安线；悬挂标示牌和装设遮栏（围栏）。

Jb0001531076　电力电缆工作的基本要求有哪些？（5分）

考核知识点：安全要求

难易度：易

标准答案：

（1）工作前应详细核对电缆标志牌的名称与工作票所填写的相符，安全措施正确可靠后，方可开始工作。

（2）填用电力电缆第一种工作票的工作应经调控人员许可。填用电力电缆第二种工作票的工作可不经调控人员许可。若进入变、配电站、发电厂工作，都应经运维人员许可。

（3）电力电缆设备的标志牌要与电网系统图、电缆走向图和电缆资料的名称一致。

（4）变、配电站的钥匙与电力电缆附属设施的钥匙应专人严格保管，使用时要登记。

Jb0001531077　脱离电源后，触电伤员如意识丧失，应在开放气道后 10s 内用哪些方法判定伤员有无呼吸？（5 分）

考核知识点：安全要求

难易度：易

标准答案：

脱离电源后，触电伤员如意识丧失，应在开放气道后 10s 内用看、听、试的方法判定伤员有无呼吸。

（1）看：看伤员的胸、腹壁有无呼吸起伏动作。

（2）听：用耳贴近伤员的口鼻处，听有无呼气声音。

（3）试：用颜面部的感觉测试口鼻部有无呼气气流。

Jb0001531078　哪些安全工器具应进行试验？（5 分）

考核知识点：安全要求

难易度：易

标准答案：

（1）规程要求进行试验的安全工器具。

（2）新购置和自制的安全工器具。

（3）检修后或关键零部件经过更换的安全工器具。

（4）对安全工器具的机械、绝缘性能产生疑问或发现缺陷时。

Jb0001531079　工作终结报告应包含哪些内容？（5 分）

考核知识点：安全要求

难易度：易

标准答案：

工作终结的报告应简明扼要，并包括下列内容：工作负责人姓名，某线路上某处（说明起止杆塔号、分支线名称等）工作已经完工，设备改动情况，工作地点所挂的接地线、个人保安线已全部拆除，线路上已无本班组作业人员和遗留物，可以送电。

Jb0001531080　若工作期间工作负责人必须长时间离开工作现场时，有何规定？（5 分）

考核知识点：安全要求

难易度：易

标准答案：

应由原工作票签发人变更工作负责人，履行变更手续，并告知全体工作人员及工作许可人。原、现工作负责人应做好必要的交接。

Jb0001531081　工作票签发人的安全责任有哪些？（5分）

考核知识点：安全要求

难易度：易

标准答案：

（1）确认工作必要性和安全性。

（2）确认工作票上所填安全措施是否正确完备。

（3）确认所派工作负责人和工作班人员是否适当和充足。

Jb0001522082　画出图 Jb0001522082 所示电路图中 a、b 间的等效电阻。（5分）

考核知识点：电工基础

难易度：中

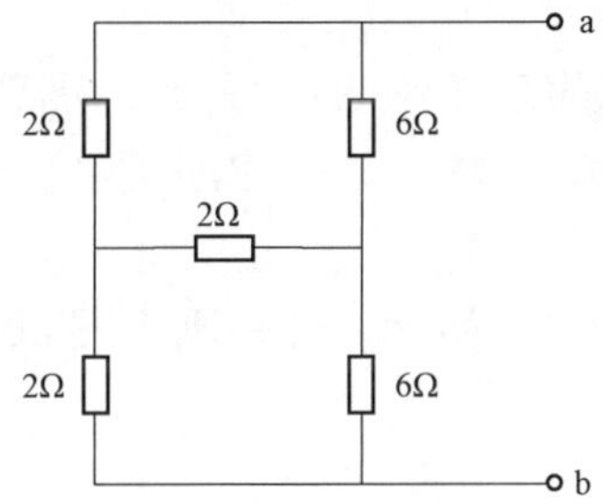

图 Jb0001522082－1

标准答案：

由图 Jb0001522082－1 转化为图 Jb0001522082－2（a）转化为图 Jb0001522082－2（b），最终等效电阻如图 Jb0001522082－2（c）所示。

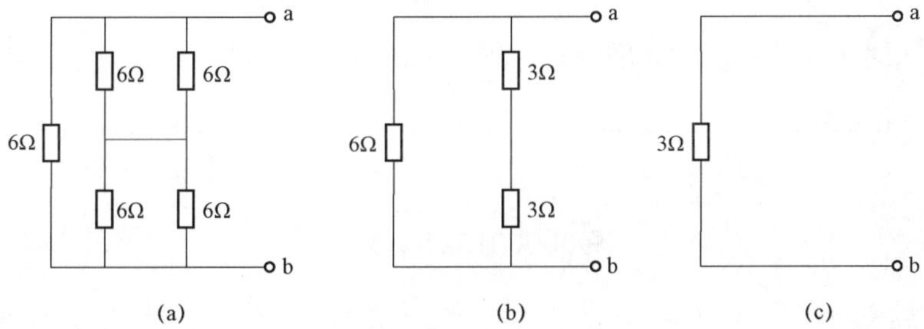

图 Jb0001522082－2

Jb0001521083　如图 Jb0001521083 所示，标出三芯交联聚乙烯电缆结构的各部分名称。（5分）

考核知识点：电缆基础知识

难易度：易

标准答案：

1—导体；2—绝缘层；3—半导体屏蔽层；4—填料；5—铜带屏蔽；6—挤塑护套；7—铠装层；8—沥青黄麻层。

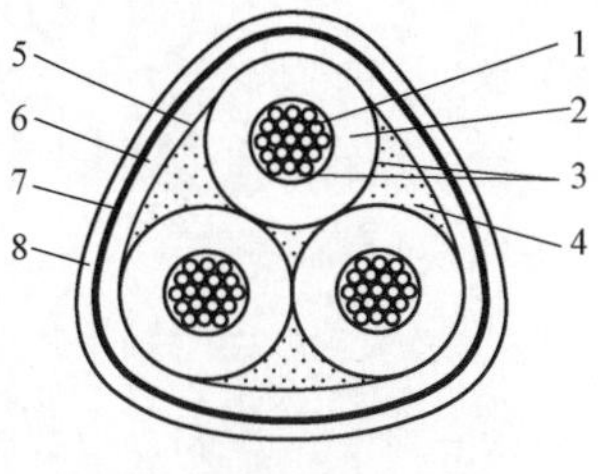

图 Jb0001521083

Jb0001521084　如图 Jb0001521084 所示，标出交联聚乙烯电缆断面结构各部分名称。（5分）

考核知识点：电缆基础知识

难易度： 易

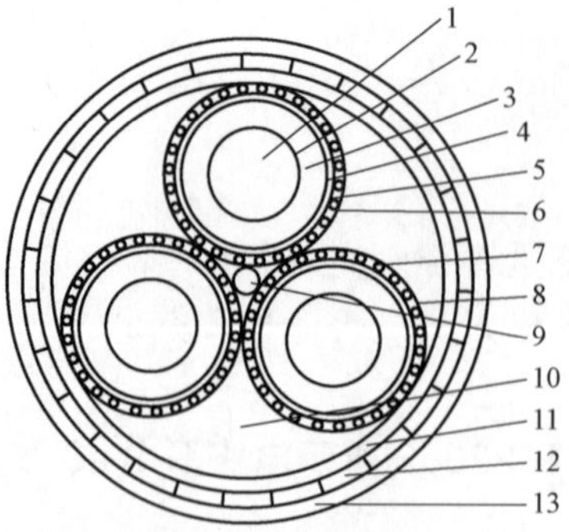

图 Jb0001521084

标准答案：

1—线芯；2—线芯屏蔽；3—交联聚乙烯绝缘；4—绝缘屏蔽；5—保护带；6—铜丝屏蔽；7—螺旋钢带；8—塑料带；9—中心填芯；10—填料；11—内护层；12—铠装层；13—外护层。

Jb0001521085　如图 Jb0001521085 所示，分别画出图 Jb0001521085－1（a）、（b）相应简化的等效电路图。（5 分）

考核知识点： 电工基础

难易度： 易

标准答案：

等效电路图如图 Jb0001521085－2 所示。

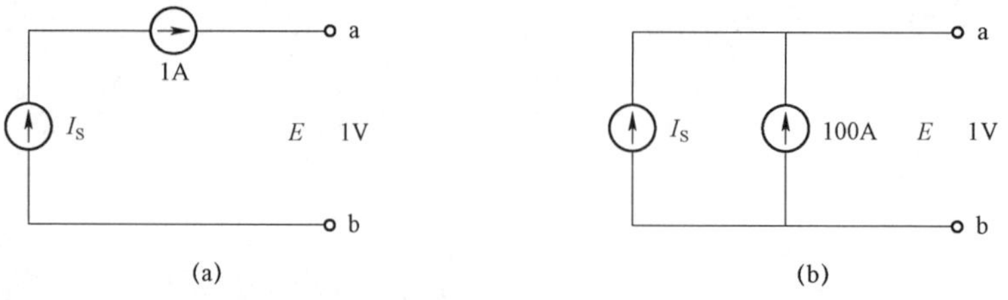

图 Jb0001521085－1

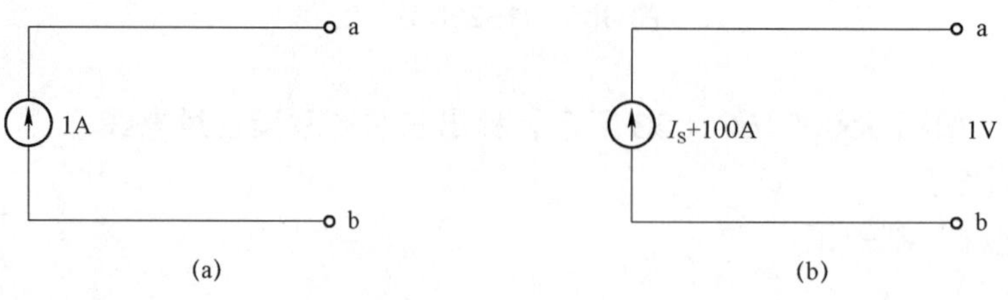

图 Jb0001521085－2

Jb0001511086　如果某人体的电阻为 1000Ω，已知通过人体的电流为 50mA 时就有生命危险，试求安全工作电压 *U* 是多少？（5 分）

考核知识点： 电工基础

难易度： 易

标准答案：

解：已知 $R=1000\Omega$，$I=50\text{mA}$。那么 $U=IR=0.05\times1000=50\text{V}$。则安全工作电压 $U=50\text{V}$。

答：安全工作电压 $U=50\text{V}$。

Jb0001511087 一条电缆 330m 的质量为 3055.3kg，问其每千米质量为多少？（5 分）

考核知识点：电缆基础知识

难易度：易

标准答案：

解：设每千米的质量为 X，那么

$$X=3055.3\div\frac{330}{1000}=9258.5\text{（kg）}$$

答：该电缆每千米质量为 9258.5kg。

Jb0001511088 如图 Jb0001511088 所示，$p_1=80\text{N}$，$p_2=60\text{N}$，当它们的夹角 α 分别为 0°、90°、180° 时，求其合力分别是多少。（5 分）

考核知识点：电缆基础知识

难易度：易

标准答案：

解：$\alpha=0°$ 时合力为 $p_1=80+60=140$（N）

$\alpha=90°$ 时合力为 $p_2=\sqrt{80^2+60^2}=100$（N）

$\alpha=180°$ 时合力为 $p_3=80-60=20$（N）

答：分别为 140、100、20N。

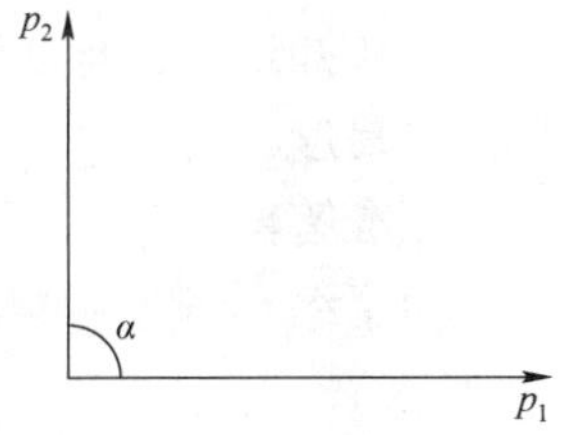

图 Jb0001511088

Jb0001511089 设一条 10kV 电缆，最高允许温度为 60℃，在周围土壤温度 15℃时，电流为 325A，问当土壤温度 30℃时，其载流量为多少？后者为前者的百分之几？（5 分）

考核知识点：电工基础

难易度：易

标准答案：

解：

$$\frac{I_1}{I_2}=\sqrt{\frac{\theta_{c1}-\theta_{01}}{\theta_{c2}-\theta_{02}}}$$

$$I_2=I_1\sqrt{\frac{60-30}{60-15}}=325\times0.82=266.5\text{（A）}$$

$$266.5/325=82\%$$

答：该电缆 30℃时载流量 266.5A，后者为前者的 82%。

Jb0001511090 已知某电缆导体电阻为 0.264Ω（已考虑集肤效应和邻近效应时的电阻）当该电缆通过交流 480A 电流时，导体本身损耗电能多少？（5 分）

考核知识点：电工基础

难易度：易

标准答案：

解：

$$W = I^2 R$$
$$= 480^2 \times 0.264 = 58\,186\text{（W）}$$

答：导体通过 480A 电流时，自耗能为 58 186W。

Jb0001511091　如果人体最小的电阻为 800Ω，已知通过人体的电流为 50mA 时会引起呼吸器官麻痹，不能自主摆脱电源，试求安全工作电压？（5 分）

考核知识点：电工基础

难易度：易

标准答案：

解：根据欧姆定律，算出电压值

$$U = IR = 50 \times 10^{-3} \times 800 = 40\text{（V）}$$

答：安全工作电压为 40V，由于人体健康情况不同，因此实际上安全工作电压规定为 36V 以下。

Jb0001511092　对于三芯电缆为什么将每一芯电缆截面制作成扇形？（5 分）

考核知识点：电工基础知识

难易度：易

标准答案：

为了缩小统包后整根电缆的外径。

Jb0001511093　相较于架空线路，电缆线路有哪些缺点？（5 分）

考核知识点：电缆基础知识

难易度：易

标准答案：

建设投资费用较高；引出分支线较为困难；出现故障时故障测寻及处理比较困难。

Jb0002531094　常用 35kV 及以下电缆接头按结构型式可分为哪几种？（5 分）

考核知识点：电缆基础知识

难易度：易

标准答案：

绕包式、热缩式、冷缩式、预制式、模塑式、浇铸式。

Jb0002532095　电缆敷设的常用设备有哪些？（5 分）

考核知识点：工器具使用

难易度：中

标准答案：

（1）空气压缩机，电动卷扬机或电缆牵引机，电缆输送机。

（2）电缆盘放线支架及牵引装置。

（3）滚轮装置，张力计。

（4）防捻器，电缆盘制动装置。

Jb0002531096 对电缆的存放有何要求？（5分）

考核知识点：电缆储藏

难易度：易

标准答案：

（1）电缆应储存在干燥的地方。

（2）有搭盖的遮棚。

（3）电缆盘下应放置枕垫，以免陷入泥土中。

（4）电缆盘不许平卧放置。

Jb0002531097 安全工器具的使用要求？（5分）

考核知识点：工器具使用

难易度：易

标准答案：

（1）绝缘工具应定期进行电气耐压试验。

（2）出勤携带绝缘工具与一般工具应分别存放，并应放在套内，以免扎伤，受潮，脏污绝缘体。

（3）绝缘工具严重损坏、受潮、脏污须经检修干燥，并试验鉴定合格后方可使用。

Jb0002532098 电能表和功率表指示数值有哪些不同？（5分）

考核知识点：工器具使用

难易度：中

标准答案：

功率表指示的是瞬时的发、供、用电的设备所发出、传送和消耗的电能数，即电功数。而电能表的数值是累计某一段时间内所发出、传送和消耗的电能数。

Jb0002532099 施工图识图的目的是什么？（5分）

考核知识点：图纸审查

难易度：中

标准答案：

（1）有利于施工人员详细了解设计意图，熟悉图纸，了解工程的技术特点，便于施工工艺流程的编制和施工组织设计，便于施工和安装。

（2）有利于运行、检修人员组织新线路的检查、验收。对于已投运线路，通过工程图纸的识读，可以详细了解线路的设计和安装情况，为正确、安全地组织线路运行、检修奠定基础。

Jb0002532100 施工图的作用有哪些？（5分）

考核知识点：图纸审查

难易度：中

标准答案：

（1）设计单位根据施工的平、断面图确定杆塔的位置、型号、高度、基础型式、基础施工的基面以及需开方的工作量。

（2）施工图的主要作用是作为施工的技术资料和依据。施工时可根据平断面图确定放线、紧线位置，观测弧垂的观测档；按照交叉跨越处所的垂直距离，对照现场情况，确定放、紧线过程中应采取的保护措施；对施工中工地布置、运输和器材堆放起明显的指导作用。

（3）根据杆塔基础施工图、杆塔组装图、绝缘子金具组装图以及接地施工图等图纸编制材料加工、供购计划，是编制施工工艺流程、施工组织设计的技术标准和依据。

（4）施工图是线路验收检查的依据，并是线路投运后日常运行的资料和原始依据。

Jb0002522101　绘出 DT 型铜端子的正视图和侧视图。（5 分）

考核知识点：三视图

难易度：中

标准答案：

如图 Jb0002522101 所示。

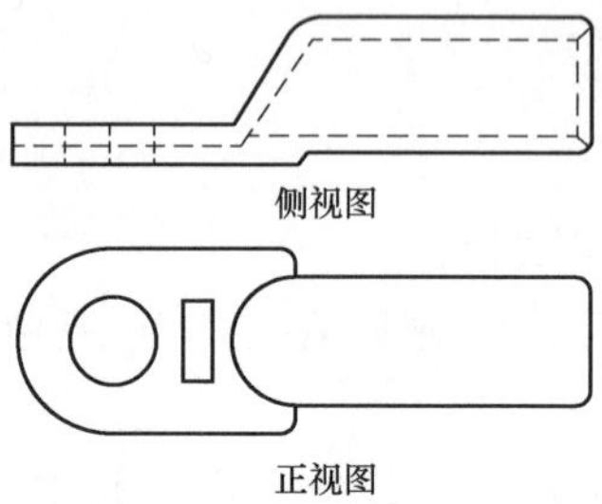

图 Jb0002522101

Jb0002522102　绘出 35kV 中间接头的绝缘梯步，并标出剥切间距尺寸和剥切百分数。（5 分）

考核知识点：电缆接头制作

难易度：中

标准答案：

如图 Jb0002522102 所示。

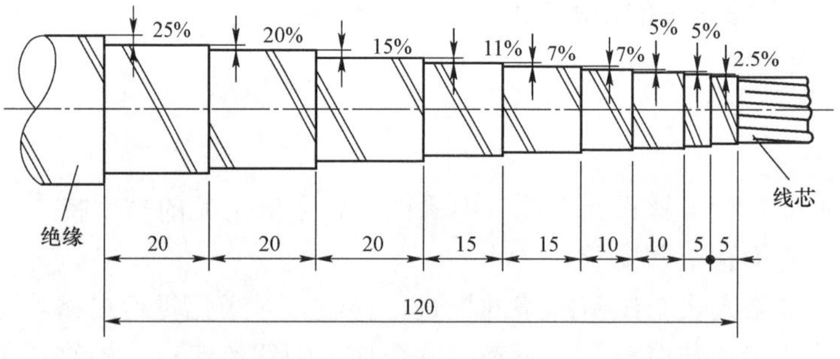

图 Jb0002522102（单位：mm）

Jb0002512103　为测量 20V 直流电压，今有两块表：A 表为 1.5 级，量程 A_{m1} 为 30V，B 表为 0.5 级，量程 A_{m2} 为 150V，试选择一块。（5 分）

考核知识点：工艺图纸及材料准备

难易度：中

标准答案：

解：

（1）A 表的绝对误差为$\Delta m = \pm K_1\% \times A_{m1} = \pm 15\% \times 30 = \pm 0.45$（V）

测量 20V 电压时相对误差为 $r = \pm 0.45/20 = \pm 0.022\,5 = 2.3\%$

（2）B 表的绝对误差为$\Delta m = \pm K_2\% \times A_{m2} = \pm 0.5\% \times 150 = \pm 0.75$（V）

测量 20V 电压时相对误差为$r = \pm 0.75/20 = \pm 0.0375 = 3.8\%$

答：应选择 A 表。

Jb0003531104　确定电缆线路敷设路径应遵守的原则有哪些？（5 分）

考核知识点： 电缆敷设施工

难易度： 易

标准答案：

确定电缆线路敷设路径应遵守的原则有统一规划原则、安全运行原则、经济合理原则。

Jb0003532105　在电缆与固定夹具之间的衬垫起什么作用？（5 分）

考核知识点： 电缆敷设施工

难易度： 中

标准答案：

衬垫在电缆和固定夹具之间形成一个缓冲层，使得夹具既夹紧电缆，又不至于夹伤电缆。裸金属护套和裸铠装电缆，以绝缘材料为衬垫，使电缆护层对地绝缘，以免受杂散电流或通过护套入地的短路电流的伤害。过桥电缆在夹具间加弹性衬垫，有防震作用。

Jb0003531106　目前采用敷设电缆的方法可分为几类？（5 分）

考核知识点： 电缆敷设施工

难易度： 易

标准答案：

目前采用敷设电缆的方法可分为人工敷设、机械敷设、人工和机械相结合的敷设。

（1）人工敷设，在一人统一指挥下，多人按规定进行敷设。

（2）机械敷设，采用滚轮、牵引机、输送机进行，通过一同步电源进行控制。

（3）人工和机械相结合，有些现场由于转弯较多，施工难度大，全用机械较困难，可采用此方法。

Jb0003531107　电缆敷设中需要建造土建设施的方式有哪些？（5 分）

考核知识点： 电缆土建施工

难易度： 易

标准答案：

电缆敷设中需要建造土建设施的方式有排管敷设、电缆沟敷设、电缆桥架敷设、竖井敷设、隧道敷设。

Jb0003532108　电缆支架有哪些要求？（5 分）

考核知识点： 电缆附属物施工

难易度： 中

标准答案：

（1）表面光滑无毛刺。

（2）适应使用环境的耐久稳固。

（3）满足所需的承载能力。

（4）符合工程防火要求。

Jb0003531109　直埋电缆有什么优点？适用哪些地区？（5 分）

考核知识点：电缆敷设施工

难易度：易

标准答案：

（1）直埋地下敷设其最大优点就是经济，敷设简便，施工速度快，技术易掌握，是目前广泛采用的敷设方式。

（2）适用于郊区和车辆通行不太频繁的地区。

Jb0003532110　电缆固定用部件应符合哪些规定？（5 分）

考核知识点：电缆敷设施工

难易度：中

标准答案：

（1）除交流单相电力电缆情况外，可采用经防腐处理的扁钢制夹具或尼龙扎带、镀塑金属扎带。强腐蚀环境，应采用尼龙或镀塑金属扎带。

（2）交流单相电力电缆的刚性固定，宜采用铝合金等不构成闭合回路的夹具；其他固定方式，可用尼龙扎带、绳索。

（3）不得用铁丝直接捆扎电缆。

Jb0003531111　电力电缆管道非开挖施工的安全措施包括哪些？（5 分）

考核知识点：电缆敷设施工

难易度：易

标准答案：

（1）采用非开挖技术施工前，应首先探明地下各种管线及设施的相对位置。

（2）非开挖的通道，应离开地下各种管线及设施足够的安全距离。

（3）通道形成的同时，应及时对施工的区域进行灌浆等措施，防止路基的沉降。

Jb0003521112　请画出牵引绳从定滑轮引出 1—2 滑轮组示意图（1—2 滑轮组指 1 个定滑轮和 2 个动滑轮组成的滑轮组）。（5 分）

考核知识点：电缆敷设施工

难易度：易

标准答案：

如图 Jb0003521112 所示。

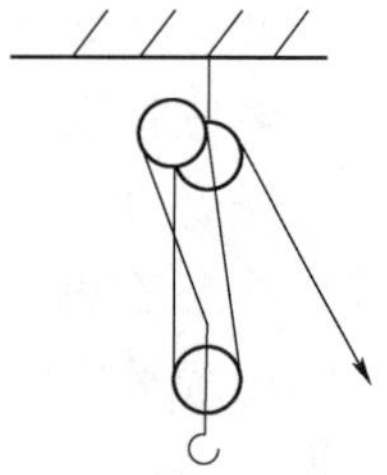

图 Jb0003521112

Jb0003521113　请画出牵引绳从动滑轮引出 1—2 滑轮组示意图（1—2 滑轮组指 1 个定滑轮和 2 个动滑轮组成的滑轮组）。（5 分）

考核知识点：电缆敷设施工

难易度：易

标准答案：

如图 Jb0003521113 所示。

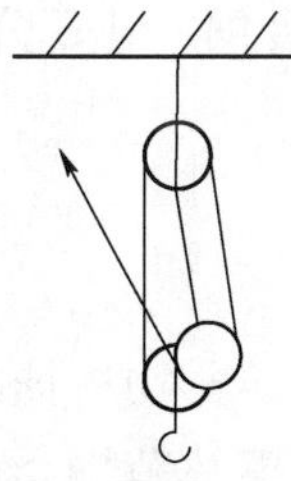

图 Jb0003521113

Jb0004531114 110kV 电缆终端按照外绝缘介质的不同分为哪几类？外绝缘介质分别是什么？（5 分）

考核知识点：电缆终端头制作

难易度：易

标准答案：

（1）外绝缘介质分为空气终端、六氟化硫终端、油浸终端。

（2）外绝缘介质依次是空气、六氟化硫、变压器油。

Jb0004531115 按照安装工艺，说出两种以上交联电缆终端头型式。（5 分）

考核知识点：电缆终端头制作

难易度：易

标准答案：

冷缩、热缩、硅橡胶预制式。

Jb0005531116 什么叫电缆线路状态检修？（5 分）

考核知识点：电缆检修

难易度：易

标准答案：

以电缆线路的安全、可靠性、环境、成本为基础，通过电缆线路状态评价、风险评估和检修决策，达到运行安全可靠、检修成本合理的一种检修策略。

Jb0005531117 简述电缆巡视的分类。（5 分）

考核知识点：电缆巡视

难易度：易

标准答案：

定期巡视、特殊巡视、夜间巡视、故障巡视、监察性巡视。

Jb0005531118 电缆标示牌应注明什么内容？编写有何要求？（5 分）

考核知识点：电缆运维

难易度：易

标准答案：

（1）标示牌上应注明电缆线路设计编号、电缆型号、规格及起始点，并联使用的电缆应有顺序号。

（2）编写要求字迹清晰、不易脱落。

Jb0005531119　电缆线路为何不设置重合闸？（5分）

考核知识点： 电缆运维

难易度： 易

标准答案：

由于电缆大都敷设于地下，不会发生鸟害、异物搭挂等故障；一般故障属于永久性故障，所以线路不设重合闸，也不应人为重合闸，以免扩大事故范围。

Jb0005531120　巡视隧道内的电力电缆，应有哪些巡查要点？（5分）

考核知识点： 电缆巡视

难易度： 易

标准答案：

隧道内的电缆要检查电缆位置是否正常；接头有无变形漏油；温度是否异常；构件是否失落；通风、排水、照明等设施是否完整；特别要注意防火设施是否完善。

Jb0005531121　根据红外温度热像仪进行缺陷判断的方法有哪几种？（5分）

考核知识点： 电缆带电检测

难易度： 易

标准答案：

（1）表面温度判断法。

（2）相对温差判断法。

（3）同类比较判断法。

（4）图像特征判断法。

（5）档案分析判断法。

Jb0005531122　进电缆工井前应做好哪些安全措施？（5分）

考核知识点： 电缆运维

难易度： 易

标准答案：

（1）排除井内浊气。

（2）井下工作应戴安全帽。

（3）做好防火、防水的措施。

（4）防止高空落物。

Jb0005532123　电缆线路保护区的检查项目有哪些？（5分）

考核知识点： 电缆运维

难易度： 中

标准答案：

（1）电缆线路上的标志、符号是否完整。

（2）外露电缆是否有下沉及被砸伤的危险。
（3）电缆线路与铁路、公路及排水沟交叉处有无缺陷。
（4）电缆保护区内的土壤、构筑物有无下沉现象，电缆有无外露。
（5）与电缆线路交叉、并行电气机车路轨的电气连线是否良好。
（6）易受机械或人为损伤的地方有无保护装置。
（7）是否有违反电缆保护区规定的现象。

Jb0005531124 发现巡查的电缆线路有缺陷，巡查人员应如何处理？（5分）
考核知识点：电缆巡视
难易度：易
标准答案：
（1）在巡视检查电缆线路中，如发现有较小缺陷或普遍性缺陷，应记入缺陷记录簿内，据此安排编制维护小修或年度大修计划。
（2）发现重要缺陷，应立即报告主管人员，做好记录，填写重要缺陷通知单，运行管理人员接到报告后及时采取措施，消除缺陷。

Jb0005531125 电缆线路运行维护的基本任务是什么？（5分）
考核知识点：电缆巡视
难易度：易
标准答案：
电缆线路运行管理的基本任务是满足电网和用户不间断供电，确保电缆线路安全无事故运行。

Jb0005531126 电缆线路反外力破坏事故措施有哪些？（5分）
考核知识点：电缆防外破
难易度：易
标准答案：
为电力电缆创造良好的运行环境；为电力电缆创造良好的施工环境；提高运行人员的业务素质和责任心；对电力电缆的运行探索行之有效的管理方法；特殊情况特殊处理，树立超前预防外力事故的思想。

Jb0005531127 电缆线路的原始记录，主要包括哪几点？（5分）
考核知识点：电缆运维
难易度：易
标准答案：
（1）电缆敷设记录。
（2）电缆接头记录。
（3）隐蔽工程中间验收记录。
（4）试验记录。

Jb0005531128 发现环氧树脂受潮应如何处理？（5分）
考核知识点：电缆检修
难易度：易

标准答案：

可用加热方法去潮，将受潮的环氧树脂加热至120～140℃，使水分挥发，环氧树脂恢复其本来的透明琥珀色为止。

Jb0005531129　110kV 以上电压电缆采用几芯电缆？（5 分）

考核知识点：电缆运维

难易度：易

标准答案：

单芯电缆。

Jb0005531130　简述电缆本体巡视检查要求。（5 分）

考核知识点：电缆巡视

难易度：易

标准答案：

（1）电缆是否变形。

（2）电缆表面温度是否过高。

（3）是否存在破损情况和龟裂现象。

Jb0005532131　简述电缆中间接头巡视检查要求。（5 分）

考核知识点：电缆巡视

难易度：中

标准答案：

（1）是否浸水。

（2）外部是否有明显损伤及变形，环氧外壳密封是否存在内部密封胶向外渗漏现象。

（3）底座支架是否存在锈蚀和损坏情况，支架应稳固是否存在偏移情况。

（4）是否有防火阻燃措施。

（5）是否有铠装或其他防外力破坏的措施。

Jb0005532132　简述电缆附属设施巡视检查要求。（5 分）

考核知识点：电缆巡视

难易度：中

标准答案：

（1）在线监测装置，在线监测硬件装置是否完好。在线监测装置数据传输是否正常。在线监测系统运行是否正常。

（2）电缆支架，电缆支架应稳固，是否存在缺件、锈蚀、破损现象。电缆支架接地是否良好。

（3）标识标牌，电缆线路铭牌、接地箱（交叉互联箱）铭牌、警告牌、相位标识牌是否缺失、清晰、正确。路径指示牌（桩、砖）是否缺失、倾斜。

（4）防火设施，防火槽盒、防火涂料、防火阻燃带是否存在脱落。变电所或电缆隧道出入口是否按设计要求进行防火封堵措施。

Jb0005531133　巡视直埋电缆应注意什么？（5 分）

考核知识点：电缆巡视

难易度：易

标准答案：

（1）电缆相互之间，电缆与其他管线、构筑物基础等最小允许间距是否满足要求。

（2）电缆周围是否有石块或其他硬质杂物以及酸、碱强腐蚀物等。

Jb0005533134　简述电缆隧道巡视检查项目。（5分）

考核知识点：电缆巡视

难易度：难

标准答案：

（1）隧道出入口是否有障碍物。

（2）隧道出入口门锁是否锈蚀、损坏。

（3）隧道内是否有易燃、易爆或腐蚀性物品，是否有引起温度持续升高的设施。

（4）隧道内地坪是否倾斜、变形及渗水。

（5）隧道墙体是否有裂缝、附属设施是否故障或缺失。

（6）隧道通风亭是否有裂缝、破损。

（7）隧道内支架是否锈蚀、破损。

（8）隧道接地网接地电阻是否符合要求。

（9）隧道内电缆位置正常，无扭曲，外护层无损伤，电缆运行标识清晰齐全；防火墙、防火涂料、防火包带应完好无缺，防火门开启正常。

（10）隧道内电缆接头有无变形，防水密封良好；接地箱有无锈蚀，密封、固定良好。

Jb0005531135　充油电缆用的绝缘油有什么特性？（5分）

考核知识点：电缆基础知识

难易度：易

标准答案：

（1）黏度低、流动性好。

（2）击穿强度高，介质损耗小。

（3）具有良好的吸气性能。

Jb0005531136　进入 SF_6 配电室时必须遵守哪些规定？（5分）

考核知识点：电缆运维

难易度：易

标准答案：

工作人员进入 SF_6 配电装配室，必须先通风 15min，并用检漏仪测量 SF_6 气体含量。尽量避免一人进入室内 SF_6 配电装配室进行巡视，不准 1 人进入从事检修工作。

Jb0005532137　请列出红外精确检测的要求。（5分）

考核知识点：电缆带电检测

难易度：中

标准答案：

（1）风速一般不大于 0.5m/s。

（2）设备通电时间不小于 6h，最好在 24h 以上。

（3）检测期间天气为阴天、夜间或晴天日落2h后。

（4）被检测设备周围应具有均衡的背景辐射，应尽量避开附近热辐射源的干扰，某些设备被检测时还应避开人体热源等的红外辐射。

（5）避开强电磁场，防止强电磁场影响红外热像仪的正常工作。

Jb0005521138　绘出2m×2m电力隧道剖面图。（5分）

考核知识点：电缆运维

难易度：易

标准答案：

2m×2m电力隧道剖面图如图Jb0005521138所示。

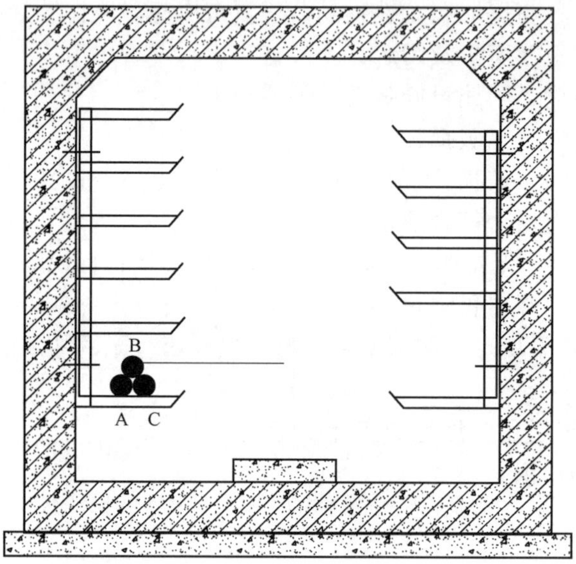

图 Jb0005521138

Jb0005521139　绘出无支架电缆沟剖面图（电力电缆与控制电缆共沟）。（5分）

考核知识点：电缆运维

难易度：易

标准答案：

无支架电缆沟剖面图如图Jb0005521139所示。

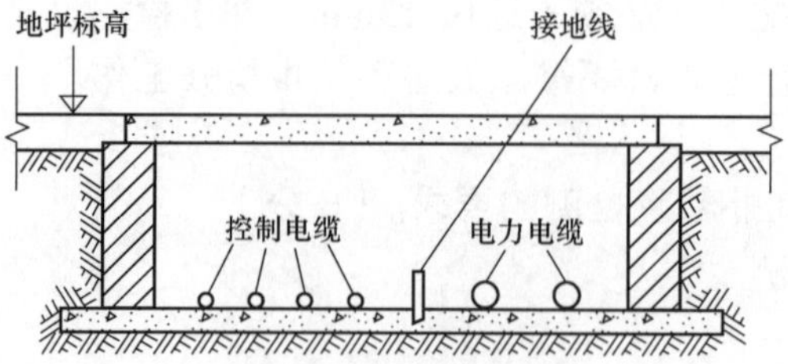

图 Jb0005521139

第二章　电力电缆安装运维工（输电）初级工技能操作

Jc0002541001　裁截电缆并判断其型号的操作。（100分）

考核知识点：

1. 电力电缆规格型号的基础知识
2. 钳工工艺

难易度： 易

技能等级评价专业技能考核操作工作任务书

一、任务名称

裁截电缆并判断其型号的操作。

二、适用工种

电力电缆安装运维工（输电）初级工。

三、具体任务

截取电缆中间一段并判断出该电缆截面面积大小、绝缘类型及电压等级。

四、工作规范及要求

（1）工器具检查及使用。

（2）按要求进行操作。

（3）进行工作终结报告。

五、考核及时间要求

本考核操作时间共30分钟。

技能等级评价专业技能考核操作评分标准

工种	电力电缆安装运维工（输电）					评价等级	初级工
项目模块	工艺图纸及材料准备—工器具、材料准备及使用				编号	Jc0002541001	
单位			准考证号			姓名	
考试时限	30分钟		题型	单项操作		题分	100分
成绩		考评员		考评组长		日期	
试题正文	裁截电缆并判断其型号的操作						
需要说明的问题和要求	（1）本项考核可设专人配合操作，仅对作业人员进行考评。 （2）操作应注意安全，根据具体任务对应标准化作业流程开展确保人身与设备安全。发生安全事故本项考核不合格。 （3）作业流程是否正确将列入考评内容。 （4）工具材料的选用与检查由被考核人员独立完成。 （5）工器具及材料：钢锯架1把；锯条1根；长度在40cm以上的钢尺1把；工作凳1张、汽油布；电缆一段						

序号	项目名称	质量要求	满分	扣分标准	扣分原因	得分
1	工作准备					

续表

序号	项目名称	质量要求	满分	扣分标准	扣分原因	得分
1.1	安全劳动防护用品的准备	正确佩戴安全帽，穿全套工作服，包括工作服、绝缘鞋、棉手套	5	未正确佩戴安全帽，未正确穿工作服、绝缘鞋、棉手套，每项扣2分，扣完为止		
1.2	工器具的准备	熟练正确使用各种工器具	10	未正确使用一次扣1分，扣完为止		
1.3	相关安全措施的准备	（1）正确进行工具安全性能检查。 （2）现场作业条件复核。 （3）合理布置地面材料、工具。 （4）发生安全事故本项考核不合格	10	未进行工具外观安全性能检查扣3分； 未对现场作业可能存在的危险点进行分析并提出防范措施扣5分； 地面工具、材料摆放不整齐、不合理扣2分； 发生安全事故本项考核不得分		
2	工作许可					
2.1	许可方式	向考评员示意准备就绪，申请开始工作	5	未向考评员示意履行许可手续扣5分		
3	工作步骤及技术要求					
3.1	装锯条	锯齿方向正确	5	方向错误扣5分		
3.2	锯条不断	在锯电缆的过程中锯条不能断	10	断一根锯条扣2分，扣完为止		
3.3	锯电缆	锯面平整	10	一端不平扣5分，扣完为止		
3.4	长度正确	在被截取的电缆的四个面测量长度	10	一处长度误差超过2mm扣5分，扣完为止		
3.5	截面判断	截面大小判断正确	5	不正确扣5分		
3.6	绝缘判断	绝缘类型判断正确	10	不正确扣10分		
3.7	电缆电压等级判断	电压等级判断正确	10	不正确扣10分		
3.8	时间	在规定时间内完成所有操作	5	每超出规定时间3分钟扣1分，扣完为止		
4	工作结束					
4.1	作业结束	作业完成检查完毕，确认作业现场没有遗留物件，申请作业结束	2	未向考评员汇报作业结束扣1分； 现场有遗留物的不得分		
4.2	材料、工具规整	作业结束后进行现场工具材料规整	3	未进行现场工具材料规整扣3分		
合计			100			

Jc0002542002　运行中的电缆停电摇测绝缘电阻的操作。（100分）

考核知识点：

1. 绝缘电阻表的正确使用
2. 电力电缆试验操作的安全防护知识

难易度：中

技能等级评价专业技能考核操作工作任务书

一、任务名称

运行中的电缆停电摇测绝缘电阻的操作。

二、适用工种

电力电缆安装运维工（输电）初级工。

三、具体任务

（1）对电缆进行放电。

（2）测量电缆绝缘电阻。

（3）记录测量结果。

四、工作规范及要求

（1）要求1人操作1人监护。

（2）按正确的操作方式测量电缆绝缘电阻。

（3）数据分析与判断准确。

（4）做好相应安全措施，发生安全事故本项考核不及格。

五、考核及时间要求

（1）本考核操作时间共30分钟。

（2）所有操作项目中，如某项目缺失则该项目不得分，但不影响其他项目得分。

技能等级评价专业技能考核操作评分标准

工种	电力电缆安装运维工（输电）			评价等级	初级工	
项目模块	电缆运行维护与检修—电缆检测		编号	Jc0002542002		
单位		准考证号		姓名		
考试时限	30分钟	题型	单项操作	题分	100分	
成绩	考评员		考评组长		日期	
试题正文	运行中的电缆停电摇测绝缘电阻的操作					
需要说明的问题和要求	（1）本项考核可设专人配合操作，仅对作业人员进行考评。 （2）操作应注意安全，根据具体任务对应标准化作业流程开展确保人身与设备安全。发生安全事故本项考核不合格。 （3）作业流程是否正确将列入考评内容。 （4）工具材料的选用与检查由被考核人员独立完成。 （5）本项考核可设专人配合操作，仅对作业人员进行考评					
序号	项目名称	质量要求	满分	扣分标准	扣分原因	得分
1	工作准备					
1.1	安全劳动防护用品的准备	正确佩戴安全帽，穿全套工作服，包括工作服、绝缘鞋、棉手套	5	未正确佩戴安全帽，未正确穿工作服、绝缘鞋、棉手套，每项扣2分，扣完为止		
1.2	工器具的准备	熟练正确使用各种工器具	10	未正确使用一次扣1分，扣完为止		
1.3	相关安全措施的准备	（1）正确进行工具安全性能检查。 （2）现场作业条件复核。 （3）合理布置地面材料、工具	15	未进行工具外观安全性能检查扣5分； 未对现场作业可能存在的危险点进行分析并提出防范措施扣5分； 地面工具、材料摆放不整齐、不合理扣5分； 发生安全事故本项考核不得分		

续表

序号	项目名称	质量要求	满分	扣分标准	扣分原因	得分
2	工作许可					
2.1	许可方式	向考评员示意准备就绪，申请开始工作	5	未向考评员示意履行许可手续扣5分		
3	工作步骤及技术要求					
3.1	对电缆进行放电	将接地线牢固接地，然后将电缆各相分别放电并接地	5	未放电并接地扣5分		
3.2	注意另一端安全	派人到另一端看守或装好安全遮栏，防止有人接触被试电缆	5	另一端未做安全措施扣5分		
3.3	绝缘电阻表的选用	（1）500V 以下电缆、橡塑电缆的外护套及内衬层使用500V的绝缘电阻表。 （2）500～300V 电缆使用1000V绝缘电阻表。 （3）3～10kV 使用2500V绝缘电阻表。 （4）10kV 以上使用2500V/5000V绝缘电阻表	5	选择错误扣5分		
3.4	绝缘电阻表的检查	检查绝缘电阻表开始是否能达∞或短路时指零	5	未对表计做检查扣5分		
3.5	遥测	当绝缘电阻表达到规定120r/min速度后，对各项逐一进行测试，并做好记录，测试一相时其他两项接地	10	不是各相分别测试扣3分； 未做记录扣3分； 测试一相时其他两相未接地扣2分； 不能正确读数扣2分		
3.6	放电	当一相测试完后，应选取下测试线，然后对电缆放电并接地	5	表未离开就放电扣2.5分； 摇测后未放电并未接地扣2.5分		
3.7	吸收比试验	对电缆摇测应分别读取15s和60s时的绝缘数值，并作好记录	5	不能正确读取15s和60s数值扣2分，未做记录扣3分		
3.8	清理仪表、材料	收拾仪表和各种临时用线	5	未收拾干净扣5分		
3.9	清理现场安全措施	撤出另一端看护人员或安全遮栏	5	未撤他端人员或遮栏扣5分		
3.10	时间	在规定时间内完成所有操作	5	每超出规定时间3分钟扣1分，扣完为止		
4	工作结束					
4.1	作业结束	作业完成检查完毕，确认作业现场没有遗留物件，申请作业结束	5	未向考评员汇报作业结束扣2分； 现场有遗留物的不得分		
4.2	材料、工具规整	作业结束后进行现场工具材料规整	5	未进行现场工具材料规整扣5分		
合计			100			

Jc0002542003　电缆保护管弯制。（100分）

考核知识点：钳工工艺

难易度：中

技能等级评价专业技能考核操作工作任务书

一、任务名称

电缆保护管弯制。

二、适用工种

电力电缆安装运维工（输电）初级工。

三、具体任务

（1）使用保护管弯制保护管，弯曲程度相对平缓，确保加工的保护管合格。

（2）按规定尺寸截取保护管长度。

（3）保护管打磨及除锈。

四、工作规范及要求

（1）单人操作，协助人不可做指导工作。

（2）施工平台演示，工具材料备齐后开始倒计时。

（3）注意安全，正确使用防护用品。

（4）按规定尺寸弯制保护管，不刷漆。

（5）施工具体步骤按个人习惯。

五、考核及时间要求

本考核操作时间共30分钟。

技能等级评价专业技能考核操作评分标准

工种	电力电缆安装运维工（输电）					评价等级	初级工
项目模块	工艺图纸及材料准备—工器具、材料准备及使用				编号	Jc0002542003	
单位			准考证号			姓名	
考试时限	30分钟		题型	单项操作		题分	100分
成绩		考评员		考评组长		日期	
试题正文	电缆保护管弯制						
需要说明的问题和要求	（1）本项考核可设专人配合操作，仅对作业人员进行考评。 （2）操作应注意安全，根据具体任务对应标准化作业流程开展确保人身与设备安全。发生安全事故本项考核不合格。 （3）作业流程是否正确将列入考评内容。 （4）工具材料的选用与检查由被考核人员独立完成						

序号	项目名称	质量要求	满分	扣分标准	扣分原因	得分
1	工作准备					
1.1	安全劳动防护用品的准备	正确佩戴安全帽，穿全套工作服，包括工作服、绝缘鞋、棉手套	5	未正确佩戴安全帽，未正确穿工作服、绝缘鞋、棉手套，每项扣2分，扣完为止		
1.2	工器具的准备	熟练正确使用各种工器具	10	未正确使用一次扣1分，扣完为止		
1.3	相关安全措施的准备	（1）正确进行工具安全性能检查。 （2）现场作业条件复核。 （3）合理布置地面材料、工具	10	未进行工具外观安全性能检查扣3分； 未对现场作业可能存在的危险点进行分析并提出防范措施扣4分； 地面工具、材料摆放不整齐、不合理扣3分； 发生安全事故本项考核不得分		
2	工作许可					
2.1	许可方式	向考评员示意准备就绪，申请开始工作	5	未向考评员示意履行许可手续扣5分		
3	工作步骤及技术要求					
3.1	备齐所用工器具，并坚持所领用材料质量	齐全，完备	10	漏项扣2分，扣完为止		

续表

序号	项目名称	质量要求	满分	扣分标准	扣分原因	得分
3.2	接好待用器具电源	接线正确，安全施工	10	接线不正确扣 5 分； 安全措施不到位扣 5 分		
3.3	使用保护管弯制保护管	椭圆度、弯曲半径符合规范，模具选择正确，弯曲度符合要求	20	每一项不合格扣 5 分，扣完为止		
3.4	按规定尺寸截取保护管长度	尺寸准确，误差不大于 3mm，管口平齐	10	每一项不合格扣 5 分，扣完为止		
3.5	保护管管口打磨、除锈	管口无毛刺、锐边，管子表面光滑，无锈蚀、无斑点	10	每一项不合格扣 5 分，扣完为止		
3.6	时间	在规定时间内完成所有操作	5	每超出规定时间 3 分钟扣 1 分，扣完为止		
4	工作结束					
4.1	作业结束	作业完成检查完毕，确认作业现场没有遗留物件，申请作业结束	2	未向考评员汇报作业结束扣 1 分； 现场有遗留物的不得分		
4.2	材料、工具规整	作业结束后进行现场工具材料规整	3	未进行现场工具材料规整扣 3 分		
合计			100			

Jc0002541004　需并路的 380V 电源核相。(100 分)

考核知识点：

1. 仪器仪表的接线方式
2. 仪器仪表的正确使用
3. 相位的正确判断方式

难易度： 易

技能等级评价专业技能考核操作工作任务书

一、任务名称

需并路的 380V 电源核相。

二、适用工种

电力电缆安装运维工（输电）初级工。

三、具体任务

用相序表及万用表确定需并路的两侧电源相序。

四、工作规范及要求

（1）持有已许可开工的电力线路第二种工作票。

（2）操作由 1 人操作、1 人监护完成，穿戴规范。

（3）万用表挡位选择交流电压挡。

（4）由相序表正反转测定电源相位。

（5）要求测试方法接线正确，相位判断正确，标识正确。

（6）发生安全事故，本项考核不合格。

五、考核及时间要求

本考核操作时间共 10 分钟。

技能等级评价专业技能考核操作评分标准

工种	电力电缆安装运维工（输电）					评价等级	初级工
项目模块	电缆运行维护与检修—电缆检测				编号	Jc0002541004	
单位			准考证号			姓名	
考试时限	10 分钟		题型	单项操作		题分	100 分
成绩		考评员		考评组长		日期	
试题正文	需并路的 380V 电源核相						
需要说明的问题和要求	（1）本项考核可设专人配合操作，仅对作业人员进行考评。 （2）操作应注意安全，根据具体任务对应标准化作业流程开展确保人身与设备安全。发生安全事故本项考核不合格。 （3）作业流程是否正确将列入考评内容。 （4）工具材料的选用与检查由被考核人员独立完成						

序号	项目名称	质量要求	满分	扣分标准	扣分原因	得分
1	工作准备					
1.1	安全劳动防护用品的准备	正确佩戴安全帽，穿全套工作服，包括工作服、绝缘鞋、棉手套	5	未正确佩戴安全帽，未正确穿工作服、绝缘鞋、棉手套，每项扣 2 分，扣完为止		
1.2	工器具的准备	熟练正确使用各种工器具	10	未正确使用一次扣 2 分，扣完为止		
1.3	相关安全措施的准备	（1）正确进行工具安全性能检查。 （2）现场作业条件复核。 （3）合理布置地面材料、工具	10	未进行工具外观安全性能检查扣 3 分； 未对现场作业可能存在的危险点进行分析并提出防范措施扣 4 分； 地面工具、材料摆放不整齐、不合理扣 3 分； 发生安全事故本项考核不得分		
2	工作许可					
2.1	许可方式	向考评员示意准备就绪，申请开始工作	5	未向考评员示意履行许可手续扣 5 分		
3	工作步骤及技术要求					
3.1	持有工作票	工作票所列安全措施符合现场工作要求	5	未持有工作票扣 5 分； 工作票所列安全措施与现场不符扣 3 分		
3.2	说出核相方法并画出表格	方法正确，表达清晰。表格能满足核相工作要求	20	方法不正确扣 3～5 分； 表达不正确扣 3～5 分； 表格不能满足要求扣 10 分		
3.3	用相序表测定任一路电源的相位	由相序表正反转测定电源的相位，相位标识正确，黄、绿、红对应 A、B、C 相	15	相位标识错误扣 15 分		
3.4	万用表挡位选择	正确无误，使用方法得当	5	使用错误扣 2～5 分		
3.5	以确定的一路电源相位，用万用表核定另一路电源相位，相序相同电压为零	按测试方法接线正确，相位判定正确，标识正确	15	任一相错误扣 15 分		
3.6	时间	在规定时间内完成所有操作	5	每超出规定时间 3 分钟扣 1 分，扣完为止		
4	工作结束					

续表

序号	项目名称	质量要求	满分	扣分标准	扣分原因	得分
4.1	作业结束	作业完成检查完毕，确认作业现场没有遗留物件，申请作业结束	2	未向考评员汇报作业结束扣 1 分；现场有遗留物的不得分		
4.2	材料、工具规整	作业结束后进行现场工具材料规整	3	未进行现场工具材料规整扣 3 分		
合计			100			

Jc0002541005　万用表的使用。（100 分）

考核知识点：

1. 万用表的接线原理
2. 仪器仪表的正确使用方法

难易度：易

技能等级评价专业技能考核操作工作任务书

一、任务名称

万用表的使用。

二、适用工种

电力电缆安装运维工（输电）初级工。

三、具体任务

（1）使用万用表时注意所选测量挡位。

（2）测量电流、电压及电阻时正确调整量程。

（3）测量结束后及时关闭万用表。

四、工作规范及要求

（1）测量电流与电压不能旋错挡位。如果误将电阻挡或电流挡去测电压，就极易烧坏电表。万用表不用时，最好将挡位旋至交流电压最高挡，避免因使用不当而损坏。

（2）测量直流电压和直流电流时，注意“+”“−”极性，不要接错。如发现指针开始反转，既应立即调换表棒，以免损坏指针及表头。

（3）如果不知道被测电压或电流的大小，应先用最高挡，而后再选用合适的挡位来测试，尽量使用刻度盘的中间段，以免表针偏转过度而损坏表头。所选用的挡位越靠近被测值，测量的数值就越准确。

（4）测量电阻时，不要用手触及元件裸露的两端（或两支表棒的金属部分），以免人体电阻与被测电阻并联，使测量结果不准确。

（5）测量电阻时，如将两支表棒短接，“调零欧姆”旋钮旋至最大，指针仍然达不到“0”点，这种现象通常是由于表内电池电压不足造成的，应换上新电池方能准确测量。

（6）万用表不用时，不要旋在电阻挡，应转到高电压挡，因为内有电池，如不小心易使两根表棒相碰短路，不仅耗费电池，严重时甚至会损坏表头。

五、考核及时间要求

本考核操作时间共 30 分钟。

技能等级评价专业技能考核操作评分标准

工种	电力电缆安装运维工（输电）					评价等级	初级工
项目模块	电缆运行维护与检修—电缆检测				编号	Jc0002541005	
单位			准考证号			姓名	
考试时限	30 分钟		题型	单项操作		题分	100 分
成绩		考评员		考评组长		日期	
试题正文	万用表的使用						
需要说明的问题和要求	（1）本项考核可设专人配合操作，仅对作业人员进行考评。 （2）操作应注意安全，根据具体任务对应标准化作业流程开展确保人身与设备安全。发生安全事故本项考核不合格。 （3）作业流程是否正确将列入考评内容。 （4）工具材料的选用与检查由被考核人员独立完成						

序号	项目名称	质量要求	满分	扣分标准	扣分原因	得分
1	工作准备					
1.1	安全劳动防护用品的准备	正确佩戴安全帽，穿全套工作服，包括工作服、绝缘鞋、棉手套	5	未正确佩戴安全帽，未正确穿工作服、绝缘鞋、棉手套，每项扣 2 分，扣完为止		
1.2	工器具的准备	熟练正确使用各种工器具	10	未正确使用一次扣 1 分，扣完为止		
1.3	相关安全措施的准备	（1）正确进行工具安全性能检查。 （2）现场作业条件复核。 （3）合理布置地面材料、工具	15	未进行工具外观安全性能检查扣 5 分； 未对现场作业可能存在的危险点进行分析并提出防范措施扣 5 分； 地面工具、材料摆放不整齐、不合理扣 5 分； 发生安全事故本项考核不得分		
2	工作许可					
2.1	许可方式	向考评员示意准备就绪，申请开始工作	5	未向考评员示意履行许可手续扣 5 分		
3	工作步骤及技术要求					
3.1	万用表检查	（1）万用表应水平摆放。 （2）检查红、黑表笔所接位置是否正确，测试针红为“＋”极，黑为“－”极。 （3）机械调零，旋动机械零位调整螺钉，使指针对准零刻度	10	摆放不规范扣 3 分； 连接不正确扣 3 分； 不调零扣 4 分		
3.2	测量交、直流电压	（1）估计被测量电压数值，将转换开关调至适当位置。 （2）读数准确。 （3）测量中不得转换挡位。 （4）测量完后将挡位调至交流电压最高挡或空挡	10	转换开关选择挡位不正确扣 3 分； 读数不准或测量中转换挡位各扣 3 分； 未将挡位调至交流电压最高挡或空挡扣 4 分		
3.3	测量直流电流	（1）估计被测电流值，将转换开关调至适当位置。 （2）把万用表串联接入电路中，红表笔接断开点的正极性端，黑表笔接另一端。 （3）读数准确。 （4）测量中不得转换挡位。 （5）测量完后将挡位调至交流电压最高挡或空挡	15	转换开关选择挡位不正确扣 3 分； 串入错误扣 3 分； 读数不准或测量中转换挡位各扣 4 分； 未将挡位调至交流电压最高挡或空挡扣 5 分		

续表

序号	项目名称	质量要求	满分	扣分标准	扣分原因	得分
3.4	测量电阻	（1）用欧姆挡测电阻时要选择好倍率，每一个倍率都要将指针调零，不允许万用表电阻挡直接测微安表表计和检流计内阻。 （2）读数准确。 （3）测量中不得转换挡位。 （4）测量完毕将转换开关调至交流电压最高挡或空挡	20	每错一项扣 5 分，扣完为止； 读数不准或测量中转换挡位扣 5 分； 未将挡位调至交流电压最高挡或空挡扣 5 分		
3.5	时间	在规定时间内完成所有操作	5	每超出规定时间 3 分钟扣 1 分，扣完为止		
4	工作结束					
4.1	作业结束	作业完成检查完毕，确认作业现场没有遗留物件，申请作业结束	2	未向考评员汇报作业结束扣 1 分； 现场有遗留物的不得分		
4.2	材料、工具规整	作业结束后进行现场工具材料规整	3	未进行现场工具材料规整扣 3 分		
合计			100			

Jc0002541006　配置 2kg 的封铅。（100 分）

考核知识点：

1. 熟悉封铅的配置重量比
2. 熟练掌握封铅配置工艺

难易度： 易

技能等级评价专业技能考核操作工作任务书

一、任务名称

配置 2kg 的封铅。

二、适用工种

电力电缆安装运维工（输电）初级工。

三、具体任务

（1）说出封铅的配置重量比。

（2）说出简易的测温方法。

（3）按照 2kg 的封铅重量分别称取铅和锡。

（4）通过加热、搅拌机浇注熟练的配置出 2kg 的封铅。

四、工作规范及要求

（1）要求单独操作。

（2）封铅配置时应正确使用劳动防护用品，禁止使用线手套。

（3）对铅和锡进行加热配置封铅时应采取相应安全措施防止高温液体金属溃落伤人。

（4）注意安全，熔化铅锡时不得使水滴进入锡锅。

（5）配置后余料要进行回收。

（6）发生安全事故，本项考核不及格。

五、考核及时间要求

（1）本考核操作时间共 60 分钟。

（2）未完成的操作项目不得分，但不影响其他项目得分。

技能等级评价专业技能考核操作评分标准

工种	电力电缆安装运维工（输电）					评价等级	初级工
项目模块	工艺图纸及材料准备—工器具、材料准备及使用				编号	Jc0002541006	
单位			准考证号			姓名	
考试时限	60 分钟		题型	单项操作		题分	100 分
成绩		考评员		考评组长		日期	
试题正文	配置 2kg 的封铅						
需要说明的问题和要求	（1）本项工作属于单人操作项，仅对作业人员进行考评。 （2）操作应注意安全，根据具体任务对应标准化作业流程开展确保人身与设备安全。发生安全事故本项考核不合格。 （3）作业流程是否正确将列入考评内容。 （4）工具材料的选用与检查由被考核人员独立完成						

序号	项目名称	质量要求	满分	扣分标准	扣分原因	得分
1	工作准备					
1.1	安全劳动防护用品的准备	正确佩戴安全帽，穿全套工作服，包括工作服、绝缘鞋、棉手套	5	未正确佩戴安全帽，未正确穿工作服、绝缘鞋、棉手套，每项扣 2 分，扣完为止		
1.2	工器具的准备	熟练正确使用各种工器具	10	未正确使用一次扣 1 分，扣完为止		
1.3	相关安全措施的准备	（1）正确进行工具安全性能检查。 （2）现场作业条件复核。 （3）合理布置地面材料、工具	15	未进行工具外观安全性能检查扣 5 分； 未对现场作业可能存在的危险点进行分析并提出防范措施扣 5 分； 地面工具、材料摆放不整齐、不合理扣 5 分； 发生安全事故本项考核不得分		
2	工作许可					
2.1	许可方式	向考评员示意准备就绪，申请开始工作	5	未向考评员示意履行许可手续扣 5 分		
3	工作步骤及技术要求					
3.1	说出封铅的配置重量比	铅 65%、锡 35%±1%	5	不争取扣 5 分		
3.2	说出简易测温方法	可将一张白纸，放于锅内 12s 后，变黄则合适	20	不知道测试方法扣 10 分； 测试方法不正确扣 10 分		
3.3	称取铅锡重量	要求准确误差不大于 1%	10	不准确扣 10 分		
3.4	加热、搅拌、浇注	方法正确，成型后的铅条均匀、平直	20	操作不熟练扣 10 分； 成型后不匀称扣 5 分； 不平直扣 5 分		
3.5	时间	在规定时间内完成所有操作	5	每超出规定时间 3 分钟扣 1 分，扣完为止		
4	工作结束					
4.1	作业结束	作业完成检查完毕，确认作业现场没有遗留物件，申请作业结束	2	未向考评员汇报作业结束扣 1 分； 现场有遗留物的不得分		
4.2	材料、工具规整	作业结束后进行现场工具材料规整	3	未进行现场工具材料规整扣 3 分		
合计			100			

Jc0002541007　防火封堵施工。（100 分）

考核知识点：

1. 掌握不同防火材料特性与使用方法
2. 电缆防火施工的基本要求
3. 对《电缆防火阻燃通用设计》的理解与掌握

难易度：易

技能等级评价专业技能考核操作工作任务书

一、任务名称

防火封堵施工。

二、适用工种

电力电缆安装运维工（输电）初级工。

三、具体任务

（1）进行防火涂料涂刷。
（2）安装防火包。
（3）进行无机堵料施工。
（4）进行有机堵料施工。
（5）进行防火封堵综合施工。

四、工作规范及要求

（1）防火涂料及防火包施工时应按规程要求涂刷。
（2）无机堵料使用时应搅拌均匀，与水配比按说明进行，使用时满足封堵要求。
（3）有机堵料使用时应配制柔软，配制方法正确，填充密实、均匀。

五、考核及时间要求

（1）本考核操作时间共 120 分钟。
（2）未完成的操作项目不得分，但不影响其他项目得分。

技能等级评价专业技能考核操作评分标准

<table>
<tr><td>工种</td><td colspan="5">电力电缆安装运维工（输电）</td><td>评价等级</td><td>初级工</td></tr>
<tr><td>项目模块</td><td colspan="4">工艺图纸及材料准备—工器具、材料准备及使用</td><td>编号</td><td colspan="2">Jc0002541007</td></tr>
<tr><td>单位</td><td colspan="2"></td><td>准考证号</td><td colspan="2"></td><td>姓名</td><td></td></tr>
<tr><td>考试时限</td><td colspan="2">120 分钟</td><td>题型</td><td colspan="2">单项操作</td><td>题分</td><td>100 分</td></tr>
<tr><td>成绩</td><td></td><td>考评员</td><td></td><td>考评组长</td><td></td><td>日期</td><td></td></tr>
<tr><td>试题正文</td><td colspan="7">防火封堵施工</td></tr>
<tr><td>需要说明的问题和要求</td><td colspan="7">（1）本项工作属于单人操作项，仅对作业人员进行考评。
（2）操作应注意安全，根据具体任务对应标准化作业流程开展确保人身与设备安全。发生安全事故本项考核不合格。
（3）作业流程是否正确将列入考评内容。
（4）工具材料的选用与检查由被考核人员独立完成</td></tr>
</table>

序号	项目名称	质量要求	满分	扣分标准	扣分原因	得分
1	工作准备					
1.1	安全劳动防护用品的准备	正确佩戴安全帽，穿全套工作，包括工作服、绝缘鞋、棉手套	5	未正确佩戴安全帽，未正确穿工作服、绝缘鞋、棉手套，每项扣 2 分，扣完为止		

续表

序号	项目名称	质量要求	满分	扣分标准	扣分原因	得分
1.2	工器具的准备	熟练正确使用各种工器具	10	未正确使用一次扣2分，扣完为止		
1.3	相关安全措施的准备	（1）正确进行工具安全性能检查。 （2）现场作业条件复核。 （3）合理布置地面材料、工具	10	未进行工具外观安全性能检查扣3分； 未对现场作业可能存在的危险点进行分析并提出防范措施扣4分； 地面工具、材料摆放不整齐、不合理扣3分； 发生安全事故本项考核不得分		
2	工作许可					
2.1	许可方式	向考评员示意准备就绪，申请开始工作	5	未向考评员示意履行许可手续扣5分		
3	工作步骤及技术要求					
3.1	防火涂料施工	每个堵漏点两侧至少1m内应涂刷防火涂料或按设计要求进行。涂料涂刷均匀，无花脸、无漏点，厚度大于1mm或符合设计，一般涂刷3～6遍，每次涂刷应在上一遍涂刷干透后进行	12	每项不合格扣3分，扣完为止		
3.2	防火包施工	排列整齐一致，排列宽度大于150mm或符合设计，排列密实，对侧观察应不透光，用于竖井、孔洞及防火墙时，应用钢筋网成网状，做筋骨	12	每项不合格扣3分，扣完为止		
3.3	无机堵料施工	材料使用搅拌均匀，与水配比按说明进行，比例恰当，无硬化现象，灌注密实，表面处理平整光滑，无凹凸不平，灌注厚度符合设计	12	每项不合格扣3分，扣完为止		
3.4	有机堵料施工	有机堵料使用时，应配制柔软，配制方法正确，每个封堵点电缆四周应包填有机堵料，外径不大于电缆外径50mm以上或符合设计要求，填充密实、均匀	12	每项不合格扣3分，扣完为止		
3.5	防火封堵综合施工	每个堵漏点应封堵严密无漏洞，隧道及道内的封堵点下部应留有排水孔，每个封堵点的材料应符合设计，每个封堵点均应包含有机堵料、涂料的应用	12	每项不合格扣3分，扣完为止		
3.6	时间	在规定时间内完成所有操作	5	每超出规定时间3分钟扣1分，扣完为止		
4	工作结束					
4.1	作业结束	作业完成检查完毕，确认作业现场没有遗留物件，申请作业结束	2	未向考评员汇报作业结束扣1分； 现场有遗留物的不得分		
4.2	材料、工具规整	作业结束后进行现场工具材料规整	3	未进行现场工具材料规整扣3分		
合计			100			

Jc0003541008 电缆支架刷漆。（100分）

考核知识点：

1. 油漆的调配方法
2. 电缆支架规范标准

3. 油漆涂刷工艺水平

难易度： 易

技能等级评价专业技能考核操作工作任务书

一、任务名称

电缆支架刷漆。

二、适用工种

电力电缆安装运维工（输电）初级工。

三、具体任务

（1）油漆调配。

（2）支架检查并除锈。

（3）涂刷防锈漆。

（4）涂刷面漆。

四、工作规范及要求

（1）独立操作，现场平台演示。

（2）文明操作，文明施工，保持现场清洁。

（3）文明生产，注意防火。

（4）现场清理完毕后，汇报工作结束，记录考核结束时间。

五、考核及时间要求

（1）本考核操作时间共20分钟，每超过1分钟扣2分，过5分钟终止考核。

（2）未完成的操作项目不得分，但不影响其他项目得分。

技能等级评价专业技能考核操作评分标准

工种	电力电缆安装运维工（输电）					评价等级	初级工
项目模块	工艺图纸及材料准备—工器具、材料准备及使用				编号	Jc0003541008	
单位			准考证号			姓名	
考试时限	20分钟		题型	单项操作		题分	100分
成绩		考评员		考评组长		日期	
试题正文	电缆支架刷漆						
需要说明的问题和要求	（1）本项工作属于单人操作项，仅对作业人员进行考评。 （2）操作应注意安全，根据具体任务对应标准化作业流程开展确保人身与设备安全。发生安全事故本项考核不合格。 （3）作业流程是否正确将列入考评内容。 （4）工具材料的选用与检查由被考核人员独立完成						

序号	项目名称	质量要求	满分	扣分标准	扣分原因	得分
1	工作准备					
1.1	安全劳动防护用品的准备	正确佩戴安全帽，穿全套工作服，包括工作服、绝缘鞋、棉手套	5	未正确佩戴安全帽，未正确穿工作服、绝缘鞋、棉手套，每项扣2分，扣完为止		
1.2	工器具的准备	熟练正确使用各种工器具	10	未正确使用一次扣1分，扣完为止		
1.3	相关安全措施的准备	（1）正确进行工具安全性能检查。 （2）现场作业条件复核。	15	未进行工具外观安全性能检查扣5分； 未对现场作业可能存在的危险点进行分析并提出防范措施扣5分； 地面工具、材料摆放不整齐、不合理扣5分；		

续表

序号	项目名称	质量要求	满分	扣分标准	扣分原因	得分
1.3	相关安全措施的准备	（3）合理布置地面材料、工具	15	发生安全事故本项考核不得分		
2	工作许可					
2.1	许可方式	向考评员示意准备就绪，申请开始工作	5	未向考评员示意履行许可手续扣5分		
3	工作步骤及技术要求					
3.1	油漆调配	稀稠度合适，选择调配方法正确	5	调配方法选择错误扣5分		
3.2	支架检查、除锈	支架无显著变形、扭曲、无裂纹。 支架焊渣清理干净、彻底、无漏渣、无夹渣。支架除锈彻底，无漏点，表面光滑无锈蚀麻点	20	每漏检、漏项一次扣5分，扣完为止		
3.3	刷漆防锈漆	在支架除锈干净后刷防锈漆，刷漆均匀，无滴流、无花脸、漏刷，干后无锈蚀	15	一处不合格扣5分，扣完为止		
3.4	涂刷面漆	在防锈漆干透后涂刷面漆，刷漆均匀、无滴流、无花脸、无漏刷，表面光滑无锈蚀麻点	15	每漏检、漏项一次扣5分，扣完为止		
3.5	时间	在规定时间内完成所有操作	5	每超出规定时间3分钟扣1分，扣完为止		
4	工作结束					
4.1	作业结束	作业完成检查完毕，确认作业现场没有遗留物件，申请作业结束	2	未向考评员汇报作业结束扣1分；现场有遗留物的不得分		
4.2	材料、工具规整	作业结束后进行现场工具材料规整	3	未进行现场工具材料规整扣3分		
合计			100			

Jc0005541009 110kV 某线基本信息查询操作。（100 分）

考核知识点：生产管理系统应用

难易度：易

技能等级评价专业技能考核操作工作任务书

一、任务名称

110kV 某线基本信息查询操作。

二、适用工种

电力电缆安装运维工（输电）初级工。

三、具体任务

在 PMS 系统上查询 110kV 某线基本信息。

四、操作规范及要求

按要求打开相应的界面并向考评人员展示。

五、考核及时间要求

（1）本考核操作时间共 20 分钟。

（2）选择项目过程中，如不能找到该项目，该项目不得分，但不影响其他项目得分。

技能等级评价专业技能考核操作评分标准

工种	电力电缆安装运维工（输电）				评价等级	初级工
项目模块	电缆运行维护与检修—电缆巡视			编号	Jc0005541009	
单位		准考证号			姓名	
考试时限	20 分钟	题型	单项操作		题分	100 分
成绩		考评员		考评组长	日期	
试题正文	110kV 某线基本信息查询操作					
需要说明的问题和要求	要求单人操作，在 PMS 系统完成线路基本信息的查询操作，时间到终止考试					

序号	项目名称	质量要求	满分	扣分标准	扣分原因	得分
1	检查计算机	运行是否顺畅、稳定	5	不检查扣 5 分		
2	登录生产管理系统	熟练打开，顺利进入界面	15	每选择错误一次扣 3 分，扣完为止；未打开该项扣 15 分		
3	单击设备中心按钮	熟练打开，顺利进入界面	15	单击错误一次扣 3 分，扣完为止；未打开该项扣 15 分		
4	单击设备台账按钮	熟练打开，顺利进入界面	15	单击错误一次扣 3 分，扣完为止；未打开该项扣 15 分		
5	单击杆塔台账维护按钮	熟练打开，顺利进入界面	15	单击错误一次扣 3 分，扣完为止；未打开该项扣 15 分		
6	在导航树中选择线路名称	打开界面，选择正确	15	每选择错误一次扣 3 分，扣完为止；未打开该项扣 15 分		
7	单击基本信息按钮	顺利打开、进入界面	15	单击错误一次扣 3 分，扣完为止；未打开该项扣 15 分		
8	退出系统	关闭计算机，检查电源断开	5	未关闭扣 5 分，不检查电源扣 2 分		
合计			100			

Jc0005541010　110kV 某线 26 号电缆终端塔信息查询操作。（100 分）

考核知识点：生产管理系统应用

难易度：易

技能等级评价专业技能考核操作工作任务书

一、任务名称

110kV 某线 26 号电缆终端塔信息查询操作。

二、适用工种

电力电缆安装运维工（输电）初级工。

三、具体任务

在 PMS 系统上查询 110kV 某线某一基电缆终端塔信息

四、操作规范及要求

按要求打开相应的界面并向考评人员展示。

五、考核及时间要求

（1）本考核操作时间共 20 分钟。

（2）选择项目过程中，如不能找到该项目，该项目不得分，但不影响其他项目得分。

技能等级评价专业技能考核操作评分标准

工种	电力电缆安装运维工（输电）					评价等级	初级工
项目模块	电缆运行维护与检修—电缆巡视				编号	Jc0005541010	
单位			准考证号			姓名	
考试时限	20 分钟		题型	单项操作		题分	100 分
成绩		考评员		考评组长		日期	
试题正文	110kV 某线 26 号电缆终端塔信息查询操作						
需要说明的问题和要求	要求单人操作，在 PMS 系统完成线路杆塔电缆终端塔查询操作，时间到终止考试						

序号	项目名称	质量要求	满分	扣分标准	扣分原因	得分
1	检查计算机	运行是否顺畅、稳定	5	不检查扣 5 分		
2	登录生产管理系统	熟练打开，顺利进入界面	15	每选择错误一次扣 3 分，扣完为止；未打开该项扣 15 分		
3	单击设备中心按钮	熟练打开，顺利进入界面	15	单击错误一次扣 3 分，扣完为止；未打开该项扣 15 分		
4	单击设备台账按钮	熟练打开，顺利进入界面	15	单击错误一次扣 3 分，扣完为止；未打开该项扣 15 分		
5	单击杆塔台账维护按钮	熟练打开，顺利进入界面	15	单击错误一次扣 3 分，扣完为止；未打开该项扣 15 分		
6	在导航树中选择线路名称	打开界面，选择正确	15	每选择错误一次扣 3 分，扣完为止；未打开该项扣 15 分		
7	单击绝缘子按钮	顺利打开、进入绝缘子信息界面	15	单击错误一次扣 3 分，扣完为止；未打开该项扣 15 分		
8	退出系统	关闭计算机，检查电源断开	5	未关闭扣 5 分，不检查电源扣 2 分		
合计			100			

Jc0005541011　110kV 电缆线路巡视录入率的查询操作。（100 分）

考核知识点：生产管理系统应用

难易度：易

技能等级评价专业技能考核操作工作任务书

一、任务名称

110kV 电缆线路巡视录入率的查询操作。

二、适用工种

电力电缆安装运维工（输电）初级工。

三、具体任务

在 PMS 系统上查询电力电缆巡视录入率。

四、操作规范及要求

按要求打开相应的界面并向考评人员展示。

五、考核及时间要求

（1）本考核操作时间共 10 分钟。

（2）选择项目过程中，如不能找到该项目，该项目不得分，但不影响其他项目得分。

技能等级评价专业技能考核操作评分标准

工种	电力电缆安装运维工（输电）					评价等级	初级工	
项目模块	电缆运行维护与检修—电缆巡视				编号	Jc0005541011		
单位			准考证号			姓名		
考试时限	10 分钟		题型	单项操作		题分	100 分	
成绩		考评员		考评组长		日期		
试题正文	110kV 电缆线路巡视录入率的查询操作							
需要说明的问题和要求	要求单人操作，在 PMS 系统完成线路巡视录入率的查询操作，时间到终止考试							

序号	项目名称	质量要求	满分	扣分标准	扣分原因	得分
1	检查计算机	运行是否顺畅、稳定	5	不检查扣 5 分		
2	登录生产管理系统	正确操作顺利打开、进入界面	10	操作错误未进入界面扣 10 分		
3	单击系统管理按钮	顺利打开、进入界面	15	单击错误一次扣 3 分，扣完为止； 未打开该项扣 15 分		
4	单击检查指标统计按钮					
4.1	选择“运行记录指标”	选择正确，顺利打开、进入界面	10	选择错误一次扣 2 分，扣完为止； 未打开扣 10 分		
4.2	选择“线路巡视录入率”	选择正确，顺利打开、进入界面	10	选择错误一次扣 2 分，扣完为止； 未打开扣 10 分		
4.3	在右侧填写“电压等级”	填写正确	10	填写不正确扣 10 分		
4.4	填写“时间范围”	填写正确	10	填写不正确扣 10 分		
4.5	填写“统计单位”	填写正确	10	填写不正确扣 10 分		
5	单击统计按钮	顺利打开、进入界面	15	单击错误一次扣 3 分，扣完为止； 未打开该项扣 15 分		
6	退出系统	关闭计算机，检查电源	5	未关闭扣 5 分； 不检查电源扣 2 分		
合计			100			

Jc0005542012　高压电缆接地环流检测操作。（100 分）

考核知识点：环流检测

难易度：中

技能等级评价专业技能考核操作工作任务书

一、任务名称

高压电缆接地环流检测操作。

二、适用工种

电力电缆安装运维工（输电）初级工。

三、具体任务

在接地箱处测量电缆接地环流。

四、工作规范及要求

（1）工器具使用及安全措施。

（2）按要求进行操作。

（3）进行工作终结报告。

五、考核及时间要求

（1）本考核1～5项操作时间为20分钟。

（2）工作完成后向考评员汇报工作完毕。

技能等级评价专业技能考核操作评分标准

工种	电力电缆安装运维工（输电）					评价等级	初级工
项目模块	电缆运行维护与检修—电缆检测				编号	Jc0005542012	
单位			准考证号			姓名	
考试时限	20分钟		题型	单项操作		题分	100分
成绩		考评员		考评组长		日期	
试题正文	高压电缆接地环流检测操作						
需要说明的问题和要求	（1）检测单人操作，设1人监护记录。 （2）要求着装正确（穿工作服. 工作胶鞋、戴安全帽）						

序号	项目名称	质量要求	满分	扣分标准	扣分原因	得分
1	工作开始					
1.1	办理工作许可手续	作业人员向考评员履行工作许可手续	5	未办理工作许可手续扣5分		
2	检测准备					
2.1	劳动保护用品	佩戴正确，符合操作要求	5	不正确扣1～5分		
2.2	机具准备	正确齐全	5	不正确扣1～5分		
2.3	气体检测	检测合格	5	未检测扣5分		
2.4	核对电缆线路名称	电缆线路名称正确	10	不正确扣10分		
2.5	现场布防	测试点装设安全围栏、悬挂安全警示装置，检测前封闭该区域	5	不正确扣1～5分		
3	接地电流测量					
3.1	检查待测设备外观、绝缘，确认被试电缆完好	检查完成	5	检查不全面扣1～5分		
3.2	确认被试电缆终端和中间接头接地良好、接线正常	被试电缆无异常	5	检查不全面扣1～5分		
3.3	将钳形电流表挡位拧到电流挡	挡位正确，量程有大到小	5	不正确扣5分		
3.4	询问被试电缆负荷电流	询问完成	5	未询问扣5分		
3.5	对测试结果进行记录	检测时应尽量将钳形电流表线圈与被测同轴电缆或铜牌垂直，记录数据准确	10	未记录扣10分		
4	数据处理					
4.1	接地系统状态判断	根据接地电流绝对值大小、接地电流与负荷电流比值、单相接地电流最大最小值比值判断接地系统状态：	25	接地系统状态判断错误扣15分； 电流比值计算错误扣10分		

续表

序号	项目名称	质量要求	满分	扣分标准	扣分原因	得分
4.1	接地系统状态判断	（1）如接地电流绝对值小于 50A 且接地电流与负荷电流比值小于 20%且单相接地电流最大值/最小值小于 3A，判断为正常状态。 （2）50A≤接地电流绝对值≤100A 或 20%≤接地电流与负荷电流比值≤50%或 3A≤接地电流最大值/最小值≤5A，判断为注意状态。 （3）接地电流绝对值大于 100A 或接地电流与负荷电流比值大于 50%或单相接地电流最大值/最小值大于 5A，判断为缺陷状态	25	接地系统状态判断错误扣 15 分； 电流比值计算错误扣 10 分		
5	工作终结					
5.1	向测评人员汇报环流测量和数据处理结果	汇报完成	3	未汇报扣 3 分		
5.2	清点工具，清理测试现场，检查是否有遗留物	做到“工完、料净、场地清”	2	未完成扣 1～2 分		
6	其他要求					
6.1	动作要求	动作熟练流畅	1	不熟练扣 1 分		
6.2	着装正确	应穿工作服、工作胶鞋，戴安全帽	2	每漏一项扣 1 分，扣完为止		
6.3	时间要求	按时完成	2	超过时间不给分，每超过 3 分钟倒扣 1 分		
合计			100			

Jc0005541013　电缆终端头温度测试操作。（100 分）

考核知识点： 仪器仪表使用

难易度： 易

技能等级评价专业技能考核操作工作任务书

一、任务名称

电缆终端头温度测试操作。

二、适用工种

电力电缆安装运维工（输电）初级工。

三、具体任务

考生使用红外测温仪完成电缆终端头温度的测量操作。

四、工作规范及要求

请根据给定条件完成导线接头温度的测量操作：

（1）WHT4030 型便携式远程红外测温仪一台，三脚架一只，测温仪备用电池一块。

（2）记录用笔、纸。

（3）测试人员 1 名，记录人员 1 名。

（4）测量对象由监考员指定。

五、考核及时间要求

本考核操作时间共 10 分钟。

技能等级评价专业技能考核操作评分标准

工种	电力电缆安装运维工（输电）					评价等级	初级工
项目模块	电缆运行维护—电缆检测				编号	Jc0005541013	
单位			准考证号			姓名	
考试时限	10 分钟		题型	单项操作		题分	100 分
成绩		考评员		考评组长		日期	
试题正文	电缆终端头温度测试操作						
需要说明的问题和要求	要求 1 人操作，1 人配合记录						

序号	项目名称	质量要求	满分	扣分标准	扣分原因	得分
1	作业前准备	（1）检查仪器完好，电池电量充足。 （2）核对电缆线路名称、相序无误	10	一项不正确扣 5 分，扣完为止		
2	支三脚架，并安装测温仪	（1）应在测温仪有效距离内尽量靠近测试目标。测温仪的有效距离为 8～30m。 （2）当测温仪内温度与环境温度有差别时，应将仪器在新环境下搁置 10min 以上时间，再开始测温	10	一项不正确扣 5 分，扣完为止		
3	测温仪参数设置					
3.1	打开测温仪电源开关，检查电池电量	若仪器显示电池欠压，需及时更换电池	8	操作不正确不得分		
3.2	距离设置	根据测温仪与导线接头间的距离正确设置	8	操作不正确不得分		
3.3	调节焦距	与距离设置的数值一致	8	操作不正确不得分		
3.4	辐射率的设置	氧化铝的辐射率一般设置 0.90	8	操作不正确不得分		
3.5	报警设置	一般设置为初始报警值＝环境温度＋30℃	8	操作不正确不得分		
4	温度测量					
4.1	打开仪器镜头盖，通过仪器目镜内的十字线对准被测接头	（1）测量时应选择最大测试面。 （2）禁止仪器瞄准太阳或高强度光源，强光下应使用遮阳伞	10	错误一项扣 5 分，扣完为止		
4.2	按住测试开关，在被测导线接头的表面上扫描	测量时使观察孔中心十字线位于被测量目标中央，并保持 1s 时间以上	10	操作不正确扣 10 分		
4.3	将测量结果告诉记录人	（1）应告诉记录人接头类型及接头所处的位置，包括线路名称、杆号、相序等，以及接头温度、环境温度、测量时间等。 （2）及时上报异常导线接头情况	10	错误一项扣 5 分，扣完为止		
5	工作结束					
5.1	整理工具，清理现场	应将仪器电源关闭，盖上镜头盖，然后装箱	10	错误一项扣 5 分，扣完为止		
合计			100			

Jc0003541014　ϕ40×4 钢管手工切割。（100 分）

考核知识点：

1. 钳工工艺
2. 标准化作业能力

难易度： 易

技能等级评价专业技能考核操作工作任务书

一、任务名称

ϕ40×4 钢管手工切割。

二、适用工种

电力电缆安装运维工（输电）初级工。

三、具体任务

（1）工器具的选择及检查。

（2）手工切割ϕ40×4 钢管。

（3）切割面检查及打磨。

四、工作规范及要求

（1）选择所需工器具并进行外观检查。

（2）独立操作，手工切割。

（3）作业完毕清理现场后汇报作业完成。

五、考核及时间要求

本考核操作时间共 30 分钟。

技能等级评价专业技能考核操作评分标准

工种	电力电缆安装运维工（输电）						评价等级	初级工
项目模块	工艺图纸及材料准备—工器具、材料准备及使用					编号	Jc0003541014	
单位			准考证号				姓名	
考试时限	30 分钟		题型	单项操作			题分	100 分
成绩		考评员		考评组长			日期	
试题正文	ϕ40×4 钢管手工切割							
需要说明的问题和要求	（1）本项考核可设专人配合操作，仅对作业人员进行考评。 （2）操作应注意安全，根据具体任务对应标准化作业流程开展确保人身与设备安全。发生安全事故本项考核不合格。 （3）作业流程是否正确将列入考评内容。 （4）工具材料的选用与检查由被考核人员独立完成							

序号	项目名称	质量要求	满分	扣分标准	扣分原因	得分
1	作业前准备					
1.1	安全劳动防护用品的准备	正确佩戴安全帽，穿全套工作服，包括工作服、绝缘鞋、棉手套	5	未正确佩戴安全帽，未正确穿工作服、绝缘鞋、棉手套，每项扣 2 分，扣完为止		
1.2	工器具的准备	熟练正确使用各种工器具	10	未正确使用一次扣 2 分，扣完为止		
1.3	相关安全措施的准备	（1）正确进行工具安全性能检查。 （2）现场作业条件复核。	10	未进行工具外观安全性能检查扣 3 分； 未对现场作业可能存在的危险点进行分析并提出防范措施扣 4 分；		

续表

序号	项目名称	质量要求	满分	扣分标准	扣分原因	得分
1.3	相关安全措施的准备	（3）合理布置地面材料、工具	10	地面工具、材料摆放不整齐、不合理扣3分； 发生安全事故本项考核不得分		
2	工作许可					
2.1	许可方式	向考评员示意准备就绪，申请开始工作	5	未向考评员示意履行许可手续扣5分		
3	工作步骤及技术要求					
3.1	切割操作站位及握锯姿势，台钳使用	站位合理，握锯姿势正确，台钳使用正确	20	握锯姿势不正确扣10分； 台钳使用方法不正确扣10分		
3.2	切割方法及速度	锯割角度及速度符合要求（30～60次/min）	20	角度选择错误扣10分； 速度选择错误扣10分		
3.3	切割面检查、打磨	锯口平整无锐角、无毛刺	20	出现斜口扣10分； 出现锐角扣10分		
3.4	时间	在规定时间内完成所有操作	5	每超出规定时间3分钟扣1分，扣完为止		
4	工作结束					
4.1	作业结束	作业完成检查完毕，确认作业现场没有遗留物件，申请作业结束	2	未向考评员汇报作业结束扣1分； 现场有遗留物的不得分		
4.2	材料、工具规整	作业结束后进行现场工具材料规整	3	未进行现场工具材料规整扣3分		
合计			100			

Jc0003541015 铜铝设备线夹钻孔。(100分)

考核知识点：钳工工艺

难易度：易

技能等级评价专业技能考核操作工作任务书

一、任务名称

铜铝设备线夹钻孔。

二、适用工种

电力电缆安装运维工（输电）初级工。

三、具体任务

（1）将设备线夹固定在电动钻床上。

（2）选择转速后对线夹安装固定尺寸进行钻孔。

（3）钻孔完毕后清理毛刺并打磨接触面。

四、工作规范及要求

（1）要求独立操作。

（2）铜铝设备线夹为240mm^2，1个。

（3）钻孔时不可戴手套。

（4）计时从备齐工具、材料进入工作台开始。

（5）现场发生安全事故，本项考核不合格。

五、考核及时间要求

（1）本考核操作时间共5分钟。

（2）未完成的操作项目不得分，但不影响其他项目得分。

技能等级评价专业技能考核操作评分标准

工种	电力电缆安装运维工（输电）					评价等级	初级工
项目模块	工艺图纸及材料准备—工器具、材料准备及使用				编号	Jc0003541015	
单位		准考证号				姓名	
考试时限	5分钟		题型	单项操作		题分	100分
成绩		考评员		考评组长		日期	
试题正文	铜铝设备线夹钻孔						
需要说明的问题和要求	（1）本项工作属于单人操作项，仅对作业人员进行考评。 （2）操作应注意安全，根据具体任务对应标准化作业流程开展确保人身与设备安全。发生安全事故本项考核不合格。 （3）作业流程是否正确将列入考评内容。 （4）工具材料的选用与检查由被考核人员独立完成						

序号	项目名称	质量要求	满分	扣分标准	扣分原因	得分
1	工作准备					
1.1	安全劳动防护用品的准备	正确佩戴安全帽，穿全套工作服，包括工作服、绝缘鞋、棉手套	5	未正确佩戴安全帽，未正确穿工作服、绝缘鞋、棉手套，每项扣2分，扣完为止		
1.2	工器具的准备	熟练正确使用各种工器具	10	未正确使用一次扣2分，扣完为止		
1.3	相关安全措施的准备	（1）正确进行工具安全性能检查。 （2）现场作业条件复核。 （3）合理布置地面材料、工具	10	未进行工具外观安全性能检查扣3分； 未对现场作业可能存在的危险点进行分析并提出防范措施扣4分； 地面工具、材料摆放不整齐、不合理扣3分； 发生安全事故本项考核不得分		
2	工作许可					
2.1	许可方式	向考评员示意准备就绪，申请开始工作	5	未向考评员示意履行许可手续扣5分		
3	工作步骤及技术要求					
3.1	工件夹持	牢固，但不得夹变形	10	夹持不稳扣5分； 变形扣5分		
3.2	转速选择	转速要求不大于750r/min	5	选择不正确扣5分		
3.3	钻头下压速度	钻头直径选择正确，钻速平稳、均匀	15	钻头选择不正确扣5分； 忽快、忽慢扣5分； 操作不熟练扣5分		
3.4	停电、停钻	钻头提起后再停电	10	先停电后提钻头扣10分		
3.5	工件打毛处理	清理干净毛刺，接触面光滑平整，不可增大接触电阻	10	用手摸、眼观发觉有毛刺扣5分； 不平整扣5分		
3.6	钻孔间距	要求孔距尺寸符合要求、均匀	10	钻孔间距离尺寸不符合要求扣10分		

续表

序号	项目名称	质量要求	满分	扣分标准	扣分原因	得分
3.7	时间	在规定时间内完成所有操作	5	每超出规定时间3分钟扣1分，扣完为止		
4	工作结束					
4.1	作业结束	作业完成检查完毕，确认作业现场没有遗留物件，申请作业结束	2	未向考评员汇报作业结束扣1分；现场有遗留物的不得分		
4.2	材料、工具规整	作业结束后进行现场工具材料规整	3	未进行现场工具材料规整扣3分		
合计			100			

Jc0001541016　在电缆终端塔挂设接地线。(100分)

考核知识点：高处挂设接地线

难易度：易

技能等级评价专业技能考核操作工作任务书

一、任务名称

在电缆终端塔挂设接地线。

二、适用工种

电力电缆安装运维工（输电）初级工。

三、具体任务

在停电电缆终端塔上完成一组接地线装设。

四、工作规范及要求

（1）正确着装。

（2）杆塔三相终端安装接地线。

五、考核及时间要求

本考核操作时间共20分钟。

技能等级评价专业技能考核操作评分标准

工种	电力电缆安装运维工（输电）			评价等级	初级工	
项目模块	工艺图纸及材料准备—工器具、材料准备及使用			编号	Jc0001541016	
单位		准考证号		姓名		
考试时限	20分钟	题型	单项操作	题分	100分	
成绩		考评员	考评组长		日期	
试题正文	在电缆终端塔挂设接地线					
需要说明的问题和要求	（1）要求杆上、杆下均单独操作，1人监护。 （2）告知线路已停电，验电工作已做好，线路无避雷线					
序号	项目名称	质量要求	满分	扣分标准	扣分原因	得分
1	工作准备					
1.1	安全劳动防护用品的准备	正确佩戴安全帽，穿全套工作服，包括工作服、绝缘鞋、安全带、绝缘手套	5	未正确佩戴安全劳动防护用品，每项扣1分，扣完为止		

续表

序号	项目名称	质量要求	满分	扣分标准	扣分原因	得分
1.2	工器具的准备	工器具准备齐全，质量合格	5	遗漏一项扣1分； 发现不合格工器具一项扣2分； 以上扣分，扣完为止		
2	工作许可					
2.1	许可方式	向考评员示意准备就绪，申请开始工作	5	未向考评员申请许可开始工作扣5分		
3	工作步骤及技术要求					
3.1	登杆前的检查	检查杆根是否能登杆	5	未做检查扣5分		
3.2	登杆工具检查	对登杆工具进行冲击试验	5	未做试验扣5分		
3.3	登杆	（1）登杆动作规范、熟练。 （2）上下杆时身体重心要平衡，操作动作要求正确。 （3）下杆未到地面不许跳下	10	上下杆动作不熟练或不正确扣2～5分； 下杆未到地面即跳下扣5分		
3.4	工作位置确定	站位合适，安全带系挂正确	5	系挂不正确的扣2～5分		
3.5	吊接接地线	动作正确，吊绳与接地线不能缠绕	5	吊绳与接地线缠绕扣5分		
3.6	装设接地线	（1）接地棒打入土壤深度大于0.6m，并与土壤接触良好。 （2）接地棒与接地线连接牢固，螺栓拧紧。 （3）接地棒离电杆根部不能过远，土壤较紧密或较湿润处。 （4）装设接地线时，应戴绝缘手套，操作过程人身不能碰触接地线。 （5）装设地线时，先挂接地端，后接导体端。 （6）逐相挂设，先挂身边相，后挂远边相。 （7）地线连接牢固可靠	35	操作过程错误一项扣5分，扣完为止		
4	工作结束					
4.1	工具整理及现场清理	清点工具，清理工作现场	5	未清理现场不得分		
5	工作终结报告	向考评员报告工作已结束，场地已清理	5	未向考评员汇报作业结束扣5分		
6	其他要求					
6.1	动作要求	动作熟练顺畅	5	动作不熟练扣1～5分		
6.2	安全要求	严格遵守“四不伤害”原则，不得损坏工器具和设备	5	未遵守现场安全要求一次扣1分； 损坏工器具和设备一次扣1分； 以上扣分，扣完为止		
合计			100			

第二部分
中级工

第三章　电力电缆安装运维工（输电）中级工技能笔答

Jb0001432001　为什么要进行电缆的核相？（5分）

考核知识点：电缆基础知识

难易度：中

标准答案：

电力系统是三相供电系统，其三相之间有一个固定的相位差，当两个或两个以上的电力网并列时，其相位必须相同，否则会使电缆无法并列运行，甚至会损坏发、供电设备。电缆线路在电力系统中是将系统中某个部分两端的电气设备连接起来的，因此，就要求电缆每相连接的两端设备的相位要求同相，可是电缆的相位是无法用直观的方法来得到的，只能用仪器来进行判断，这就是电缆在与设备连接前要进行核相。

Jb0001432002　为什么交、直流回路不能同用一条电缆？（5分）

考核知识点：电缆基础知识

难易度：中

标准答案：

交、直流回路都是独立系统，直流回路是绝缘系统，而交流回路是接地系统，若共用一条电缆，两者之间容易发生短路，发生相互干扰，降低对直流回路的绝缘电阻，所以交、直流回路不能共用一条电缆。

Jb0001432003　要想提高电缆载流量应从哪些方面考虑？（5分）

考核知识点：电缆基础知识

难易度：中

标准答案：

（1）增大线芯截面，线芯采用高导电材料。

（2）提高电缆绝缘工作温度，采用高温绝缘材料。

（3）提高绝缘材料工作强度，减薄绝缘厚度。

（4）采用纸介损材料，降低损耗。

（5）减少电容电流。

（6）改善敷设条件，如保持电缆周围土壤潮湿度，或采取冷却。

Jb0001432004　户内电缆头为什么有时会产生电晕放电现象？（5分）

考核知识点：电缆基础知识

难易度：中

标准答案：

产生电晕放电现象的部位大都是在三芯分叉处电缆芯引出的部位，其主要原因是三芯分叉的距离较小，芯与芯之间的空隙形成一个大电容，当终端头周围通风不良，室内空气湿度较大时，在电压的作用下空气发生游离引起电晕现象，所以电缆头安装的环境对电晕放电有关系。

Jb0001432005　假设一条大截面电缆与两根小截面电缆并联运行，同样能满足用户需要，忽略经济因素，选用哪种方式？为什么？（5分）

考核知识点：电缆基础知识

难易度：中

标准答案：

（1）选用单根大截面电缆。

（2）由于电缆的导体电阻很小，两根电缆并联运行时，如其中一个导体与线排发生松动，则接触电阻可能达到或超过导体电阻，那么流过与之并联的另一个导体的电流将成倍增加，从而导致热击穿。

Jb0001432006　交流110kV及以上单芯电缆在哪些情况下，宜沿电缆邻近配置并行回流线？（5分）

考核知识点：电缆基础知识

难易度：中

标准答案：

（1）可能出现的工频或冲击感应电压，超过电缆护层绝缘的耐受强度时。

（2）需抑制对电缆邻近弱电线路的电气干扰强度时。

Jb0001432007　单芯交流电缆为什么不采用钢带铠装？（5分）

考核知识点：电缆基础知识

难易度：中

标准答案：

当电缆线芯通过电流时，使周围产生磁力线，磁力线与线芯通过的电流成正比。单芯电缆即使三相电流平衡，由于有护套，在护套内有磁力线通过，护套中通过磁力线的数量与磁导率成正比。而钢带为磁性材料，磁导率很高，钢带中通过较多的磁力线，据电磁感应定律，在钢带中将产生涡流，使电缆发热。当钢带在线路两端接地，而形成闭合回路时，便在钢带中产生感应电流，其大小随电流的增大而增大，会产生较大损耗而发热，影响电缆的容量，因此在交流系统中使用的单芯电缆不能采用钢带铠装。

Jb0001432008　什么叫电的热效应？什么叫热稳定？（5分）

考核知识点：电工基础

难易度：中

标准答案：

（1）电流流过物体，使物体发热的现象叫作电的热效应。这是由于自由电子在物质中运动时与分子或原子发生碰撞，结果使电场力给予电子的能量转化为热能，从而使导体发热。

（2）当物体发热后，其温度超过了周围的气温，就要开始向空气散发热量。物体温度越高，散发热量也越大，当物体的发热量与散热量相等时，物体的温度就不再继续升高，此时就叫作进入了热稳定状态。

Jb0001432009　什么是导体？什么是绝缘体？什么是半导体？（5分）

考核知识点：电工基础

难易度：中

标准答案：

（1）在一定条件下，物质内部如果具有大量的自由电子，能良好地传导电流，则该物质被称为导体。

（2）在一定条件下，物质内部如果没有自由电子（或极微量），不能（或几乎不能）传导电流，则该物质被称为绝缘体。

（3）介于导体与绝缘体之间的物质称为半导体。

导体、绝缘体、半导体并不是绝对的，在特定的条件下，其传导电流的性能是可以改变的，关键是取决于自由电子的数量。

Jb0001431010　相电压与线电压、相电流与线电流的关系是怎样的？（5 分）

考核知识点：电工基础

难易度：易

标准答案：

（1）在星形接线的三相交流电路中，线电压是相电压的 $\sqrt{3}$ 倍，线电流等于相电流。

（2）在三角形接线的三相交流电路中，线电压等于相电压，线电流是相电流的 $\sqrt{3}$ 倍。

Jb0001432011　什么叫电场强度？（5 分）

考核知识点：电工基础

难易度：中

标准答案：

正电荷在电场中受到的力 F 与电荷量 E 的比值，定义为电场中该点的电场强度。很显然，电场强度是一个相量，既有大小，也有方向。

Jb0001432012　什么叫电力线？它有什么特点与作用？（5 分）

考核知识点：电工基础

难易度：中

标准答案：

（1）电力线是用图示的方法来表现电场的方向和大小的线条。

（2）它有以下特点与作用：

1）电力线从正电荷发生，到负电荷终止，即从正电荷指向负电荷。

2）电力线垂直于带电体的表面，任何两条电力线不会相交。

3）电力线的总和即为电场。

4）电力线的疏密程度（即单位面积通过电力线的根数）可表示电场的强弱。

5）电力线上每一点的切线方向，就是该点电场强度的方向。

Jb0001431013　什么叫火花放电？（5 分）

考核知识点：电工基础

难易度：易

标准答案：

对气体或液体介质而言，在外加电压的作用下不发生破坏性放电，放电时表现出火花样的形状，这种现象称为火花放电。如果电源容量足够大，短路电流足够大，放电的火花较粗和较亮时，通常又称为弧光放电。

Jb0001431014　什么叫绝缘强度？（5分）

考核知识点：电工基础

难易度：易

标准答案：

绝缘材料或绝缘结构在电压的作用下，能耐受而不被击穿的最高电场强度，称为绝缘材料或绝缘结构的绝缘强度。

Jb0001432015　请简述高压交联聚乙烯绝缘电缆的结构。（5分）

考核知识点：电缆基础知识

难易度：中

标准答案：

交联聚乙烯电缆导体一般采用铝或铜单线规则绞合紧压的结构，标称截面为800mm^2及以上时为分割导体结构，导体、绝缘屏蔽为挤包的半导电层。金属屏蔽采用铜丝屏蔽或金属套屏蔽结构，外护层采用聚氯乙烯或聚乙烯护套材料，外护层表面还应有导电涂层。

Jb0001431016　为什么35kV及以上电缆的导体大多为圆形截面？（5分）

考核知识点：电缆基础知识

难易度：易

标准答案：

圆形截面的导体具有稳定性好，表面电场均匀，制造工艺简单的优点。

Jb0001431017　电缆内屏蔽层的作用是什么？（5分）

考核知识点：电缆基础知识

难易度：易

标准答案：

电缆导体由多根导线绞合而成，它与绝缘层之间易形成气隙；而导体表面不光滑会造成电场集中。在导体表面加一层半导电材料的屏蔽层，它与被屏蔽的导体等电位，并与绝缘层良好接触，从而可避免在导体与绝缘层之间发生局部放电。

Jb0001431018　单芯电缆为什么不采用钢带铠装层？（5分）

考核知识点：电缆基础知识

难易度：易

标准答案：

单芯电缆护层采用钢带铠装，当导体通过电流时，将产生交变磁场，由于这个磁场的作用，在钢带上会感应出一个感应电压；且电缆钢带在线路两端接地而形成一个闭合回路时，感应电压就会产生感应电流，使电缆发热导致绝缘损坏，因此必须降低电缆载流量。为了避免这种情况，因此单芯电缆的护层铠装不采用钢带，而采用非磁性材料。

Jb0001431019　高电压、大截面电缆敷设后，应采取哪些措施释放热应力？（5分）

考核知识点：电缆基础知识

难易度：易

标准答案：

高电压、大截面电缆敷设后，应采取措施，满足热应力释放的要求。如在高压大截面电缆敷设后，锯开电缆密封头，重新封上既满足热机械应力伸出长度又满足密封防水要求的密封专用装置，根据厂家要求，给予一定的放置时间以释放热机械应力。

Jb0001421020　标出虚线框图（见图 Jb0001421020－1）中的相电压与线电压。（5 分）

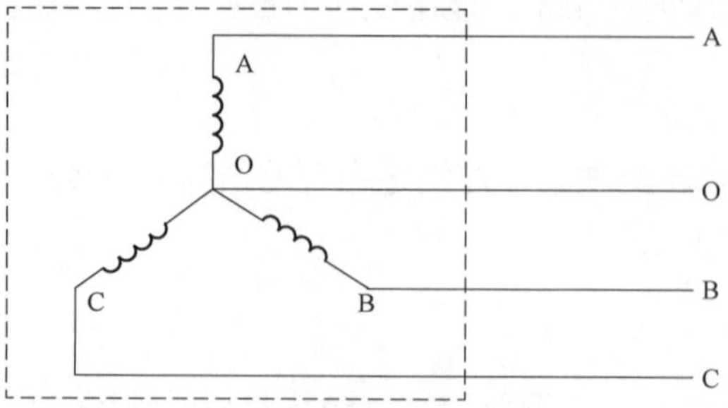

图 Jb0001421020－1

考核知识点：电工基础

难易度：易

标准答案：

如图 Jb0001421020－2 所示。

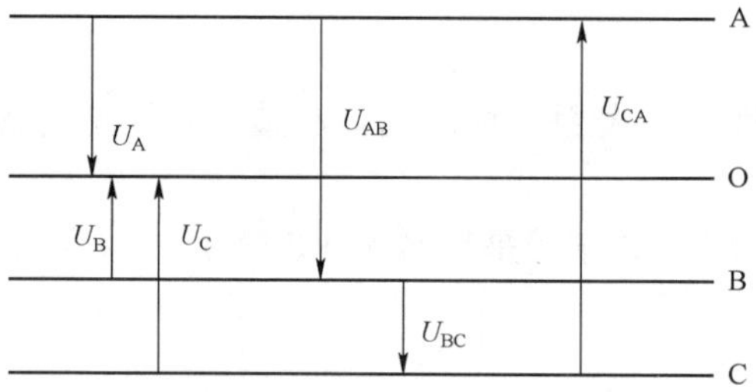

图 Jb0001421020－2

Jb0001421021　画出视在功率 *S* 与有功功率 *P*、无功功率 *Q* 的关系功率三角形。（5 分）

考核知识点：电工基础

难易度：易

标准答案：

视在功率 S 与有功功率 P、无功功率 Q 的关系功率三角形如图 Jb0001421021 所示。

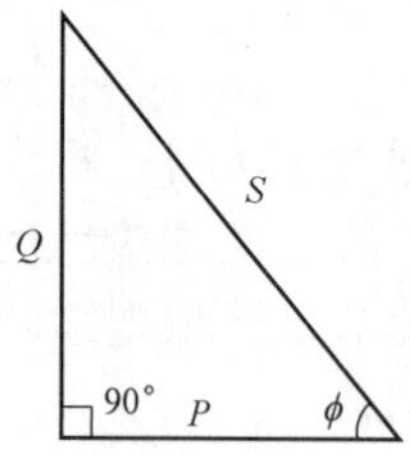

图 Jb0001421021

Jb0001421022　如图 Jb0001421022 所示，标出不滴流油浸纸带绝缘型电缆结构的各部分名称。（5 分）

考核知识点：电缆基础知识

难易度：易

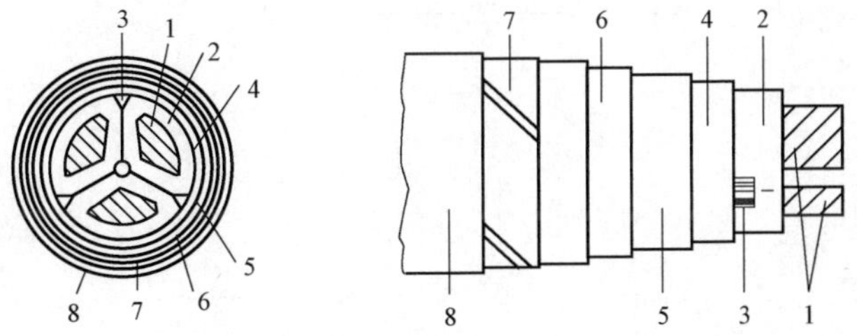

图 Jb0001421022

标准答案：

1—线芯；2—线芯绝缘；3—填料；4—带（统包）绝缘；5—内护层；6—内衬层；7—铠装层；8—外被层（外护层）。

Jb0001421023 画出聚氯乙烯电力电缆断面结构图，并标出结构的各部分名称。（5 分）

考核知识点： 电缆基础知识

难易度： 易

标准答案：

聚氯乙烯电力电缆断面结构图如图 Jb0001421023 所示。

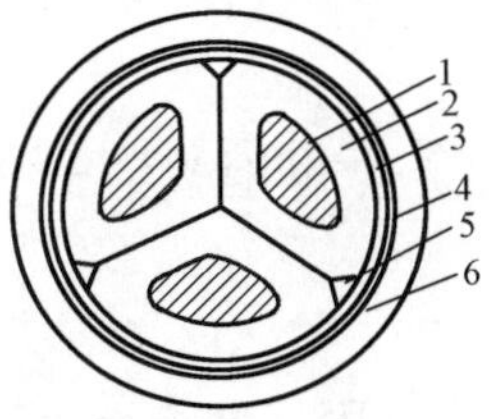

图 Jb0001421023

1—线芯；2—聚氯乙烯绝缘；3—聚氯乙烯内护层；4—铠装层；5—填料；6—聚氯乙烯外护层。

Jb0001421024 画出电动势 $e=40\sin(\omega t+60^\circ)$ V 的波形图。（5 分）

考核知识点： 电工基础

难易度： 易

标准答案：

电动势 $e=40\sin(\omega t+60^\circ)$ V 的波形图如图 Jb0001421024 所示。

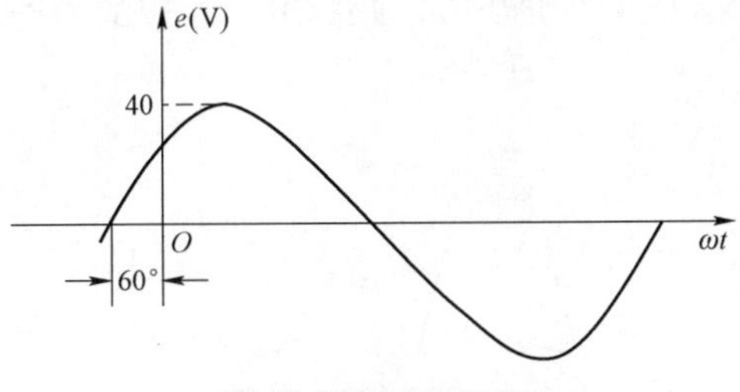

图 Jb0001421024

Jb0001411025 如图 Jb0001411025 所示，求 A、B 两点等效电阻 R_{AB}。其中 $R_1=10\Omega$，$R_2=30\Omega$，$R_3=10\Omega$，$R_4=20\Omega$。（5 分）

考核知识点： 电工基础

难易度： 易

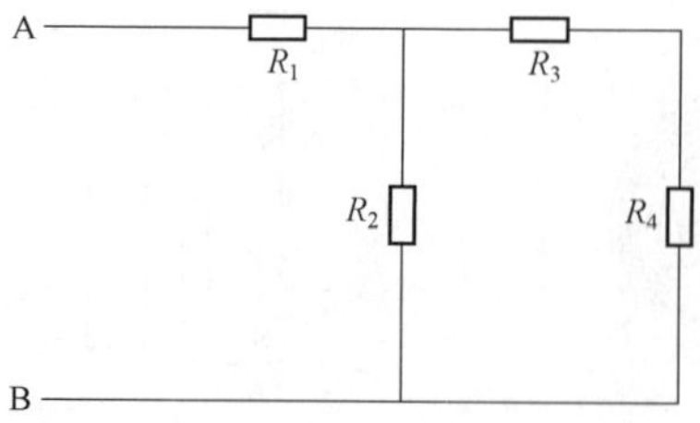

图 Jb0001411025

标准答案：

解：$R_{AB}=R_1+(R_3+R_4)R_2/(R_2+R_3+R_4)$

$=10+(10+20)\times30/(30+10+20)$

$=25\ (\Omega)$

答：A、B 两点等效电阻为 25Ω。

Jb0001411026　用尺测得一圆形电缆直径为 18mm，问该电缆的截面面积是多少？（α 取 0.93）（5 分）

考核知识点：电缆基础知识

难易度：易

标准答案：

解：圆形电缆的截面面积 $S=\alpha\pi r^2$，则 $S=0.93\times3.14\times81\approx240\ (\text{mm}^2)$

答：该电缆的截面面积是 240mm^2。

Jb0001411027　截长 50cm 铜芯电缆一段，剥绝缘后称得一相芯线质量为 1068g，问电缆截面面积为多少？（已知铜的密度为 8.9g/cm^3）（5 分）

考核知识点：电缆基础知识

难易度：易

标准答案：

解：电缆截面面积 $S_m=\dfrac{G}{KL}=\dfrac{1068\times10^3}{8.9\times500}=240\ (\text{mm}^2)$

答：从质量上可得出该电缆截面面积为 240mm^2。

Jb0001411028　波形示意图（见图 Jb0001411028）对应的瞬时表达式是什么？（5 分）

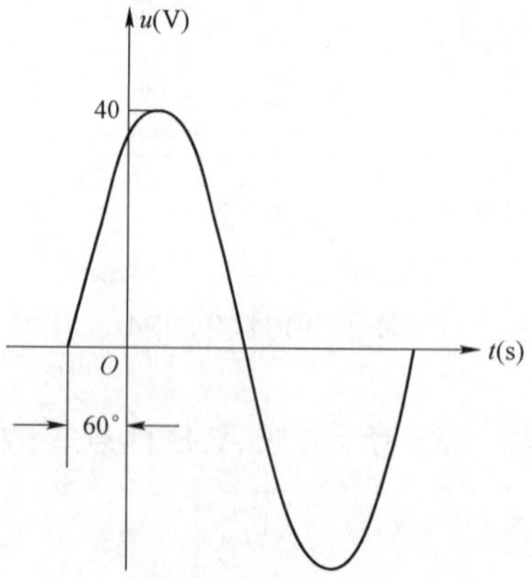

图 Jb0001411028

考核知识点：电工基础

难易度：易

标准答案：

答：$e=40\sin(\omega t+60^\circ)$。

Jb0001411029　已知 i=38sin（ωt+30°）的初相位是多少？电流的有效值是多少？（5 分）

考核知识点：电工基础

难易度：易

标准答案：

解：当 $t=0$ 时，可得其初相位 $\omega t+30^\circ=30^\circ$

电流有效值 $I=38/\sqrt{2}=26.9$（A）

答：初相位为 30°，电流的有效值为 26.9A。

Jb0001412030　设有一盘长 l 为 250m，截面面积 S 为 50mm² 的电芯电缆，在 30℃时测得的导体每芯直流电阻 0.093Ω，问该电缆所用铜材是否符合国家标准？（已知 20℃时，α=0.003 93，铜电阻率 ρ_{20}=0.018 4）（5 分）

考核知识点：电缆基础知识

难易度：中

标准答案：

解：根据 $R_{30}=\rho_{30}\dfrac{l}{S}=\rho_{20}[1+\alpha(30-20)]\dfrac{l}{S}$

得 $0.093=\rho_{20}(1+0.003\,93\times10)\times\dfrac{250}{50}$

$\rho_{20}=0.017\,9$

答：国家标准的 ρ_{20} 为 0.018 4Ω·mm²/m，而 0.017 9 和 0.018 4 非常接近，故该电缆所用铜材，从电阻率角度来讲是标准的。

Jb0001412031　某电缆线路设计要求接地电阻为 4Ω，现已知该地区为砂黏土壤电阻率 ρ=300Ω·m，问需要 2.5m 长的垂直接地体多少根才能满足设计要求？（又已知相邻接地之间距离为 5m，利用系数为 0.8）（5 分）

考核知识点：电缆基础知识

难易度：中

标准答案：

解：$R_1=0.3\rho$

$$R=\frac{R_1}{n\eta}$$

$$R_1=0.3\times300=90\ (\Omega)$$

$$R=\frac{R_1}{n\eta}=\frac{90}{4\times0.8}=28\ (根)$$

答：需要 28 根垂直接地体，作相邻 5m 连接，方能满足设计要求。

Jb0002432032 为什么要装防捻器？（5分）

考核知识点：工器具使用

难易度：中

标准答案：

电缆在敷设牵引过程中，牵引钢丝绳受张力后将产生退扭力，电缆铠装和加强层在受力时也会产生一定扭转机械力。这两种扭转机械力全部作用在电缆上，可能使电缆造成机械损伤。积聚在钢丝绳上的扭转应力能使钢丝绳在停止牵引时弹跳，可能击伤施工人员。所以要装防捻器。

Jb0002432033 电缆终端和接头的选择应符合哪些原则？（5分）

考核知识点：图纸审查

难易度：中

标准答案：

（1）优良的电气绝缘性能。

（2）合理的结构设计。

（3）满足安装环境要求。

（4）符合经济合理原则。

Jb0002431034 交联聚乙烯电缆热缩附件的特点是什么？（5分）

考核知识点：电缆材料准备

难易度：易

标准答案：

热缩附件的最大特点是用应力管代替传统的绕包应力锥，它不仅简化了施工工艺，还缩小了接头的终端的尺寸，安装方便，省时省工，性能优越，节约金属。

Jb0002431035 电缆导体压接连接，怎样才能确保导体压接部位形成良好的导电通路，具有足够的机械强度，并保持性能稳定？（5分）

考核知识点：电缆材料准备

难易度：易

标准答案：

（1）要正确选择连接金具。

（2）压接钳和压接模具要配套。

（3）要采用正确的压接工艺。

Jb0002431036 什么叫电缆线路的正序阻抗和零序阻抗？（5分）

考核知识点：电缆基础知识

难易度：易

标准答案：

电缆导体的交流电阻和三相感抗的相量和称为正序阻抗；电缆零序回路电阻与部分以大地为回路的三相感抗的相量和称为零序阻抗。

Jb0002431037 热缩式和冷缩式的收缩方式有什么不同？（5分）

考核知识点：电缆材料准备

难易度：易

标准答案：

热缩式是用燃烧器对其加热，当加热温度到 120～140℃时，热收缩部件自行收缩；冷缩式是抽去螺旋状塑料支撑后，靠橡胶材料的弹性回缩力收缩。

Jb0002431038 用于三相四线制的电力电缆，它的中性线起什么作用？（5 分）

考核知识点：电缆基础知识

难易度：易

标准答案：

三相四线制中的电缆中性线的主要功能是通过三相不平衡电流，并有保护接地作用。

Jb0002431039 牵引端和牵引网套两者有什么不同？（5 分）

考核知识点：电缆材料准备

难易度：易

标准答案：

牵引端和牵引网套的不同点在于，牵引端将牵引力传递到电缆导体和金属护套，而且牵引端又是电缆端部的密封套，具有密封性能。牵引网套则将牵引力传递到电缆护层上。

Jb0002431040 110kV 电缆放线施工用的机具主要有哪些？（5 分）

考核知识点：工器具使用

难易度：易

标准答案：

110kV 电缆放线施工用的机具主要有电缆盘支架、放线机、牵引机具、滑车、电源控制系统、通信系统。

Jb0002431041 绝缘电阻表的转速对测量有什么影响？（5 分）

考核知识点：工器具使用

难易度：易

标准答案：

（1）使用绝缘电阻表时，应使平摇发电机处于额定转速，一般为 120r/min。

（2）如果转速不衡定，会使绝缘电阻表指针摆动不定，带来测量上的误差。

Jb0002432042 用万用表测量交流电压时应注意什么？（5 分）

考核知识点：工器具使用

难易度：中

标准答案：

（1）测量前必须将转换开关拨到对应的交流电压量程。

（2）测量时将表笔并联在被测电路两端，且接触应紧密。

（3）不得在测量中拨动转换开关。

（4）在电路电压未知情况下，应先用表最高一挡测试，然后换用低挡直到表针刻度移动至刻度 2/3 为宜。

（5）测量 1000V 以上电压时应使用表笔和引线，且做好安全措施。

Jb0002431043　喷灯必须符合哪些条件后方可点火？（5分）

考核知识点：工器具使用

难易度：易

标准答案：

（1）油桶不漏油，喷火嘴不堵塞，丝扣不漏气。

（2）油桶内油的容量不超过油桶容量的3/4。

（3）加油的螺栓塞已拧紧，并将油桶外表的油污擦干净后，才可点火。

Jb0002433044　试述使用经纬仪的注重事项。（5分）

考核知识点：工器具使用

难易度：难

标准答案：

（1）在仪器出箱前要记清仪器原来是怎样装箱的，用后按原样装回箱内。

（2）仪器出箱时要用手托轴座或度盘，不能用手提望远镜。

（3）三脚架支稳后，安上仪器，并立即拧紧三脚架与仪器的连接螺栓。

（4）仪器的各个制动螺栓不能拧得太紧或太松，应该松紧适度。

（5）转动仪器时，应手扶支架或度盘，平稳转动，不得用手持望远镜左右旋转。

（6）严禁用手、粗布或硬纸擦拭仪器，应用软毛刷轻轻地掸去灰尘。

（7）仪器避免在强烈日光下照射，以防水准管破裂及气泡偏移。

（8）仪器短距离移动时，应先旋紧各部螺栓，但不可太紧，长距离搬运须装箱，坐汽车要把仪器抱在身上防振。

（9）仪器使用一定阶段要进行擦拭、加油或进行检修。

（10）仪器用完后要除去灰尘（如被雨雪淋湿等），要用软布擦去水珠，晾干后装箱。

（11）仪器应放在清洁干燥且温度变化不大的地方保管。

Jb0002432045　施工图的识图要点有哪些？（5分）

考核知识点：图纸审查

难易度：中

标准答案：

（1）识读施工图应先查看施工图目录，根据目录选看所需图纸。

（2）识读施工图应先看整体图后看局部图，先看文字说明后看图样，先看基本图后看详图，先看图形后看尺寸等依次仔细阅读，并应注意各图样之间的相互关系。

（3）由于施工图种类较多，识图时必须注意每张图纸上的直径、长度、深度、高度等使用单位，以免应用错误。

Jb0002431046　简述外护层接地电流测试仪的基本要求。（5分）

考核知识点：工器具使用

难易度：易

标准答案：

（1）钳型电流表应携带方便、操作简单，测量精度高，交流电流测量分辨率达到0.2A，测量结果重复性好。

（2）应具备多量程交流电流挡。

（3）钳型电流表钳头开口直径应略大于接地线直径。

Jb0002431047 安装电缆终端前，应检查电缆附件材料，并符合哪些要求？（5分）

考核知识点：电缆材料准备

难易度：易

标准答案：

（1）电缆附件型号、规格应与电缆相匹配。检查货箱在运输过程中是否有损伤。开箱，按安装指导书中所附的材料清单核实各零部件，并检查是否在运输过程中受损伤。

（2）绝缘材料不应受潮。密封材料不得失效，壳体结构附件应预先组装，内壁清洁。结构尺寸符合工艺要求。

（3）各类消耗材料齐备。清洁绝缘表面的溶剂宜遵循工艺要求准备齐全。

（4）必要时应进行附件试装配。

Jb0002431048 电缆及附件选型应符合哪些环境要求？（5分）

考核知识点：电缆材料准备

难易度：易

标准答案：

腐蚀性较强的区域应选用铅包电缆；隧道、沟道内应选用阻燃电缆；运行在潮湿或浸水环境中的高压电缆应有纵向阻水功能；人流密集区域的电缆终端应选用复合材料套管；户外终端应满足当地污秽等级要求。

Jb0002431049 安装电缆终端前，应检查电缆，并符合什么要求？（5分）

考核知识点：电缆材料准备

难易度：易

标准答案：

（1）电缆绝缘状况良好，无受潮。

（2）电缆绝缘偏心度满足标准要求。

（3）电缆相位正确，护层绝缘合格。

Jb0002431050 额定电压66、220kV交联聚乙烯绝缘电力电缆户外终端安装施工现场应具备什么材料？（5分）

考核知识点：施工作业准备

难易度：易

标准答案：

（1）安装工艺图纸。

（2）施工方案。

（3）施工组织设计。

（4）作业指导书。

Jb0002411051 在某XLPE绝缘电缆剖面上测出绝缘厚度最薄17.10mm，平均厚度19.0mm，最厚点厚度19.5mm，问该电缆偏心度为多少？是否可判合格？（5分）

考核知识点：电缆材料准备

难易度：易

标准答案：

解：偏心度 =（最厚点厚度 – 最薄点厚度）/最厚度厚点

=（19.5 – 17.1）/19.5 =0.123

答：该电缆偏心度为 0.123。因 12.3%＞8%，故该电缆为不合格电缆。

Jb0002411052　有一个磁电系测量机构，满量程电流为 100μA，内阻为 1kΩ，如果要将它变成量程为 10mA 的电流表应如何改接？分流电阻为多大？（5 分）

考核知识点：工器具使用

难易度：易

标准答案：

解：量程扩大倍数 $n = I / I_0 = 10 \times 10^{-3}/100 \times 10^{-6} = 100$

分流电阻 $R_s = r_0 / (n-1)$ = 1000/（100 – 1） = 10.1（Ω）

答：即在测量机构上并联一个 10.1Ω的分流电阻，可测量 10mA 电流。

Jb0003432053　为什么直埋敷设施工中要更换回填土？（5 分）

考核知识点：电缆敷设施工

难易度：中

标准答案：

在土壤热阻系数比较高的地区，当电缆运行中发热使土壤温度高于 50℃时，土壤中水分会向低温处扩散，即产生水分迁移现象，从而导致土壤热阻系数进一步增高，甚至引起电缆过热造成故障。电缆直埋敷设采取更换回填土措施，其意义在于降低土壤热阻系数，防止土壤中发生水分迁移现象，充分发挥电缆的输送容量。

Jb0003431054　在哪种情况下采用排管敷设？有什么优点？（5 分）

考核知识点：电缆敷设施工

难易度：易

标准答案：

排管敷设一般用在与其他建筑物、公路或铁路相交叉的地方，有时也在建筑物密集区内采用。主要优点是占地少，能承受大的荷重，电缆相互间互不影响，比较安全。

Jb0003431055　为什么不允许采取三芯电缆加一根导线作为中性线的敷设方式？（5 分）

考核知识点：电缆敷设施工

难易度：易

标准答案：

如果采用三芯电缆加一根绝缘导线作为中性线，在运行中电缆金属护套和铠装层中将会有不平衡电流通过而使电缆发热，从而影响电缆的输送容量。

Jb0003431056　简述直埋电缆敷设流程。（5 分）

考核知识点：电缆敷设施工

难易度：易

标准答案：

（1）准备工作。

（2）直埋电缆敷设。

（3）铺砂盖砖。

（4）回填土。

（5）埋桩标。

（6）挂标志牌。

（7）关口密封及防水处理。

Jb0003431057　简述电缆排管的三种结构形式。（5分）

考核知识点：电缆土建施工

难易度：易

标准答案：

电缆排管有混凝土加固式、直埋式、预制式三种结构形式。

Jb0003432058　电缆隧道内如何装设接地线？（5分）

考核知识点：电缆土建施工

难易度：中

标准答案：

隧道和沟的全长应装设连续的接地线，接地线应和所有的支架相连，两头和接地极连通。接地线的规格应符合设计要求。电缆铅包和铠装除了有绝缘要求外，应全部相互连接并和接地线相连，电缆支架和接地线均应涂防锈漆或镀锌。

Jb0003431059　使用机械放线时，对放线速度有什么要求？（5分）

考核知识点：电缆敷设施工

难易度：易

标准答案：

放线速度不得超过15m/min。

Jb0003431060　简述机械敷设电缆时的安全要求。（5分）

考核知识点：电缆敷设施工

难易度：易

标准答案：

用机械敷设电缆时，应考虑牵引机具的强度。在牵引中应防止钢丝绳背花，或在尖硬的物体上刮磨。工作人员不许抚摸走动中的钢丝绳或电缆。如有故障应停车处理。

Jb0003432061　电缆的路径选择有哪些要求？（5分）

考核知识点：电缆敷设施工

难易度：中

标准答案：

（1）避免电缆遭受机械性外力、过热、腐蚀等危害。

（2）满足安全要求条件下使电缆较短。

（3）便于敷设、维护。

（4）避开将要挖掘施工的地方。

（5）充油电缆线路通过起伏地形时，使供油装置较合理配置。

Jb0003431062　电缆线盘在移动前应做哪些检查？（5 分）

考核知识点：电缆敷设施工

难易度：易

标准答案：

（1）电缆线盘在移动前应检查线盘是否牢固。

（2）电缆两端应固定，线圈不应松弛。

（3）有时由于电缆长期存放或保管不善，线松散，搬运时容易造成电缆操作或线盘松散无法放线，此时应更换线盘。

Jb0003431063　常用的电缆敷设方式有哪几种？（5 分）

考核知识点：电缆敷设施工

难易度：易

标准答案：

（1）直埋。

（2）隧道或电缆沟内敷设。

（3）桥架中敷设。

（4）水下敷设。

（5）排管内敷设。

Jb0003432064　电缆保护管应符合哪些要求？（5 分）

考核知识点：电缆敷设施工

难易度：中

标准答案：

（1）内壁光滑无毛刺。

（2）满足使用条件所需的机械强度和耐久性。

（3）需穿管来抑制电气干扰的控制电缆，应采用钢管。

（4）交流单相电缆以单根穿管时，不得用未分隔磁路的钢管。

Jb0003431065　简述对电缆排管有何要求。（5 分）

考核知识点：电缆土建施工

难易度：易

标准答案：

（1）排管顶部至地面距离，在厂房内为 0.2m，人行道下为 0.5m，一般地区为 0.7m。

（2）在变更方向及分支处均应装置排管井坑，长度超过 30m 时也应加设井坑。

（3）井坑深度不小于 0.8m，人孔直径不小于 0.7m。

（4）排管应有倾向井坑 0.5%～1%的排水坡度。

Jb0003431066 直埋敷设电缆路径的选择，应考虑哪些因素？（5分）

考核知识点：电缆敷设施工

难易度：易

标准答案：

（1）应避开含有酸、碱强腐蚀度或杂散电流电化学腐蚀严重影响的地段。

（2）无防护措施时，宜避开白蚁危害地带、热源影响和易造外力损伤的区段。

Jb0003431067 电缆敷设施工记录应包括哪些内容？（5分）

考核知识点：电缆敷设施工

难易度：易

标准答案：

电缆敷设施工记录，应包括电缆敷设日期、天气状况、电缆检查记录、电缆生产厂家、电缆盘号、电缆敷设总长度及分段长度、施工单位、施工负责人等。

Jb0003411068 一条 6.08kg/m 的电缆长 50m，沿直线采用滑轮上敷设，其牵引力不应小于多少才能达到敷设目的？（5分）

考核知识点：电缆敷设施工

难易度：易

标准答案：

解：$F = KWL$

$= 0.2 \times 6.08 \times 50 = 60.8$（kg）

答：牵引力不应小于 60.8kg。

Jb0004433069 简述 10kV 冷缩式电力电缆中间接头的制作工艺流程。（5分）

考核知识点：电缆冷缩工艺

难易度：难

标准答案：

（1）施工前准备。

（2）剥除外护套、铠装、内护套及填料。

（3）剥切绝缘层，套中间接头管。

（4）压接连接管。

（5）安装中间接头管。

（6）连接两端铜屏蔽层。

（7）恢复内护套。

（8）连接两端铠装层。

（9）恢复外护套。

Jb0004431070 制作安装电缆接头或终端头对气象条件有何要求？（5分）

考核知识点：电缆附件制作基础要求

难易度：易

标准答案：

（1）制作安装应在良好的天气下进行。

（2）尽量避免在雨天、风雪天或湿度较大的环境下施工，同时还有防止尘土和外来污物的措施。

Jb0004432071　搪铅操作时应注意什么？（5分）

考核知识点：电缆终端头制作

难易度：中

标准答案：

（1）封铅要与电缆金属护套和电缆附件的铜套管紧密连接，封铅致密性好，不应有杂质和气泡。

（2）搪铅时要掌握好温度，时间要短，温度不能过高，不能超过电缆绝缘最高允许工作温度。

（3）搪铅圆周方向应厚度均匀，外观要美观。

Jb0004431072　简述直埋敷设施工中更换回填土方法。（5分）

考核知识点：电缆敷设施工

难易度：易

标准答案：

更换回填土的方法是：在挖好的电缆沟槽中，在电缆周围回填适当宽度和厚度的“新土”，这种新土应是热阻系数比较低而且比较稳定的材料，如细土、细砂或拌和水泥砂（砂和水泥的体积比为14:1）等。回填材料经过筛处理，回填后夯实。

Jb0004431073　直埋敷设于非冻土地区时，10kV及以下电缆埋置深度应符合哪些规定？（5分）

考核知识点：电缆运行维护与检修施工

难易度：易

标准答案：

（1）电缆外皮至地下构筑物基础，不得小于0.3m。

（2）电缆外皮至地面深度，不得小于0.7m。

（3）当位于车行道或耕地下时，应适当加深，且不得小于1m。

Jb0004431074　对电缆接头的制作基本技术要求有哪些？（5分）

考核知识点：电缆接头制作

难易度：易

标准答案：

导体连接良好，绝缘可靠，密封良好，足够的机械强度。

Jb0004432075　简述对交联聚乙烯电缆进行加热矫直的必要性。（5分）

考核知识点：电缆附件制作基础

难易度：中

标准答案：

（1）使终端或接头位置的一段电缆，由制造过程中形成的自然弧形状态改成平直状态，以利于预制装配件等组件的安装。

（2）通过加热矫直，消除部分在制造、敷设过程中存留于绝缘内部的应力，减小安装后末端绝缘回缩量。

Jb0004432076　简述10kV热缩式电力电缆户内终端头的制作工艺流程。（5分）

考核知识点：电缆热缩工艺

难易度：中

标准答案：

（1）施工前准备。

（2）剥除外护套、铠装、内护套及填料。

（3）焊接地线、绕包密封填充胶。

（4）热缩分支手套，调整三相线芯。

（5）剥切铜屏蔽层、外半导电层，缠绕应力控制胶。

（6）热缩应力控制管。

（7）热缩绝缘管。

（8）剥除绝缘层，压接接线端子。

（9）热缩密封管和相色管。

（10）连接接地线。

Jb0004431077　电缆加热校直时，一般应对电缆进行多少温度下多长时间的加热？锡箔纸有什么用途？（5分）

考核知识点： 电缆附件制作基础要求

难易度： 易

标准答案：

（1）应对电缆在 75～80℃下，持续 4h 加热。

（2）锡箔是热的良导体，在加热带与电缆之间包绕一层锡箔纸有助于使电缆均匀受热。

Jb0004431078　电缆接头施工中，清洗交联电缆绝缘及外半导电层时应注意什么？（5分）

考核知识点： 电缆接头制作

难易度： 易

标准答案：

（1）应使用不掉毛、不褪色的清洗材料。

（2）应自绝缘向半导电单方向清洗，清洗材料不得重复使用。

Jb0004431079　为提高充油电缆封铅的质量，有哪些措施？（5分）

考核知识点： 电缆附件制作基础要求

难易度： 易

标准答案：

（1）采用双层封铅。

（2）在封铅外面密绕铜绑线，以加强封铅机械强度。

Jb0004432080　使用玻璃片清理绝缘表面残余半导电时，应注意什么？（5分）

考核知识点： 电缆附件制作基础要求

难易度： 中

标准答案：

（1）操作人不得戴手套，以便于掌握力度。

（2）把持玻璃片力度适中，防止割伤。

（3）玻璃片应与电缆轴向及辐向成 30°～45° 夹角，用力均匀，不得划伤电缆，不得剥出波纹。

Jb0004431081　做电缆接头封铅工作应注意哪些事项？（5 分）

考核知识点：电缆接头制作

难易度：易

标准答案：

（1）搪铅时间不宜过长，在铅封未冷却前不得撬动电缆。

（2）铅护套搪铅时，应先涂擦铅焊料。

（3）充油电缆的铅封应分两层进行，以增加铅封的密封性，铅封和铅套均应加固。

Jb0004431082　电缆终端的绝缘应有什么特性？（5 分）

考核知识点：电缆终端头制作

难易度：易

标准答案：

（1）终端的额定电压及其绝缘水平，不得低于所连接电缆额定电压及其要求的绝缘水平。

（2）终端的外绝缘，应符合安置处海拔、污秽环境条件所需泄漏比距的要求。

Jb0004432083　制作电缆终端头时，钢铠和铜屏蔽层能否焊接在一块？（5 分）

考核知识点：电缆终端头制作

难易度：中

标准答案：

在制作电缆头时，将钢铠和铜屏蔽层分开焊接接地，是为了便于检测电缆内护层的好坏，在检测电缆护层时，钢铠与铜屏蔽间通上电压，如果能承受一定的电压就证明内护层时完好无损。

Jb0004431084　简述电缆中间接头定义。（5 分）

考核知识点：电缆接头制作

难易度：易

标准答案：

将若干段电缆在现场连接起来，以构成一条连续的输、配电线路，这种电缆中间连接附件叫作电缆中间接头。

Jb0004431085　简述电缆线芯连接时，中间接头对连接管的处理。（5 分）

考核知识点：电缆接头制作

难易度：易

标准答案：

电缆线芯连接时，应除去线芯和连接管内壁油污及氧化层，压接模具与金具应配合恰当，压缩比应符合要求，压接后应将连接管上的凸痕修理光滑，不得留毛刺，铜导体采用镀锡铜管连接。

Jb0004431086　制作安装电缆接头或终端头对环境有何要求？（5 分）

考核知识点：电缆附件制作基础要求

难易度：易

标准答案：

（1）制作安装应尽量避免在雨天、风雪天或湿度较大的环境进行。

（2）应有防止尘土和外来污物的措施。

Jb0004431087 接头制作前对电缆附件进行几项检查？（5分）

考核知识点：电缆接头制作

难易度：易

标准答案：

（1）绝缘带材应检查有效期及电气性能。

（2）绝缘管材及预制件表面应清洁无划痕或缺陷。

（3）检查密封材料是否脱落，密封胶脱落的管材应更换。

Jb0004432088 电缆接头应具有哪些性能？（5分）

考核知识点：电缆接头制作

难易度：中

标准答案：

（1）良好的导电性，要与电缆本体一样，能够稳定地传输允许载流量规定的电流，且不引起局部发热。

（2）满足在各种状况下具有良好的绝缘结构。

（3）优良的防护结构，要求具有耐气候性和防腐蚀性。

（4）良好的密封性和足够的机械强度。

Jb0004431089 电缆接头的绝缘应有什么特性？（5分）

考核知识点：电缆接头制作

难易度：易

标准答案：

（1）接头的额定电压及其绝缘水平，不得低于所连接电缆额定电压及其要求的绝缘水平。

（2）绝缘接头的绝缘环两侧耐受电压，不得低于所连电缆护层绝缘水平的2倍。

Jb0004431090 剥除铜屏蔽应有什么要求？（5分）

考核知识点：电缆附件制作基础要求

难易度：易

标准答案：

剥除铜屏蔽时断口须整齐，切勿伤及半导电屏蔽。

Jb0004431091 终端制作前应对电缆做什么准备？（5分）

考核知识点：电缆终端头制作

难易度：易

标准答案：

（1）检查电缆型号。

（2）检查电缆是否完好。

（3）将电缆调直。

（4）擦净电缆外护套。

（5）校净潮气。

Jb0004431092　清洗绝缘层有何要求？（5分）

考核知识点：电缆附件制作基础要求

难易度：易

标准答案：

应采用清洗纸、无水酒精，清洗方向应由绝缘层向半导电方向擦洗，一次擦洗过的清洗纸不得重复使用。

Jb0004431093　简述制作热缩电缆头使用喷枪时的安全要求。（5分）

考核知识点：电缆热缩工艺

难易度：易

标准答案：

（1）制作热缩电缆头使用喷枪，点火前应认真检查管路是否连接紧密有无跑气或脱落。

（2）液化器罐应有专人操纵。

（3）喷枪点火时应让火等气，并注意喷枪前不得有障碍物。

Jb0004432094　简述电缆头制作的一般操作程序。（5分）

考核知识点：电缆接头制作

难易度：中

标准答案：

（1）制作前的准备包括：

1）阅读安装说明书。

2）察看现场。

3）备料。

4）检验电缆是否受潮。

5）制作前测试等。

（2）接头的制作过程包括：

1）割断多余电缆。

2）电缆保护层的剥切。

3）导体连接。

4）包绕绝缘（或收缩管材）。

5）安装接头外壳。

6）灌注绝缘剂。

7）进行密封处理等。

（3）制作后电气测试。

Jb0004431095　制作电缆头时，对上下扳弯电缆导体有何要求？（5分）

考核知识点：电缆接头制作

难易度：易

标准答案：

扳弯导体时，不得损伤纸绝缘，导体的弯曲半径不得小于电缆导体的10倍。制作时要特别小心，应使导体弯曲部分均匀受力，否则极易损伤绝缘纸。

Jb0004432096　简述塑料电缆的热收缩密封法。（5分）

考核知识点：电缆热缩工艺

难易度：中

标准答案：

热缩法适用于中、低压橡、塑电缆接头和终端头的密封，也可适用于不滴流和黏性浸渍绝缘电缆。采用交联聚乙烯型和硅橡胶型两大类遇热后能均匀收缩的热缩管。将这种管材套于预定的黏合密封部位，并在黏合部位涂上热熔胶，当加热到一定温度后120～140℃，热缩管将收缩，同时热熔胶熔化，待自然冷却后即形成一道良好的密封封层。

Jb0004431097　请解释电缆校直的方法和目的。（5分）

考核知识点：电缆附件制作基础要求

难易度：易

标准答案：

（1）在电缆附件施工时，将电缆端部一定区域绕包加热带并按照规定的时间和温度加热后，固定在一平直的物体上自然冷却至环境温度，使电缆端部成为直线。

（2）目的在于消除电缆生产和敷设过程中产生的机械应力，保证电缆和附件界面良好配合，也可减少电缆投运后因绝缘受热而导致的回缩。

Jb0004432098　XLPE绝缘电缆附件在电气绝缘上有哪些要求？（5分）

考核知识点：电缆附件制作基础要求

难易度：中

标准答案：

（1）电缆附件所用材料的绝缘电阻、介质损耗、介电常数、击穿强度，以及与结构确定的最大工作场强满足不同电压等级电缆的使用要求。

（2）此外，还应考虑干闪距离、湿闪距离、爬电距离等。

（3）有机材料作为外绝缘时还应考虑抗漏电痕迹、抗腐蚀性、自然老化等性能。

只有满足这些要求才能说附件基本上达到了电气上满足。

Jb0004431099　安装交联电缆终端时为什么要对电缆进行加热校直？（5分）

考核知识点：电缆终端头制作

难易度：易

标准答案：

在110kV及以上电压等级的高压交联电缆生产过程中，电缆绝缘内部会留有应力。这种应力会使电缆导体附件的绝缘有向绝缘体中间收缩的趋势。当切断电缆时，就会出现电缆端部绝缘逐渐回缩并露出线芯。一旦电缆绝缘回缩后，电缆终端内就会产生气隙。在高电场作用下，气隙很快会产生局部放电，导致终端被击穿。因此，在电缆终端制作过程中，必须做好电缆加热校直工艺，确保上述应力的消除和电缆的笔直度。

Jb0004432100　电缆终端安装时导体连接有哪些技术要求？（5分）

考核知识点：电缆终端头制作

难易度：中

标准答案：

导体连接包括电缆接头中导体与导体的连接，终端头中导体与接线端子的连接。其连接要满足：

（1）接触电阻小而且稳定。包括连接金具在内的一定长度试样的电阻应不大于相同长度电缆导体的电阻。经运行后，连接处电阻与相同长度导体电阻之比值不应大于 1.2 倍。

（2）有足够的机械强度。对于固定敷设的电缆，其连接点的抗拉强度应不低于电缆导体本身抗拉强度的 60%。

（3）能够经受一定次数的短路冲击。

（4）具有耐振动和耐腐蚀性能。

Jb0004431101　试述电缆导体连接的技术要求。（5 分）

考核知识点：电缆附件制作基础要求

难易度：易

标准答案：

（1）连接点的接触电阻小而稳定，连接点电阻比值不应大于 1.2。

（2）连接点具有足够的机械强度，应能耐振动。

（3）连接点应抗腐蚀。

（4）连接点应连续、光滑、无毛刺。

Jb0004432102　电缆导体压接有哪些工艺要点？（5 分）

考核知识点：电缆附件制作基础要求

难易度：中

标准答案：

（1）压接前要检查核对连接金具和压模，必须与电缆导体标称截面面积、导体结构种类（紧压或非紧压）相符。

（2）用清洁剂清除导体、接管、接线端子表面污垢，使其表面出现光泽。

（3）导体经圆整后插入连接管或接线端子，插入长度必须充足。

（4）压接顺序、部位应符合工艺标准，压模合拢后，应停留 10～15s，使压接部位金属塑性变形达到基本稳定后，才能松模。

（5）压接后，压接部位表面应光滑，不应有裂纹或毛刺，边缘处不得有尖端，点压的压坑深度应与阳模的压入部位高度一致，坑底应平坦无裂纹。

Jb0004432103　简述搪铅操作中的触铅法及其要求。（5 分）

考核知识点：电缆附件制作基础要求

难易度：中

标准答案：

（1）将铜套管或铜尾管搪铅部位的污垢和氧化层清除，以焊锡膏为助焊剂，均匀地涂上一层焊锡。

（2）搪铅前应用硬脂酸清除搪铅部位的氧化层和污垢。

（3）触铅时燃烧器加热封铅部位，同时加热封铅焊条，将其均匀地在封铅部位涂一层。

（4）将熔融的封铅焊条堆积于封铅部位，然后继续加热，使用电缆油浸渍过的揩布将封铅加工成形。

Jb0004431104　电缆户外终端安装中接地线焊接需注意什么？（5 分）

考核知识点：电缆终端头制作

难易度：易

标准答案：

金属表面搪底铅、接地线焊接时，应控制好温度，避免损伤电缆外屏蔽及绝缘。对于全预制式干式终端，接地线接触面与金属套端口应缠绕 PVC 带加以保护。

Jb0004431105　电缆接头安装工艺中，电缆加热校直处理工艺要求是什么？（5 分）

考核知识点：电缆接头制作

难易度：易

标准答案：

电缆接头安装前应对安装接头部分的电缆按照厂家工艺要求进行加热校直，若无规定，校直应达到每 600mm 长度，弯曲偏移不应大于 2mm 的工艺要求，加热校直的温度宜控制在 75℃±3℃，保温时间宜大于 4h 或按工艺要求。采用校直管校直后，应自然冷却至常温。

Jb0004431106　简述电缆户外终端安装时，导体连接安装工艺。（5 分）

考核知识点：电缆终端头制作

难易度：易

标准答案：

导体连接方式宜采用机械压力连接方法；导体压接前，应检查一遍各零部件的数量、安装顺序和方向；检查导体尺寸，清除导体表面污迹与毛刺；按工艺图纸要求，准备压接模具和压接钳；按工艺要求的顺序压接导体；压接完毕后对压接部分进行处理，测量压接延伸量；要求接管压接部分不得存在尖锐和毛刺、要求压接完毕后电缆之间仍保持足够的笔直度。

Jb0004431107　简述电缆接头安装中切割电缆及电缆护套的处理工艺。（5 分）

考核知识点：电缆接头制作

难易度：易

标准答案：

先将电缆临时固定于运行位置，作好接头中心位置标记，根据工艺图纸要求确定最终切割位置；按工艺要求剥除电缆外护层后，将接头施工范围内的外护层表面半导电层处理干净；按工艺要求剥除金属套，应严格控制切口深度，严禁切口过深而损坏电缆内部结构，应去除尖口及残余金属碎屑。

Jb0004422108　如图 Jb0004422108 所示，标出汽油喷灯的构造各部分的名称。（5 分）

考核知识点：电缆附件制作基础要求

难易度：中

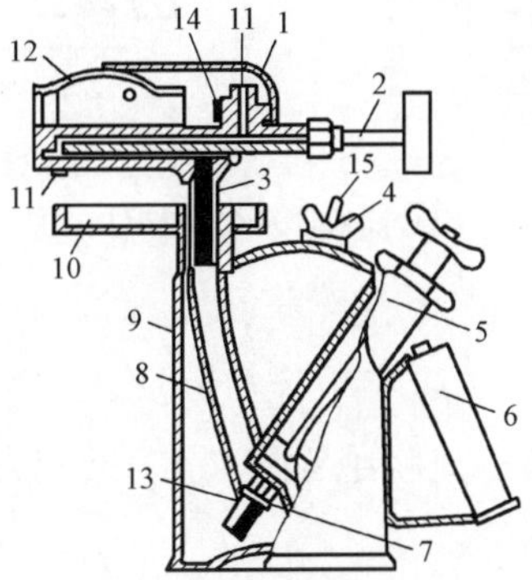

图 Jb0004422108

标准答案：

1—挡火罩；2—节油阀杆；3—铜辫子；4—加油嘴；5—打气筒；6—把手；7—逆止阀；8—吸油管；9—油桶；10—点火碗；11—疏通口螺丝；12—燃烧膛；13—出气口；14—喷嘴；15—安全阀。

Jb0004421109　如图 Jb0004421109 所示，标出 SLY240 型手动油压钳构造各部分的名称。（5 分）

考核知识点：电缆附件制作基础要求

难易度：易

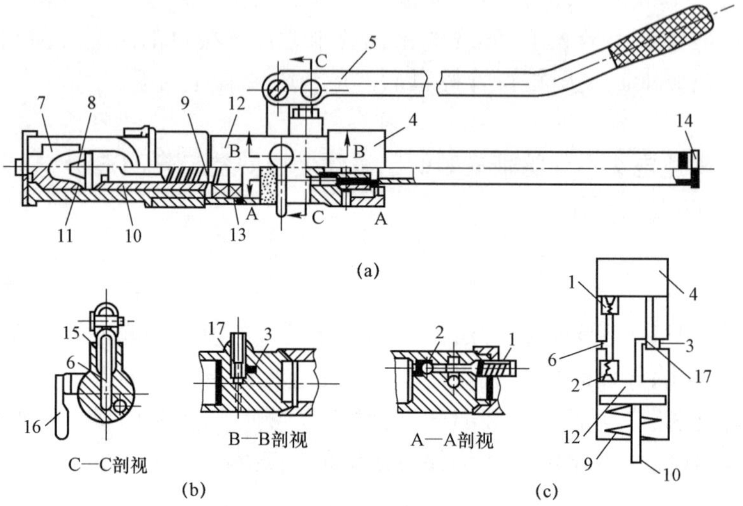

图 Jb0004421109

标准答案：

1—进油阀；2—出油阀；3—小活塞；4—贮油罐；5—手柄；6—柱塞；7—阴模；8—阳模；9—压力弹簧；10—活塞；11—滑套；12—油缸；13—皮碗；14—整帽；15—螺母；16—扳手；17—回油阀。

Jb0004421110　如图 Jb0004421110（a）所示，标出 10kV 交联聚乙烯电缆绕包接头切削绝缘及反应力锥尺寸和结构名称。（5 分）

考核知识点：电缆接头制作

难易度：易

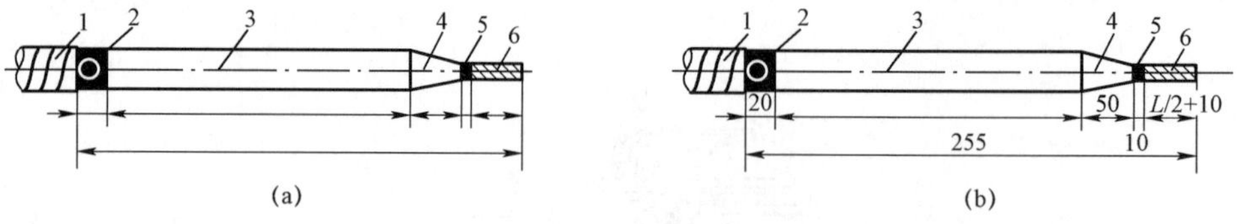

图 Jb0004421110

标准答案：

如图 Jb0004421110（b）所示。

1—铜屏蔽带；2—外半导电层；3—交联绝缘层；4—反应力锥；5—内半导电层；6—导体；L—接管长度。

Jb0004421111 如图 Jb0004421111（a）所示，标出 10kV 交联电缆热缩接头切削绝缘及反应力锥尺寸和结构名称。（5 分）

考核知识点：电缆热缩工艺

难易度：易

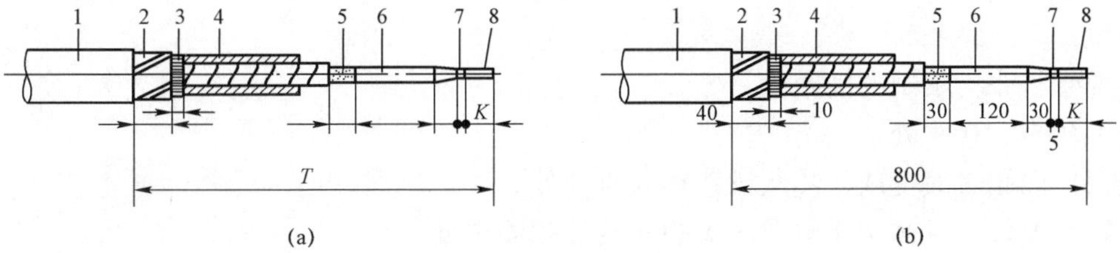

图 Jb0004421111

标准答案：

如图 Jb0004421111（b）所示。

1—外护套；2—钢带铠装；3—内衬层；4—钢带屏蔽；5—半导电层外屏蔽；6—线芯绝缘；7—半导电层内屏蔽；8—导线；*K*—连接管长度的 1/2 加 5mm；*T*—电缆短端尺寸。

Jb0004411112 取长度 150mm 热缩管加温让其自由收缩，收缩后的长度为 147mm，问其长度变比率为多少？（5 分）

考核知识点：电缆热缩工艺

难易度：易

标准答案：

解：$E_1 = \frac{L_1 - L_2}{L_2} \times 100\% = \frac{150-147}{147} \times 100\% = 2.04\%$

答：这根热缩管长度变化率为 2.04%。

Jb0004411113 不考虑铜带搭盖，求 10kV XLPE 电缆金属屏蔽层面积。（已知铜屏蔽为两层，铜带厚度 0.5mm，宽度 25 mm）（5 分）

考核知识点：电缆附件制作基础要求

难易度：易

标准答案：

解：$S = U_1 T_1 W_1$

$= 2 \times 0.5 \times 25 = 25$（$mm^2$）

答：10kV XLPE 电缆金属屏蔽层面积为 $25mm^2$。

Jb0004411114 封铅焊条的配比认纯铅 65%，纯锡 35%为宜，欲配制 50kg 封铅，需要多少铅和锡？（5 分）

考核知识点：电缆附件制作基础要求

难易度：易

标准答案：

解：需锡量 = 35% × 50 = 17.5（kg）

需铅量 = 65% × 50 = 32.5（kg）

答：50kg 封铅中含铅 32.5kg，含锡 17.5kg。

Jb0005432115　较长电缆线路中的哪些部位应设有工作井？（5 分）
考核知识点：电缆运维
难易度：中
标准答案：
（1）电缆牵引张力限制的间距处。
（2）电缆分支、接头处。
（3）线路方向较大改变或电缆从排管转入直埋处。
（4）线路坡度较大且需防止电缆滑落的必要加强固定处。

Jb0005432116　电缆线路绝缘电阻的测量结果与哪些因素有关？（5 分）
考核知识点：电缆试验
难易度：中
标准答案：
（1）与测量时环境温度有关，绝缘电阻随温度上升而下降。
（2）与测量时的空气相对湿度有关，湿度较大，绝缘电阻较低。
（3）与终端表面泄漏有关，表面脏污，绝缘电阻较低。

Jb0005432117　电缆沟中对支架安装距离有何要求？（5 分）
考核知识点：电缆运维
难易度：中
标准答案：
电缆固定于电缆沟和隧道的墙上，水平装置时，当电缆外径小于或等于 50mm 时应每隔 1m 加一支撑；外径大于 50mm 的电缆每隔 0.6m 加一支撑；排成三角形的单电缆，每隔 1m 应用绑带扎牢，垂直装置时，每隔 1～1.5m 加以固定。

Jb0005432118　对于电缆孔洞的防火封堵有何要求？（5 分）
考核知识点：电缆防火
难易度：中
标准答案：
对于较大的电缆贯穿孔洞，如电缆贯穿楼板处等，采用防火堵料封堵时，应根据实际情况，先在电缆表面涂 4～6 层防火涂料，长度自孔洞以下 1.5m 左右，再用耐火材料加工成具有一定强度的板托防火堵料，保证封堵后牢固并便于更换电缆时拆装，封堵密实无空隙以有效地堵烟堵火。

Jb0005433119　高压单芯电缆金属护套实行交叉互联有什么作用？（5 分）
考核知识点：单芯电缆接地系统
难易度：难
标准答案：
（1）把电缆金属护套和屏蔽层均匀分割成三段或三的倍数段，使每段的金属护套感应电压限制在安全值内。
（2）将三段长度相等或基本相等的单芯电缆组成一个换位段，其中有两套绝缘接头。电缆金属护套实行交叉互联，使得每一相电缆金属护套的连续回路依次包围三相导体。由于三相感应电压的相角差为 120°，合成电压接近于零。因此基本消除了在电缆金属护套中的环流损耗。

Jb0005431120　电缆加温预热方法的有几种？（5 分）
考核知识点：电缆检修
难易度：易
标准答案：
（1）提高周围温度达 25℃左右，维持 24h。
（2）用电流通过导体的方法加热，使电缆表面温度升高到 5℃以上。

Jb0005432121　电缆防火有哪些措施？（5 分）
考核知识点：电缆防火
难易度：中
标准答案：
（1）采用阻燃电缆。
（2）采用防火电缆托架。
（3）采用防火涂料。
（4）电缆隧道、夹层出口等处设置防火隔墙、防火挡板。
（5）架空电缆应避开油管道、防爆门，否则应有要取局部穿管或隔热防火措施。

Jb0005431122　为什么要测电缆的直流电阻？（5 分）
考核知识点：电缆试验
难易度：易
标准答案：
（1）测直流电阻可以检查导体截面面积是否与制造厂的规范相一致。
（2）电缆总的导电性能是否合格。
（3）导体是否断裂、断股等现象存在。

Jb0005431123　电缆线路维修计划的编制分为哪几类？（5 分）
考核知识点：电缆检修
难易度：易
标准答案：
（1）预防性试验计划。
（2）日常维修计划。
（3）大修计划。

Jb0005431124　防止电缆火灾延燃的措施有几项？（5 分）
考核知识点：电缆防火
难易度：易
标准答案：
封、堵、涂、隔、包、水喷雾及其他方法。

Jb0005432125 电缆金属护层接地电流应满足什么要求？（5分）

考核知识点：电缆带电检测

难易度：中

标准答案：

（1）金属护层接地电流绝对值应小于50A。

（2）金属护层接地电流/负荷比值小于20%。

（3）金属护层接地电流相间最大值/最小值小于3。

Jb0005432126 35kV系统中性点直接接地运行的优点是什么？（5分）

考核知识点：电缆运维

难易度：中

标准答案：

（1）由于35kV线路绝缘水平低，对地间隙小，很容易发生接地故障，采用中性点不接地方式，绝缘水平是按电压考虑的，线路接地时由于接地电流很小，有利于消除故障，减少停电次数。

（2）接地电流不超过10A，不易发生间隙电弧，不需装设消弧线圈。

（3）若利用中性点直接接地方式，绝缘水平高一些，但费用降低不明显，而线路接地时停电次数将会明显增加。

Jb0005431127 简述电缆线路组成部分。（5分）

考核知识点：电缆运维

难易度：易

标准答案：

电缆线路包括电缆本体、附件、附属设备、附属设施及电缆通道。

Jb0005431128 什么是电缆线路载流量？（5分）

考核知识点：电缆运维

难易度：易

标准答案：

在一个确定的使用条件下，当电缆导体流过的电流在电缆各部分所产生的热量能够及时向周围媒质散发，使绝缘层温度不超过长期最高允许工作温度，这时电缆导体上所流过的电流值称为电缆载流量。

Jb0005432129 电缆载流量大小与导体材料、绝缘材料、周围媒质温度、周围媒质热阻有什么关系？（5分）

考核知识点：电缆运维

难易度：中

标准答案：

（1）导体材料：截面面积越大，载流量越大；导体材料电阻率越大，电缆载流量越小。

（2）绝缘材料：绝缘材料耐热性越好，电缆载流量越大；绝缘材料热阻越大，电缆载流量越小；介质损耗越大，电缆载流量越小。

（3）周围媒质温度：周围媒质温度越高，电缆载流量越小。

（4）周围媒质热阻：周围媒质热阻越大，电缆载流量越小。

Jb0005432130　高压电力电缆的铜屏蔽和铜铠一般都需要接地，两端接地和一端接地有什么区别？（5分）

考核知识点：单芯电缆接地系统

难易度：中

标准答案：

高压电缆多为单芯电缆，单芯电缆在通电运行时，在屏蔽层会形成感应电压，如果两端的屏蔽同时接地，在屏蔽层与大地之间形成回路，会产生感应电流，这样电缆屏蔽层会发热，损耗大量的电能，影响线路的正常运行，为了避免这种现象的发生，通常采用一端接地的方式，当线路很长时还可以采用中点接地和交叉互联等方式。

Jb0005433131　简述电缆终端巡视检查要求。（5分）

考核知识点：电缆巡视

难易度：难

标准答案：

（1）套管外绝缘是否出现破损、裂纹，是否有明显放电痕迹、异味及异常响声；套管密封是否存在漏油现象；瓷套表面不应严重结垢。

（2）套管外绝缘爬距是否满足要求。

（3）电缆终端、设备线夹、与导线连接部位是否出现发热或温度异常现象。

（4）固定件是否出现松动、锈蚀、支撑绝缘子外套开裂、底座倾斜等现象。

（5）电缆终端及附近是否有不满足安全距离的异物。

（6）支撑绝缘子是否存在破损情况和龟裂现象。

（7）法兰盘尾管是否存在渗油现象。

（8）电缆终端是否有倾斜现象，引流线不应过紧。

（9）有补油装置的交联电缆终端应检查油位是否在规定的范围之间，检查 GIS 筒内有无放电声响，必要时测量局部放电。

Jb0005431132　在隧道或重要回路的电缆沟中的哪些部位宜设置阻火墙（防火墙）？（5分）

考核知识点：电缆防火

难易度：易

标准答案：

（1）公用主沟道的分支处。

（2）多段配电装置对应的沟道适当分段处。

（3）长距离沟道中相隔约 200m 或通风区段处。

（4）至控制室或配电装置的沟道入口、厂区围墙。

Jb0005431133　怎样判定交联电缆是否受潮？（5分）

考核知识点：电缆检修

难易度：易

标准答案：

（1）铜带或铠装锈蚀是否有斑痕。

（2）绝缘及填料是否潮湿。

（3）线芯是否氧化、锈蚀、有水滴。

Jb0005431134　导致电缆绝缘受潮的原因有哪些？（5分）

考核知识点：电缆检修

难易度：易

标准答案：

（1）因接头盒或终端盒结构不密封或安装不良而导致进水。

（2）电缆制造不良：金属护套有小孔或裂缝。

（3）金属护套被外物刺穿或腐蚀穿孔。

Jb0005432135　说明对户内电缆终端巡视检查重点是什么？（5分）

考核知识点：电缆巡视

难易度：中

标准答案：

（1）了解电缆线路的负荷情况，最大负荷是多少。

（2）接点是否有过热和烧损情况。

（3）查看线间及对地距离有否变化，相色带有无松脱。

（4）终端头有无漏油现象，接地引下线是否良好。

（5）电缆卡具、支架是否牢固。

（6）终端头有无电晕及放电痕迹。

Jb0005431136　检查充油电缆时，主要检查哪些地方？（5分）

考核知识点：电缆巡视

难易度：易

标准答案：

（1）充油电缆线路不论投入运行与否，都要检查其油压是否正常。

（2）油压系统的压力箱、管道、阀门、压力表是否完善。

（3）注意与架构绝缘部分的零件有无放电现象。

Jb0005431137　电缆分支箱的维护项目有哪些？（5分）

考核知识点：电缆运维

难易度：易

标准答案：

（1）检查周围地面环境。

（2）检查通风机、防漏情况。

（3）检查门锁及螺栓。

（4）检查油漆铁件。

Jb0005432138　Q/GDW 1512—2014《电力电缆及通道运维规程》规定：工作井巡视检查包括哪些要求及内容？（5分）

考核知识点：电缆巡视

难易度：中

标准答案：

（1）接头工作井内是否长期存在积水现象，地下水位较高、工作井内易积水的区域敷设的电缆是否采用阻水结构。

（2）工作井是否出现基础下沉、墙体坍塌、破损现象。

（3）盖板是否存在缺失、破损、不平整现象。

（4）盖板是否压在电缆本体、接头或者配套辅助设施上。

（5）盖板是否影响行人、过往车辆安全。

Jb0005432139　Q/GDW 1512—2014《电力电缆及通道运维规程》规定：电力电缆运行资料包括哪些内容？（5分）

考核知识点：电缆运维

难易度：中

标准答案：

（1）巡视检查记录。

（2）外力破坏防护记录。

（3）隐患排查治理及缺陷处理记录。

（4）温度测量（电缆本体、附件、连接点等）记录。

（5）相关带电检测记录。

（6）电缆通道可燃、有害气体监测记录。

（7）单芯电缆金属护层接地电流监测记录。

（8）土壤温度测量记录。

Jb0005431140　电缆隧道照明、通风、排水、监控用低压配电系统有哪些要求？（5分）

考核知识点：电缆运维

难易度：易

标准答案：

（1）应采取放入阻燃管或防火槽盒等防火隔离措施。

（2）应采用双电源供电，每路电源均应满足该供电范围内全部设备同时投时用电的需求。照明、插座、风机、水泵及消防控制箱回路均应接自不同回路。

（3）电源分电箱和低压配电箱外壳防护等级不应低于IP54，安装高度宜为箱底距地面1.5m。箱内每回路宜设漏电保护装置。

Jb0005431141　隧道电缆通道的内部巡视重点是什么？（5分）

考核知识点：电缆巡视

难易度：易

标准答案：

（1）结构本体有无形变，支架、爬梯、楼梯等附属设施及标识、标志是否完好。

（2）是否存在火灾、坍塌、盗窃、积水等隐患。

（3）是否存在温度超标、通风不良、杂物堆积等缺陷，缆线孔洞的封堵是否完好。

（4）电缆固定金具是否齐全，隧道内接地箱、交叉互联箱的固定、外观情况是否良好。

（5）机械通风、照明、排水、消防、通信、监控、测温等系统或设备是否运行正常，是否存在隐患和缺陷。

（6）测量并记录氧气和可燃、有害气体的成分和含量。

Jb0005431142　简述接地装置巡视检查的内容。（5分）

考核知识点： 电缆巡视

难易度： 易

标准答案：

（1）接地箱箱体（含门、锁）是否缺失、损坏，基础是否牢固可靠。

（2）交叉互联换位是否正确，母排与接地箱外壳是否绝缘。

（3）主接地引线是否接地良好，焊接部位是否做防腐处理。

（4）接地类设备与接地箱接地母排及接地网是否连接可靠，是否松动、断开。

（5）同轴电缆、接地单芯引线或回流线是否缺失、受损。

Jb0005431143　简述电缆金属护层接地电流现场检测方法的要求。（5分）

考核知识点： 电缆带电检测

难易度： 易

标准答案：

（1）检测前钳型电流表处于正确挡位，量程由大至小调节。

（2）测试接地电流应记录当时的负荷电流。

（3）记录接地电流异常互联段、缺陷部位、实际负荷、互联段内所有互联线、接地线的接地电流。

Jb0005432144　高压电缆线路地电流检测诊断依据中，结果判断为缺陷的判据是什么？（5分）

考核知识点： 电缆带电检测

难易度： 中

标准答案：

满足下面任何一项条件时：

（1）接地电流绝对值大于100A。

（2）接地电流与负荷比值大于50%。

（3）单相接地电流最大值/最小值大于5。

Jb0005431145　设备台账应包括哪些内容？（5分）

考核知识点： 电缆运维

难易度： 易

标准答案：

（1）电缆设备台账，应包括电缆的起讫点、电缆型号规格、附件型式、生产厂家、长度、敷设方式、投运日期等信息。

（2）电缆通道台账，应包括电缆通道地理位置、长度、断面图等信息。

（3）备品备件清册。

Jb0005431146　电缆原始记录包括哪些内容？（5分）

考核知识点： 电缆运维

难易度： 易

标准答案：

电缆原始记录：长度、截面面积、电压、型号、安装日期、电缆及附件生产厂家、设备参数，电缆及电缆附件的型号、编号、各种合格证书、出厂试验报告、结构尺寸、图纸等。

Jb0005431147 电缆接头质量评定及验收资料应包括哪些内容？（5 分）

考核知识点：电缆运维

难易度：易

标准答案：

资料应包括接头安装记录及质量评定记录、制造厂提供的产品合格证、试验证明及安装图纸等技术文件。

Jb0005422148 请画出交叉互联示意图。（5 分）

考核知识点：单芯电缆接地系统

难易度：中

标准答案：

如图 Jb0005422148 所示。

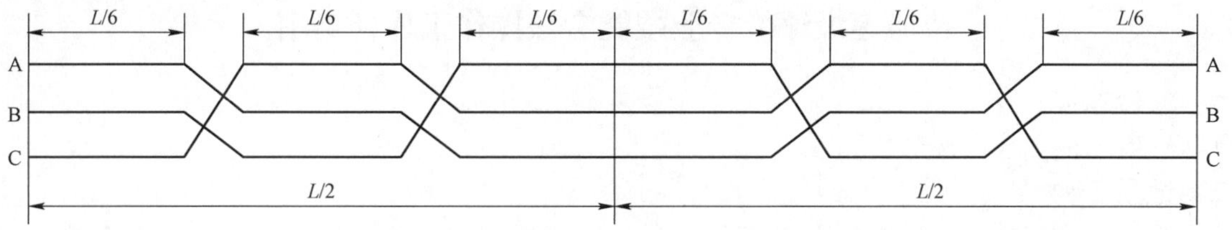

图 Jb0005422148

第四章 电力电缆安装运维工（输电）中级工技能操作

Jc0004442001 110kV 电缆接地线焊接操作。（100 分）

考核知识点：

1. 搪铅工艺原理
2. 搪铅工艺实操能力
3. 人员操作时对温度、焊料固化程度的掌控

难易度：中

技能等级评价专业技能考核操作工作任务书

一、任务名称

110kV 电缆接地线焊接操作。

二、适用工种

电力电缆安装运维工（输电）中级工。

三、具体任务

取长约 400mm，直径 80mm 左右的波纹铝管一段，在该铝管上环搪铅（摩擦法）。

四、工作规范及要求

（1）搪铅过程中不得长时间加热尾管或者电缆铝护套的某一个局部，防止过热损失电缆结构和绝缘层。

（2）注意喷枪火焰不准对人，防止伤人。

（3）防止融落的高温焊料溅落伤人。

（4）为防止电缆绝缘层不因过热损失，封铅实际不得超过 15min。

（5）铝护套封铅时，应先涂擦低温铝底料。

（6）在铅封未完全冷却前，不得撬动电缆，以防止封铅开裂密封失效。

五、考核及时间要求

（1）本考核操作时间共 30 分钟。

（2）考生在操作过程中因施工工艺不熟练造成烫伤应立即停止操作，得分以已完成项目计算。

技能等级评价专业技能考核操作评分标准

<table>
<tr><td>工种</td><td colspan="6">电力电缆安装运维工（输电）</td><td>评价等级</td><td>中级工</td></tr>
<tr><td>项目模块</td><td colspan="5">电缆附件安装—接地系统安装</td><td>编号</td><td colspan="2">Jc0004442001</td></tr>
<tr><td>单位</td><td colspan="3"></td><td>准考证号</td><td colspan="2"></td><td>姓名</td><td></td></tr>
<tr><td>考试时限</td><td colspan="2">30 分钟</td><td>题型</td><td colspan="3">单项操作</td><td>题分</td><td>100 分</td></tr>
<tr><td>成绩</td><td></td><td>考评员</td><td></td><td>考评组长</td><td colspan="2"></td><td>日期</td><td></td></tr>
<tr><td>试题正文</td><td colspan="8">110kV 电缆接地线焊接操作</td></tr>
</table>

续表

需要说明的问题和要求	（1）本项考核可设专人配合操作，仅对作业人员进行考评。 （2）操作应注意安全，根据具体任务对应标准化作业流程开展确保人身与设备安全。发生安全事故本项考核不合格。 （3）作业流程是否正确将列入考评内容。 （4）工具材料的选用与检查由被考核人员独立完成

序号	项目名称	质量要求	满分	扣分标准	扣分原因	得分
1	工作准备					
1.1	安全劳动防护用品的准备	正确佩戴安全帽，穿全套工作服，包括工作服、绝缘鞋、棉手套	5	未正确佩戴安全帽，未正确穿工作服、绝缘鞋、棉手套，每项扣2分，扣完为止		
1.2	工器具的准备	熟练正确使用各种工器具	10	未正确使用一次扣2分，扣完为止		
1.3	相关安全措施的准备	（1）正确进行工具安全性能检查。 （2）现场作业条件复核。 （3）合理布置地面材料、工具。 （4）燃气罐应远离动火点。 （5）发生安全事故本项考核不合格	10	未进行工具外观安全性能检查扣2分； 未对现场作业可能存在的危险点进行分析并提出防范措施扣3分； 地面工具、材料摆放不整齐、不合理扣2分； 燃气罐应远离动火点，否则应扣3分； 发生安全事故本项考核不得分		
2	工作许可					
2.1	许可方式	向考评员示意准备就绪，申请开始工作	5	未向考评员示意履行许可手续扣5分		
3	工作步骤及技术要求					
3.1	打磨	用砂纸（钢丝刷）打磨铝管表面	10	打磨不干净扣5～10分		
3.2	加热	用喷枪对铝管加热	5	加热不均匀扣1～5分		
3.3	上底料	在铝管上涂锌锡合金底料	5	未上底料扣3分； 涂抹不匀扣2分		
3.4	动作协调	姿势、动作应便于操作	5	姿势、动作不协调扣5分		
3.5	封铅与铝管接触	封铅与铝管接触应牢靠，表面无裂纹	10	接触不好扣5分； 有裂纹扣5分		
3.6	对尺寸和形状要求	尺寸和形状应符合题中要求	10	尺寸不正确扣5分； 形状不好扣5分		
3.7	对美观要求	封焊应均匀、光滑，无毛刺	5	不光滑，不均匀扣5分		
3.8	冷却	用硬脂酸予以冷却	5	未用硬脂酸冷却扣5分		
3.9	封铅不能落地太多	落地封铅不能超过已使用封铅1/4	5	超过1/4者扣5分		
3.10	时间	冷却封铅正确计时	5	时间超过规定时间3分钟扣1分，扣完为止		
4	工作结束					
4.1	作业结束	作业完成检查完毕，确认作业现场没有遗留物件，申请作业结束	2	未向考评员汇报作业完成扣1分； 现场有遗留物的不得分		
4.2	材料、工具规整	作业结束后进行现场工具材料规整	3	未进行现场工具材料规整扣3分		
合计			100			

Jc0002441002　需并路的 380V 电源核相。（100 分）

考核知识点：

1. 仪器仪表的接线方式
2. 仪器仪表的正确使用
3. 相位的正确判断方式

难易度：易

技能等级评价专业技能考核操作工作任务书

一、任务名称

需并路的 380V 电源核相。

二、适用工种

电力电缆安装运维工（输电）中级工。

三、具体任务

用相序表及万用表确定需并路的两侧电源相序。

四、工作规范及要求

（1）持有已许可开工的电力线路第二种工作票。

（2）操作由 1 人操作、1 人监护完成，穿戴规范。

（3）万用表挡位选择交流电压挡。

（4）由相序表正反转测定电源相位（确定一相为 C 相）。

（5）要求测试方法接线正确，相位判断正确，标识正确。

（6）发生安全事故，本相考核不合格。

五、考核及时间要求

本考核操作时间共 10 分钟。

技能等级评价专业技能考核操作评分标准

<table>
<tr><td>工种</td><td colspan="5">电力电缆安装运维工（输电）</td><td>评价等级</td><td>中级工</td></tr>
<tr><td>项目模块</td><td colspan="4">电缆运行维护与检修—电缆检测</td><td>编号</td><td colspan="2">Jc0002441002</td></tr>
<tr><td>单位</td><td colspan="2"></td><td>准考证号</td><td colspan="2"></td><td>姓名</td><td></td></tr>
<tr><td>考试时限</td><td colspan="2">10 分钟</td><td>题型</td><td colspan="2">单项操作</td><td>题分</td><td>100 分</td></tr>
<tr><td>成绩</td><td></td><td>考评员</td><td></td><td>考评组长</td><td></td><td>日期</td><td></td></tr>
<tr><td>试题正文</td><td colspan="7">需并路的 380V 电源核相</td></tr>
<tr><td>需要说明的问题和要求</td><td colspan="7">（1）本项考核可设专人配合操作，仅对作业人员进行考评。
（2）操作应注意安全，根据具体任务对应标准化作业流程开展确保人身与设备安全。发生安全事故本项考核不合格。
（3）作业流程是否正确将列入考评内容。
（4）工具材料的选用与检查由被考核人员独立完成</td></tr>
</table>

序号	项目名称	质量要求	满分	扣分标准	扣分原因	得分
1	工作准备					
1.1	安全劳动防护用品的准备	正确佩戴安全帽，穿全套工作服，包括工作服、绝缘鞋、棉手套	5	未正确佩戴安全帽，未正确穿工作服、绝缘鞋、棉手套，每项扣 2 分，扣完为止		
1.2	工器具的准备	熟练正确使用各种工器具	10	未正确使用一次扣 2 分，扣完为止		

续表

序号	项目名称	质量要求	满分	扣分标准	扣分原因	得分
1.3	相关安全措施的准备	（1）正确进行工具安全性能检查。 （2）现场作业条件复核。 （3）合理布置地面材料、工具	10	未进行工具外观安全性能检查扣3分； 未对现场作业可能存在的危险点进行分析并提出防范措施扣4分； 地面工具、材料摆放不整齐、不合理扣3分； 发生安全事故本项考核不得分		
2	工作许可					
2.1	许可方式	向考评员示意准备就绪，申请开始工作	5	未向考评员示意履行许可手续扣5分		
3	工作步骤及技术要求					
3.1	持有工作票	工作票所列安全措施符合现场工作要求	5	未持有工作票扣3分； 工作票所列安全措施与现场不符扣2分		
3.2	说出核相方法并画出表格	方法正确，表达清晰表格能满足核相工作要求	20	方法不正确扣5分； 表达不正确扣5分； 表格不能满足要求扣10分		
3.3	用相序表测定任一路电源的相位	由相序表正反转测定电源的相位，相位标识正确，黄、绿、红对应A、B、C相	15	相位测定错误扣15分		
3.4	万用表挡位选择	正确无误，使用方法得当	5	使用错误扣2～5分		
3.5	以确定的一路电源相位，用万用表核定另一路电源相位，相序相同电压为零	按测试方法接线正确，相位判定正确，标识正确	15	任一相错误扣15分		
3.6	时间	在规定时间内完成所有操作	5	每超出规定时间3分钟扣1分，扣完为止		
4	工作结束					
4.1	作业结束	作业完成检查完毕，确认作业现场没有遗留物件，申请作业结束	2	未向考评员汇报作业完成扣1分； 现场有遗留物的不得分		
4.2	材料、工具规整	作业结束后进行现场工具材料规整	3	未进行现场工具材料规整扣3分		
合计			100			

Jc0004441003　电缆的半导电层绝缘表面缠绕绝缘包带的操作。（100分）

考核知识点：

1. 半导电层剥切工艺
2. 绝缘带包绕工艺

难易度：易

技能等级评价专业技能考核操作工作任务书

一、任务名称

电缆的半导电层绝缘表面缠绕绝缘包带的操作。

二、适用工种

电力电缆安装运维工（输电）中级工。

三、具体任务

剥去电缆 700mm 长半导体层，在绝缘表面缠绕绝缘包带。

四、工作规范及要求

（1）不能使用专用剥削工具进行半导体剥切。

（2）绝缘包带包绕时应按照工艺要求拉伸至 300%，绕包时应采用半搭盖方式。

（3）使用硅脂涂抹是应佩戴橡胶手套完成。

五、考核及时间要求

（1）本考核操作时间共 25 分钟。

（2）所有操作项目中，如某项目缺失则该项目不得分，但不影响其他项目得分。

技能等级评价专业技能考核操作评分标准

工种	电力电缆安装运维工（输电）				评价等级	中级工
项目模块	电缆附件安装—电缆终端和中间接头安装			编号	Jc0004441003	
单位		准考证号			姓名	
考试时限	25 分钟	题型	单项操作		题分	100 分
成绩		考评员		考评组长		日期	
试题正文	电缆的半导电层绝缘表面缠绕绝缘包带的操作					
需要说明的问题和要求	（1）本项考核可设专人配合操作，仅对作业人员进行考评 （2）操作应注意安全，根据具体任务对应标准化作业流程开展确保人身与设备安全。发生安全事故本项考核不合格。 （3）作业流程是否正确将列入考评内容。 （4）工具材料的选用与检查由被考核人员独立完成					

序号	项目名称	质量要求	满分	扣分标准	扣分原因	得分
1	工作准备					
1.1	安全劳动防护用品的准备	正确佩戴安全帽，穿全套工作服，包括工作服、绝缘鞋、棉手套	5	未正确佩戴安全帽，未正确穿工作服、绝缘鞋、棉手套，每项扣 2 分，扣完为止		
1.2	工器具的准备	熟练正确使用各种工器具	10	未正确使用一次扣 2 分，扣完为止		
1.3	相关安全措施的准备	（1）正确进行工具安全性能检查。 （2）现场作业条件复核。 （3）合理布置地面材料、工具	15	未进行工具外观安全性能检查扣 5 分； 未对现场作业可能存在的危险点进行分析并提出防范措施扣 5 分； 地面工具、材料摆放不整齐、不合理扣 5 分； 发生安全事故本项考核不得分		
2	工作许可					
2.1	许可方式	向考评员示意准备就绪，申请开始工作	5	未向考评员示意履行许可手续扣 5 分		
3	工作步骤及技术要求					
3.1	剥削	剥除半导体层时不能将绝缘划伤	18	一处划痕扣 3 分，扣完为止		
3.2	打磨	用砂纸打磨绝缘表面使其光滑均匀	12	打磨不匀扣 4～12 分		
3.3	表面清洁	用清洁帕清洗绝缘表面不能来回擦拭	10	未按要求清洁扣 10 分		
3.4	绝缘绕包	（1）绝缘绕包应采用半搭盖方式。 （2）绕包时不能将包带跌落。 （3）绕包紧密，不能松带	15	未采用半搭盖方式扣 5 分； 落带一次扣 5 分； 绕包不紧密扣 5 分		

续表

序号	项目名称	质量要求	满分	扣分标准	扣分原因	得分
3.5	时间	在规定时间内完成所有操作	5	每超过3分钟扣1分，扣完为止		
4	工作结束					
4.1	作业结束	作业完成检查完毕，确认作业现场没有遗留物件，申请作业结束	2	未向考评员汇报作业结束扣1分；现场有遗留物的不得分		
4.2	材料、工具规整	作业结束后进行现场工具材料规整	3	未进行现场工具材料规整扣3分		
合计			100			

Jc0002442004　电缆保护管弯制。（100分）

考核知识点：钳工工艺

难易度：中

技能等级评价专业技能考核操作工作任务书

一、任务名称

电缆保护管弯制。

二、适用工种

电力电缆安装运维工（输电）中级工。

三、具体任务

（1）使用保护管弯制保护管，弯曲程度相对平缓，确保加工的保护管合格。

（2）按规定尺寸截取保护管长度。

（3）保护管打磨及除锈。

四、工作规范及要求

（1）单人操作，协助人不可做指导工作。

（2）施工平台演示，工具材料备齐后开始倒计时。

（3）注意安全，正确使用防护用品。

（4）按规定尺寸弯制保护管，不刷漆。

（5）施工具体步骤按个人习惯。

五、考核及时间要求

（1）本考核操作时间共30分钟。

（2）未完成的操作项目不得分，但不影响其他项目得分。

技能等级评价专业技能考核操作评分标准

工种	电力电缆安装运维工（输电）					评价等级	中级工
项目模块	工艺图纸及材料准备—工器具、材料准备及使用				编号	Jc0002442004	
单位			准考证号			姓名	
考试时限	30分钟		题型	单项操作		题分	100分
成绩		考评员		考评组长		日期	
试题正文	电缆保护管弯制						

续表

需要说明的问题和要求	（1）本项考核可设专人配合操作，仅对作业人员进行考评。 （2）操作应注意安全，根据具体任务对应标准化作业流程开展确保人身与设备安全。发生安全事故本项考核不合格。 （3）作业流程是否正确将列入考评内容。 （4）工具材料的选用与检查由被考核人员独立完成

序号	项目名称	质量要求	满分	扣分标准	扣分原因	得分
1	工作准备					
1.1	安全劳动防护用品的准备	正确佩戴安全帽，穿全套工作服，包括工作服、绝缘鞋、棉手套	5	未正确佩戴安全帽，未正确穿工作服、绝缘鞋、棉手套，每项扣 2 分，扣完为止		
1.2	工器具的准备	熟练正确使用各种工器具	10	未正确使用一次扣 2 分，扣完为止		
1.3	相关安全措施的准备	（1）正确进行工具安全性能检查。 （2）现场作业条件复核。 （3）合理布置地面材料、工具	10	未进行工具外观安全性能检查扣 3 分； 未对现场作业可能存在的危险点进行分析并提出防范措施扣 4 分； 地面工具、材料摆放不整齐、不合理扣 3 分； 发生安全事故本项考核不得分		
2	工作许可					
2.1	许可方式	向考评员示意准备就绪，申请开始工作	5	未向考评员示意履行许可手续扣 5 分		
3	工作步骤及技术要求					
3.1	备齐所用工器具，并确保所领用材料质量满足要求	齐全，完备	10	漏一项扣 2 分，扣完为止		
3.2	接好待用器具电源	接线正确，安全施工	10	接线不正确扣 5 分； 安全措施不到位扣 5 分		
3.3	使用保护管弯制保护管	椭圆度、弯曲半径符合规范，模具选择正确，弯曲度符合要求	20	每一项不合格扣 5 分，扣完为止		
3.4	按规定尺寸截取保护管长度	尺寸准确，误差不大于 3mm，管口平齐	10	每一项不合格扣 5 分，扣完为止		
3.5	保护管管口打磨、除锈	管口无毛刺、锐边，管子表面光滑，无锈蚀、斑点	10	每一项不合格扣 2 分，扣完为止		
3.6	时间	在规定时间内完成所有操作	5	每超出规定时间 3 分钟扣 1 分，扣完为止		
4	工作结束					
4.1	作业结束	作业完成检查完毕，确认作业现场没有遗留物件，申请作业结束	2	未向考评员汇报作业结束扣 1 分； 现场有遗留物的不得分		
4.2	材料、工具规整	作业结束后进行现场工具材料规整	3	未进行现场工具材料规整扣 3 分		
合计			100			

Jc0003441005　牵引网套的方法敷设电缆的操作。（100 分）

考核知识点：

1. 电缆牵引网套的使用
2. 电缆扎丝的绑扎方法

难易度： 易

技能等级评价专业技能考核操作工作任务书

一、任务名称

牵引网套的方法敷设电缆的操作。

二、适用工种

电力电缆安装运维工（输电）中级工。

三、具体任务

（1）将电缆套入钢丝网套。

（2）扎铜丝，在牵引绳的首部、中部、端部扎 3 处铜丝。

（3）绑绳扣如图 Jc0003441005 所示。

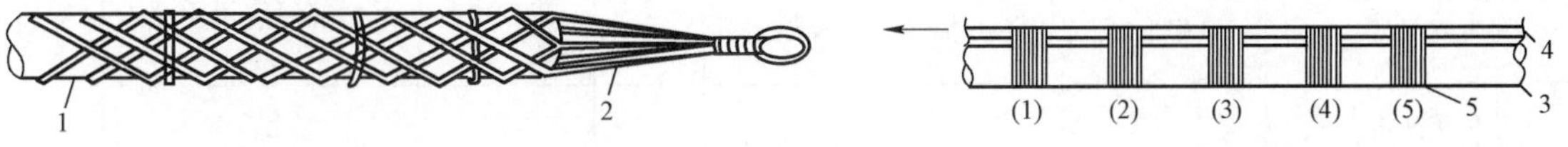

(a)　　(b)

图 Jc0003441005

1—电缆；2—钢丝套；3—电缆；4—钢丝绳；5—尼龙绳；（1）～（5）—绳扣

四、工作规范及要求

（1）电缆 10m 为一个绑扎段，其中 10 匝为一扣，一个绑扎段做 4 扣，每扣间的距离为 1.5m，双股绑扎。

（2）绑扎时钢丝绳平贴于电缆护套上。

（3）钢丝绳应绑在电缆弯曲的内侧。

（4）绑扎应在钢丝绳上绑扎 2 扎，然后在钢丝绳和电缆上同绑 2 扎。

（5）绑扎牢固。

五、考核及时间要求

（1）本考核操作时间共 20 分钟。

（2）所有操作项目中，如某项目缺失则该项目不得分，但不影响其他项目得分。

技能等级评价专业技能考核操作评分标准

<table>
<tr><td>工种</td><td colspan="5">电力电缆安装运维工（输电）</td><td>评价等级</td><td>中级工</td></tr>
<tr><td>项目模块</td><td colspan="4">电缆敷设—电缆敷设安装</td><td>编号</td><td colspan="2">Jc0003441005</td></tr>
<tr><td>单位</td><td colspan="2"></td><td colspan="2">准考证号</td><td></td><td>姓名</td><td></td></tr>
<tr><td>考试时限</td><td>20 分钟</td><td>题型</td><td colspan="3">单项操作</td><td>题分</td><td>100 分</td></tr>
<tr><td>成绩</td><td></td><td>考评员</td><td></td><td>考评组长</td><td></td><td>日期</td><td></td></tr>
<tr><td>试题正文</td><td colspan="7">牵引网套的方法敷设电缆的操作</td></tr>
<tr><td>需要说明的问题和要求</td><td colspan="7">（1）本项考核可设专人配合操作，仅对作业人员进行考评。
（2）操作应注意安全，根据具体任务对应标准化作业流程开展确保人身与设备安全。发生安全事故本项考核不合格。
（3）作业流程是否正确将列入考评内容。
（4）工具材料的选用与检查由被考核人员独立完成</td></tr>
</table>

序号	项目名称	质量要求	满分	扣分标准	扣分原因	得分
1	工作准备					
1.1	安全劳动防护用品的准备	正确佩戴安全帽，穿全套工作服，包括工作服、绝缘鞋、棉手套	5	未正确佩戴安全帽，未正确穿工作服、绝缘鞋、棉手套，每项扣 2 分，扣完为止		

续表

序号	项目名称	质量要求	满分	扣分标准	扣分原因	得分
1.2	工器具的准备	熟练正确使用各种工器具	10	未正确使用一次扣2分，扣完为止		
1.3	相关安全措施的准备	（1）正确进行工具安全性能检查。 （2）现场作业条件复核。 （3）合理布置地面材料、工具	15	未进行工具外观安全性能检查扣5分； 未对现场作业可能存在的危险点进行分析并提出防范措施扣5分； 地面工具、材料摆放不整齐、不合理扣5分； 发生安全事故本项考核不得分		
2	工作许可					
2.1	许可方式	向考评员示意准备就绪，申请开始工作	5	未向考评员示意履行许可手续扣5分		
3	工作步骤及技术要求					
3.1	套网套	使网套的每根钢丝平帖于电缆护套上	10	未理钢丝绳扣10分		
3.2	扎铜丝	在网套的首部，中部和端部扎二处铜丝	15	扎线不牢扣5分； 不会操作扣10分		
3.3	绑绳扣	（1）绑扎方法正确。 （2）绑扎时钢丝绳应平帖于电缆上。 （3）钢丝绳应绑在电缆弯曲的内侧	25	不会操作扣5分； 方法不正确扣5分； 钢丝绳与电缆离3cm以上扣5分； 绑在外侧扣5分		
3.4	时间	在规定时间内完成所有操作	5	每超出规定时间每3分钟扣1分，扣完为止		
4	工作结束					
4.1	作业结束	作业完成检查完毕，确认作业现场没有遗留物件，申请作业结束	5	未向考评员汇报作业结束扣1分； 现场有遗留物的不得分		
4.2	材料、工具规整	作业结束后进行现场工具材料规整	5	未进行现场工具材料规整扣5分		
合计			100			

Jc0004442006　35kV XLPE 电缆热缩户内终端头制作。（100 分）

考核知识点：

1. 电缆附件图纸的解读能力
2. 电缆头制作理论知识
3. 电缆头工艺制作水平
4. 钳工工艺

难易度：中

技能等级评价专业技能考核操作工作任务书

一、任务名称

35kV XLPE 电缆热缩户内终端头制作。

二、适用工种

电力电缆安装运维工（输电）中级工。

三、具体任务

完成电缆剥除，制作一组三芯 35kV 电缆热缩户内终端头

四、工作规范及要求

（1）电缆终端头制作时尺寸应正确。

（2）电缆剥切时不应有毛刺，不得伤及主绝缘层。

（3）操作顺序应正确。

（4）现场作业应满足相关安全要求。

五、考核及时间要求

（1）本考核操作时间共 60 分钟。

（2）工作完成后向考评员汇报工作完毕。

技能等级评价专业技能考核操作评分标准

工种	电力电缆安装运维工（输电）					评价等级	中级工
项目模块	电缆附件安装—电缆终端和中间接头安装				编号	Jc0004442006	
单位			准考证号			姓名	
考试时限	60 分钟		题型	单项操作		题分	100 分
成绩		考评员		考评组长		日期	
试题正文	35kV XLPE 电缆热缩户内终端头制作						
需要说明的问题和要求	（1）本项考核可设专人配合操作，仅对作业人员进行考评。 （2）操作应注意安全，根据具体任务对应标准化作业流程开展确保人身与设备安全。发生安全事故本项考核不合格。 （3）作业流程是否正确将列入考评内容。 （4）工具材料的选用与检查由被考核人员独立完成。 （5）本项考核可设专人配合操作，仅对作业人员进行考评						

序号	项目名称	质量要求	满分	扣分标准	扣分原因	得分
1	工作准备					
1.1	安全劳动防护用品的准备	正确佩戴安全帽，穿全套工作服，包括工作服、绝缘鞋、棉手套	5	未正确佩戴安全帽，未正确穿工作服、绝缘鞋、棉手套，每项扣 2 分，扣完为止		
1.2	工器具的准备	熟练正确使用各种工器具	10	未正确使用一次扣 2 分，扣完为止		
1.3	相关安全措施的准备	（1）正确进行工具安全性能检查。 （2）现场作业条件复核。 （3）合理布置地面材料、工具	15	未进行工具外观安全性能检查扣 5 分； 未对现场作业可能存在的危险点进行分析并提出防范措施扣 5 分； 地面工具、材料摆放不整齐、不合理扣 5 分； 发生安全事故本项考核不得分		
2	工作许可					
2.1	许可方式	向考评员示意准备就绪，申请开始工作	5	未向考评员示意履行许可手续扣 5 分		
3	工作步骤及技术要求					
3.1	工具、材料的选择	正确选用工具、附件和材料	5	对工器具和材料不知不会扣 3 分； 摆放不整齐扣 2 分		
3.2	支撑、校直、外护套擦拭	为了便于操作，选好位置，将要进行施工的部分支架好，同时校直，擦去外护套上的污迹	2	一项工作未做扣 1 分，扣完为止		

续表

序号	项目名称	质量要求	满分	扣分标准	扣分原因	得分
3.3	将电缆断切面锯平	如果电缆三相线芯锯口不在同一平面上火导体切面凹凸不平应锯平	3	未按要求做扣3分		
3.4	校对施工尺寸	根据附件供应商提供的图纸，确定施工尺寸	5	一处尺寸与图纸不符扣2～5分		
3.5	操作程序控制	操作程序应按图纸进行	5	程序错误扣3分； 遗漏工序扣2分		
3.6	剥除外护层、铠装、内护层、内衬、铜屏蔽及外半导电层等	剥切时切口不平，金属切口有毛刺或伤及其下一层结构，应视为缺陷；绝缘表面干净，光滑，无残质，均匀涂上硅脂	10	尺寸不正确扣2～5分； 剥时伤及绝缘扣2～5分； 剥口没处理成小斜坡、有毛刺扣2～5分； 绝缘表面没处理干净扣2～5分； 未均匀涂上硅脂扣2～5分； 以上扣分，扣完为止		
3.7	绑扎和焊接	绑扎铠装及接地线，固定铜屏蔽要平整，不能松带；焊点应平滑、牢固，焊点厚度不大于4mm	10	焊点不牢固扣3分； 焊点厚度不大于4mm扣2分； 铜屏蔽不平整，松带扣3分； 接地线绑扎不紧扣2分		
3.8	剥削绝缘和导体压接端子	剥去绝缘切口要平，压接端子既不可过也不能不紧，以阴阳模接触为宜，压接后端子表面应打磨光滑	7	未削成铅笔状扣2分； 压接端子未从上向下压接扣2分； 压接端子过度扣2分； 端子表面未打磨扣1分		
3.9	包绕填充胶和热缩三指手套、应力管和绝缘管	填充胶包绕应成形（橄榄状或苹果状），三指手套、应力管、绝缘管套入皆应到位，收缩紧密，管外表无灼伤痕迹，三指手套由根部向两端加热，绝缘管由三叉根部向上加热	3	填充胶包绕不成形扣1分； 应力管位置不正确扣1分； 管外表有灼伤痕迹扣1分		
3.10	固定相色密封管	在绝缘管上套入相色密封管并热缩，相色密封管颜色应与系统相色相符	5	未包相色扣2分； 相色不正确扣3分		
3.11	时间	在规定时间内完成所有操作	5	每超出规定时间3分钟扣1分，扣完为止		
4	工作结束					
4.1	作业结束	作业完成检查完毕，确认作业现场没有遗留物件，申请作业结束	2	未向考评员汇报作业结束扣1分； 现场有遗留物的不得分		
4.2	材料、工具规整	作业结束后进行现场工具材料规整	3	未进行现场工具材料规整扣3分		
合计			100			

Jc0002442007　运行中的电缆停电摇测绝缘电阻的操作。（100分）

考核知识点：

1. 绝缘电阻表的正确使用
2. 电力电缆试验操作的安全防护知识

难易度：中

技能等级评价专业技能考核操作工作任务书

一、任务名称

运行中的电缆停电摇测绝缘电阻的操作。

二、适用工种

电力电缆安装运维工（输电）中级工。

三、具体任务

（1）对待测量电缆进行放电。

（2）完成绝缘电阻表接线。

（3）操作绝缘电阻表进行绝缘电阻测量。

（4）记录试验数据并进行分析。

四、工作规范及要求

（1）试验接线正确。

（2）放电及变更接线时动作规范、熟练。

（3）数据分析与判断准确。

（4）手摇测量时操作应正确。

（5）做好相应的安全措施，发生安全事故，本项考核不及格。

五、考核及时间要求

（1）本考核操作时间共 30 分钟。

（2）所有操作项目中，如某项目缺失则该项目不得分，但不影响其他项目得分。

技能等级评价专业技能考核操作评分标准

工种	电力电缆安装运维工（输电）				评价等级	中级工
项目模块	电缆运行维护与检修—电缆检测			编号	Jc0002442007	
单位		准考证号			姓名	
考试时限	30 分钟	题型	单项操作		题分	100 分
成绩		考评员		考评组长		日期	
试题正文	运行中的电缆停电摇测绝缘电阻的操作					
需要说明的问题和要求	（1）本项考核可设专人配合操作，仅对作业人员进行考评。 （2）操作应注意安全，根据具体任务对应标准化作业流程开展确保人身与设备安全。发生安全事故本项考核不合格。 （3）作业流程是否正确将列入考评内容。 （4）工具材料的选用与检查由被考核人员独立完成。 （5）本项考核可设专人配合操作，仅对作业人员进行考评					

序号	项目名称	质量要求	满分	扣分标准	扣分原因	得分
1	工作准备					
1.1	安全劳动防护用品的准备	正确佩戴安全帽，穿全套工作服，包括工作服、绝缘鞋、棉手套	5	未正确佩戴安全帽，未正确穿工作服、绝缘鞋、棉手套，每项扣 2 分，扣完为止		
1.2	工器具的准备	熟练正确使用各种工器具	10	未正确使用一次扣 2 分，扣完为止		
1.3	相关安全措施的准备	正确进行工具安全性能检查	15	未进行工具外观安全性能检查扣 5 分； 未对现场作业可能存在的危险点进行分析并提出防范措施扣 5 分； 地面工具、材料摆放不整齐、不合理扣 5 分； 发生安全事故本项考核不得分		
2	工作许可					
2.1	许可方式	向考评员示意准备就绪，申请开始工作	5	未向考评员示意履行许可手续扣 5 分		
3	工作步骤及技术要求					
3.1	对电缆进行放电	将接地线牢固接地，然后将电缆各相分别放电并接地	5	未放电并未接地扣 5 分		

续表

序号	项目名称	质量要求	满分	扣分标准	扣分原因	得分
3.2	注意另一端安全	派人到另一端看守或装好安全遮栏，防止有人接触被试电缆	5	另一端未做安全措施扣5分		
3.3	绝缘电阻表的选用	（1）500V以下电缆、橡塑电缆的外护套及内衬层使用500V的绝缘电阻表。 （2）500～300V电缆使用1000V绝缘电阻表。 （3）3～10kV使用2500V绝缘电阻表。 （4）10kV以上使用2500V/5000V绝缘电阻表	5	选择错误扣5分		
3.4	绝缘电阻表的检查	检查绝缘电阻表开始是否能达∞或短路时指零	5	未对表计做检查扣5分		
3.5	遥测	当绝缘电阻表达到规定120r/min速度后，对各项逐一进行测试，并做好记录，测试一相时其他两相接地	12	不是各相分别测试扣3分； 未做记录扣3分； 测试一相时其他两相未接地扣3分； 不能正确读数扣3分		
3.6	放电	当一相测试完后，应先取下测试线，然后对电缆放电并接地	5	表未离开就放电扣3分； 摇测后未放电并未接地扣2分		
3.7	吸收比试验	对电缆摇测应分别读取15s和60s时的绝缘数值，并做好记录	5	不能正确读取15s和60s数值扣2分； 未做记录扣3分		
3.8	清理仪表、材料	收拾仪表和各种临时用线	5	未收拾干净扣5分		
3.9	清理现场安全措施	撤出另一端看护人员或安全遮栏	3	未撤另一端看护人员或遮栏扣3分		
3.10	时间	在规定时间内完成所有操作	5	每超出规定时间3分钟扣1分，扣完为止		
4	工作结束					
4.1	作业结束	作业完成检查完毕，确认作业现场没有遗留物件，申请作业结束	5	未向考评员汇报作业结束扣1分； 现场有遗留物的不得分		
4.2	材料、工具规整	作业结束后进行现场工具材料规整	5	未进行现场工具材料规整扣5分		
合计			100			

Jc0004442008　喷灯的组装操作。（100分）

考核知识点：

1. 喷灯的基本构造与原理
2. 喷灯的组装与操作

难易度：中

技能等级评价专业技能考核操作工作任务书

一、任务名称

喷灯的组装操作。

二、适用工种

电力电缆安装运维工（输电）中级工。

三、具体任务

根据图Jc0004442008图形所示组装喷灯。

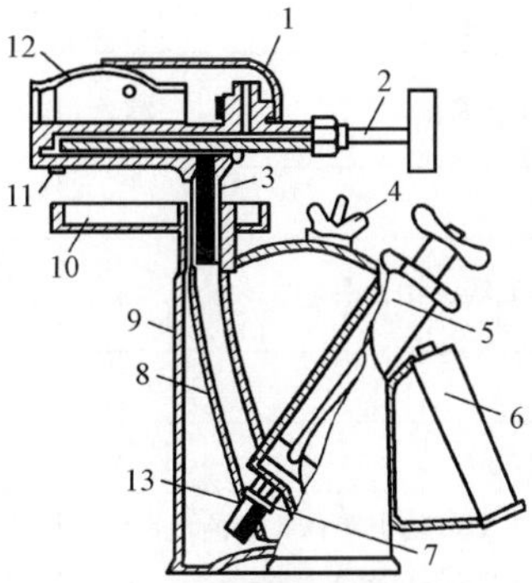

图 Jc0004442008

1—挡之罩；2—节油阀杆；3—铜辫子；4—加油嘴；5—打气筒；6—把手；7—止回阀；8—吸油管；9—油桶；10—点火碗；11—疏通口螺栓；12—燃烧嘴；13—出气口

四、工作规范及要求

（1）装配正确且无零件和配件遗漏。

（2）装配完毕后加入汽油进行点火操作。

（3）工作终结报告。

五、考核及时间要求

（1）本考核操作时间共40分钟。

（2）工作完成后向考评员汇报工作完毕。

技能等级评价专业技能考核操作评分标准

工种	电力电缆安装运维工（输电）					评价等级	中级工
项目模块	工艺图纸及材料准备—图纸识别，工器具、材料准备及使用				编号	Jc0004442008	
单位			准考证号			姓名	
考试时限	40分钟		题型	单项操作		题分	100分
成绩		考评员		考评组长		日期	
试题正文	喷灯的组装操作						
需要说明的问题和要求	（1）本项考核可设专人配合操作，仅对作业人员进行考评。 （2）操作应注意安全，根据具体任务对应标准化作业流程开展确保人身与设备安全。发生安全事故本项考核不合格。 （3）作业流程是否正确将列入考评内容。 （4）工具材料的选用与检查由被考核人员独立完成						

序号	项目名称	质量要求	满分	扣分标准	扣分原因	得分
1	工作准备					
1.1	安全劳动防护用品的准备	正确佩戴安全帽，穿全套工作服，包括工作服、绝缘鞋、棉手套	5	未正确佩戴安全帽，未正确穿工作服、绝缘鞋、棉手套，每项扣2分，扣完为止		
1.2	工器具的准备	熟练正确使用各种工器具	10	未正确使用一次扣1分，扣完为止		
1.3	相关安全措施的准备	（1）正确进行工具安全性能检查。 （2）现场作业条件复核。 （3）合理布置地面材料、工具	15	未进行工具外观安全性能检查扣5分； 未对现场作业可能存在的危险点进行分析并提出防范措施扣5分； 地面工具、材料摆放不整齐、不合理扣5分； 发生安全事故本项考核不得分		

续表

序号	项目名称	质量要求	满分	扣分标准	扣分原因	得分
2	工作许可					
2.1	许可方式	向考评员示意准备就绪，申请开始工作	5	未向考评员示意履行许可手续扣5分		
3	工作步骤及技术要求					
3.1	喷灯装配	装配正确，无零件遗漏	20	少装一个零件扣2分，扣完为止		
3.2	使用前检查	检查喷灯的气密性，将放油调节阀、加油阀、打气阀全部拧紧。上下打压10次左右，仔细辨听有无漏气声，发现漏气应立即检查。对油路进行检查	10	没有检查气密性扣3分； 没有进行打压测试扣3分； 没有辨听是否有漏气声扣2分； 未检查油路口2分		
3.3	使用操作	将预燃烧盘加油或者引火物。点燃引火物预热一定时间后汽油应自动气化。打气3～5下后缓缓旋开放油调节阀，初步火焰应自行喷出。初步火焰如正常，继续打气直至强大火焰喷出，确定放油调节阀可以调整火焰大小。将放油调节阀顺时针旋紧，直至火焰完全熄灭，待灯头冷却后旋松调节阀完全放气	20	未采取正确措施点燃喷灯扣4分； 点火后汽油未充分气化扣4分； 喷火后不能顺畅打气扣4分； 放油调节阀旋紧后火焰未正常熄灭扣4分； 灯头冷却后未旋松调节阀放气扣4分		
3.4	时间	在规定时间内完成所有操作	5	每超出规定时间3分钟扣1分，扣完为止		
4	工作结束					
4.1	作业结束	作业完成检查完毕，确认作业现场没有遗留物件，申请作业结束	5	未向考评员汇报作业结束扣1分； 现场有遗留物的不得分		
4.2	材料、工具规整	作业结束后进行现场工具材料规整	5	未进行现场工具材料规整扣5分		
合计			100			

Jc0004442009　SLY－240型手动油压钳的组装操作。（100分）

考核知识点：

1. SLY－240型手动油压钳的基本构造与原理
2. SLY－240型手动油压钳的组装与操作

难易度：中

技能等级评价专业技能考核操作工作任务书

一、任务名称

SLY－240型手动油压钳的组装操作。

二、适用工种

电力电缆安装运维工（输电）中级工。

三、具体任务

根据图Jc0004442009图形所示进行手动液压钳组装工作。

四、工作规范及要求

（1）装配正确且无零件和配件遗漏。

（2）对安装好的压接钳进行检查与测试确保正常使用。

（3）装配完毕后按照现场考评员指定电缆截面面积选取对应的模具进行压接。

（4）工作终结报告。

五、考核及时间要求

本考核操作时间共60分钟。

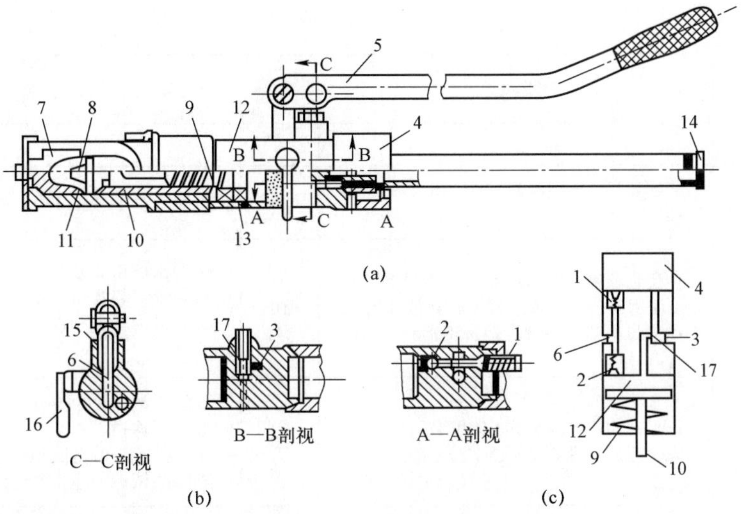

图 Jc0004442009

1—进油阀；2 出油阀；3—回油阀；4—贮油罐；5—手柄；6—柱塞；7—阴模；8—阳模；9—压力弹簧；10—活塞；11—滑套；12—油缸；13—皮碗；14—盖帽；15—螺母；16—扳手；17—回油阀

技能等级评价专业技能考核操作评分标准

工种	电力电缆安装运维工（输电）					评价等级	中级工
项目模块	工艺图纸及材料准备—图纸识别，工器具、材料准备及使用				编号	Jc0004442009	
单位			准考证号			姓名	
考试时限	60 分钟		题型	单项操作		题分	100 分
成绩		考评员		考评组长		日期	
试题正文	SLY－240 型手动油压钳的组装操作						
需要说明的问题和要求	（1）本项考核可设专人配合操作，仅对作业人员进行考评。 （2）操作应注意安全，根据具体任务对应标准化作业流程开展确保人身与设备安全。发生安全事故本项考核不合格。 （3）作业流程是否正确将列入考评内容。 （4）工具材料的选用与检查由被考核人员独立完成。 （5）组装其他型号油压钳亦可，油压钳结构可公示给被考人员看						

序号	项目名称	质量要求	满分	扣分标准	扣分原因	得分
1	工作准备					
1.1	安全劳动防护用品的准备	正确佩戴安全帽，穿全套工作服，包括工作服、绝缘鞋、棉手套	5	未正确佩戴安全帽，未正确穿工作服、绝缘鞋、棉手套，每项扣 2 分，扣完为止		
1.2	工器具的准备	熟练正确使用各种工器具	10	未正确使用一次扣 1 分，扣完为止		
1.3	相关安全措施的准备	（1）正确进行工具安全性能检查。 （2）现场作业条件复核。 （3）合理布置地面材料、工具	15	未进行工具外观安全性能检查扣 5 分； 未对现场作业可能存在的危险点进行分析并提出防范措施扣 5 分； 地面工具、材料摆放不整齐、不合理扣 5 分； 发生安全事故本项考核不得分		
2	工作许可					
2.1	许可方式	向考评员示意准备就绪，申请开始工作	5	未向考评员示意履行许可手续扣 5 分		

续表

序号	项目名称	质量要求	满分	扣分标准	扣分原因	得分
3	工作步骤及技术要求					
3.1	手动油压钳的装配	装配正确，无遗漏的零件，组装后能进行压接	20	少装一个零件扣2分，扣完为止		
3.2	使用前检查	使用前检查各部位的螺栓是否松动，并拧紧。使用前一定要安装好模具才能使用。检查动力机构和回油阀等是否正常	10	螺栓松动扣2分； 模具未安装好扣3分； 动力机构或者回油阀存在安装缺陷扣5分		
3.3	使用操作	压接正常，行程足够。使用后一定要将活塞完全退回，并将表面擦拭干净	20	不能正常压接扣5分； 行程不够扣5分； 活塞没有正常退回扣5分； 表面擦拭不干净扣5分		
3.4	时间	在规定时间内完成所有操作	5	每超过规定时间3分钟扣1分，扣完为止		
4	工作结束					
4.1	作业结束	作业完成检查完毕，确认作业现场没有遗留物件，申请作业结束	5	未向考评员汇报作业结束扣1分； 现场有遗留物的不得分		
4.2	材料、工具规整	作业结束后进行现场工具材料规整	5	未进行现场工具材料规整扣5分		
合计			100			

Jc0005442010　电缆路径及埋设深度探测，绘出直向图和单相埋设深度断面图。（100分）

考核知识点：

1. 电缆路径探测仪的正确使用
2. 电缆路径探测仪的接线与探测原理
3. 电缆路径图与断面图的绘制方法

难易度：中

技能等级评价专业技能考核操作工作任务书

一、任务名称

电缆路径及埋设深度探测，绘出直向图和单相埋设深度断面图。

二、适用工种

电力电缆安装运维工（输电）中级工。

三、具体任务

进行电缆路径探测、埋深探测，测试完毕后绘制电缆路径图及埋深断面图。

四、操作规范及要求

（1）电缆路径探测仪连接正确，连接线与仪器之间的连接必须牢固。

（2）正确规范的使用仪器仪表。

（3）做好相应安全措施。

（4）绘图不须按比例。

五、考核及时间要求

（1）本考核操作时间共120分钟。

（2）未完成的操作项目不得分，但不影响其他项目得分。

技能等级评价专业技能考核操作评分标准

工种	电力电缆安装运维工（输电）					评价等级	中级工
项目模块	电缆运行维护与检修—电缆检测				编号	Jc0005442010	
单位			准考证号			姓名	
考试时限	120 分钟	题型		单项操作		题分	100 分
成绩		考评员		考评组长		日期	
试题正文	电缆路径及埋设深度探测，绘出直向图和单相埋设深度断面图						
需要说明的问题和要求	（1）本项考核可设专人配合操作，仅对作业人员进行考评。 （2）操作应注意安全，根据具体任务对应标准化作业流程开展确保人身与设备安全。发生安全事故本项考核不合格。 （3）作业流程是否正确将列入考评内容。 （4）工具材料的选用与检查由被考核人员独立完成						

序号	项目名称	质量要求	满分	扣分标准	扣分原因	得分
1	工作准备					
1.1	安全劳动防护用品的准备	正确佩戴安全帽，穿全套工作服，包括工作服、绝缘鞋、棉手套	5	未正确佩戴安全帽，未正确穿工作服、绝缘鞋、棉手套，每项扣 2 分，扣完为止		
1.2	工器具的准备	熟练正确使用各种工器具	10	未正确使用一次扣 2 分，扣完为止		
1.3	相关安全措施的准备	（1）正确进行工具安全性能检查。 （2）现场作业条件复核。 （3）合理布置地面材料、工具	15	未进行工具外观安全性能检查扣 5 分； 未对现场作业可能存在的危险点进行分析并提出防范措施扣 5 分； 地面工具、材料摆放不整齐、不合理扣 5 分； 发生安全事故本项考核不得分		
2	工作许可					
2.1	许可方式	向考评员示意准备就绪，申请开始工作	5	未向考评员示意履行许可手续扣 5 分		
3	工作步骤及技术要求					
3.1	仪器接线	发射机与电缆接线方法正确，接收机与传感器接线方法正确	5	接线错误扣 5 分		
3.2	通信联络	工作前确定操作人员间的联络方式，确保通信畅通，提高工作效率	5	未能保持正常通信扣 5 分		
3.3	仪器使用	正确开关机，会使用仪器菜单选项	10	仪器使用不熟悉扣 5 分； 不会使用扣 5 分		
3.4	路径探测	路径探测正确，电缆路径图绘图正确	10	探测绘图错误扣 5 分； 绘图不明确，未标定参照物扣 2 分； 绘图错误扣 3 分		
3.5	埋深探测	对设定的 3 个点埋深探测正确；电缆埋深断面图绘制正确	15	探测错误每个点扣 5 分； 绘图不明确，未标定参照物扣 5 分； 绘图错误扣 5 分		
3.6	工作终结	仪器仪表归位和整理各种临时用线；工作现场清理干净，报告工作全部完成	5	仪器未归位，连接线未整理扣 3 分； 现场清理不干净，未报告完工扣 2 分		
3.7	时间	在规定时间内完成所有操作	5	每超出规定时间 3 分钟扣 1 分，扣完为止		
4	工作结束					
4.1	作业结束	作业完成检查完毕，确认作业现场没有遗留物件，申请作业结束	5	未向考评员汇报作业结束扣 1 分； 现场有遗留物的不得分		
4.2	材料、工具规整	作业结束后进行现场工具材料规整	5	未进行现场工具材料规整扣 5 分		
合计			100			

Jc0004442011 硅橡胶插入式 T 形插头式电缆头安装（三相）。（100 分）

考核知识点：

1. 电缆附件图纸的解读能力
2. 电缆头制作理论知识
3. 电缆头工艺制作水平
4. 钳工工艺

难易度：中

技能等级评价专业技能考核操作工作任务书

一、任务名称

硅橡胶插入式 T 形插头式电缆头安装（三相）。

二、适用工种

电力电缆安装运维工（输电）中级工。

三、具体任务

剥除电缆，包绕填充胶、热缩三指手套应力管和绝缘管，装配 T 型插头，完成硅橡胶插入式 T 型插头式电缆头制作。

四、工作规范及要求

（1）工器具及材料的检查及正确使用。

（2）按要求进行操作。

（3）进行工作终结报告。

五、考核及时间要求

（1）本考核操作时间共 150 分钟。

（2）未完成的操作项目不得分，但不影响其他项目得分。

技能等级评价专业技能考核操作评分标准

工种	电力电缆安装运维工（输电）				评价等级	中级工
项目模块	电缆附件安装—电缆终端和中间接头安装			编号	Jc0004442011	
单位		准考证号			姓名	
考试时限	150 分钟	题型	单项操作		题分	100 分
成绩		考评员	考评组长		日期	
试题正文	硅橡胶插入式 T 形插头式电缆头安装（三相）					
需要说明的问题和要求	（1）本项考核可设专人配合操作，仅对作业人员进行考评。 （2）操作应注意安全，根据具体任务对应标准化作业流程开展确保人身与设备安全。发生安全事故本项考核不合格。 （3）作业流程是否正确将列入考评内容。 （4）工具材料的选用与检查由被考核人员独立完成					

序号	项目名称	质量要求	满分	扣分标准	扣分原因	得分
1	工作准备					
1.1	安全劳动防护用品的准备	正确佩戴安全帽，穿全套工作服，包括工作服、绝缘鞋、棉手套	5	未正确佩戴安全帽，未正确穿工作服、绝缘鞋、棉手套，每项扣 2 分，扣完为止		
1.2	工器具的准备	熟练正确使用各种工器具	10	未正确使用一次扣 2 分，扣完为止		
1.3	相关安全措施的准备	（1）正确进行工具安全性能检查。	10	未进行工具外观安全性能检查扣 3 分； 未对现场作业可能存在的危险点进行分析并提出防范措施扣 4 分；		

续表

序号	项目名称	质量要求	满分	扣分标准	扣分原因	得分
1.3	相关安全措施的准备	（2）现场作业条件复核。 （3）合理布置地面材料、工具	10	地面工具、材料摆放不整齐、不合理扣3分； 发生安全事故本项考核不得分		
2	工作许可					
2.1	许可方式	向考评员示意准备就绪，申请开始工作	5	未向考评员示意履行许可手续扣5分		
3	工作步骤及技术要求					
3.1	支撑、校直、外护套擦拭	为了便于操作，选好位置，将要进行施工的部分支架好，同时校直，擦去外护套上的污迹	5	一项工作未做扣2分，扣完为止		
3.2	将电缆断切面锯平	如果电缆三相线芯锯口不在同一平面上或导体切面凹凸不平应锯平	5	未按要求做扣5分		
3.3	校对施工尺寸	根据附件供应商提供的图纸，确定施工尺寸	5	一处尺寸与图纸不符扣2～3分，扣完为止		
3.4	操作程序控制	操作程序应按上述图纸进行	4	程序错误扣2分； 遗漏工序扣2分		
3.5	剥除外护层、铠装、内护层、内衬、铜屏蔽及外半导电层等	剥切时切口不平，金属切口有毛刺或伤及其下一层结构，应视为缺陷；绝缘表面干净，光滑，无残质，均匀涂上硅脂	10	尺寸不对2扣分； 剥切时伤及绝缘扣2分； 剥口没处理成小斜坡、有毛刺扣2分； 绝缘表面没处理干净扣2分； 未均匀涂抹硅油扣2分		
3.6	钢铠接地及铜屏蔽接地分开	固定应牢靠、美观。恒力弹簧接地时包绕填充胶，填充胶包绕应成形（橄榄状或苹果状）；再包绕绝缘自粘胶带，两接地之间有绝缘要求	6	不牢固扣2分； 两接地之间无绝缘扣2分； 填充胶包绕不成形扣2分		
3.7	绑扎和焊接	绑扎铠装及接地线，固定铜屏蔽要平整，不能松带，焊点应平滑、牢固，焊接点厚度不大于4mm	5	接线不平整扣2分； 松带扣1分； 焊点厚度不达标扣2分		
3.8	包绕填充胶和热缩三指手套应力管和绝缘管	三指手套、应力管、绝缘管套入皆应到位，收缩紧密，管外表无灼伤痕迹，三指手套由根部向两端加热，绝缘管由三叉根部向上加热	4	套入不到位每项扣1分； 收缩不紧密扣1分； 管外表有灼伤扣1分； 收缩位置不正确扣1分		
3.9	导体压接	压接应平整，压接后端子表面应打磨光滑	6	压接点面未达到3处扣2分； 纤芯与端子内部之间未到位扣2分； 压接后端子表面有毛刺扣2分； 因压接方法错误造成端子表面出现裂纹此项工作不得分		
3.10	绝缘表面外半导电层的处理应力锥安装	半导电层与绝缘表面过渡整齐光滑，然后在其上绕包半导电带，并覆盖热缩管上端，将硅脂均匀涂上绝缘表面和应力锥内，但不能涂在半导电层上，套上助握器，边转动边往缆上套应力锥	6	半导电层与绝缘表面过渡不整齐不光滑扣2分； 半导电带未按照附件要求进行拉伸扣1分； 硅脂未涂抹或涂抹不均匀扣1分； 应力锥套入不到位扣2分		
3.11	装配T形插头	用扳手将双头螺杆旋入插座、将压好端子应力锥的电缆推入T形套管、将T形头套插座、套上30N/m、旋上螺杆，套上端帽	4	双头螺杆旋入不到位或者不平整扣2分； 接线端子接触面不平整扣1分； 端帽无法装上扣1分		
3.12	接地连接	接地不能缠绕	2	未达要求扣2分		
3.13	时间	在规定时间内完成所有操作	3	每超出规定时间3分钟扣1分，扣完为止		
4	工作结束					
4.1	作业结束	作业完成检查完毕，确认作业现场没有遗留物件，申请作业结束	2	未向考评员汇报作业结束扣1分； 现场有遗留物的不得分		
4.2	材料、工具规整	作业结束后进行现场工具材料规整	3	未进行现场工具材料规整扣3分		
合计			100			

Jc0002441012　使用 MP 型手提泡沫灭火器扑灭火灾。（100 分）

考核知识点：

1. MP 型手提泡沫灭火器的认识
2. MP 型手提泡沫灭火器的正确使用

难易度：易

技能等级评价专业技能考核操作工作任务书

一、任务名称

使用 MP 型手提泡沫灭火器扑灭火灾。

二、适用工种

电力电缆安装运维工（输电）中级工。

三、具体任务

正确使用 MP 型手提泡沫灭火器，迅速控制火势，火焰熄灭后检查是否还有火星，并清理现场。

四、工作规范及要求

（1）使用前检查灭火器的使用有效期并做好记录。

（2）使用前将灭火器上下颠倒几次，使桶内干粉松动。

（3）拔下保险销，一手握住喷嘴，一手用力压下压把干粉即喷出。

五、考核及时间要求

本考核操作时间共 20 分钟。

技能等级评价专业技能考核操作评分标准

工种	电力电缆安装运维工（输电）					评价等级	中级工
项目模块	工艺图纸及材料准备—工器具、材料准备及使用				编号	Jc0002441012	
单位			准考证号			姓名	
考试时限	20 分钟		题型	单项操作		题分	100 分
成绩		考评员		考评组长		日期	
试题正文	使用 MP 型手提泡沫灭火器扑灭火灾						
需要说明的问题和要求	（1）本项考核可设专人配合操作，仅对作业人员进行考评。 （2）操作应注意安全，根据具体任务对应标准化作业流程开展确保人身与设备安全。发生安全事故本项考核不合格。 （3）作业流程是否正确将列入考评内容。 （4）工具材料的选用与检查由被考核人员独立完成						

序号	项目名称	质量要求	满分	扣分标准	扣分原因	得分
1	工作准备					
1.1	安全劳动防护用品的准备	正确佩戴安全帽，穿全套工作服，包括工作服、绝缘鞋、棉手套	5	未正确佩戴安全帽，未正确穿工作服、绝缘鞋、棉手套，每项扣 2 分，扣完为止		
1.2	工器具的准备	熟练正确使用各种工器具	10	未正确使用一次扣 2 分，扣完为止		
1.3	相关安全措施的准备	（1）正确进行工具安全性能检查。 （2）现场作业条件复核。 （3）合理布置地面材料、工具	10	未进行工具外观安全性能检查扣 3 分； 未对现场作业可能存在的危险点进行分析并提出防范措施扣 4 分； 地面工具、材料摆放不整齐、不合理扣 3 分； 发生安全事故本项考核不得分		

续表

序号	项目名称	质量要求	满分	扣分标准	扣分原因	得分
2	工作许可					
2.1	许可方式	向考评员示意准备就绪，申请开始工作	5	未向考评员示意履行许可手续不得分		
3	工作步骤及技术要求					
3.1	说出泡沫灭火器可扑灭哪些初期火灾	各种油脂类、石油产品、木、竹、棉、麻等任选6种	20	说不出扣20分； 说错一个、少说一个均扣5分，扣完为止		
3.2	说出泡沫灭火器不可扑灭哪些初期火灾	电气设备，怕腐蚀设备、器械等	15	说不出扣15分； 说错一个、少说一个均扣5分，扣完为止		
3.3	了解灭火器筒内及瓶胆内所装溶液	筒内装减性溶液（发泡剂）瓶胆内装酸性溶液（硫酸铝）	5	说错或说反均扣5分		
3.4	使用方法及操作的熟练程度	提起灭火器时筒身不可过度倾斜；平稳地提到现场，倾倒筒身，上下摆动几次，使两种药液混合产生泡沫；将喷嘴对准火堆，借助筒内气体压力，泡沫喷向火堆将或扑灭	15	操作方法不正确扣10分； 操作不熟练扣5分		
3.5	使用时注意事项	不允许将筒盖和筒底对向人体以防爆破造成事故	5	操作不当扣5分		
3.6	时间	在规定时间内完成所有操作	5	每超出规定时间3分钟扣1分，扣完为止		
4	工作结束					
4.1	作业结束	作业完成检查完毕，确认作业现场没有遗留物件，申请作业结束	2	未向考评员汇报作业结束扣1分； 现场有遗留物的不得分		
4.2	材料、工具规整	作业结束后进行现场工具材料规整	3	未进行现场工具材料规整扣3分		
合计			100			

Jc0005442013　电缆正序阻抗的测量。（100分）

考核知识点：

1. 35kV 电缆的特点及运行方式
2. 电力电缆正序阻抗的接线原理
3. 电力电缆正序阻抗的正确测量方法

难易度：中

技能等级评价专业技能考核操作工作任务书

一、任务名称

电缆正序阻抗的测量。

二、适用工种

电力电缆安装运维工（输电）中级工。

三、具体任务

（1）试验电源接取。

（2）变压器的容量和表计量程的选择。

（3）确定跨线和互感器极性。

（4）进行正序阻抗的测量。

（5）计算正序阻抗和交流电阻。

四、工作规范及要求

（1）操作需有人监护，且可有1人帮助读表。

（2）试验接线见图 Jc0005442013。

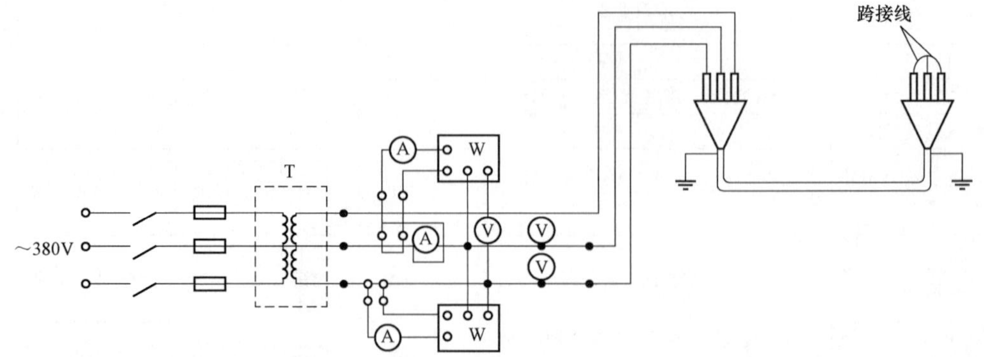

图 Jc0005442013

T—抽头式的降压变压器具；V—电压表；A—电流表；W—功率表

（3）工作终结报告。

五、考核及时间要求

本考核操作时间共 60 分钟。

技能等级评价专业技能考核操作评分标准

工种	电力电缆安装运维工（输电）					评价等级	中级工
项目模块	电缆运行维护与检修—电缆检测				编号	Jc0005442013	
单位			准考证号			姓名	
考试时限	60 分钟	题型	单项操作			题分	100 分
成绩		考评员		考评组长		日期	
试题正文	电缆正序阻抗的测量						
需要说明的问题和要求	（1）本项考核可设专人配合操作，仅对作业人员进行考评。 （2）操作应注意安全，根据具体任务对应标准化作业流程开展确保人身与设备安全。发生安全事故本项考核不合格。 （3）作业流程是否正确将列入考评内容。 （4）工具材料的选用与检查由被考核人员独立完成						

序号	项目名称	质量要求	满分	扣分标准	扣分原因	得分
1	工作准备					
1.1	安全劳动防护用品的准备	正确佩戴安全帽，穿全套工作服，包括工作服、绝缘鞋、棉手套	5	未正确佩戴安全帽，未正确穿工作服、绝缘鞋、棉手套，每项扣 2 分，扣完为止		
1.2	工器具的准备	熟练正确使用各种工器具	10	未正确使用一次扣 2 分，扣完为止		
1.3	相关安全措施的准备	（1）正确进行工具安全性能检查。 （2）现场作业条件复核。 （3）合理布置地面材料、工具	10	未进行工具外观安全性能检查扣 3 分； 未对现场作业可能存在的危险点进行分析并提出防范措施扣 4 分； 地面工具、材料摆放不整齐、不合理扣 3 分； 发生安全事故本项考核不得分		
2	工作许可					
2.1	许可方式	向考评员示意准备就绪，申请开始工作	5	未向考评员示意履行许可手续扣 5 分		
3	工作步骤及技术要求					

续表

序号	项目名称	质量要求	满分	扣分标准	扣分原因	得分
3.1	接电源	380V 电源，因所需电源容量较大，故接线所用导线截面面积不能太小	5	电源接触不好或漏电保护不匹配扣5分		
3.2	容量选择	变压器容量根据电缆长短而定（一般5kVA以上）	5	容量选择不当扣5分		
3.3	确定跨接线	另一端跨接线要短而粗	5	跨接线过长或过细扣5分		
3.4	跨线接触	跨线接触良好	5	接触不好扣5分		
3.5	表计量程选择	表计量程选择准确	5	选择不当扣5分		
3.6	极性	互感器极性与功率表极性符合	5	极性不符扣5分		
3.7	试验接线	试验接线正确	5	试验接线不正确扣5分		
3.8	安全措施及监护	试验场地应装设安全围栏，在现场还应按线路安全规定做好其他安全措施，送电前应通知在场的其他人	10	无监护人扣3分； 未安遮栏扣3分； 未通知他人扣4分		
3.9	操作	操作应熟练，同时电流控制在70～80A较合适	10	操作不熟练扣3分； 未能同时读表扣3分； 不控制电流扣4分		
3.10	计算	计算正序阻抗和交流电阻	5	计算不正确扣5分		
3.11	时间	在规定时间内完成所有操作	5	每超出规定时间3分钟扣1分，扣完为止		
4	工作结束					
4.1	作业结束	作业完成检查完毕，确认作业现场没有遗留物件，申请作业结束	2	未向考评员汇报作业结束扣1分； 现场有遗留物的不得分		
4.2	材料、工具规整	作业结束后进行现场工具材料规整	3	未进行现场工具材料规整扣3分		
合计			100			

Jc0005441014 35kV 电力电缆主绝缘电阻测量。(100 分)

考核知识点：

1. 绝缘电阻表的接线原理
2. 绝缘电阻表的正确使用方法
3. 35kV 电缆的特点及运行方式

难易度： 易

技能等级评价专业技能考核操作工作任务书

一、任务名称

35kV 电力电缆主绝缘电阻测量。

二、适用工种

电力电缆安装运维工（输电）中级工。

三、具体任务

（1）将电缆经电阻对地放电；断开电缆与电气设备的引线；擦拭电缆终端绝缘表面。

（2）将电缆被测芯线接于绝缘电阻表 L 柱上，非被测芯线均匀与电缆地线一同接地并接与电阻表 E 柱上。电缆接线端头表面可能产生表面泄漏电流时，应加以屏蔽。

（3）用手转动绝缘电阻表，当达到额定 120r/min 时，将绝缘电阻表 L 柱上绝缘线触向电缆被测芯同时开始计时，读取 15s 与 60s 的绝缘电阻阻值并记录。将绝缘电阻表 L 柱上绝缘线与电缆被测芯断开，然后停止转动绝缘电阻表。

（4）当被测电缆较长，充电电流很大时，绝缘电阻表开始指示值可能很小。此时并不表示绝缘不良，必须经较长时间充电才能得到准确测试结果。

（5）用放电棒放电，时间不少于 2min。

（6）变更接线，换相试验。

（7）对记录试验数据进行分析。

（8）填写试验报告。

四、工作规范及要求

（1）要求 1 人操作 1 人监护。

（2）需持有电缆第一种工作票，明确工作票所列安全措施都已实施。

（3）工器具选用满足施工需要，对工器具进行外观检查。

（4）选择绝缘电阻表电压等级要求与被测电缆的电压等级相匹配。

（5）检查绝缘电阻表开路是否能达无穷大，短路时指零。

（6）试验的正确接线。

（7）放电及变更接线时动作规范、熟练。

（8）数据分析与判断摇准确。

（9）发生安全事故，本项考核不及格。

五、考核及时间要求

本考核操作时间共 30 分钟。

技能等级评价专业技能考核操作评分标准

工种	电力电缆安装运维工（输电）				评价等级	中级工
项目模块	电缆运行维护与检测—电缆检测			编号	Jc0005441014	
单位		准考证号			姓名	
考试时限	30 分钟	题型	单项操作		题分	100 分
成绩	考评员		考评组长		日期	
试题正文	35kV 电力电缆主绝缘电阻测量					
需要说明的问题和要求	（1）本项考核可设专人配合操作，仅对作业人员进行考评。 （2）操作应注意安全，根据具体任务对应标准化作业流程开展确保人身与设备安全。发生安全事故本项考核不合格。 （3）作业流程是否正确将列入考评内容。 （4）工具材料的选用与检查由被考核人员独立完成					

序号	项目名称	质量要求	满分	扣分标准	扣分原因	得分
1	工作准备					
1.1	安全劳动防护用品的准备	正确佩戴安全帽，穿全套工作服，包括工作服、绝缘鞋、棉手套	5	未正确佩戴安全帽，未正确穿工作服、绝缘鞋、棉手套，每项扣 2 分，扣完为止		
1.2	工器具的准备	熟练正确使用各种工器具	10	未正确使用一次扣 2 分，扣完为止		
1.3	相关安全措施的准备	（1）正确进行工具安全性能检查。 （2）现场作业条件复核。 （3）合理布置地面材料、工具	10	未进行工具外观安全性能检查扣 3 分； 未对现场作业可能存在的危险点进行分析并提出防范措施扣 4 分； 地面工具、材料摆放不整齐、不合理扣 3 分； 发生安全事故本项考核不得分		

续表

序号	项目名称	质量要求	满分	扣分标准	扣分原因	得分
2	工作许可					
2.1	许可方式	向考评员示意准备就绪，申请开始工作	5	未向考评员示意履行许可手续扣 5 分		
3	工作步骤及技术要求					
3.1	绝缘电阻表选用及检查	选用 5000V 绝缘电阻表对绝缘电阻表进行测试	5	选错绝缘电阻表扣 2 分； 测试方法不当扣 3 分		
3.2	测试前对待测电缆的处理	将电缆经电阻对地放电；断开电缆与电气设备的引线；擦拭电缆终端绝缘表面	10	不放电扣 5 分； 待测电缆处理不当扣 5 分		
3.3	测量三相芯各自对地及钢铠的绝缘电阻	用单股绝缘导线接被测相，连接“L”端子，其余二相短接后与电缆的钢铠接地线连接后接至“E”端子	15	绝缘电阻表“L”线未接到芯线上扣 5 分； 绝缘电阻表“E”线未接到电缆的钢铠接地线扣 5 分； “L”和“E”导线缠绕在一起扣 5 分		
3.4	摇测方法	摇测时，将表平放，转速为 120r/min；1 分钟后读表针指示值；先断开“L”线再停止摇动	10	位置不正确或摇速不匀扣 3 分； 读数不准或时间不够各扣 5 分； 停表不当扣 2 分		
3.5	电缆测试后放电	将被测线芯对地放电；用同样方法依次测量其余两相绝缘电阻	10	未将电缆经电阻对地放电扣 5 分； 未用同样方法依次测量其余两相绝缘电阻扣 5 分		
3.6	安全生产	测量时，手与其他部分均不得触及导线和接线端钮	10	违反一条扣 5 分，扣完为止		
3.7	时间	在规定时间内完成所有操作	5	每超出规定时间 3 分钟扣 1 分，扣完为止		
4	工作结束					
4.1	作业结束	作业完成检查完毕，确认作业现场没有遗留物件，申请作业结束	2	未向考评员汇报作业完成扣 1 分； 现场有遗留物的不得分		
4.2	材料、工具规整	作业结束后进行现场工具材料规整	3	未进行现场工具材料规整扣 3 分		
合计			100			

Jc0005442015 绝缘电阻表法电缆核相。(100 分)

考核知识点：

1. 绝缘电阻表的接线原理
2. 绝缘电阻表的正确使用方法
3. 35kV 电缆的特点及运行方式

难易度：中

技能等级评价专业技能考核操作工作任务书

一、任务名称

绝缘电阻表法电缆核相。

二、适用工种

电力电缆安装运维工（输电）中级工。

三、具体任务

（1）说出使用绝缘电阻表核对电缆相序的方法。

（2）对电缆进行剥切，要求长度适宜，切口整齐，线芯导体无损伤。

（3）绝缘电阻表摇测核定电缆相位。
（4）对记录试验数据进行分析，并填写试验报告。

四、工作规范及要求

（1）要求1人操作1人监护。
（2）需持有电缆第一种工作票，明确工作票所列安全措施都已实施。
（3）试验的正确接线。
（4）放电及变更接线时动作规范、熟练。
（5）数据分析与判断应准确。
（6）发生安全事故，本项考核不及格。

五、考核及时间要求

本考核操作时间共20分钟。

技能等级评价专业技能考核操作评分标准

工种	电力电缆安装运维工（输电）				评价等级	中级工
项目模块	电缆运行维护与检修—电缆检测			编号	Jc0005442015	
单位		准考证号			姓名	
考试时限	20分钟	题型	单项操作		题分	100分
成绩		考评员		考评组长	日期	
试题正文	绝缘电阻表法电缆核相					
需要说明的问题和要求	（1）本项考核可设专人配合操作，仅对作业人员进行考评。 （2）操作应注意安全，根据具体任务对应标准化作业流程开展确保人身与设备安全。发生安全事故本项考核不合格。 （3）作业流程是否正确将列入考评内容。 （4）工具材料的选用与检查由被考核人员独立完成					

序号	项目名称	质量要求	满分	扣分标准	扣分原因	得分
1	工作准备					
1.1	安全劳动防护用品的准备	正确佩戴安全帽，穿全套工作服，包括工作服、绝缘鞋、棉手套	5	未正确佩戴安全帽，未正确穿工作服、绝缘鞋、棉手套，每项扣2分，扣完为止		
1.2	工器具的准备	熟练正确使用各种工器具	10	未正确使用一次扣2分，扣完为止		
1.3	相关安全措施的准备	（1）正确进行工具安全性能检查。 （2）现场作业条件复核。 （3）合理布置地面材料、工具	10	未进行工具外观安全性能检查扣3分； 未对现场作业可能存在的危险点进行分析并提出防范措施扣4分； 地面工具、材料摆放不整齐、不合理扣3分； 发生安全事故本项考核不得分		
2	工作许可					
2.1	许可方式	向考评员示意准备就绪，申请开始工作	5	未向考评员示意履行许可手续扣5分		
3	工作步骤及技术要求					
3.1	说出核相方法	核相方法正确、流程清晰	10	不正确扣5～10分		
3.2	绝缘电阻表选择、检查	L、E端子开路，摇表转速为120r/min时，指针指向“∞”，短路时指针指向“0”	10	选择不正确扣5分； 检查方法不正确扣5分		
3.3	电缆剥切	剥切长度适宜，切口整齐，线芯导体无损伤	10	每一项错误扣2分，扣完为止		

续表

序号	项目名称	质量要求	满分	扣分标准	扣分原因	得分
3.4	确定电缆任一端的相位	相色标志正确，黄、绿、红对应 A、B、C 相	15	任一相错误扣 5 分，扣完为止		
3.5	绝缘电阻表摇测核定电缆相位	（1）按测试方法接线正确。 （2）测定的相位正确。 （3）相色标示正确。 （4）测量完毕需放电	10	第（1）项任一错误各扣 4 分； （2）、（3）、（4）项任一项错误不得分（各 2 分），扣完为止		
3.6	安全生产	测量时，手与其他部分均不得触及导线和接线端钮	5	违反一条扣 5 分		
3.7	时间	在规定时间内完成所有操作	5	每超出规定时间 3 分钟扣 1 分，扣完为止		
4	工作结束					
4.1	作业结束	作业完成检查完毕，确认作业现场没有遗留物件，申请作业结束	2	未向考评员汇报作业结束扣 1 分； 现场有遗留物的不得分		
4.2	材料、工具规整	作业结束后进行现场工具材料规整	3	未进行现场工具材料规整扣 3 分		
合计			100			

Jc0004442016　低压电缆终端头制作。（100 分）

考核知识点：

1. 低压电缆头制作理论知识
2. 电缆头工艺制作水平
3. 钳工工艺

难易度：中

技能等级评价专业技能考核操作工作任务书

一、任务名称

低压电缆终端头制作。

二、适用工种

电力电缆安装运维工（输电）中级工。

三、具体任务

（1）剥切电缆。

（2）电缆头制作。

（3）线鼻子安装及压接。

（4）绝缘恢复。

四、工作规范及要求

（1）电缆终端头制作时尺寸应正确。

（2）电缆剥切时不应有毛刺，不得伤及主绝缘层。

（3）操作顺序应正确。

（4）现场作业应满足相关安全要求。

五、考核及时间要求

本考核操作时间共 60 分钟。

技能等级评价专业技能考核操作评分标准

工种	电力电缆安装运维工（输电）					评价等级	中级工
项目模块	电缆附件安装—电缆终端和中间接头安装				编号	Jc0004442016	
单位			准考证号			姓名	
考试时限	60分钟	题型		单项操作		题分	100分
成绩		考评员		考评组长		日期	
试题正文	低压电缆终端头制作						
需要说明的问题和要求	（1）本项考核可设专人配合操作，仅对作业人员进行考评。 （2）操作应注意安全，根据具体任务对应标准化作业流程开展确保人身与设备安全。发生安全事故本项考核不合格。 （3）作业流程是否正确将列入考评内容。 （4）工具材料的选用与检查由被考核人员独立完成						

序号	项目名称	质量要求	满分	扣分标准	扣分原因	得分
1	工作准备					
1.1	安全劳动防护用品的准备	正确佩戴安全帽，穿全套工作服，包括工作服、绝缘鞋、棉手套	5	未正确佩戴安全帽，未正确穿工作服、绝缘鞋、棉手套，每项扣2分，扣完为止		
1.2	工器具的准备	熟练正确使用各种工器具	10	未正确使用一次扣2分，扣完为止		
1.3	相关安全措施的准备	（1）正确进行工具安全性能检查。 （2）现场作业条件复核。 （3）合理布置地面材料、工具	10	未进行工具外观安全性能检查扣3分； 未对现场作业可能存在的危险点进行分析并提出防范措施扣4分； 地面工具、材料摆放不整齐、不合理扣3分； 发生安全事故本项考核不得分		
2	工作许可					
2.1	许可方式	向考评员示意准备就绪，申请开始工作	5	未向考评员示意履行许可手续扣5分		
3	工作步骤及技术要求					
3.1	剖削外护层	根据需要剖削外塑料护层；根据剖削长度绑好扎线，锯好钢铠	5	剖削长度不合适扣1分； 伤及内护层扣3分； 绑法、锯法不当扣1分		
3.2	钢铠除污	用小锉刀或锯条将钢铠表面除锈及除去氧化层	3	除法不当扣1～3分		
3.3	焊接地线	焊接牢固、平整、无毛刺	4	焊接不当扣1～4分		
3.4	内护层处理	内护层保留长度60mm，余者剥除，分开线芯，除去填料	5	剥法不当扣2～5分		
3.5	线端绝缘层剖削	剥去线芯端子绝缘层，长度比线鼻子内孔深度大5mm	5	长度不符扣2～5分		
3.6	安装卡箍	钢铠安装卡箍，正确牢固	5	卡箍不牢固扣5分		
3.7	电缆头制作	塑料带每周包缠压叠1/2带宽，层数符合要求；塑料带包缠密实度及外形符合要求	8	压叠不合格、层数不合格、松软、外形不符合要求各扣2分		
3.8	线鼻子安装	线鼻子连接处线头的除污符合要求；线鼻子型号与线芯匹配	5	除污不当、型号不匹配扣2～5分		
3.9	线鼻子压接	压接深度符合要求；压入深度及压坑数正确	10	深度不符、坑数不正确各扣2～5分		
3.10	绝缘恢复	外观检查要求接触良好，塑料带包缠均匀、平整，相色标志正确	10	色标错误扣5分； 绝缘不合格扣10分		
3.11	时间	在规定时间内完成所有操作	5	每超出规定时间3分钟扣1分，扣完为止		

续表

序号	项目名称	质量要求	满分	扣分标准	扣分原因	得分
4	工作结束					
4.1	作业结束	作业完成检查完毕，确认作业现场没有遗留物件，申请作业结束	2	未向考评员汇报作业结束扣 1 分；现场有遗留物的不得分		
4.2	材料、工具规整	作业结束后进行现场工具材料规整	3	未进行现场工具材料规整扣 3 分		
合计			100			

Jc0002441017　制作电缆卡子。（100 分）

考核知识点： 附件加工的能力

难易度： 易

技能等级评价专业技能考核操作工作任务书

一、任务名称

制作电缆卡子。

二、适用工种

电力电缆安装运维工（输电）中级工。

三、具体任务

根据现场提供的电缆卡子在规定时间内制作同样的电缆卡子。

四、工作规范及要求

（1）工器具检查及使用。

（2）按要求进行操作。

（3）进行工作终结报告。

五、考核及时间要求

本考核操作时间共 20 分钟。

技能等级评价专业技能考核操作评分标准

工种	电力电缆安装运维工（输电）				评价等级	中级工
项目模块	工艺图纸及材料准备—工器具、材料准备及使用			编号	Jc0002441017	
单位		准考证号			姓名	
考试时限	20 分钟	题型	单项操作		题分	100 分
成绩		考评员		考评组长		日期	
试题正文	制作电缆卡子					
需要说明的问题和要求	（1）要求独立完成。 （2）照明充足。 （3）正确使用安全用品用具。 （4）材料工具备齐，开始计时。 （5）要求着装正确（穿工作服、工作胶鞋、戴安全帽）					

序号	项目名称	质量要求	满分	扣分标准	扣分原因	得分
1	工作准备					
1.1	安全劳动防护用品的准备	正确佩戴安全帽，穿全套工作服，包括工作服、绝缘鞋、棉手套	5	未正确佩戴安全帽，未正确穿工作服、绝缘鞋、棉手套，每项扣 2 分，扣完为止		

续表

序号	项目名称	质量要求	满分	扣分标准	扣分原因	得分
1.2	工器具的准备	熟练正确使用各种工器具	10	未正确使用一次扣 2 分，扣完为止		
1.3	相关安全措施的准备	正确进行工具安全性能检查	10	未进行工具外观安全性能检查扣 3 分； 未对现场作业可能存在的危险点进行分析并提出防范措施扣 4 分； 地面工具、材料摆放不整齐、不合理扣 3 分； 发生安全事故本项考核不得分		
2	工作许可					
2.1	许可方式	向考评员示意准备就绪，申请开始工作	5	未向考评员示意履行许可手续扣 5 分		
3	电缆剖面判断					
3.1	现场作业条件复核	说出打卡子的准确位置、尺寸，应打卡子的数量及卡子间隔距离	5	每说错一项扣 2 分，扣完为止		
3.2	外观检查	整齐、牢固	5	不美观、有痕迹扣 2～5 分		
3.3	长度正确	在被截取的电缆的四个面测量长度	10	一处长度误差超过 2mm 扣 1 分，扣完为止		
3.4	截面判断	截面大小判断正确	15	不正确扣 15 分		
3.5	绝缘判断	绝缘类型判断正确	15	不正确扣 15 分		
3.6	电缆电压等级判断	电压等级判断正确	15	不正确扣 15 分		
4	工作结束	整理工具并清理现场	5	工具未整理扣 3 分； 现场未清理扣 2 分		
合计			100			

Jc0001441018　参照电缆实物阐述各部分结构及作用。（100 分）

考核知识点：

1. 对中压和高压交联聚乙烯电缆的结构了解熟悉情况

2. 是否掌握中压和高压交联聚乙烯电缆各部分基本技术要求和作用

难易度：易

技能等级评价专业技能考核操作工作任务书

一、任务名称

参照电缆实物阐述各部分结构及作用。

二、适用工种

电力电缆安装运维工（输电）中级工。

三、具体任务

（1）对 YLLW02－64/110－1X400 高压单芯电缆的结构，及其结构的材料、物理性能、电气性能及作用进行阐述。

（2）对 YLV22－8.7/15kV－3X300 中压单芯电缆的结构，及其结构的材料、物理性能、电气性能及作用进行阐述。

四、工作规范及要求

（1）现场应放置 YLLW02－64/110－1X400 高压单芯电缆和 YLV22－8.7/15kV－3X300 中/低压单芯电缆各一段。考生应根据电缆各结构阐述其材料、物理性能、电气性能及作用。

（2）该项目由 1 名考生独立完成。

五、考核及时间要求

（1）本考核操作时间共 20 分钟，每超时 2 分钟扣 1 分，过 5 分钟后此项操作不合格。

（2）工作完成后向考评员汇报工作完毕。

技能等级评价专业技能考核操作评分标准

工种	电力电缆安装运维工（输电）					评价等级	中级工
项目模块	工艺图纸及材料准备—电缆附件安装工艺图识别				编号	Jc0001441018	
单位			准考证号			姓名	
考试时限	20 分钟		题型	单项操作		题分	100 分
成绩		考评员		考评组长		日期	
试题正文	参照电缆实物阐述各部分结构及作用						
需要说明的问题和要求	（1）本项工作由考生独立完成。 （2）操作应注意安全，根据具体任务对应标准化作业流程开展确保人身与设备安全。发生安全事故本项考核不合格。 （3）作业流程是否正确将列入考评内容						

序号	项目名称	质量要求	满分	扣分标准	扣分原因	得分
1	工作准备					
1.1	安全劳动防护用品的准备	正确佩戴安全帽，穿全套工作服，包括工作服、绝缘鞋、棉手套	5	未正确佩戴安全帽，未正确穿工作服、绝缘鞋、棉手套，每项扣 1 分，扣完为止		
1.2	工器具的准备	熟练正确使用各种工器具	10	未正确使用一次扣 2 分，扣完为止		
1.3	相关安全措施的准备	（1）正确进行工具安全性能检查。 （2）现场作业条件复核。 （3）合理布置地面材料、工具	10	未进行工具外观安全性能检查扣3分； 未对现场作业可能存在的危险点进行分析并提出防范措施扣 4 分； 地面工具、材料摆放不整齐、不合理扣 3 分； 发生安全事故本项考核不得分		
2	工作许可					
2.1	许可方式	向考评员示意准备就绪，申请开始工作	5	未向考评员示意履行许可手续扣 5 分		
3	工作步骤及技术要求					
3.1	高压单芯电缆的结构及作用阐述	电缆型号为 YLLW02－64/110－1X400 铜芯交联聚乙烯绝缘电缆。基本结构应为导体线芯、导体屏蔽、绝缘层、绝缘屏蔽、缓冲层（阻水层）、金属护套、外护套、试验电极。针对上述结构，阐述各种结构和材料	30	漏掉一个结构扣 5 分； 材料性能一项不清楚扣 5 分； 以上扣分，扣完为止		
3.2	中低压三芯电缆的结构及作用阐述	电缆型号为 YLV22－8.7/15kV－3X300 芯交联聚乙烯绝缘电力电缆。基本结构应为导体线芯、导体屏蔽、绝缘层、绝缘屏蔽、铜屏蔽层、填充物、钢带铠装层、外护套。针对上述结构，阐述各种结构和材料	30	漏掉一个结构扣 5 分； 材料性能一项不清楚扣 5 分，扣完为止		
3.3	时间	在规定时间内完成所有操作	5	每超出规定时间 3 分钟扣 1 分，扣完为止		

续表

序号	项目名称	质量要求	满分	扣分标准	扣分原因	得分
4	工作结束					
4.1	作业结束	作业完成检查完毕，确认作业现场没有遗留物件，申请作业结束	2	未向考评员汇报作业结束扣1分；现场有遗留物的不得分		
4.2	材料、工具规整	作业结束后进行现场工具材料规整	3	未进行现场工具材料规整扣3分		
合计			100			

Jc0005442019　外护套故障修复处理。（100分）

考核知识点：

1. 故障点的处理
2. 各种带材的选择和使用
3. 带材的拉伸及搭接要求
4. 绝缘电阻试验及直流耐压试验

难易度：中

技能等级评价专业技能考核操作工作任务书

一、任务名称

外护套故障修复处理。

二、适用工种

电力电缆安装运维工（输电）中级工。

三、具体任务

（1）对YJLW02－64/110kV－1X400交联聚乙烯绝缘电力电缆存在的外护套破损点进行修补。

（2）修补完成后进行绝缘电阻试验、直流耐压试验。

四、工作规范及要求

（1）要先对故障点的进潮判断和预处理。将故障点处理干净，确认外护套内没有进潮。

（2）按顺序绕包阻水带、绝缘自粘胶带、半导电胶带、PVC胶带，套上热缩拉链管完成修补。

（3）绝缘试验。对处理完的电缆外护套做绝缘电阻试验和直流耐压试验，直流耐压标准为DC5000V/min。

五、考核及时间要求

（1）本考核操作时间共60分钟。

（2）工作完成后向考评员汇报工作完毕。

技能等级评价专业技能考核操作评分标准

工种	电力电缆安装运维工（输电）					评价等级	中级工
项目模块	工艺图纸及材料准备—电缆附件安装工艺说明书识读				编号	Jc0005442019	
单位			准考证号			姓名	
考试时限	60分钟		题型	单项操作		题分	100分
成绩		考评员		考评组长		日期	
试题正文	外护套故障修复处理						

续表

需要说明的问题和要求	（1）本项考核可设专人配合操作，仅对作业人员进行考评。 （2）操作应注意安全，根据具体任务对应标准化作业流程开展确保人身与设备安全。发生安全事故本项考核不合格。 （3）作业流程是否正确将列入考评内容。 （4）工具材料的选用与检查由被考核人员独立完成。 （5）本项考核可设专人配合操作，仅对作业人员进行考评					
序号	项目名称	质量要求	满分	扣分标准	扣分原因	得分
1	工作准备					
1.1	安全劳动防护用品的准备	正确佩戴安全帽，穿全套工作服，包括工作服、绝缘鞋、棉手套	5	未正确佩戴安全帽，未正确穿工作服、绝缘鞋、棉手套，每项扣1分，扣完为止		
1.2	工器具的准备	熟练正确使用各种工器具	10	未正确使用一次扣2分，扣完为止		
1.3	相关安全措施的准备	（1）正确进行工具安全性能检查。 （2）现场作业条件复核。 （3）合理布置地面材料、工具	10	未进行工具外观安全性能检查扣3分； 未对现场作业可能存在的危险点进行分析并提出防范措施扣4分； 地面工具、材料摆放不整齐、不合理扣3分； 发生安全事故本项考核不得分		
2	工作许可					
2.1	许可方式	向考评员示意准备就绪，申请开始工作	5	未向考评员示意履行许可手续扣5分		
3	工作步骤及技术要求					
3.1	判断进潮	将故障点处理干净，确认外护套内没有进潮	3	未正确验证是否进潮扣3分		
3.2	石墨层去除	试验玻璃片将电缆外护套故障点周围10cm的石墨去除	5	未完全去除石墨扣5分		
3.3	电缆本体清理	将故障点两侧各60cm的电缆本体清理干净	5	清理不彻底扣2～5分		
3.4	填充故障点	取一小段绝缘自粘胶带，处理成一小团，填充在故障点的凹处填平	5	填充不平整扣2～5分		
3.5	绕包阻水带	绕包4层阻水带，以故障点为中点，向两侧各延伸10cm	5	绕包手法不熟练扣1分； 层次不达标扣2分； 延伸距离不达标扣2分		
3.6	绕包绝缘自粘胶带	绕包8层绝缘自粘胶带，以故障点为中点，相两侧各延伸20cm	10	绕包手法不熟练扣4分； 层数不达标扣3分； 延伸距离不达标扣3分		
		拉伸100%，搭接50%	5	拉伸率和搭接程度不达标扣5分		
3.7	绕包PVC胶带	绕包两层半导电胶带，以故障点为中点，向两侧各延伸30cm	10	绕包手法不熟练扣4分； 层数不达标扣3分； 延伸距离不达标扣3分		
3.8	绝缘电阻试验	对处理完工的电缆外护套做绝缘电阻试验	5	方法不正确扣5分		
3.9	直流耐压试验	直流耐压试验标准为DC5000V/min	10	接线错误扣5分； 未按照规范值进行耐压扣5分		
3.10	时间	在规定时间内完成所有操作	2	每超出规定时间3分钟扣1分，扣完为止		
4	工作结束					
4.1	作业结束	作业完成检查完毕，确认作业现场没有遗留物件，申请作业结束	2	未向考评员汇报作业结束扣1分； 现场有遗留物的不得分		
4.2	材料、工具规整	作业结束后进行现场工具材料规整	3	未进行现场工具材料规整扣3分		
合计			100			

Jc0005442020　电缆内衬层绝缘电阻测试。（100 分）

考核知识点：

1. 绝缘电阻表的正确选择
2. 绝缘电阻表的正确操作和使用
3. 绝缘吸收比的概念和应用
4. 绝缘电阻试验中的安全措施

难易度：中

技能等级评价专业技能考核操作工作任务书

一、任务名称

电缆内衬层绝缘电阻测试。

二、适用工种

电力电缆安装运维工（输电）中级工。

三、具体任务

（1）绝缘电阻表校验。
（2）线路放电并接地。检查被试电缆两端是否与电力系统脱离，并牢固接地。
（3）对内衬层进行绝缘遥测。
（4）记录数据。将上述试验过程中的各时间点、各相别情况填写进试验记录表格，并计算吸收比。

四、工作规范及要求

（1）电缆型号为：YJV22－8.7/15kV－3X300。
（2）正确选择并使用绝缘电阻表。
（3）试验的正确接线。
（4）放电及变更接线时动作规范、熟练。
（5）数据分析与判断准确。
（6）做好相应安全措施，发生安全事故，本项考核不及格。

五、考核及时间要求

（1）本考核操作时间共 10 分钟。
（2）工作完成后向考评员汇报工作完毕。

技能等级评价专业技能考核操作评分标准

工种	电力电缆安装运维工（输电）				评价等级	中级工
项目模块	电缆运行维护与检修—电缆检测			编号	Jc0005442020	
单位		准考证号			姓名	
考试时限	10 分钟	题型	单项操作		题分	100 分
成绩	考评员		考评组长		日期	
试题正文	电缆内衬层绝缘电阻测试					
需要说明的问题和要求	（1）本项考核可设专人配合操作，仅对作业人员进行考评。 （2）操作应注意安全，根据具体任务对应标准化作业流程开展确保人身与设备安全。发生安全事故本项考核不合格。 （3）作业流程是否正确将列入考评内容。 （4）工具材料的选用与检查由被考核人员独立完成					

续表

序号	项目名称	质量要求	满分	扣分标准	扣分原因	得分
1	工作准备					
1.1	安全劳动防护用品的准备	正确佩戴安全帽，穿全套工作服，包括工作服、绝缘鞋、棉手套	5	未正确佩戴安全帽，未正确穿工作服、绝缘鞋、棉手套，每项扣 1 分，扣完为止		
1.2	工器具的准备	熟练正确使用各种工器具	10	未正确使用一次扣 2 分，扣完为止		
1.3	相关安全措施的准备	（1）正确进行工具安全性能检查。 （2）现场作业条件复核。 （3）合理布置地面材料、工具	15	未进行工具外观安全性能检查扣 5 分； 未对现场作业可能存在的危险点进行分析并提出防范措施扣 5 分； 地面工具、材料摆放不整齐、不合理扣 5 分； 发生安全事故本项考核不得分		
2	工作许可					
2.1	许可方式	向考评员示意准备就绪，申请开始工作	5	未向考评员示意履行许可手续扣 5 分		
3	工作步骤及技术要求					
3.1	绝缘电阻表校验	校验方法正确	5	方法不正确扣 3 分； 未校验扣 2 分		
3.2	线路放电并接地	检查被试电缆两端是否与电力系统脱离，并牢固接地	5	未检查扣 5 分		
3.3	绝缘遥测	先取下准备遥测相别的接地线，将绝缘电阻表摇至额定转速，然后将 L 端子搭接在被试电缆上，分别读取 15s、1min 的绝缘电阻值，做好记录	15	未摇至额定转速扣 5 分； 接线不正确扣 5 分； 未到额定时间扣 5 分		
3.4	转速要求	遥测时转速为 120r/min	5	速度不合格扣 5 分		
3.5	停表	试验到必要时间时，保持绝缘电阻表转速，先脱开 L 端子，再停表	5	顺序不正确扣 5 分		
3.6	放电	用已经良好接地的接地线对电缆进行放电，检查有无放电火花	3	未放电扣 3 分		
3.7	电缆线芯导体、铠装层保护接地	保证电缆线芯导体、铠装层接地，铜屏蔽层接地线两端悬空，作为被试设备	5	未接地扣 5 分		
3.8	记录数据	将上述试验过程中的各时间点、各相别及放电火花情况填写进试验记录表格，并计算吸收比	15	数据不齐全扣 5 分； 未正确计算扣 5～10 分		
3.9	时间	在规定时间内完成所有操作	2	每超出规定时间 3 分钟扣 1 分，扣完为止		
4	工作结束					
4.1	作业结束	作业完成检查完毕，确认作业现场没有遗留物件，申请作业结束	2	未向考评员汇报作业结束扣 1 分； 现场有遗留物的不得分		
4.2	材料、工具规整	作业结束后进行现场工具材料规整	3	未进行现场工具材料规整扣 3 分		
合计			100			

Jc0004442021　电缆导体压接工艺操作。（100 分）

考核知识点：

1. 导体连接管的选择
2. 电缆导体压接工艺的操作

难易度： 中

技能等级评价专业技能考核操作工作任务书

一、任务名称

电缆导体压接工艺的操作。

二、适用工种

电力电缆安装运维工（输电）中级工。

三、具体任务

（1）对电缆进行绝缘剥切和导体表面处理。

（2）套连接管并压接。

（3）压接后，使用平锉将压接部位表面的毛刺清除，表面应光滑。

四、工作规范及要求

（1）电缆型号为 YJV22－26/35kV－3X120 铜芯交联聚乙烯绝缘电力电缆。

（2）该作业由 2 名考生配合完成。

（3）工器具和材料有序摆放。

（4）正确使用压接机。

五、考核及时间要求

（1）本考核操作时间共 25 分钟。

（2）工作完成后向考评员汇报工作完毕。

技能等级评价专业技能考核操作评分标准

工种	电力电缆安装运维工（输电）					评价等级	中级工
项目模块	电缆图纸及材料准备—电缆附件安装工艺图识别				编号	Jc0004442021	
单位			准考证号			姓名	
考试时限	25 分钟		题型	单项操作		题分	100 分
成绩		考评员		考评组长		日期	
试题正文	电缆导体压接工艺的操作						
需要说明的问题和要求	（1）本项考核可设专人配合操作，仅对作业人员进行考评。 （2）操作应注意安全，根据具体任务对应标准化作业流程开展确保人身与设备安全。发生安全事故本项考核不合格。 （3）作业流程是否正确将列入考评内容。 （4）工具材料的选用与检查由被考核人员独立完成						

序号	项目名称	质量要求	满分	扣分标准	扣分原因	得分
1	工作准备					
1.1	安全劳动防护用品的准备	正确佩戴安全帽，穿全套工作服，包括工作服、绝缘鞋、棉手套	5	未正确佩戴安全帽，未正确穿工作服、绝缘鞋、棉手套，每项扣 2 分，扣完为止		
1.2	工器具的准备	熟练正确使用各种工器具	10	未正确使用一次扣 2 分，扣完为止		

续表

序号	项目名称	质量要求	满分	扣分标准	扣分原因	得分
1.3	相关安全措施的准备	（1）正确进行工具安全性能检查。 （2）现场作业条件复核。 （3）合理布置地面材料、工具	10	未进行工具外观安全性能检查扣3分； 未对现场作业可能存在的危险点进行分析并提出防范措施扣4分； 地面工具、材料摆放不整齐、不合理扣3分； 发生安全事故本项考核不得分		
2	工作许可					
2.1	许可方式	向考评员示意准备就绪，申请开始工作	5	未向考评员示意履行许可手续扣5分		
3	工作步骤及技术要求					
3.1	工器具、材料准备	工器具、仪表、材料选用准确、齐全，导体连接管的选择	5	未正确进行导体连接管的选择扣5分； 工器具、材料漏选或有缺陷扣2分		
3.2	量取尺寸	按连接需要的长度剥切绝缘，按连接端子孔深加5mm或者连接管长度的一半加5mm	5	尺寸量取不正确扣5分		
3.3	表面处理	用砂纸清除导体面的油污或氧化膜	5	未进行清除氧化膜扣5分		
3.4	套连接管	将电缆导体端部处理圆整后插入连接管内，要充分顶牢	5	两端未顶牢扣5分		
3.5	外观要求	在压接部位，围压的成形变或者坑压中心线各自同在一个平面上，按照先中间后两边顺序压接	10	压痕不统一扣5分； 压接顺序不正确扣5分		
3.6	尺寸要求	对于$120mm^2$的铜芯导体，压痕间距5mm，离端部距离3mm	10	距离不正确扣5～10分		
3.7	工艺要求	压接每压接一处，在压膜合拢到位后停留10～15s，使压接部位到金属塑形变形达到基本稳定后，才能消除压力	10	未停留规定时间扣5～10分		
3.8	压接后的处理	在出线孔外缠绕相色带，相位正确、美观	10	未清除干净扣5～10分		
3.9	时间	压接后，使用平锉将压接部位表面的毛刺清除，表面应光滑，不得有裂纹或者毛刺，边缘处不得有尖锐	5	每超出规定时间3分钟扣1分，扣完为止		
4	工作结束					
4.1	作业结束	作业完成检查完毕，确认作业现场没有遗留物件，申请作业结束	2	未向考评员汇报作业结束扣1分； 现场有遗留物的不得分		
4.2	材料、工具规整	作业结束后进行现场工具材料规整	3	未进行现场工具材料规整扣3分		
合计			100			

Jc0004442022　35kV 电缆接地卡安装。（100 分）

考核知识点：

1. 熟悉 35kV 终端头制作各项尺寸

2. 接地卡安装工艺

难易度：中

技能等级评价专业技能考核操作工作任务书

一、任务名称

35kV 电缆接地卡安装。

二、适用工种

电力电缆安装运维工（输电）中级工。

三、具体任务

（1）将电缆端部校直、锯齐、清洁处理。

（2）安装钢铠接地卡。

（3）安装屏蔽接地卡。

四、工作规范及要求

（1）电缆型号为 YJV2226/35kV－3X240 铜芯交联聚乙烯绝缘电力电缆。

（2）根据任务选择工器具、材料。接地卡的选用应根据电缆规格而定，规格过大不能将接地引线牢固安装，偏小不便安装且易损伤电缆或损坏接地卡。

（3）防止伤人损坏设施。

（4）该作业由 2 名考生配合完成。

（5）选用工器具、设备、材料时间 5 分钟，时间到停止选用。此项用时不纳入考核时间。

（6）现场清理完毕后，汇报工作结束，记录考核结束时间。

五、考核及时间要求

（1）本考核操作时间共 30 分钟。

（2）工作完成后向考评员汇报工作完毕。

技能等级评价专业技能考核操作评分标准

工种	电力电缆安装运维工（输电）					评价等级	中级工
项目模块	工艺图纸及材料准备—工器具、材料准备及使用				编号	Jc0004442022	
单位			准考证号			姓名	
考试时限	30 分钟		题型	单项操作		题分	100 分
成绩		考评员		考评组长		日期	
试题正文	35kV 电缆接地卡安装						
需要说明的问题和要求	（1）本项考核可设专人配合操作，仅对作业人员进行考评。 （2）操作应注意安全，根据具体任务对应标准化作业流程开展确保人身与设备安全。发生安全事故本项考核不合格。 （3）作业流程是否正确将列入考评内容。 （4）工具材料的选用与检查由被考核人员独立完成						

序号	项目名称	质量要求	满分	扣分标准	扣分原因	得分
1	工作准备					
1.1	安全劳动防护用品的准备	正确佩戴安全帽，穿全套工作服，包括工作服、绝缘鞋、棉手套	5	未正确佩戴安全帽，未正确穿工作服、绝缘鞋、棉手套，每项扣 2 分，扣完为止		
1.2	工器具的准备	熟练正确使用各种工器具	10	未正确使用一次扣 2 分，扣完为止		
1.3	相关安全措施的准备	（1）正确进行工具安全性能检查。 （2）现场作业条件复核。 （3）合理布置地面材料、工具	10	未进行工具外观安全性能检查扣 3 分； 未对现场作业可能存在的危险点进行分析并提出防范措施扣 4 分； 地面工具、材料摆放不整齐、不合理扣 3 分； 发生安全事故本项考核不得分		
2	工作许可					

续表

序号	项目名称	质量要求	满分	扣分标准	扣分原因	得分
2.1	许可方式	向考评员示意准备就绪，申请开始工作	5	未向考评员示意履行许可手续扣5分		
3	工作步骤及技术要求					
3.1	护套、钢铠切除	（1）电缆端部校直、锯齐、清洁。 （2）制作区标记。 （3）向末端切开并剥除电缆外护套。 （4）钢铠保留不小于30mm。 （5）钢铠锯口整齐、毛刺处理。 （6）钢铠表面锉光，面积不小于300mm^2。 （7）光面涵盖2条钢铠	20	未校直、锯齐扣2分； 未清洁扣2分； 未量取、标记扣2分； 切除方法错误扣3分； 钢铠长度误差超出±5mm扣3分； 钢铠不齐、未处理扣2分； 未锉光扣2分； 锉光面积不够扣2分； 光面在1条钢铠上扣2分		
3.2	钢铠接地引线处理	端部展开后长度不小于60mm、宽度为其原宽度的2倍	5	长度、宽度不足扣3分； 长度过长扣2分		
3.3	钢铠接地卡安装	（1）外护套、钢铠、内护套清洁。 （2）接线引线覆盖2条钢铠缝。 （3）覆盖面积不小于300mm^2。 （4）顺钢铠扭向方向。 （5）绕一周，副线头回折。 （6）回折长度大于接地卡宽度。 （7）顺接地卡拧紧方向收紧。 （8）接地卡覆盖钢铠端部	10	未清洁处理扣1分； 接地引线覆盖方位错误扣1分； 接触面积小于300mm^{2}扣1分； 方向错误扣2分； 复线未折回扣2分； 回折长度不顾扣1分； 未收紧扣1分； 接地卡位置不正确扣1分		
3.4	绝缘处理	剥除干净平滑	5	有毛刺或伤及绝缘扣5分		
3.5	外观要求	在压接部位，围压的成形变或者坑压中心线各自同在一个平面上，按照先中间后两边顺序压接	5	压痕不统一扣2分； 压接顺序不正确扣3分		
3.6	尺寸要求	对于120mm^{2}的铜芯导体，压痕间距5mm，离端部距离3mm	5	距离不正确扣2～5分		
3.7	工艺要求	压接每压接一处，在压膜合拢到位后停留10～15s，使压接部位到金属塑形变形达到基本稳定后，才能消除压力	5	未停留规定时间扣2～5分		
3.8	压接后的处理	在出线孔外缠绕相色带，相位正确、美观	5	未清除干净扣2～5分		
3.9	时间	压接后，使用平锉将压接部位表面的毛刺清除，表面应光滑，不得有裂纹或者毛刺，边缘处不得有尖锐	5	每超出规定时间3分钟扣1分，扣完为止		
4	工作结束					
4.1	作业结束	作业完成检查完毕，确认作业现场没有遗留物件，申请作业结束	2	未向考评员汇报作业结束扣1分； 现场有遗留物的不得分		
4.2	材料、工具规整	作业结束后进行现场工具材料规整	3	未进行现场工具材料规整扣3分		
合计			100			

Jc0004442023 35kV-XLPE 电缆冷缩户内终端头制作。（100 分）

考核知识点：

1. 电缆附件图纸的解读能力
2. 电缆头制作理论知识
3. 电缆头工艺制作水平
4. 钳工工艺

难易度：中

技能等级评价专业技能考核操作工作任务书

一、任务名称

35kV－XLPE 电缆冷缩户内终端头制作。

二、适用工种

电力电缆安装运维工（输电）中级工。

三、具体任务

完成电缆剥除，制作一组三芯 35kV 电缆冷缩户内终端头。

四、工作规范及要求

（1）电缆终端头制作时尺寸应正确。

（2）电缆剥切时不应有毛刺，不得伤及主绝缘层。

（3）操作顺序应正确。

（4）现场作业应满足相关安全要求。

五、考核及时间要求

（1）本考核操作时间共 60 分钟。

（2）未完成的操作项目不得分，但不影响其他项目得分。

技能等级评价专业技能考核操作评分标准

工种	电力电缆安装运维工（输电）					评价等级	中级工
项目模块	电缆附件安装—电缆终端和中间接头安装				编号	Jc0004442023	
单位			准考证号			姓名	
考试时限	60 分钟		题型	单项操作		题分	100 分
成绩		考评员		考评组长		日期	
试题正文	35kV－XLPE 电缆冷缩户内终端头制作						
需要说明的问题和要求	（1）本项考核可设专人配合操作，仅对作业人员进行考评。 （2）操作应注意安全，根据具体任务对应标准化作业流程开展确保人身与设备安全。发生安全事故本项考核不合格。 （3）作业流程是否正确将列入考评内容。 （4）工具材料的选用与检查由被考核人员独立完成						

序号	项目名称	质量要求	满分	扣分标准	扣分原因	得分
1	工作准备					
1.1	安全劳动防护用品的准备	正确佩戴安全帽，穿全套工作服，包括工作服、绝缘鞋、棉手套	5	未正确佩戴安全帽，未正确穿工作服、绝缘鞋、棉手套，每项扣 2 分，扣完为止		
1.2	工器具的准备	熟练正确使用各种工器具	10	未正确使用一次扣 2 分，扣完为止		
1.3	相关安全措施的准备	（1）正确进行工具安全性能检查。 （2）现场作业条件复核。 （3）合理布置地面材料、工具	10	未进行工具外观安全性能检查扣 3 分； 未对现场作业可能存在的危险点进行分析并提出防范措施扣 4 分； 地面工具、材料摆放不整齐、不合理扣 3 分； 发生安全事故本项考核不得分		
2	工作许可					
2.1	许可方式	向考评员示意准备就绪，申请开始工作	5	未向考评员示意履行许可手续扣 5 分		

续表

序号	项目名称	质量要求	满分	扣分标准	扣分原因	得分
3	工作步骤及技术要求					
3.1	支撑、校直、外护套擦拭	为了便于操作，选好位置，将要进行施工的部分支架好，同时校直，擦去外护套上的污迹	5	一项工作未做扣2分，扣完为止		
3.2	将电缆断切面锯平	如果电缆三相线芯锯口不在同一平面上或导体切面凹凸不平应锯平	5	未按要求做扣5分		
3.3	校对施工尺寸	根据附件供应商提供的图纸，确定施工尺寸	5	一处尺寸与图纸不符扣2分，扣完为止		
3.4	操作程序控制	操作程序应按上述图纸进行	5	程序错误扣2分； 遗漏工序扣3分		
3.5	剥除外护层、铠装、内护层、内衬、铜屏蔽及外半导电层等	剥切时切口不平，金属切口有毛刺或伤及其下一层结构，应视为缺陷；绝缘表面干净，光滑，无残质，均匀涂上硅脂	5	尺寸不正确扣1分； 剥切时伤及绝缘扣1分； 剥口没处理成小斜坡、有毛刺扣1分； 绝缘表面没处理干净扣1分； 未均匀涂抹硅油扣1分		
3.6	钢铠接地及铜屏蔽接地分开	固定应牢靠、美观。恒力弹簧接地时包绕填充胶，填充胶包绕应成形（橄榄状或苹果状）；再包绕绝缘自粘胶带，两接地之间有绝缘要求	5	不牢固扣1分； 两接地之间无绝缘扣2分； 填充胶包绕不成形扣2分		
3.7	半导电带的绕包	在铜屏蔽和绝缘交界处应用半导电胶带半搭盖方式紧密绕包，且起始与终点都在铜带上	5	绕包位置不正确扣2分； 起始与终点不在铜带上扣3分		
3.8	冷缩三叉管及绝缘管	清洁绝缘表面，并涂少许硅脂，三叉套管套于电缆根部，逆时针抽芯绳，先缩根部，后缩三叉。绝缘管与三叉套管有搭盖	10	未均匀涂抹硅脂扣3分； 先缩三叉，后缩根部扣3分； 绝缘管与三叉管无搭盖扣4分		
3.9	剥削绝缘和导体压接端子	剥去绝缘处应削成铅笔状，压接端子既不可过渡亦不能不紧，以阴阳模接触为宜，压接后端子表面应打磨光滑	10	未削成铅笔状扣4分； 压接端子过渡扣3分； 端子表面未打磨扣3分		
3.10	端部密封	将绝缘端部与端子之间的空隙密封成锥形	5	不正确扣2～5分		
3.11	时间	在规定时间内完成所有操作	5	每超出规定时间3分钟扣1分，扣完为止		
4	工作结束					
4.1	作业结束	作业完成检查完毕，确认作业现场没有遗留物件，申请作业结束	2	未向考评员汇报作业结束扣1分； 现场有遗留物的不得分		
4.2	材料、工具规整	作业结束后进行现场工具材料规整	3	未进行现场工具材料规整扣3分		
合计			100			

Jc0002442024 交叉互联加 Y 接法保护器接线与交叉互联保护器 Y0 接线和它们在单相短路时保护器上下工频电压的比较。（100 分）

考核知识点：

1. 交叉互联接地箱的结构
2. 电缆金属护套交叉换位及接地方式
3. 人员现场实际操作能力

难易度：中

技能等级评价专业技能考核操作工作任务书

一、任务名称

交叉互联加Y接法保护器接线与交叉互联保护器Y0接线和它们在单相短路时保护器上下工频电压的比较。

二、适用工种

电力电缆安装运维工（输电）中级工。

三、具体任务

（1）绘出上述两种接线的接线图。

（2）根据图纸完成实际接线。

（3）进行计算比较。

四、工作规范及要求

（1）能在仿真机上进行最好，也可采取其他替代方式。

（2）该项目由考生1人完成。

（3）当采用实操方式进行接线时，发生安全事故，本项考核不合格。

五、考核及时间要求

（1）本考核操作时间共45分钟。

（2）未完成的操作项目不得分，但不影响其他项目得分。

技能等级评价专业技能考核操作评分标准

<table>
<tr><td>工种</td><td colspan="5">电力电缆安装运维工（输电）</td><td>评价等级</td><td colspan="2">中级工</td></tr>
<tr><td>项目模块</td><td colspan="4">电缆运行维护与检修—电缆检测</td><td>编号</td><td colspan="3">Jc0002442024</td></tr>
<tr><td>单位</td><td colspan="3"></td><td>准考证号</td><td></td><td>姓名</td><td colspan="2"></td></tr>
<tr><td>考试时限</td><td colspan="2">45分钟</td><td>题型</td><td colspan="2">单项操作</td><td>题分</td><td colspan="2">100分</td></tr>
<tr><td>成绩</td><td></td><td>考评员</td><td></td><td>考评组长</td><td></td><td>日期</td><td colspan="2"></td></tr>
<tr><td>试题正文</td><td colspan="8">交叉互联加Y接法保护器接线与交叉互联保护器Y0接线和它们在单相短路时保护器上下工频电压的比较</td></tr>
<tr><td>需要说明的问题和要求</td><td colspan="8">（1）本项工作属于单人操作项，仅对作业人员进行考评。
（2）操作应注意安全，根据具体任务对应标准化作业流程开展确保人身与设备安全。发生安全事故本项考核不合格。
（3）作业流程是否正确将列入考评内容。
（4）工具材料的选用与检查由被考核人员独立完成</td></tr>
<tr><td>序号</td><td>项目名称</td><td colspan="2">质量要求</td><td>满分</td><td colspan="2">扣分标准</td><td>扣分原因</td><td>得分</td></tr>
<tr><td>1</td><td>工作准备</td><td colspan="2"></td><td></td><td colspan="2"></td><td></td><td></td></tr>
<tr><td>1.1</td><td>安全劳动防护用品的准备</td><td colspan="2">正确佩戴安全帽，穿全套工作服，包括工作服、绝缘鞋、棉手套</td><td>5</td><td colspan="2">未正确佩戴安全帽，未正确穿工作服、绝缘鞋、棉手套，每项扣2分，扣完为止</td><td></td><td></td></tr>
<tr><td>1.2</td><td>工器具的准备</td><td colspan="2">熟练正确使用各种工器具</td><td>10</td><td colspan="2">未正确使用一次扣2分，扣完为止</td><td></td><td></td></tr>
<tr><td>1.3</td><td>相关安全措施的准备</td><td colspan="2">（1）正确进行工具安全性能检查。
（2）现场作业条件复核。
（3）合理布置地面材料、工具</td><td>10</td><td colspan="2">未进行工具外观安全性能检查扣3分；
未对现场作业可能存在的危险点进行分析并提出防范措施扣4分；
地面工具、材料摆放不整齐、不合理扣3分；
发生安全事故本项考核不得分</td><td></td><td></td></tr>
</table>

续表

序号	项目名称	质量要求	满分	扣分标准	扣分原因	得分
2	工作许可					
2.1	许可方式	向考评员示意准备就绪，申请开始工作	5	未向考评员示意履行许可手续扣5分		
3	工作步骤及技术要求					
3.1	绘图	绘出上述两种接线的接线图	20	绘图每错一处扣4分，扣完为止		
3.2	接线	符合图示	20	接线一处错误扣4分，扣完为止		
3.3	计算比较	Y0接法时单相短路保护上工频电压 $U_{Y0}=IR+U_{A'A}$；Y接法时单相短路保护器上工频电压 $U_Y=1/2(U_{A'A}-U_{C'C})$，结论 $U_Y<U_{Y0}$，Y接法优于Y0接法（其中 U_Y 为Y接法电压，U_{Y0} 为Y0接法电压，I 为电流，R 为电阻，$U_{A'A}$ 压为A相两则间电压，$U_{C'C}$ 为C相两侧间电压）	20	计算公式错误扣10分； 结论错误扣10分		
3.4	时间	在规定时间内完成所有操作	5	每超出规定时间3分钟扣1分，扣完为止		
4	工作结束					
4.1	作业结束	作业完成检查完毕，确认作业现场没有遗留物件，申请作业结束	2	未向考评员汇报作业结束扣1分； 现场有遗留物的不得分		
4.2	材料、工具规整	作业结束后进行现场工具材料规整	3	未进行现场工具材料规整扣3分		
合计			100			

Jc0004442025　用铅焊补漏法修理充油电缆漏油点的操作。（100分）

考核知识点：

1. 110kV电缆油浸式终端头制作理论知识
2. 110kV电缆油浸式终端头制作实际操作能力
3. 搪铅工艺原理
4. 搪铅工艺实操能力
5. 人员操作时对温度、焊料固化程度的掌控

难易度：中

技能等级评价专业技能考核操作工作任务书

一、任务名称

用铅焊补漏法修理充油电缆漏油点的操作。

二、适用工种

电力电缆安装运维工（输电）中/高级工。

三、具体任务

剥开充油电缆外层露出漏油点，截取适当尺寸的铅皮，用铅焊补漏法修理漏油点。

四、工作规范及要求

（1）本考核需在电缆停电条件下进行，也可用有一定油压的铅（铝）管代替电缆。

（2）不考虑失油现象。

（3）该作业由两名考生配合完成。

（4）选用工器具、设备、材料时间5分钟，时间到停止选用。此项用时不纳入考核时间。

（5）现场清理完毕后，汇报工作结束，记录考核结束时间。

（6）现场发生安全事故，本项考核不合格。

五、考核及时间要求

（1）本考核操作时间共40分钟。

（2）未完成的操作项目不得分，但不影响其他项目得分。

技能等级评价专业技能考核操作评分标准

工种	电力电缆安装运维工（输电）					评价等级	中级工
项目模块	电缆附件安装—接地系统安装				编号	Jc0004442025	
单位			准考证号			姓名	
考试时限	40分钟		题型	单项操作		题分	100分
成绩		考评员		考评组长		日期	
试题正文	用铅焊补漏法修理充油电缆漏油点的操作						
需要说明的问题和要求	（1）本项工作属于单人操作项，仅对作业人员进行考评。 （2）操作应注意安全，根据具体任务对应标准化作业流程开展确保人身与设备安全。发生安全事故本项考核不合格。 （3）作业流程是否正确将列入考评内容。 （4）工具材料的选用与检查由被考核人员独立完成						

序号	项目名称	质量要求	满分	扣分标准	扣分原因	得分
1	工作准备					
1.1	安全劳动防护用品的准备	正确佩戴安全帽，穿全套工作服，包括工作服、绝缘鞋、棉手套	5	未正确佩戴安全帽，未正确穿工作服、绝缘鞋、棉手套，每项扣2分，扣完为止		
1.2	工器具的准备	熟练正确使用各种工器具	10	未正确使用一次扣2分，扣完为止		
1.3	相关安全措施的准备	（1）正确进行工具安全性能检查。 （2）现场作业条件复核。 （3）合理布置地面材料、工具	15	未进行工具外观安全性能检查扣5分； 未对现场作业可能存在的危险点进行分析并提出防范措施扣5分； 地面工具、材料摆放不整齐、不合理扣5分； 发生安全事故本项考核不得分		
2	工作许可					
2.1	许可方式	向考评员示意准备就绪，申请开始工作	5	未向考评员示意履行许可手续扣5分		
3	工作步骤及技术要求					
3.1	油压控制	将电缆内油压调至允许的最低位	5	未进行调压扣5分		
3.2	清洗漏油点近旁的铅包	剥去电缆漏油点的铠装层、外护层、铜带防水层，暴露出漏油点，用棉纱醮电缆油把铅层表面擦净	10	操作不符合要求扣2～10分		
3.3	附加铅皮的皮处理	按照铅层上漏油裂口的大小，截取适当尺寸的铅皮，作补漏用，并在其上钻个小孔，将其包在漏油处的一截电缆上，补漏时小孔应位于下方，以便电缆油能从此孔中溢出	20	未钻小孔扣5分； 附加铅皮没能将漏油点全部包住扣10分； 小孔不足朝下扣5分		
3.4	扩铅	使附加铅皮与电缆本身铅包紧密封在一起，焊毕，用小螺丝旋入排油用小孔，堵住油流，再在外面将此处封焊	10	封铅不光滑牢固扣5分； 封铅时间超过20分钟扣5分		
3.5	调整油压	铅封毕待冷却后，对电缆补油，升高油压至0.29～3kgf/cm^3，维持1h（不计在考证时间内），无渗油，调整油压到正常值	5	不符合要求扣5分		

续表

序号	项目名称	质量要求	满分	扣分标准	扣分原因	得分
3.6	重新恢复各结构层	重新恢复防水层，加固铜带层、外护层、铠装层，分别扎紧焊牢	5	绕包不平整扣 2 分； 有一层未扎紧焊牢扣 3 分		
3.7	时间	在规定时间内完成所有操作	5	每超出规定时间 3 分钟扣 1 分，扣完为止		
4	工作结束					
4.1	作业结束	作业完成检查完毕，确认作业现场没有遗留物件，申请作业结束	2	未向考评员汇报作业结束扣 1 分； 现场有遗留物的不得分		
4.2	材料、工具规整	作业结束后进行现场工具材料规整	3	未进行现场工具材料规整扣 3 分		
	合计		100			

Jc0002442026 凿子刃口的磨制。（100 分）

考核知识点：

1. 对凿子设计原理
2. 凿子磨制的实际操作能力
3. 人员操作时对磨制角度和厚度的掌控

难易度：中

技能等级评价专业技能考核操作工作任务书

一、任务名称

凿子刃口的磨制。

二、适用工种

电力电缆安装运维工（输电）中/高级工。

三、具体任务

根据要求利用砂轮磨制凿子刃口。

四、工作规范及要求

（1）要求独立操作。

（2）操作人员应站在砂轮侧面，必须戴护目镜。

（3）注意安全用具。

（4）计时自材料备齐、砂轮运转开始。

（5）现场清理完毕后，汇报工作结束，记录考核结束时间。

（6）现场发生安全事故，本项考核不合格。

五、考核及时间要求

（1）本考核操作时间共 5 分钟。

（2）未完成的操作项目不得分，但不影响其他项目得分。

技能等级评价专业技能考核操作评分标准

工种	电力电缆安装运维工（输电）				评价等级	中级工
项目模块	工艺图纸及材料准备—工器具、材料准备及使用			编号	Jc0002442026	
单位		准考证号			姓名	
考试时限	5 分钟	题型	单项操作		题分	100 分
成绩		考评员		考评组长		日期	

续表

试题正文	凿子刃口的磨制
需要说明的问题和要求	（1）本项工作属于单人操作项，仅对作业人员进行考评。 （2）操作应注意安全，根据具体任务对应标准化作业流程开展确保人身与设备安全。发生安全事故本项考核不合格。 （3）作业流程是否正确将列入考评内容。 （4）工具材料的选用与检查由被考核人员独立完成。 （5）操作场地，照明充足，有足够的活动空间

序号	项目名称	质量要求	满分	扣分标准	扣分原因	得分
1	工作准备					
1.1	安全劳动防护用品的准备	正确佩戴安全帽，穿全套工作服，包括工作服、绝缘鞋、棉手套	5	未正确佩戴安全帽，未正确穿工作服、绝缘鞋、棉手套，每项扣 2 分，扣完为止		
1.2	工器具的准备	熟练正确使用各种工器具	10	未正确使用一次扣 2 分，扣完为止		
1.3	相关安全措施的准备	（1）正确进行工具安全性能检查。 （2）现场作业条件复核。 （3）合理布置地面材料、工具	15	未进行工具外观安全性能检查扣 5 分； 未对现场作业可能存在的危险点进行分析并提出防范措施扣 5 分； 地面工具、材料摆放不整齐、不合理扣 5 分； 发生安全事故本项考核不得分		
2	工作许可					
2.1	许可方式	向考评员示意准备就绪，申请开始工作	5	未向考评员示意履行许可手续扣 5 分		
3	工作步骤及技术要求					
3.1	了解对凿刃角度的要求	凿硬质材料时刃角一般取 60°～70°，软质材料刃角取 30°～50°，对于中硬度材料刃角取 50°～60°	15	对不同硬度所针对角度不知道，每错一项扣 5 分，扣完为止		
3.2	对凿刃在旋转砂轮上的位置要求	凿刃应刃口朝上，放在砂轮中心偏上位置	10	放错位置扣 10 分		
3.3	磨修过程要求	双手拿凿身，轻轻压着，左右移动，刃磨过程中要不断蘸水冷却，以防退火，要求刃口平直	20	操作方法不当扣 10 分； 操作不熟练扣 10 分		
3.4	对安全的要求	操作人员应站在砂轮侧面，必须戴护目镜	10	违反规程扣 10 分		
3.5	时间	在规定时间内完成所有操作	5	每超出规定时间 3 分钟扣 1 分，扣完为止		
4	工作结束					
4.1	作业结束	作业完成检查完毕，确认作业现场没有遗留物件，申请作业结束	2	未向考评员汇报作业结束扣 1 分； 现场有遗留物的不得分		
4.2	材料、工具规整	作业结束后进行现场工具材料规整	3	未进行现场工具材料规整扣 3 分		
合计			100			

Jc0004442027 铅包电缆喇叭口胀铅处理。（100 分）

考核知识点：

1. 铅包的环切处理
2. 铅包电喇叭口的作用原理
3. 110kV 电缆制作理论知识

难易度：中

技能等级评价专业技能考核操作工作任务书

一、任务名称

铅包电缆喇叭口胀铅处理。

二、适用工种

电力电缆安装运维工（输电）中级工。

三、具体任务

（1）打接地卡子，切除铠甲及外护层。

（2）铅皮切除。

（3）胀铅制作喇叭口。

（4）清理毛刺与铅屑。

四、工作规范及要求

（1）要求独立操作。

（2）胀铅楔自己配制。

（3）计时自清理完外护套、清理干净铅包表面开始。

（4）现场清理完毕后，汇报工作结束，记录考核结束时间。

五、考核及时间要求

（1）本考核操作时间共 15 分钟。

（2）未完成的操作项目不得分，但不影响其他项目得分。

技能等级评价专业技能考核操作评分标准

工种	电力电缆安装运维工（输电）			评价等级	中级工
项目模块	电缆附件安装—电缆终端和中间接头安装		编号	Jc0004442027	
单位		准考证号		姓名	
考试时限	15 分钟	题型	单项操作	题分	100 分
成绩		考评员		考评组长		日期	
试题正文	铅包电缆喇叭口胀铅处理				
需要说明的问题和要求	（1）本项工作属于单人操作项，仅对作业人员进行考评。 （2）操作应注意安全，根据具体任务对应标准化作业流程开展确保人身与设备安全。发生安全事故本项考核不合格。 （3）作业流程是否正确将列入考评内容。 （4）工具材料的选用与检查由被考核人员独立完成				

序号	项目名称	质量要求	满分	扣分标准	扣分原因	得分
1	工作准备					
1.1	安全劳动防护用品的准备	正确佩戴安全帽，穿全套工作服，包括工作服、绝缘鞋、棉手套	5	未正确佩戴安全帽，未正确穿工作服、绝缘鞋、棉手套，每项扣 2 分，扣完为止		
1.2	工器具的准备	熟练正确使用各种工器具	10	未正确使用一次扣 2 分，扣完为止		
1.3	相关安全措施的准备	（1）正确进行工具安全性能检查。 （2）现场作业条件复核。 （3）合理布置地面材料、工具	10	未进行工具外观安全性能检查扣 3 分； 未对现场作业可能存在的危险点进行分析并提出防范措施扣 4 分； 地面工具、材料摆放不整齐、不合理扣 3 分； 发生安全事故本项考核不得分		

续表

序号	项目名称	质量要求	满分	扣分标准	扣分原因	得分
2	工作许可					
2.1	许可方式	向考评员示意准备就绪，申请开始工作	5	未向考评员示意履行许可手续扣5分		
3	工作步骤及技术要求					
3.1	打接地卡子，切除铠甲及外护层	接地卡子要牢固，外护层要用汽油擦净	15	卡子松扣5分； 外护层不清理扣5分； 清理不干净扣5分		
3.2	剖铅（环切）	找准适当位置，先环切一深痕，轻轻扳动，使其断裂	5	下切太深伤及绝缘扣5分		
3.3	剖铅（纵向切）	自切口向末端切两道深痕，但不要超过铅包厚度的一半，然后从末端开始撕下铅条	10	不可过深，不能伤及绝缘，否则扣5分； 撕下铅条起始位置不正确扣5分		
3.4	胀铅	胀铅楔顺统包纸方向，角度成30°～45°喇叭口状，胀铅喇叭口的外径是原铅包外径的1.2倍。胀铅后统包绝缘不得损伤	15	方向相反扣5分； 角度过小或过大扣5分； 胀铅后统包绝缘损伤扣5分		
3.5	处理毛刺	用白布带临时包扎已胀过的喇叭口，轻轻去除毛刺	15	有铅屑掉入喇叭口内扣5分； 喇叭口不对称扣5分； 有毛刺扣5分		
3.6	时间	在规定时间内完成所有操作	5	每超出规定时间3分钟扣1分，扣完为止		
4	工作结束					
4.1	作业结束	作业完成检查完毕，确认作业现场没有遗留物件，申请作业结束	2	未向考评员汇报作业结束扣1分； 现场有遗留物的不得分		
4.2	材料、工具规整	作业结束后进行现场工具材料规整	3	未进行现场工具材料规整扣3分		
合计			100			

Jc0003442028　E-2-200型电缆支架制作。（100分）

考核知识点：

1. 熟悉电缆支架型号及相对应的尺寸
2. 焊接原理及实操工艺
3. 钳工工艺

难易度：中

技能等级评价专业技能考核操作工作任务书

一、任务名称

E-2-200型电缆支架制作。

二、适用工种

电力电缆安装运维工（输电）中级工。

三、具体任务

1. 根据支架型号选择材料，下料完毕后对切割部位进行卷边消除及打磨。
2. 根据尺寸进行支架焊接。
3. 焊接完毕后进行外观检查。

四、工作规范及要求

（1）要求独立操作，尺寸准确切误差满足规范要求。

（2）制作现场要有平台。

（3）注意防触电。

（4）戴安全帽、劳保手套、护目镜。

（5）检查完毕且现场清理完毕后，汇报工作结束，记录考核结束时间。

五、考核及时间要求

（1）本考核操作时间共20分钟。

（2）未完成的操作项目不得分，但不影响其他项目得分。

技能等级评价专业技能考核操作评分标准

工种	电力电缆安装运维工（输电）				评价等级	中级工
项目模块	工艺图纸及材料准备—工器具、材料准备及使用			编号	Jc0003442028	
单位		准考证号			姓名	
考试时限	20分钟	题型		单项操作	题分	100分
成绩		考评员		考评组长		日期
试题正文	E－2－200型电缆支架制作					
需要说明的问题和要求	（1）本项工作属于单人操作项，仅对作业人员进行考评。 （2）操作应注意安全，根据具体任务对应标准化作业流程开展确保人身与设备安全。发生安全事故本项考核不合格。 （3）作业流程是否正确将列入考评内容。 （4）工具材料的选用与检查由被考核人员独立完成					

序号	项目名称	质量要求	满分	扣分标准	扣分原因	得分
1	工作准备					
1.1	安全劳动防护用品的准备	正确佩戴安全帽，穿全套工作服，包括工作服、绝缘鞋、棉手套	5	未正确佩戴安全帽，未正确穿工作服、绝缘鞋、棉手套，每项扣2分，扣完为止		
1.2	工器具的准备	熟练正确使用各种工器具	10	未正确使用一次扣2分，扣完为止		
1.3	相关安全措施的准备	（1）正确进行工具安全性能检查。 （2）现场作业条件复核。 （3）合理布置地面材料、工具	10	未进行工具外观安全性能检查扣3分； 未对现场作业可能存在的危险点进行分析并提出防范措施扣4分； 地面工具、材料摆放不整齐、不合理扣3分； 发生安全事故本项考核不得分		
2	工作许可					
2.1	许可方式	向考评员示意准备就绪，申请开始工作	5	未向考评员示意履行许可手续扣5分		
3	工作步骤及技术要求					
3.1	下料、打毛刺	尺寸准确、无毛刺，不超过±2mm	15	尺寸不准确扣5分； 毛刺未清理干净扣5分； 超过标准尺寸扣5分		
3.2	焊接	无显著变形、牢固	10	变形显著扣5～10分		
3.3	横撑间距要求	误差不大于3mm	10	误差超标准扣5～10分		
3.4	平直度要求	误差不大于 $L/1000$（L 表示构件长，$L/1000$ 表示如果构件1m长，两端高差可允许1mm）	10	误差超标准扣5～10分		

续表

序号	项目名称	质量要求	满分	扣分标准	扣分原因	得分
3.5	外观检查	无显著扭曲，切口无卷边、毛刺	15	存在扭曲扣 5 分； 切口有卷边扣 5 分； 有毛刺扣 5 分		
3.6	时间		5	每超出规定时间 3 分钟扣 1 分，扣完为止		
4	工作结束					
4.1	作业结束	作业完成检查完毕，确认作业现场没有遗留物件，申请作业结束	2	未向考评员汇报作业结束扣 1 分； 现场有遗留物的不得分		
4.2	材料、工具规整	作业结束后进行现场工具材料规整	3	未进行现场工具材料规整扣 3 分		
合计			100			

Jc0002441029　40mm×6mm 过渡铜排搭接平面的锉削。（100 分）

考核知识点：

1. 钳工工艺

2. 标准化作业能力

难易度： 易

技能等级评价专业技能考核操作工作任务书

一、任务名称

40mm×6mm 过渡铜排搭接平面的锉削。

二、适用工种

电力电缆安装运维工（输电）中级工。

三、具体任务

（1）选择所需工器具并进行外观检查。

（2）对铜排进行锉削与打磨。

（3）作业完毕清理现场后汇报作业完成。

四、工作规范及要求

（1）锉削工艺符合规程标准。

（2）锉剥后的铜排搭接平面应平整、无凹凸无塌边塌角无毛刺

（3）工作终结报告。

五、考核及时间要求

本考核操作时间共 20 分钟。

技能等级评价专业技能考核操作评分标准

<table>
<tr><td>工种</td><td colspan="8">电力电缆安装运维工（输电）</td><td>评价等级</td><td>中级工</td></tr>
<tr><td>项目模块</td><td colspan="7">工艺图纸及材料准备—工器具、材料准备及使用</td><td>编号</td><td colspan="2">Jc0002441029</td></tr>
<tr><td>单位</td><td colspan="3"></td><td colspan="2">准考证号</td><td colspan="3"></td><td>姓名</td><td></td></tr>
<tr><td>考试时限</td><td colspan="2">20 分钟</td><td colspan="2">题型</td><td colspan="4">单项操作</td><td>题分</td><td>100 分</td></tr>
<tr><td>成绩</td><td></td><td>考评员</td><td colspan="2"></td><td colspan="2">考评组长</td><td colspan="2"></td><td>日期</td><td></td></tr>
<tr><td>试题正文</td><td colspan="10">40mm×6mm 过渡铜排搭接平面的锉削</td></tr>
</table>

续表

需要说明的问题和要求	（1）本项考核可设专人配合操作，仅对作业人员进行考评。 （2）操作应注意安全，根据具体任务对应标准化作业流程开展确保人身与设备安全。发生安全事故本项考核不合格。 （3）作业流程是否正确将列入考评内容。 （4）工具材料的选用与检查由被考核人员独立完成					
序号	项目名称	质量要求	满分	扣分标准	扣分原因	得分
1	工作准备					
1.1	安全劳动防护用品的准备	正确佩戴安全帽，穿全套工作服，包括工作服、绝缘鞋、棉手套	5	未正确佩戴安全帽，未正确穿工作服、绝缘鞋、棉手套，每项扣 2 分，扣完为止		
1.2	工器具的准备	熟练正确使用各种工器具	10	未正确使用一次扣 2 分，扣完为止		
1.3	相关安全措施的准备	（1）正确进行工具安全性能检查。 （2）现场作业条件复核。 （3）合理布置地面材料、工具	10	未进行工具外观安全性能检查扣 3 分； 未对现场作业可能存在的危险点进行分析并提出防范措施扣 4 分； 地面工具、材料摆放不整齐、不合理扣 3 分； 发生安全事故本项考核不得分		
2	工作许可					
2.1	许可方式	向考评员示意准备就绪，申请开始工作	5	未向考评员示意履行许可手续扣 5 分		
3	工作步骤及技术要求					
3.1	锉削操作（握锉、站立姿势）	正确、合理、自然	5	不正确一项扣 2～5 分		
3.2	锉削方法、速度	正确，先交叉后顺向，30～60 次/min	15	锉削方法不正确扣 10 分，锉削速度不满足要求扣 5 分		
3.3	锉削平面检查	无凹凸、塌边、塌角	20	锉削平面不平整扣 5～20 分		
3.4	表面打磨及安全	平面光亮	20	表面打磨不到位扣 5～20 分		
3.5	时间	在规定时间内完成所有操作	5	每超出规定时间 3 分钟扣 1 分，扣完为止		
4	工作结束					
4.1	作业结束	作业完成检查完毕，确认作业现场没有遗留物件，申请作业结束	2	未向考评员汇报作业结束扣 1 分； 现场有遗留物的不得分		
4.2	材料、工具规整	作业结束后进行现场工具材料规整	3	未进行现场工具材料规整扣 3 分		
合计			100			

Jc0003442030 电力电缆固定。（100 分）

考核知识点：

1. 电缆固定基本知识的掌握
2. 工器具的正确使用和熟练能力

难易度： 中

技能等级评价专业技能考核操作工作任务书

一、任务名称

电力电缆固定。

二、适用工种

电力电缆安装运维工（输电）中级工。

三、具体任务

（1）口述回答电缆的固定方位与固定方式。

（2）根据电缆截面选择合适的卡具与绝缘垫。

（3）按照电力电缆固定的相应规范进行电缆安装固定。

四、工作规范及要求

（1）口述回答应干练并表述清楚。

（2）正确使用工器具并安装规范。

（3）工作终结报告。

五、考核及时间要求

本考核操作时间共20分钟，时间结束终止考核。

技能等级评价专业技能考核操作评分标准

工种	电力电缆安装运维工（输电）				评价等级	中级工
项目模块	工艺图纸及材料准备—电缆附件安装工艺图识别			编号	Jc0003442030	
单位		准考证号			姓名	
考试时限	20分钟	题型	单项操作		题分	100分
成绩		考评员		考评组长		日期	
试题正文	电力电缆固定					
需要说明的问题和要求	（1）本项考核可设专人配合操作，仅对作业人员进行考评。 （2）操作应注意安全，根据具体任务对应标准化作业流程开展确保人身与设备安全。发生安全事故本项考核不合格。 （3）作业流程是否正确将列入考评内容。 （4）工具材料的选用与检查由被考核人员独立完成					

序号	项目名称	质量要求	满分	扣分标准	扣分原因	得分
1	工作准备					
1.1	安全劳动防护用品的准备	正确佩戴安全帽，穿全套工作服，包括工作服、绝缘鞋、棉手套	5	未正确佩戴安全帽，未正确穿工作服、绝缘鞋、棉手套，每项扣2分，扣完为止		
1.2	工器具的准备	熟练正确使用各种工器具	10	未正确使用一次扣2分，扣完为止		
1.3	相关安全措施的准备	（1）正确进行工具安全性能检查。 （2）现场作业条件复核。 （3）合理布置地面材料、工具	10	未进行工具外观安全性能检查扣3分； 未对现场作业可能存在的危险点进行分析并提出防范措施扣4分； 地面工具、材料摆放不整齐、不合理扣3分； 发生安全事故本项考核不得分		
2	工作许可					
2.1	许可方式	向考评员示意准备就绪，申请开始工作	5	未向考评员示意履行许可手续扣5分		
3	工作步骤及技术要求					
3.1	口述回答电缆的固定部位	垂直敷设或超30°倾斜敷设的电缆；水平敷设在支架上的电缆；电缆的终端处或电缆接头附近	10	回答错误一项扣5分，扣完为止		
3.2	口述回答电缆的固定方式	挠性固定；刚性固定	10	回答错误一项扣5分，扣完为止		
3.3	电缆固定卡具的选用	根据电缆结构选用合适的卡具	10	选择错误扣5～10分		

续表

序号	项目名称	质量要求	满分	扣分标准	扣分原因	得分
3.4	衬垫的选用	根据电缆种类选用合适的衬垫	10	选择错误扣 5～10 分		
3.5	卡具安装	扳手使用正确；紧固卡具两边的螺栓时要交替进行紧固；所有卡具松紧程度一致，电缆受力均匀；使用橡胶垫时、橡胶垫要与电缆贴紧，露出卡具两侧的橡胶垫基本相等	20	扳手使用不正确扣 5 分； 紧固卡具不交替进行扣 3～5 分； 卡具松紧程度不一致扣 3～5 分； 橡胶垫未与电缆贴紧或露出卡具两侧的橡胶垫不一致扣 5 分		
3.6	时间	在规定时间内完成所有操作	5	每超出规定时间 3 分钟扣 1 分，扣完为止		
4	工作结束					
4.1	作业结束	作业完成检查完毕，确认作业现场没有遗留物件，申请作业结束	2	未向考评员汇报作业结束扣 1 分； 现场有遗留物的不得分		
4.2	材料、工具规整	作业结束后进行现场工具材料规整	3	未进行现场工具材料规整扣 3 分		
合计			100			

Jc0003442031　电缆角钢支架的安装。（100 分）

考核知识点：

1. 电缆固定基本知识的掌握
2. 工器具的正确使用熟练能力

难易度：中

技能等级评价专业技能考核操作工作任务书

一、任务名称

电缆角钢支架的安装。

二、适用工种

电力电缆安装运维工（输电）中级工。

三、具体任务

（1）电缆角钢支架的外观检查。

（2）正确阐述电缆支架的安装要求。

（3）正确安装电缆角钢支架。

四、工作规范及要求

（1）口述回答应干练并表述清楚。

（2）正确使用工器具并安装规范。

（3）工作终结报告。

五、考核及时间要求

本考核操作时间共 20 分钟。

技能等级评价专业技能考核操作评分标准

工种	电力电缆安装运维工（输电）				评价等级	中级工
项目模块	工艺图纸及材料准备—电缆附件安装工艺图识别			编号	Jc0003442031	
单位		准考证号			姓名	
考试时限	20 分钟	题型	单项操作		题分	100 分

续表

成绩		考评员		考评组长		日期	
试题正文	电缆角钢支架的安装						
需要说明的问题和要求	（1）本项考核可设专人配合操作，仅对作业人员进行考评。 （2）操作应注意安全，根据具体任务对应标准化作业流程开展确保人身与设备安全。发生安全事故本项考核不合格。 （3）作业流程是否正确将列入考评内容。 （4）工具材料的选用与检查由被考核人员独立完成						

序号	项目名称	质量要求	满分	扣分标准	扣分原因	得分
1	工作准备					
1.1	安全劳动防护用品的准备	正确佩戴安全帽，穿全套工作服，包括工作服、绝缘鞋、棉手套	5	未正确佩戴安全帽，未正确穿工作服、绝缘鞋、棉手套，每项扣 2 分，扣完为止		
1.2	工器具的准备	熟练正确使用各种工器具	10	未正确使用一次扣 2 分，扣完为止		
1.3	相关安全措施的准备	（1）正确进行工具安全性能检查。 （2）现场作业条件复核。 （3）合理布置地面材料、工具	10	未进行工具外观安全性能检查扣 3 分； 未对现场作业可能存在的危险点进行分析并提出防范措施扣 4 分； 地面工具、材料摆放不整齐、不合理扣 3 分； 发生安全事故本项考核不得分		
2	工作许可					
2.1	许可方式	向考评员示意准备就绪，申请开始工作	5	未向考评员示意履行许可手续扣 5 分		
3	工作步骤及技术要求					
3.1	安装前检查	支架无显著扭曲变形，油漆完整，预埋件固定牢固	15	不做检查就施工扣 10 分； 说不出检查内容扣 5 分		
3.2	电缆支架安装吊架最上层、最下层距顶部及底部的距离	符合设计或现场实际最上层至楼板距离不小于 150～200mm，最下层至地面，可通过行人	15	不知道设计要求扣 5～15 分		
3.3	电缆架固定	固定牢固，横平竖直	15	达不到要求扣 5～15 分		
3.4	垂直误差	不大于 2/1000H（H 为吊架长度）不大于 2/1000L（L 为横撑长度）	15	大于 2/1000H 扣 10 分； 达不到要求扣 5 分		
3.5	时间	在规定时间内完成所有操作	5	每超出规定时间 3 分钟扣 1 分，扣完为止		
4	工作结束					
4.1	作业结束	作业完成检查完毕，确认作业现场没有遗留物件，申请作业结束	2	未向考评员汇报作业结束扣 1 分； 现场有遗留物的不得分		
4.2	材料、工具规整	作业结束后进行现场工具材料规整	3	未进行现场工具材料规整扣 3 分		
合计			100			

Jc0005442032　110kV 电缆沟照明箱式变压器接地电阻测试。（100 分）

考核知识点：

1. 仪器使用
2. 接地电阻测试方法

难易度：中

技能等级评价专业技能考核操作工作任务书

一、任务名称

110kV 电缆沟照明箱式变压器接地电阻测试。

二、适用工种

电力电缆安装运维工（输电）中级工。

三、具体任务

使用接地电阻测试仪测量箱式变压器接地电阻。

四、工作规范及要求

（1）正确使用安全工器具。

（2）布设临时接地体并接线。

（3）正确测量并读数。

五、考核及时间要求

本考核操作时间共 30 分钟。

技能等级评价专业技能考核操作评分标准

工种	电力电缆安装运维工（输电）					评价等级	中级工
项目模块	电缆运行维护与检修—电缆检测				编号	Jc0005442032	
单位			准考证号			姓名	
考试时限	30 分钟	题型		单项操作		题分	100 分
成绩		考评员		考评组长		日期	
试题正文	110kV 电缆沟照明箱式变压器接地电阻测试						
需要说明的问题和要求	告知接地体形式。提供接地形式图纸						

序号	项目名称	质量要求	满分	扣分标准	扣分原因	得分
1	工作准备					
1.1	选择用的仪器、工具	接地电阻测试仪、扳手、锤子等	5	错选、漏选一项扣 1 分，扣完为止		
1.2	检查仪器	选用所需测量仪器正确，指针度盘；检查静态调零，动态将表桩头短接，摇动摇把阻值应为零	5	未检查一项扣 2 分，扣完为止		
1.3	穿着、穿戴	工作服、工作鞋、安全帽、绝缘手套等穿戴正确	5	不按规定正确着装扣 1 分，扣完为止		
2	工作步骤和技术要求					
2.1	装设临时接地体装置	装设临时接地引线及接地桩	10	未做临时接地装置扣 10 分； 深度不够扣 2～5 分； 接触不好扣 2～5 分		
2.2	断开接地装置	断开接地装置与变压器接地引线的连接	5	方法不正确扣 5 分		
2.3	布线与接线	电流极接线长度为接地体长度的 4 倍左右，电压极接线长度为接地体长度的 2.5 倍左右，布线方向应与地下金属管道垂直，连接与接地棒接触良好，电压极与电流极引线应保持 1m 以上的距离	15	接线不正确扣 5 分； 布线不正确扣 5 分； 方法错误扣 5 分		
2.4	测量	表上接线正确，将表放于平坦处，一手扶住转盘并压住表平稳，另一手摇动摇把，转速为 120r/min，适当选用倍率	15	测量方法错误扣 5 分； 测量时转速不符合要求扣 2～5 分； 倍率选用不符合要求扣 5 分		

续表

序号	项目名称	质量要求	满分	扣分标准	扣分原因	得分
2.5	读数	读数正确并乘以倍率，并报出电阻值，再摇测一次，并要求两次的读数基本一致，相差较大要查明原因	10	读数错误扣3分； 少测一次扣2分； 未查出原因扣5分		
2.6	工作结束	恢复变压器与接地装置连接，拆除临时接地装置	5	恢复不合格扣2～5分		
3	其他要求					
3.1	时间要求	在规定时间内完成	5	每延时3分钟扣1分，扣完为止		
3.2	熟练程度	动作熟练流畅	10	动作不熟练扣2～10分		
3.3	安全文明生产	能按照有关规定进行操作，工作完毕后交还工器具、仪表，并无损坏，清理现场	10	未对现场做清理扣5分； 不交还工器具及剩余材料扣5分		
合计			100			

Jc0005442033　110kV电缆沟照明箱式变压器电缆主绝缘电阻测试。（100分）

考核知识点：

1. 仪器使用
2. 主绝缘电阻测试方法

难易度：中

技能等级评价专业技能考核操作工作任务书

一、任务名称

110kV电缆沟照明箱式变压器电缆主绝缘电阻测试。

二、适用工种

电力电缆安装运维工（输电）中级工。

三、具体任务

（1）攀登至箱式变压器上方。

（2）使用主绝缘电阻测试仪测量电缆主绝缘电阻。

四、工作规范及要求

（1）正确使用安全工器具。

（2）布设临时接地体并接线。

（3）正确测量。

五、考核及时间要求

本考核操作时间共40分钟。

技能等级评价专业技能考核操作评分标准

<table>
<tr><td>工种</td><td colspan="5">电力电缆安装运维工（输电）</td><td>评价等级</td><td>中级工</td></tr>
<tr><td>项目模块</td><td colspan="4">电缆运行维护与检修—电缆检测</td><td>编号</td><td colspan="2">Jc0005442033</td></tr>
<tr><td>单位</td><td colspan="2"></td><td>准考证号</td><td colspan="2"></td><td>姓名</td><td></td></tr>
<tr><td>考试时限</td><td colspan="2">40分钟</td><td>题型</td><td colspan="2">单项操作</td><td>题分</td><td>100分</td></tr>
<tr><td>成绩</td><td></td><td>考评员</td><td></td><td>考评组长</td><td></td><td>日期</td><td></td></tr>
<tr><td>试题正文</td><td colspan="7">110kV电缆沟照明箱式变压器电缆主绝缘电阻测试</td></tr>
</table>

续表

需要说明的问题和要求	工作时设专人监护和配合；电缆两端已解头					
序号	项目名称	质量要求	满分	扣分标准	扣分原因	得分
1	工作准备					
1.1	工器具、材料的选择、检查	满足要求、质量好	5	错选、漏选一项扣 1 分； 未检查一项扣 1～5 分； 以上扣分，扣完为止		
1.2	绝缘电阻表的选择	与被测试的电力电缆额定电压相匹配	5	不匹配扣 5 分		
1.3	穿着、穿戴	工作服、工作鞋、安全帽等穿戴正确	5	不按规定正确着装扣 1 分，扣完为止		
2	工作步骤和技术要求					
2.1	试验接线	试验应分别在每一相上进行，对一相进行试验时，其他两相芯线、金属屏蔽或金属护套接地	10	接线错误扣 10 分		
2.2	登杆	登杆动作规范、熟练	10	登杆发生危险动作，每次扣 1 分； 登杆过程中脚扣脱离或打滑，每次扣 1 分； 登杆动作不熟练扣 2～5 分； 失去安全带的保护扣 5 分； 以上扣分，扣完为止		
2.3	杆上作业	站位合适、双保险打好、传递工器具使用绳索、不得发生危险行为	20	高空作业时安全带低挂高用，扣 4 分； 高空作业时未使用带后备保护绳的双保险安全带，扣 4 分； 高处转位时，失去后备保护绳的保护，移位后未检查扣环是否牢靠，扣 3 分； 安全带系在移动或不牢固的构件上，扣 3 分； 未正确使用吊绳进行工具和材料传递，扣 3 分； 发生高空掉物或碰撞，扣 3 分		
2.4	跌落式熔断器安装	工艺符合要求、安装熟练、工器具使用正确	20	熔断器安装不牢固可靠，分合闸位置不正确、操作不灵活，每项扣 5 分，扣完为止； 熔断器安装后未进行分合闸试验项扣 5 分； 安装的夹角符合有关规定（15°～30°），水平间距不小于 500mm，不满足要求扣 5 分		
3	其他要求					
3.1	时间要求	在规定时间内完成	5	每延时 3 分钟扣 1 分，扣完为止		
3.2	熟练程度	动作熟练流畅	10	动作不熟练扣 2～6 分		
3.2	安全文明生产	能按照有关规定进行操作，工作完毕后交还工器具、仪表，并无损坏，清理现场	10	未对现场做清理扣 5 分； 不交还工器具及剩余材料扣 5 分		
合计			100			

Jc0003442034　110kV 牵引网套的方法敷设电缆的操作。（100 分）

考核知识点：

1. 仪器使用
2. 牵引网套方法敷设电缆

难易度： 中

技能等级评价专业技能考核操作工作任务书

一、任务名称

110kV 牵引网套的方法敷设电缆的操作。

二、适用工种

电力电缆安装运维工（输电）中级工。

三、具体任务

（1）将牵引网套套在一段电缆上。

（2）采取正确的方法进行绑扎。

四、工作规范及要求

（1）正确使用安全工器具。

（2）其他操作。

五、考核及时间要求

本考核操作时间共 40 分钟。

技能等级评价专业技能考核操作评分标准

工种	电力电缆安装运维工（输电）				评价等级	中级工
项目模块	电缆敷设—电缆敷设安装			编号	Jc0003442034	
单位		准考证号			姓名	
考试时限	40 分钟	题型	单项操作		题分	100 分
成绩		考评员		考评组长		日期
试题正文	110kV 牵引网套的方法敷设电缆的操作					
需要说明的问题和要求	（1）本考核仅作为敷设电缆的一个环节的考核，用钢丝绳绑扎的方法。 （2）将电缆事先摆成稍带弧形的形状。 （3）10 匝为一扣，双股绑扎。 （4）10m 为一绑扎段，一个绑扎段做 4 扣，每扣间的距离为 1.5m					

序号	项目名称	质量要求	满分	扣分标准	扣分原因	得分
1	工作准备					
1.1	套网套	使网套的每根钢丝平帖于电缆护套上	10	未理钢丝绳扣 10 分		
1.2	扎铜丝	在网套的首部，中部和端部扎而处铜丝	20	扎线不牢每处扣 5 分； 不符合规范要求每处扣 5 分； 以上扣分，扣完为止； 不会操作扣 20 分		
2	工作步骤及技术要求					
2.1	钢丝绳绑扎	在钢丝上绑两扎，然后在钢丝绳和电缆上共同绑两扎	25	不会操作扣 25 分； 方法不正确每处扣 5 分，扣完为止		
		绑扎时钢丝绳应平贴于电缆上	10	钢丝绳与电缆离 3cm 以上扣 10 分		
		钢丝绳应绑在电缆弯曲的内侧	10	绑在外侧扣 10 分		
3	其他要求					
3.1	其他时间要求	在规定时间内完成	5	每延时 3 分钟扣 1 分，扣完为止		
3.2	熟练程度	动作熟练流畅	10	动作不熟练扣 2～10 分		
3.3	安全文明生产	能按照有关规定进行操作，工作完毕后交还工器具、仪表，并无损坏，清理现场	10	未对现场做清理扣 5 分； 不交还工器具及剩余材料扣 5 分		
合计			100			

Jc0005442035　10kV 电力电缆直流耐压及泄漏电流试验。（100 分）

考核知识点：

1. 仪器使用
2. 直流耐压及泄漏电流试验

难易度：中

技能等级评价专业技能考核操作工作任务书

一、任务名称

10kV 电力电缆直流耐压及泄漏电流试验。

二、适用工种

电力电缆安装运维工（输电）中级工。

三、具体任务

（1）布置试验现场，完成各项准备工作。

（2）止确选取试验设备并接线。

（3）开展直流耐压及泄漏电流试验。

四、工作规范及要求

（1）正确使用安全工器具。

（2）布设临时接地体并接线。

（3）正确测量。

五、考核及时间要求

本考核操作时间共 40 分钟。

技能等级评价专业技能考核操作评分标准

<table>
<tr><td>工种</td><td colspan="5">电力电缆安装运维工（输电）</td><td>评价等级</td><td>中级工</td></tr>
<tr><td>项目模块</td><td colspan="4">电缆运行维护与检修—电缆检测</td><td>编号</td><td colspan="2">Jc0005442035</td></tr>
<tr><td>单位</td><td colspan="2"></td><td>准考证号</td><td colspan="2"></td><td>姓名</td><td></td></tr>
<tr><td>考试时限</td><td colspan="2">40 分钟</td><td>题型</td><td colspan="2">单项操作</td><td>题分</td><td>100 分</td></tr>
<tr><td>成绩</td><td></td><td>考评员</td><td></td><td>考评组长</td><td></td><td>日期</td><td></td></tr>
<tr><td>试题正文</td><td colspan="7">10kV 电力电缆直流耐压及泄漏电流试验</td></tr>
<tr><td>需要说明的问题和要求</td><td colspan="7">（1）微安表应置于高压侧。
（2）不得采用硅堆和试验变压器一体的设备。
（3）试验电压由考评员定。
（4）绝缘遥测不在考评范围。
（5）配 1 人监护</td></tr>
</table>

序号	项目名称	质量要求	满分	扣分标准	扣分原因	得分
1	工作准备					
1.1	准备场地	试验场地围好围栏	2	未做扣 2 分		
1.2	挂警示牌和清洁表面	电缆另一端挂好警示牌或派人看守，将两端电缆头表面擦净	5	未挂警示牌扣 2～3 分； 未清理电缆头表面每处扣 1～2 分； 以上扣分，扣完为止		
1.3	穿着、穿戴	工作服、工作鞋、安全帽、绝缘手套等穿戴正确	5	不按规定正确着装每处扣 1 分，扣完为止		
2	换算电压					

续表

序号	项目名称	质量要求	满分	扣分标准	扣分原因	得分
2.1	试验电压	确定被试设备的试验电压	2	不正确扣 2 分		
2.2	换算	能独自进行交直流及高低压换算	10	换算不正确视情况扣 5～10 分		
3	摇测	不作为考评，但必须完成这一过程	3	未做扣 3 分		
4	试验接线					
4.1	检查电源	检查电源电压（交流 220V）	3	未检查扣 3 分		
4.2	设备连接	设备连接正确、可靠	2	不正确扣 2 分		
4.3	高压引线对地的绝缘距离	高压引线对地的绝缘距离保持足够	3	不正确扣 1～3 分		
4.4	接地线	接地线牢靠	5	接地不牢靠扣 2～5 分		
4.5	硅堆极性、表计量程选择	硅堆极性正确、表计置放及量程选择正确	10	极性反了扣 5 分； 表计置放、量程不正确每处扣 2～5 分，扣完为止		
4.6	试验接地	试验一相时其他两相接地正确	5	接地不正确扣 2～5 分		
5	开始试验					
5.1	合闸升压	接到监护人指令并大声复诵后方可合闸升压	5	未复诵扣 5 分； 复诵不规范扣 2～3 分		
5.2	拆接地线、加压、升压速度控制	拆下应试相接地线，加压时应有呼应，高压速度控制在 1～2kV/s	10	升压太快扣 2～5 分； 升压不正确扣 2～5 分		
5.3	读数、记录	随电压逐级上升，分别在 1/4、1/2、3/4 及全电压时读取相应的泄漏电流（应在每次升压后 1 分钟时读取），在耐压试验终了时读取耐压后的泄漏电流，同时做好记录	10	读泄漏电流不正确扣 5 分； 读电流时操作不正确扣 5 分		
5.4	结束工作	每相试验完毕，应先将调压器回零，然后切断电流，当微安表置于高压侧时，应在微安表靠电缆一侧先放电，并将表的短路开关合上	5	操作不正确扣 2～5 分		
6	工作结束					
6.1	时间要求	在规定时间内完成	5	每延时 3 分钟扣 1 分，扣完为止		
6.2	熟练程度	动作熟练流畅	5	动作不熟练扣 2～5 分		
6.3	安全文明生产	能按照有关规定进行操作，工作完毕后交还工器具、仪表，并无损坏，清理现场	5	未对现场做清理扣 3 分； 不交还工器具及剩余材料扣 2 分		
合计			100			

Jc0002442036　汽油喷灯和液化气喷枪的使用。（100 分）

考核知识点：汽油喷灯和液化气喷枪的使用

难易度：中

技能等级评价专业技能考核操作工作任务书

一、任务名称

汽油喷灯和液化气喷枪的使用。

二、适用工种

电力电缆安装运维工（输电）中级工。

三、具体任务

正确操作汽油喷灯和液化气喷枪，完成点火及熄火。

四、工作规范及要求

（1）正确使用工器具。

（2）遵守各项安全措施，发生安全事故本项考核不合格。

五、考核及时间要求

本考核操作时间共 40 分钟。

技能等级评价专业技能考核操作评分标准

工种	电力电缆安装运维工（输电）				评价等级	中级工
项目模块	工艺图纸及材料准备—工器具、材料准备及使用			编号	Jc0002442036	
单位		准考证号			姓名	
考试时限	40 分钟	题型	单项操作		题分	100 分
成绩		考评员		考评组长		日期
试题正文	汽油喷灯和液化气喷枪的使用					
需要说明的问题和要求	现场配备灭火器，且无易燃易爆等物品					

序号	项目名称	质量要求	满分	扣分标准	扣分原因	得分
1	工作准备					
1.1	加油	旋下加油阀上的螺栓，倒入适量汽油，一般以不超过筒体的 3/4。 关闭加油阀杆，擦净洒在外部的汽油，并检查喷灯各处是否有渗漏现象	15	汽油超过筒体的 3/4 或少于 1/4 扣 5 分； 未擦净洒在外部的汽油扣 2～5 分； 未检查渗漏扣 5 分		
1.2	预热	在预热烧盘中倒入汽油后点燃，预热火焰喷头	5	执行不正确扣 2～5 分		
1.3	喷火	待火焰喷头烧热后，燃烧盘中汽油烧完之前，打气 3～5 次，将放油阀杆开启，喷出油雾，喷灯点燃喷火。而后继续打气，直到火焰正常	5	操作不正确、不规范扣 2～5 分		
1.4	熄火	先关闭放油调节阀，直到火焰熄灭，待冷却后再慢慢放松加油口螺栓，放出筒内的压缩空气	5	操作不正确、不规范扣 2～5 分		
1.5	注意事项	在加油时避免汽油喷出； 油桶不漏油，喷火嘴不堵塞，丝扣不漏气方可点火； 喷灯口不准对人； 打气压力不可过高，打完气后，应将打气柄卡牢在泵盖上	20	不正确、不规范每处扣 5 分，扣完为止		
2	工作步骤及技术要求					
2.1	检查	连接好喷枪各部件，检查各部件是否漏气	5	连接不正确或未检查漏气情况扣 5 分		
2.2	点火	先开气罐角阀，然后在喷嘴出口点火等待，稍微打开喷枪开关，喷出火焰后调整火焰大小	10	操作不正确扣 5～10 分		
2.3	关闭	先调小火焰，关闭喷枪开关至火焰熄灭，再关闭气罐角阀	10	操作不正确扣 5～10 分		

续表

序号	项目名称	质量要求	满分	扣分标准	扣分原因	得分
2.4	注意事项	使用喷枪时注意不要将喷枪对人。 使用时离开液化气罐 2m 以上。 熄火后，管内不得留有残余气体	10	不正确、不规范每处扣 5 分，扣完为止		
3	其他要求					
3.1	时间要求	在规定时间内完成	5	每延时 3 分钟扣 1 分，扣完为止		
3.2	穿着、穿戴	工作服、工作鞋、安全帽、绝缘手套等穿戴正确	5	不按规定正确着装每处扣 1 分，扣完为止		
3.3	安全文明生产	能按照有关规定进行操作，工作完毕后交还工器具、仪表，并无损坏，清理现场	5	未对现场做清理扣 3 分； 不交还工器具及剩余材料扣 2 分		
合计			100			

Jc0005442037　红外热成像仪的使用。（100 分）

考核知识点： 正确使用红外热成像仪

难易度： 中

技能等级评价专业技能考核操作工作任务书

一、任务名称

红外热成像仪的使用。

二、适用工种

电力电缆安装运维工（输电）中级工。

三、具体任务

使用红外热成像仪测量物体温度。

四、工作规范及要求

（1）正确使用仪器及工器具。

（2）遵守各项安全措施。

五、考核及时间要求

本考核操作时间共 40 分钟。

技能等级评价专业技能考核操作评分标准

工种	电力电缆安装运维工（输电）				评价等级	中级工
项目模块	电缆运行维护与检修—电缆检测			编号	Jc0005442037	
单位		准考证号			姓名	
考试时限	40 分钟	题型	单项操作		题分	100 分
成绩		考评员		考评组长	日期	
试题正文	红外热成像仪的使用					
需要说明的问题和要求	用红外热成像仪测量在运户外电缆终端头，分析测量结果					

序号	项目名称	质量要求	满分	扣分标准	扣分原因	得分
1	工作准备					

续表

序号	项目名称	质量要求	满分	扣分标准	扣分原因	得分
1.1	开机设定	进行内部温度校准，测温量程设置修正在环境温度加温升（10～20K）之间测量。 将大气温度、相对湿度、测量距离等补偿参数输入	20	设置不正确或漏项每处扣 5 分，扣完为止		
1.2	检测操作	检测温升所用的环境温度参照体应尽可能选择与被测设备类似的物体，且在同一方向同一视场中选择。 在安全距离允许的条件下，红外仪器尽量靠近被测设备	20	温度参照体选择不正确扣 10 分； 测温方法不正确扣 2～5 分； 操作不熟练扣 2～5 分		
1.3	填写记录	按照 DL/T 664—2008《带电设备红外诊断应用规范》的要求填写《电气设备现场检测记录》	20	未填写检测记录扣 20 分； 检测记录填写不规范或漏项每处扣 4 分，扣完为止		
1.4	分析结果	根据红外测温数据判断被测设备是否存在缺陷和缺陷性质	20	数据判断错误扣 10 分； 缺陷性质判断错误扣 10 分		
2	其他要求					
2.1	时间要求	在规定时间内完成	5	每延时 3 分钟扣 1 分，扣为完止		
2.2	口头问答	提问红外测温相关注意事项，回答流畅、准确	10	回答不完整扣 5～10 分		
2.3	安全文明生产	能按照有关规定进行操作，工作完毕后交还工器具、仪表，并无损坏，清理现场	5	未对现场做清理扣 3 分； 不交还工器具及剩余材料扣 1 分； 仪器摔损扣 1 分		
合计			100			

Jc0005442038 电桥法测量电力电缆单相低阻接地故障。(100 分)

考核知识点：

1. 电桥法测量电力电缆单相低阻接地正确方法
2. 电单相低阻接地安全防护知识

难易度：中

技能等级评价专业技能考核操作工作任务书

一、任务名称

电桥法测量电力电缆单相低阻接地故障。

二、适用工种

电力电缆安装运维工（输电）中级工。

三、具体任务

利用电桥法测量并计算出电缆测量端到故障点距离。

四、工作规范及要求

（1）正确操作仪器及工器具。

（2）遵守各项安全措施。

五、考核及时间要求

本考核操作时间共 40 分钟。

技能等级评价专业技能考核操作评分标准

工种	电力电缆安装运维工（输电）					评价等级	中级工
项目模块	电缆运行维护与检修—电缆检测				编号	Jc0005442038	
单位			准考证号			姓名	
考试时限	40 分钟		题型	单项操作		题分	100 分
成绩		考评员		考评组长		日期	
试题正文	电桥法测量电力电缆单相低阻接地故障						
需要说明的问题和要求	（1）已知某电缆三相中的一相绝缘损坏，且对地电阻稳定在一个低值上，而其他两相绝缘完好。 （2）电缆的截面、导体、地理位置等情况事先告知清楚。 （3）安全措施不属本考核范围						

序号	项目名称	质量要求	满分	扣分标准	扣分原因	得分
1	工作准备					
1.1	工器具、材料的选择，检查	满足作业要求、质量好	5	错选、漏选一项扣 1 分； 未检查一项扣 1 分； 以上扣分，扣完为止		
1.2	穿着、穿戴	工作服、工作鞋、安全帽、绝缘手套等穿戴正确	5	不按规定正确着装一处扣 1 分，扣完为止		
2	工作步骤及技术要求					
2.1	确定故障性质、相序核对	（1）正确使用绝缘摇表或万用表。 （2）试验前后对被试电缆充分放电。 （3）仪器接地规范（必要时）。 （4）准确判断故障性质	15	仪表接线不规范每处扣 2 分； 故障性质判断不准确扣 5 分； 仪器操作不规范每处扣 3 分； 如果使用摇表测量后未充分放电，扣 5 分； 以上扣分，扣完为止		
2.2	电缆故障定位	（1）正确选择及使用单臂电桥。 （2）测量前仪器的接线正确。 （3）试验接线准确、牢靠、接触良好。 （4）测量前取得负责人同意并进行呼唱。 （5）电桥调节中使用规范。 （6）数据稳定后读数。 （7）仪器接地规范（必要时）。 （8）试验结束后，将被试设备恢复开工前状态	30	选择及使用单臂电桥不规范，每处扣 2 分； 试验接线不准确、不牢靠、接触不良，扣 4 分； 测量前未取得负责人同意，未进行呼唱，扣 3 分； 数据未稳定即读数，扣 3 分； 仪器接地不规范，扣 3 分； 试验结束后未将被试设备恢复至开工前状态，扣 5 分； 测量方法不正确扣 10 分； 以上扣分，扣完为止		
2.3	反接法再测一次	符合以上规定，用反接法再测一次	15	未进行反接法测试扣 15 分		
2.4	计算	正确定位故障点。 提供完整的计算过程	15	故障点定位在 ±2%以内不扣分，每超过 1%扣 1 分； 计算过程不完整扣 2～10 分 以上扣分，扣完为止		
3	其他要求					
3.1	时间要求	在规定时间内完成	5	每延时 3 分钟扣 1 分，扣完为止		
3.2	安全文明生产	能按照有关规定进行操作，工作完毕后交还工器具、仪表，并无损坏，清理现场	10	未对现场做清理扣 5 分； 不交还工器具及剩余材料扣 5 分		
合计			100			

Jc0005442039　110kV 电缆沟照明箱式变压器（10kV）由运行改检修的操作。（100 分）

考核知识点：

1. 箱式变压器（10kV）由运行改检修正确操作
2. 工作票办理

难易度：中

技能等级评价专业技能考核操作工作任务书

一、任务名称

110kV 电缆沟照明箱式变压器（10kV）由运行改检修的操作。

二、适用工种

电力电缆安装运维工（输电）中级工。

三、具体任务

填写操作票，断开箱式变压器（10kV）开关并合上接地开关。

四、工作规范及要求

（1）正确办理工作票。

（2）严格执行安全措施。

五、考核及时间要求

本考核操作时间共 40 分钟。

技能等级评价专业技能考核操作评分标准

工种	电力电缆安装运维工（输电）					评价等级	中级工
项目模块	工艺图纸及材料准备—图纸识别				编号	Jc0005442039	
单位			准考证号			姓名	
考试时限	40 分钟		题型	单项操作		题分	100 分
成绩		考评员		考评组长		日期	
试题正文	110kV 电缆沟照明箱式变压器（10kV）由运行改检修的操作						
需要说明的问题和要求	（1）环网柜为全密封 SF_6 环网柜。 （2）环网柜出线对侧无电源。 （3）非调度设备。 （4）倒闸操作由 2 人进行						

序号	项目名称	质量要求	满分	扣分标准	扣分原因	得分
1	工作准备					
1.1	接受预令、审令、核对执行情况	依据调度预令，按典型操作票，根据实际情况填写操作票，并审查合格	5	错选、漏选一项扣 1 分； 未检查一项扣 1～5 分； 以上扣分，扣完为止		
1.2	填写操作票	应根据设备实际运行状态和调度指令在 PMS 系统开操作票，操作任务栏应填写双重编号，操作任务应明确	20	未核对设备实际位置开票扣 3 分； 不通过 PMS 系统开票扣 5 分； PMS 系统开票业务应用不熟练扣 3 分； 操作任务栏不填写双重编号扣 3 分； 操作任务不明确扣 3 分； 操作项目每漏一项扣 3 分； 操作项目错项，顺序颠倒，如有可导致恶性误操作的，本项考核不得分		

续表

序号	项目名称	质量要求	满分	扣分标准	扣分原因	得分
1.3	准备工器具	根据工作需要选择工器具及安全用具	5	工器具每漏、错选一项扣1分，扣完为止		
1.4	操作前准备	在系统模拟图上逐项预演，确认操作项目和顺序正确无误	5	未逐项预演扣5分； 预演未发现错误每项扣2分，扣完为止		
1.5	着装、穿戴	按规定穿工作服、工作鞋，戴安全帽等	5	不按规定正确着装扣1分，扣完为止		
2	工作步骤及技术要求					
2.1	接受正令	向调度接受正令	5	未使用规范术语每项扣2分，扣完为止		
2.2	核对	核对环网柜名称、间隔双重名称和状态； 检查SF_6气体正常	5	不核对名称扣3分； 不检查SF_6气压扣2分		
2.3	操作开关设备	拉开开关至分闸位置	5	操作顺序错误扣5分		
2.4	验电	进行间接验电	5	未进行验电扣5分		
2.5	挂接地线	验明确无电压后立即合上线路侧接地开关	5	未合接地开关扣5分		
2.6	悬挂警示牌	悬挂“禁止合闸，线路有人工作”警示牌	5	未悬挂标示牌扣5分		
2.7	唱票复诵	倒闸操作时，有唱票复诵	5	无唱票复诵扣5分； 唱票复诵不规范每处扣2分，扣完为止		
2.8	熟练程度	操作熟练、顺利	10	不熟练、不规范扣2～10分		
3	其他要求					
3.1	开关操作	开关、隔离开关操作到位	5	不到位扣1～5分		
3.2	安全文明生产	操作过程中无工具损伤，柜内无遗留物，工作完毕应清理现场，交还工器具	5	未清理现场或未交还工器具每项扣2分，扣完为止		
3.3	时间要求	在规定时间内完成	5	每延时3分钟扣1分，扣完为止		
合计			100			

Jc0005442040　避雷器安装。(100分)

考核知识点： 避雷器接线及安装方法

难易度： 中

技能等级评价专业技能考核操作工作任务书

一、任务名称

避雷器安装。

二、适用工种

电力电缆安装运维工（输电）中级工。

三、具体任务

登杆并在杆塔上安装避雷器及接地引下线。

四、工作规范及要求

（1）正确攀登杆塔。

（2）避雷器及接地引下线安装方法应正确。

（3）遵守相应安全要求。

五、考核及时间要求

本考核操作时间共40分钟。

技能等级评价专业技能考核操作评分标准

工种	电力电缆安装运维工（输电）				评价等级	中级工	
项目模块	电缆附件安装—电缆终端和中间接头安装			编号	Jc0005442040		
单位		准考证号			姓名		
考试时限	40分钟	题型	单项操作		题分	100分	
成绩		考评员		考评组长		日期	
试题正文	避雷器安装						
需要说明的问题和要求	（1）操作应注意安全，根据具体任务对应标准化作业流程开展确保人身与设备安全。发生安全事故本项考核不合格。 （2）作业流程是否正确将列入考评内容。 （3）工具材料的选用与检查由被考核人员独立完成						

序号	项目名称	质量要求	满分	扣分标准	扣分原因	得分
1	准备工作	准备避雷器、绝缘电阻表、电工工具、脚扣、安全带	5	少准备一项扣1分，扣完为止		
2	检查避雷器	检查避雷器外观	5	未检查避雷器外观扣5分		
		对绝缘电阻表进行开短路试验	8	未做试验扣8分		
		用2500V的绝缘电阻表测避雷器绝缘电阻（不低于1000MΩ）	5	未测绝缘电阻扣5分； 安装绝缘电阻不合格的避雷器（3个）一个扣2分，扣完为止		
3	登杆工具试验	登杆前对登杆工具进行冲击试验	5	未对登杆工具进行冲击试验扣5分		
4	登杆	登杆熟练	5	动作不熟练扣5分		
5	确定工作位置	杆上操作位置选择适当	5	操作位置错误扣5分		
		调整安全带以便于操作	5	未调整安全带扣5分		
6	安装避雷器	用提绳将避雷器提到待安装的位置，不允许碰电杆	6	未用提绳将避雷器提到待安装的位置扣3分； 向上提时碰电杆扣3分		
		避雷器相间距离不小于350mm且整齐一致	8	避雷器相间距离不小于350mm扣4分； 不整齐扣4分		
		避雷器与横担连接牢固	6	避雷器与横担连接不牢固扣6分		
		避雷器与各引线安装牢靠	5	避雷器与各引线安装不牢靠扣5分		
7	连接引线	引线应短而直，连接紧密；采用绝缘铜线时，上引线铜线截面面积不小于16mm²，下引线铜线截面面积不小于25mm²	10	引线安装不符合要求扣6分； 上引线未使用截面面积大于16mm²的绝缘铜线扣2分； 下引线未使用截面面积大于25mm²的绝缘铜线扣2分		
		在接头处涂导电复合脂；与变压器连接，不应使避雷器产生外加应力；引线接地可靠	7	未在接头处涂导电复合脂扣2分； 引线太紧使避雷器产生外加应力扣2分； 引下线接地不可靠扣3分		

续表

序号	项目名称	质量要求	满分	扣分标准	扣分原因	得分
8	清理现场	清理现场	5	未清理现场扣5分		
9	安全文明操作	按国家颁发或企业有关安全规定执行	5	损坏卡尺不得分，违反安全规定一次扣2分，扣完为止； 严重违规到时停止操作		
10	考核时限	在规定时间内完成	5	每超时3分钟扣1分，扣完为止		
合计			100			

第三部分
高级工

第五章　电力电缆安装运维工（输电）高级工技能笔答

Jb0001331001　低压电缆的绝缘层厚度由什么因素确定？（5分）

考核知识点： 电缆基础知识

难易度： 易

标准答案：

（1）低压小截面电缆主要由工艺允许的最薄绝缘决定其厚度。

（2）低压大截面的电缆主要根据安装和生产过程中可能受到的机械损伤（主要是弯曲）和绝缘的不均匀性来决定其厚度。

Jb0001331002　电缆绝缘层厚度主要由什么因素确定？（5分）

考核知识点： 电缆基础知识

难易度： 易

标准答案：

（1）制造工艺规定的最小值。

（2）电缆在制造和使用过程中要求的机械性能。

（3）击穿强度。

Jb0001332003　较短的高压单芯电缆平行敷设，当金属护套采取一端接地方式时，为什么要沿电缆线路敷设一条回流线？（5分）

考核知识点： 电缆接地系统

难易度： 中

标准答案：

单芯电缆金属护套采用一端接地方式时，安装一条沿电缆线路平行敷设的回流线有两个作用：一是对邻近通信、信号电缆起到磁屏蔽作用，即当单芯电缆导体上有接地故障电流通过时，回流线上的感应电压将形成以大地为回路的逆向接地电流，从而抵销了电缆中通过的大部分故障电流的磁通，使得邻近通信，信号电缆导体上的感应电压明显降低；二是回流线为单芯电缆金属护套起分流作用，即当单芯电缆发生短路接地故障时，一部分短路电流将通过回流线流回系统中性点。

Jb0001331004　什么叫电缆热机械力？（5分）

考核知识点： 电缆基础知识

难易度： 易

标准答案：

电缆在运行状态下由于负载变动和环境温差造成导体温度变化，引起导体热胀冷缩而产生的一种电缆内部机械力称为电缆热机械力。热机械力使电缆导体形成一种推力，在电缆末端这种推力可使导体与绝缘层之间产生一定位移。

Jb0001331005　请说明电缆交叉互联箱的功能和组成。（5 分）

考核知识点：单芯电缆接地系统

难易度：易

标准答案：

用于在长电缆线路中，为降低电缆护层感应电压，依次将一相绝缘接头一侧的金属套和另一相绝缘接头另一侧的金属套相互连接后再集中分段接地的一种密封装置。其包括护层过电压限制器、接地排、换位排、公共接地端子等。

Jb0001331006　什么是电缆护层过电压限制器？（5 分）

考核知识点：电缆基础知识

难易度：易

标准答案：

串接在电缆金属屏蔽层（金属套）和大地之间，用来限制在系统暂态过程中金属屏蔽层电压的装置。

Jb0001332007　交联聚乙烯绝缘的电力电缆有何优点？（5 分）

考核知识点：电缆基础知识

难易度：中

标准答案：

（1）有高的电气性能，击穿强度高、绝缘电阻大、介质损耗正切值低、介电常数小。

（2）长期允许工作温度高，输电容量大。

（3）质量轻。

（4）适宜使用在垂直、高落差和有振动的场所。

（5）耐腐蚀性能好。

Jb0001332008　三层共挤指哪三层？有何优点？（5 分）

考核知识点：电缆基础知识

难易度：中

标准答案：

（1）三层共挤指内、外半导电层和绝缘层。

（2）它的优点是：

1）可以防止在主绝缘层与导体屏蔽，以及主绝缘层与绝缘屏蔽之间引入外界杂质。

2）在制造过程中防止导体屏蔽和主绝缘层可能发生的意外损伤，因而可以由于半导体电层的机械损伤而形成突刺。

3）使内外屏蔽与主绝缘层紧密结合在一起，从而提高起始游离放电电压。

Jb0001332009　控制二次回路接线应符合哪些要求？（5 分）

考核知识点：电力系统

难易度：中

标准答案：

（1）按图施工接线正确。

（2）导线的电气连接应牢固可靠。

（3）盘柜内的导线不应有接头，导体线应无损伤。

（4）电缆导体端部应标明其回路编号，编号应正确，字迹清晰且不易脱色。

（5）配线应整齐、清晰、美观，导线绝缘应良好、无损。

（6）每个接线端子的每侧接线宜为一根，最多不得超过两根。

Jb0001322010　请标出如图 Jb0001322010 所示的 110kV 单芯交联聚乙烯绝缘电缆各部分名称。（5 分）

考核知识点：电缆基础知识

难易度：中

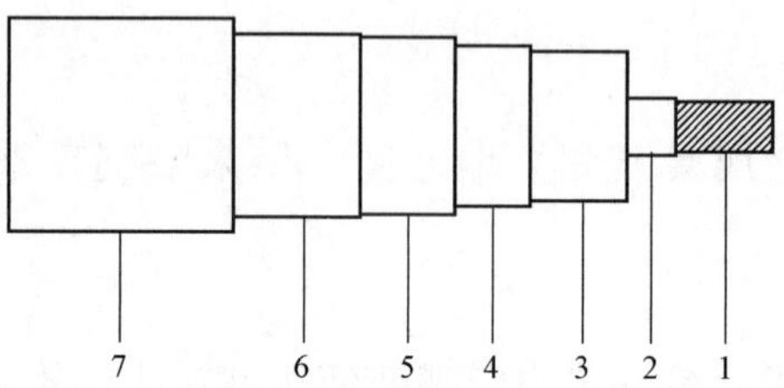

图 Jb0001322010

标准答案：

1—导线；2—内屏蔽层；3—交联聚乙烯绝缘；4—外屏蔽层；5—半导电缓冲带；6—金属护套；7—聚氯乙烯外护套。

Jb0001322011　画出单相半波整流电容滤波图。（5 分）

考核知识点：电工基础

难易度：中

标准答案：

单相半波整流电容滤波图如图 Jb0001322011 所示。

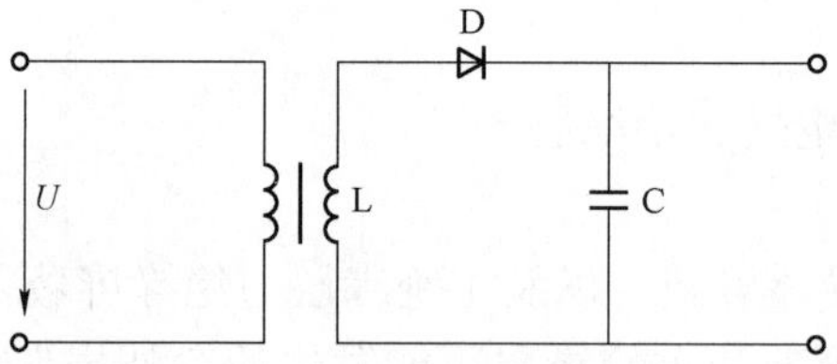

图 Jb0001322011

Jb0001322012　图 Jb0001322012 为常用高压交联聚乙烯电缆（ZB－）YJLW03－Z－64/110kV 1×1000mm^{2}结构图，请描述 1～9 分别代表什么？（5 分）

考核知识点：电缆基础知识

难易度：中

标准答案：

1—导体；2—导体屏蔽，3—XLPE 绝缘（主绝缘）；4—绝缘屏蔽；5—半导电缓冲阻水带；6—皱纹铝护套（波峰外径）；7—沥青防蚀层；8—外护套；9—外导电层。

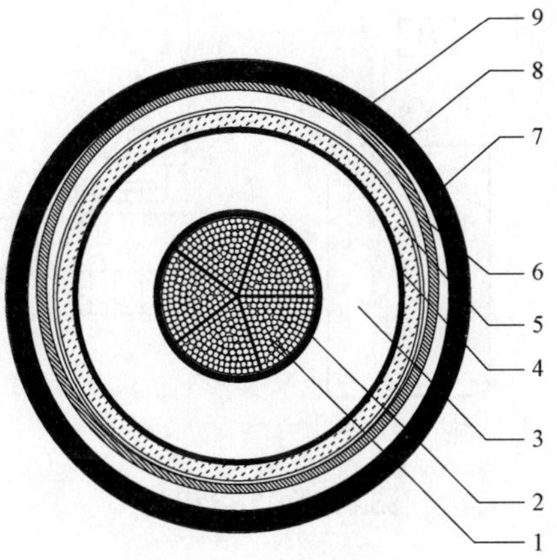

图 Jb0001322012

Jb0001321013　画出 *L*、*C* 滤波电路图。（5 分）

考核知识点：电工基础

难易度：易

标准答案：

L、*C* 滤波电路图如图 Jb0001321013 所示。

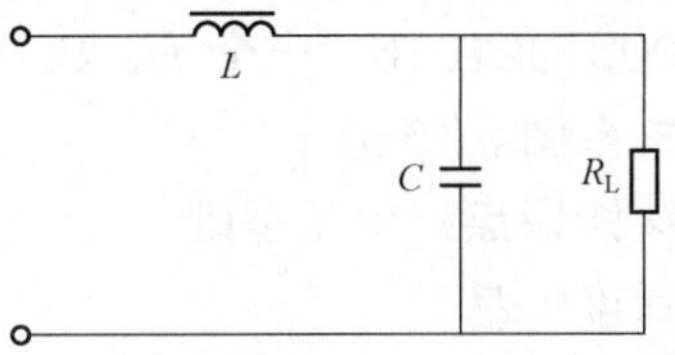

图 Jb0001321013

Jb0001321014　画出单母线分段的主接线图（带分段断路器）。（5 分）

考核知识点：电力系统

难易度：易

标准答案：

单母线分段的主接线图（带分段断路器）如图 Jb0001321014 所示。

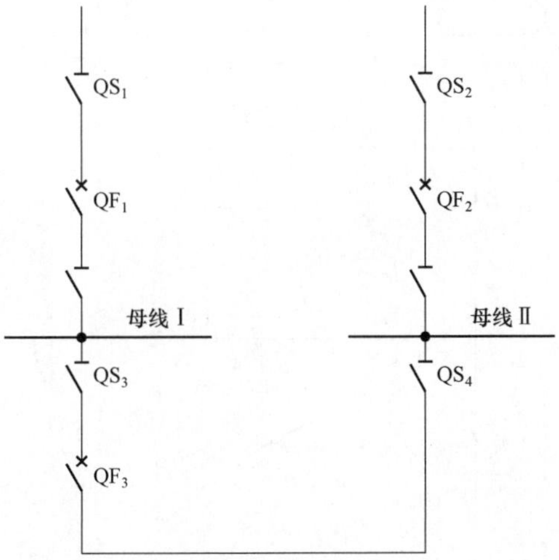

图 Jb0001321014

Jb0001322015　绘出真空装置示意图，并标出各设备名称。（5 分）

考核知识点：电缆基础知识

难易度：中

标准答案：

真空装置示意图如图 Jb0001322015 所示。

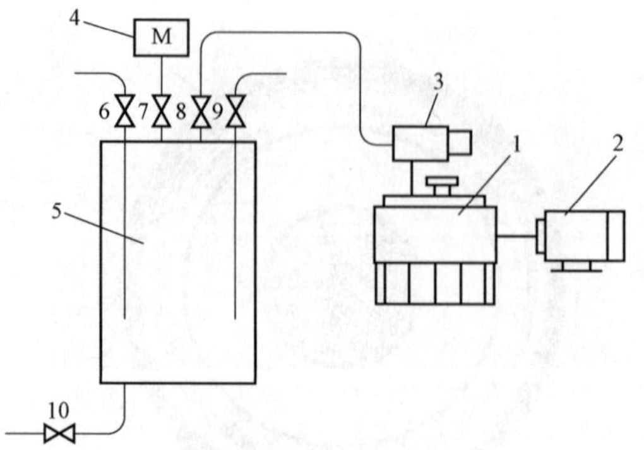

图 Jb0001322015

1—真空泵；2—电动机；3—带放气电磁真空阀；4—麦氏真空表；5—去气溢油缸；6～10—真空阀。

Jb0001321016　一个 *R*、*L*、*C* 串联电路，请分别画出①$X_L>X_C$；②$X_L=X_C$；③$X_L<X_C$三种情况下矢量关系图。（5 分）

考核知识点：电工基础

难易度：易

标准答案：

矢量关系图如图 Jb0001321016 所示。

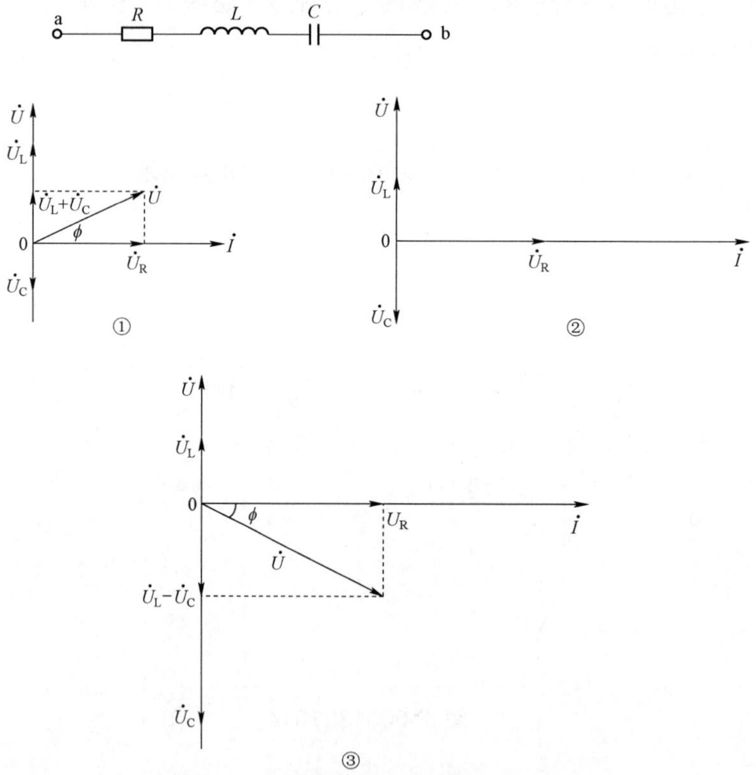

图 Jb0001321016

Jb0001321017　在三相平衡时，用向量图证明图 Jb0001321017－1 接线中的电流表 A 测得的是 B 相电流。（5 分）

考核知识点：电工基础

难易度： 易

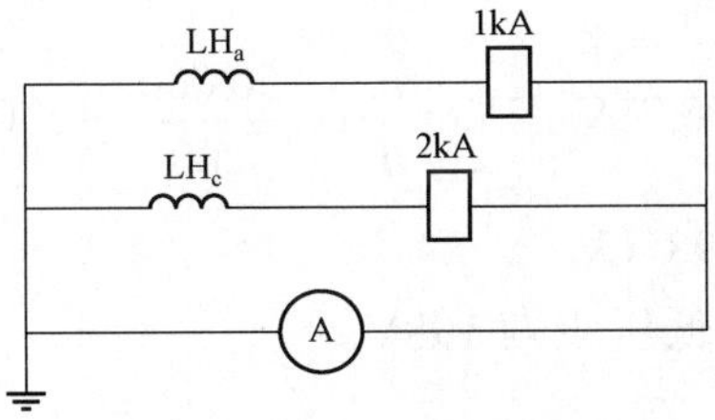

图 Jb0001321017－1

标准答案： 按题意接线电流测得 A、C 两相电流之和，向量图如图 Jb0001321017－2 所示，表明：三相平衡时 $I_A+I_C=-I_B$，故测得的为 B 相电流，即代表任一相电流。

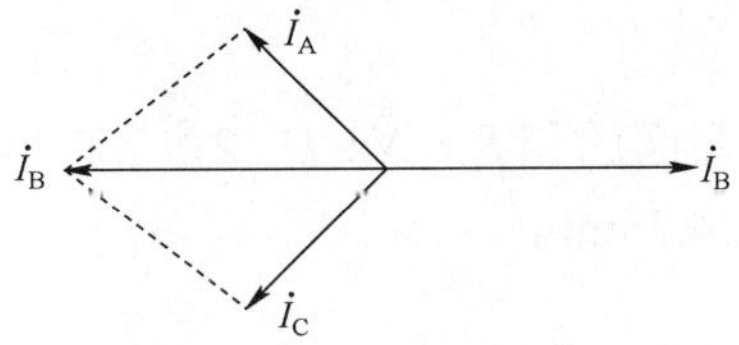

图 Jb0001321017－2

Jb0001321018　如图 Jb0001321018－1 所示为一个 *RL* 串联电路，请画出矢量关系图、电压三角形、阻抗三角形。（5 分）

考核知识点： 电工基础

难易度： 易

标准答案：

如图 Jb0001321018－2 所示。

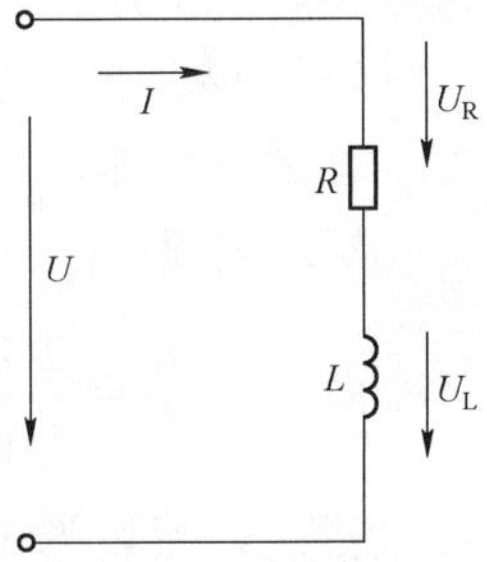

图 Jb0001321018 － 1

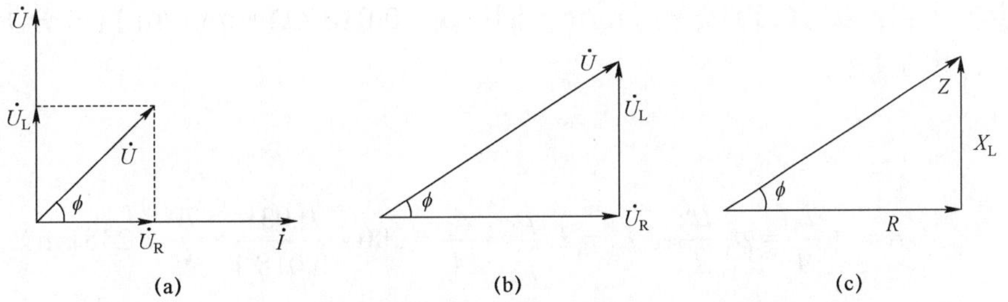

图 Jb0001321018－2

（a）矢量关系图；（b）电压三角形；（c）阻抗三角形

Jb0001312019　用一台变比为 200V/50kV 试验变压器试验电缆，试验电压为 140kV 时，应采用什么方法达到此电压值？此时低压值应为多少？（5 分）

考核知识点： 电工基础

难易度： 中

标准答案：

解： 需采用二倍压整流才能达到 140kV。

由$U_M=\dfrac{U_N}{2\sqrt{2}}$，$N=\dfrac{u_1}{u_2}$得

$$U_M=\frac{U_N}{2\sqrt{2}}=\frac{140\,000}{2\sqrt{2}}=99\,290.78\text{V},\quad N=\frac{u_1}{u_2}=\frac{50\,000}{200}=250$$

那么低压 $U=99\,290.78/250=198$（V）

答：当试验电压为 140kV 时，低压应为 198V。

Jb0001311020　有一根电缆，某导电线为圆形排列，盘架上的规格字迹已脱落，该电缆线芯由 7 根绞合而成，每根直径为 2.10mm，请判断该电缆的标称截面面积是多少？（5 分）

考核知识点：电缆基础知识

难易度：易

标准答案：

解：已知 $N=7$，$D=2.10$mm，截面面积 $S=N\pi(D/2)^2=7\times3.141\,6\times1.05^2\approx24.25$（$mm^2$）

答：该电缆的标称截面面积是 24.25mm^2。

Jb0001313021　某型号电缆 240mm^2 长期载流量为 150A，改为同型号 300mm^2 电缆时，载流量为多少？（5 分）

考核知识点：电缆基础知识

难易度：难

标准答案：

解：由$\dfrac{I_1}{I_2}=\sqrt{\dfrac{A_1}{A_2}}$得$I_2=I_1\sqrt{\dfrac{A_2}{A_1}}=150\times\sqrt{\dfrac{300}{240}}=156.25$（A）

答：载流量为 156.25A。

Jb0001313022　将 200m 长、面积 A_1 为 95mm^2 的铝芯电缆换算到面积 A_2 为 70mm^2 的铜芯电缆，等值长度为多少？（铝：$\rho_1=0.031\Omega\cdot mm^2/m$，铜：$\rho_2=0.018\,4\Omega\cdot mm^2/m$）（5 分）

考核知识点：电工基础

难易度：难

标准答案：

$$\text{公式 } R=\rho_1\frac{L_1}{A_1}=\rho_2\frac{L_2}{A_2} \text{ 得 } L_2=L_1\frac{\rho_1}{\rho_2}\cdot\frac{A_2}{A_1}=200\times\frac{0.031}{0.018\,4}\times\frac{70}{95}=248\text{(m)}$$

答：等值长度为 248m。

Jb0001312023　铜导线长度 $L=100$m，截面面积 $S=0.1mm^2$，铜电阻率$\rho=0.017\,2\Omega\cdot mm^2/m$，温度 $T_2=50$℃时求导线电阻 R_2？已知 $T_2=50$℃时铜导线电阻温度系数为$\alpha=0.004\,1℃^{-1}$。（5 分）

考核知识点：电工基础

难易度：中

标准答案：

解：先求常温下（$T_1=20$℃）的电阻 R_1：

$$R_1=\rho\times L/S=0.017\,2\times100/0.1=17.2\ (\Omega)$$

$$R_2=R_1[1+\alpha(T_2-T_1)]=17.2\times[1+0.004\,1\times(50-20)]=17.2\times1.123\approx19.3\ (\Omega)$$

答：温度 $T_2=50$℃时导线电阻为19.3Ω。

Jb0001311024 一条充油电缆线路两端落差为12m，已知低黏度矿物油或烷基苯合成油的密度为0.9g/cm^3，则内部的电缆油产生油柱静压力为多少？（5分）

考核知识点：电缆基础知识

难易度：易

标准答案：

解：$\rho=0.1Hd$

$=0.1\times1200\times0.9\times10^{-3}=0.108\text{kg/cm}^2$

答：12m落差产生的电缆内静油压为0.108kg/cm^2。

Jb0001312025 一段铜导线，当温度 $t_1=20$℃时，它的电阻 $R_1=5\Omega$，当温度升到 $t_2=25$℃时，它的电阻增大到 $R_2=5.1\Omega$，那么它的温度系数是多少？（5分）

考核知识点：电工基础

难易度：中

标准答案：

解：温度变化值$\Delta t=t_2-t_1=25-20=5$（℃）

电阻变化值$\Delta R=R_2-R_1=5.1-5=0.1$（Ω）

温度每变化1℃时，所引起的电阻变化$\Delta R/\Delta t=0.1/5=0.02$（Ω/℃）

温度系数：$\alpha=\Delta R/\Delta t/R_1=0.02/5=0.04$（℃$^{-1}$）

答：铜导线的温度系数为0.04℃$^{-1}$。

Jb0001312026 晶闸管导通和截止的必要条件是什么？（5分）

考核知识点：电力电子技术

难易度：中

标准答案：

（1）导通条件：阳极和阴极之间加正向电压，控制极加正触发脉冲信号。

（2）截止条件：可控硅电流小于维持电流（电流电压减少至一定数值或将可控硅加上反向电压）。

Jb0002331027 热收缩电缆附件中用的热熔胶和填充胶各有什么特点？（5分）

考核知识点：电缆材料准备

难易度：易

标准答案：

热熔胶是加热熔融的胶状物，它与热收缩材料配套使用，起密封防潮作用。填充胶是填充接头和终端凹陷部位的胶泥状材料，用于接头导体连接部位的填充胶具有高介电常数，起到改善应力分布作用，称为应力驱散胶。

Jb0002332028 使用绝缘电阻表要注意什么？（5分）

考核知识点：工器具使用

难易度：中

标准答案：

（1）要根据被测绕组的额定电压，选择合适电压等级的绝缘电阻表。

（2）要放于水平位置，测量线应绝缘良好，接线正确。

（3）使用前先空载摇测，检测仪表及导线是否良好。

（4）被测量的设备须与其他电源断开，注意防止人员触电。

（5）手摇速度开始时要慢，逐渐均匀加速至 120r/min。

（6）当测量大电感或电容时，在停摇前应先断开 E 端，并与 L 端短接放电，防止突然停摇，反向放电而损坏绝缘电阻表。

Jb0002331029　标示为 2DL150/0.1 的硅堆最大反峰电压为多少？最大整流电流为多少？（5 分）

考核知识点：工器具使用

难易度：易

标准答案：

最大反峰电压为 150kV，最大整流电流为 0.1A。

Jb0002332030　用压接钳压接铝导线接头前，应做哪些工作？（5 分）

考核知识点：工器具使用

难易度：中

标准答案：

（1）检查压接工作有无问题，检查铝接管或铝鼻子及压模的型号、规格是否与电缆的导体截面相符。

（2）将导体及接管内壁的氧化膜去掉，再涂一层中性凡士林。

（3）对于非圆形导体可用鲤鱼钳将导体夹成圆形并用绑线扎紧锯齐后插入管内。插入前应根据铝接管长度或铝鼻子孔深，在线上做好记号，中间接头应使两端插入导体各占铝接管长度的一半，铝鼻子应插到底，插入导体时，导体不应出现单丝突起现象，不宜用硬物敲打铝鼻子，防止变形，影响接触面积增加接触电阻。

Jb0002331031　如何进行铜铝的连接？（5 分）

考核知识点：工器具使用

难易度：易

标准答案：

目前最常采用的是铜铝闪光焊和铜铝摩擦焊作过渡，户内电缆头可用铜铝线鼻子，户外电缆头有铜铝过渡梗，中间接头可用铜铝连接管，由于铜铝接触极易产生电化腐蚀，因此应尽量避免铜铝直接连接。

Jb0003332032　牵引端和牵引网套所能承受的牵引强度分别是多少？（5 分）

考核知识点：电缆敷设工器具

难易度：中

标准答案：

使用牵引端时电缆能承受的牵引强度，铜导体电缆牵引强度为 $70N/mm^2$，铝导体电缆牵引强度为 $40N/mm^2$，充油电缆为不使油道变形最大允许牵引力规定 27kN。牵引网套的牵引强度取决于电缆护层结构，具有聚氯乙烯护套的电缆为 $7N/mm^2$，具有加强层铅护套的电缆为 $10N/mm^2$，具有波纹铝护套的电缆为 20N/mm^2。

Jb0003332033 用单纯钢丝绳牵引的敷设方法有什么特点？（5 分）
考核知识点：电缆敷设工器具
难易度：中
标准答案：
这种敷设方法由于牵引力全部作用在牵引钢丝上，而牵引电缆的力通过绑扎点均匀作用在全部电缆上，因而不会对电缆造成损伤，且费用较小，比较适用于长度较短或截面小电压等级低的电缆。

Jb0003332034 电缆在中间水域敷设施工时，一般可采取的敷设方法有哪些？（5 分）
考核知识点：电缆敷设施工
难易度：中
标准答案：
一般可采取的敷设方法有自航敷设船的敷设、钢丝绳牵引平底船敷缆、敷设船移锚敷缆、拖航敷缆、装盘电缆敷设。

Jb0003331035 电缆敷设在周期性振动的场所，应采取哪些措施能减少电缆承受附加应力或避免金属疲劳断裂？（5 分）
考核知识点：电缆敷设施工
难易度：易
标准答案：
（1）在支持电缆部位设置由橡胶等弹性材料制成的衬垫。
（2）使电缆敷设成波浪状且留有伸缩节。

Jb0003332036 在挖掘电缆沟前，应做哪些准备工作？（5 分）
考核知识点：电缆敷设施工
难易度：中
标准答案：
挖掘电缆工作，应由有经验人员交代清楚后才能进行。挖到电缆保护板后，应由有经验的人员在场指挥方可继续工作。挖掘电缆沟前，应做好防止交通事故的安全措施。在挖出的土堆的斜坡上，不得放置工具、材料等杂物。沟边应留有走道。

Jb0003332037 电缆支架的加工应符合哪些要求？（5 分）
考核知识点：电缆敷设施工
难易度：中
标准答案：
（1）钢材应平直，无明显扭曲，下料误差应在 5mm 范围内，切口应无卷边、毛刺。
（2）支架应焊接牢固，无显著变形，各横撑间的垂直净距与设计偏差不应大于 5mm。
（3）金属支架必须进行防腐处理，位于湿热、盐、雾以及有化学腐蚀地区时，应根据设计做特殊的防腐处理。

Jb0003331038　非开挖定向钻拖拉管竣工图提供三维坐标测量图，包括哪些内容？（5分）

考核知识点：电缆敷设施工

难易度：易

标准答案：

两端工作井的绝对标高、断面图、定向孔数量、平面位置、走向、埋深、高程、规格、材质和管束范围等信息。

Jb0003322039　如图 Jb0003322039 所示，标出直埋电缆牵引敷设施工内容示意图名称。（5分）

考核知识点：电缆敷设施工

难易度：中

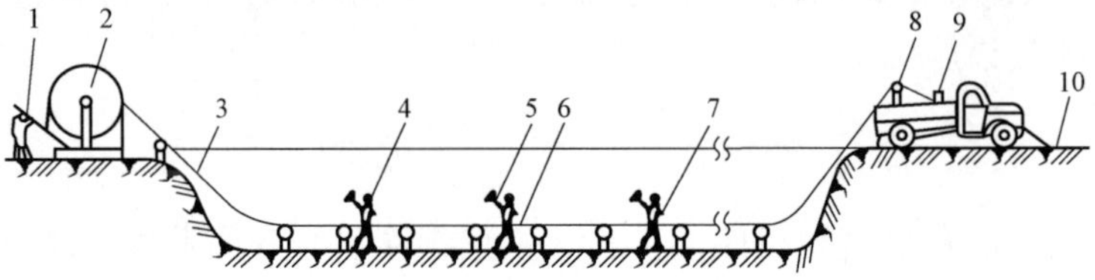

图 Jb0003322039

标准答案：

1—制动；2—电缆盘；3—电缆；4、7—滚轮监视人；5—牵引头及监视人；6—防捻器；8—张力计；9—卷扬机；10—锚定装置。

Jb0003312040　一条电缆线路，长 150m，电缆每米质量为 12.05kg/m，成盘运至施工现场人工牵引放线。电缆盘和轴向孔的摩擦力可折算成 15m 长的电缆所受的重力，已知滚轮的摩擦系数 K 为 0.2，求施放电缆的牵引力 F 是多少？（$g=10$N/kg）（5分）

考核知识点：电缆敷设施工

难易度：中

标准答案：

解：已知 $L=150$m，电缆每米质量 $m=12.05$kg/m，$g=10$N/kg，$K=0.2$。

所以 $F_1=15mg=15\times12.05\times10=1807.5$（N）

因为 $F=F_1+KmgL$

所以 $F=1807.5+0.2\times12.05\times10\times150=5423$（N）

答：施放电缆的牵引力为 5423N。

Jb0004331041　电缆头的制作对人员有何要求？（5分）

考核知识点：电缆附件基础知识

难易度：易

标准答案：

电缆头的制作，要求施工人员对电缆、电缆终端和接头的结构及所用材料应有一定的了解，而且要求制作电缆头时应由熟悉工艺的人员参加或指导。

Jb0004332042　简述美式分支箱母排接板的安装步骤。（5分）

考核知识点：电缆其他附件安装

难易度：中

标准答案：

（1）先将母排接板安装在电缆分支箱上，调整合适的安装和操作距离，然后固定螺栓。

（2）卸下接头上的防尘帽，将套管表面用清洁剂清洁，均匀涂上硅脂。

（3）将母排接板上的接地孔用接地线与接地体相连。

Jb0004331043 改善金属护套边缘处电场分布的措施有哪些？（5分）

考核知识点：电缆附件基础知识

难易度：易

标准答案：

（1）增大等效半径。

（2）增大周围媒质的相对介电常数。

（3）减小电缆绝缘材料的相对介电常数。

Jb0004331044 110kV 接头施工对环境有什么要求？（5分）

考核知识点：电缆接头制作

难易度：易

标准答案：

（1）施工区域温度宜为 10～30℃，湿度应小于 70%。

（2）操作区有风或尘土，应搭建工作间。

Jb0004331045 机械拖放 110kV 交联电缆时，牵引头应如何制作？（5分）

考核知识点：牵引头制作

难易度：易

标准答案：

应将牵引头拉杆与缆芯压接后，再用焊料把拉杆与铅（铝）包焊在一起。

Jb0004331046 制作 110kV 交联电缆接头时，用什么工具剥离 PVC 护套及金属护套？进刀深度有什么要求？（5分）

考核知识点：电缆接头制作

难易度：易

标准答案：

（1）应使用月牙刀。

（2）进刀深度宜为被剥离层厚度的 1/2～3/4。

Jb0004332047 制作 110kV 交联电缆接头时，使用电动打磨机打磨电缆绝缘应注意什么？（5分）

考核知识点：电缆接头制作

难易度：中

标准答案：

（1）操作人员不得戴手套。

（2）应合理调整打磨机转速，精细打磨时应使用慢速挡或手工打磨。

（3）打磨机应与电缆轴向及辐向成15°左右夹角，用力均匀，不得划伤电缆，不得剃出波纹。

（4）不得使用污秽或打磨过半导电的砂带。

Jb0004331048　简述制作终端头时，接线端子的压接注意事项。（5分）

考核知识点：电缆接头制作

难易度：易

标准答案：

（1）检查、压模是否与接线端子相符。

（2）压接时须使接管的截面面积不小于被连接导体截面面积的1.5倍。

（3）压接应从根部向上压。

（4）压接后用锉、砂纸、打磨去除毛刺。

Jb0004331049　对于终端头投入运行前应注意哪些问题？（5分）

考核知识点：电缆终端头制作

难易度：易

标准答案：

（1）相位必须正确。

（2）与电气设备连接可靠。

（3）电缆弓子线应保证美观、顺畅。

（4）接地线必须接触良好。

Jb0004331050　说明电缆附件由于设计不良造成事故的原因有哪些。（5分）

考核知识点：电缆附件基础知识

难易度：易

标准答案：

中间接头和终端头防水设计不周密，选用材料不当，对制造工艺要求不严密以及绝缘强度、机械强度不充裕是设计上的主要弊病。

Jb0004331051　采用封铅方式对电缆接头进行接地或密封时，应满足哪些技术要求？（5分）

考核知识点：电缆接头制作

难易度：易

标准答案：

（1）封铅应与电缆金属套和电缆附件的金属套管紧密连接，封铅致密性应良好，不应有杂质和气泡，且厚度不应小于12mm。

（2）封铅时不应损伤电缆绝缘，应掌握好加热温度，封铅操作时间应尽量缩短。

（3）圆周方向的封铅厚度应均匀，外形应光滑对称。

Jb0004332052　110kV电缆户外终端装配应力锥有哪些技术要求？（5分）

考核知识点：电缆终端头制作

难易度：中

标准答案：

（1）安装应力锥前应确保电缆已经固定牢靠，保证安装应力锥时电缆不会上下移动。

（2）根据产品安装图纸的规定标记尺寸。
（3）确保应力锥内表面无任何污染物，应力锥的内表面应均匀涂抹必要的润滑剂。
（4）安装应力锥前应以正确的顺序把以后要装配的终端尾管、密封圈等部件套入电缆。
（5）套装应力锥时应做好应力锥内表面防护措施。
（6）用手工或专用工具套入应力锥，应力锥安装到位后应清除应力锥末端多余润滑剂。
（7）应做好相应的检查措施，确保电缆在应力锥安装过程中没有发生滑移。

Jb0004332053　湿式 GIS 终端安装技术要求包括哪些？（5 分）
考核知识点：电缆终端头制作
难易度：中
标准答案：
（1）电缆导体处宜采用带材密封或模塑密封方式防止终端内的绝缘填充剂流入导体。
（2）先套入密封底座，再安装应力锥。
（3）在电缆绝缘、绝缘屏蔽层和应力锥的内表面上应涂上硅脂。
（4）用手工或专用工具套入应力锥，应力锥安装到位后清除应力锥末端多余硅脂。
（5）检查空气腔的液面或压力箱的压力符合工艺要求。

Jb0004332054　电缆附件制作时，对电缆终端头和中间接头有哪些基本要求？（5 分）
考核知识点：电缆接头制作、电缆终端头制作
难易度：中
标准答案：
（1）导体连接良好。对于终端头，要求电缆线芯和出线接头、出线鼻子有良好的连接。对于中间接头，则要求电缆线芯与连接管之间有良好的介质。所谓良好的连接，主要指接触电阻小而稳定，即运行中接头电阻不大于电缆线芯本身电阻的 1.2 倍。
（2）绝缘可靠。要有满足电缆线路在各种状态下长期安全运行的绝缘结构，并有一定的裕度。
（3）密封良好。可靠的绝缘要有可靠的密封来保证。一方面要使环境的水分及导电介质不侵入绝缘；另一方面要使绝缘剂不致流失。这就要求有良好的密封。
（4）足够的机械强度，能适应各种运行条件。
除了上述 4 项基本要求之外，还要尽可能考虑到结构简单、体积小、材料省、安装维修简便，以及兼顾到造型美观。

Jb0004332055　110kV 电力电缆户外终端制作工艺流程有哪些步骤？（5 分）
考核知识点：电缆终端头制作
难易度：中
标准答案：
（1）施工准备。
（2）切割电缆及电缆外护套的处理。
（3）电缆加热校直处理。
（4）绝缘屏蔽及电缆绝缘的处理。
（5）安装应力锥。
（6）压接出线杆。
（7）安装套管及金具。

（8）接地与密封收尾处理。

（9）质量验评。

Jb0004332056　高压交联电缆附件制作，采用围压压接法进行导体连接时应满足哪些要求？（5分）

考核知识点：电缆附件基础知识

难易度：中

标准答案：

（1）压接前应检查核对连接金具和压接模具，选用合适的接线端子、压接模具和压接机。

（2）压接前应清除导体表面污迹与毛刺。

（3）压接前应检查连接金具与电缆是否在一直线上。

（4）压接时导体插入长度应满足工艺要求。

（5）压接顺序按相关工艺要求。

（6）压接前，检查连接金具的平直度。围压压接每压一次，在压模合拢到位后应停留10～15s，使压接部位金属塑性变形达到稳定。压接完成后应确认金具延伸的长度符合工艺要求。

（7）在压接部位，围压形成的边应各自在同一个平面上。

（8）压缩比宜控制在15%～25%。

（9）分割导体分块间的分隔纸（压接部分）宜在压接前去除。

（10）围压压接后，应对压接部位进行处理。压接后连接金具表面应清洁和光滑处理。

Jb0004332057　绝缘接头与直通接头有何不同？能否互为代用，为什么？（5分）

考核知识点：电缆接头制作

难易度：中

标准答案：

绝缘接头的绝缘屏蔽和金属护层是断开状态，接头两侧的绝缘屏蔽和金属护层分别引出，可用于长距离高压电缆线路交叉互联连接；直通接头的绝缘屏蔽和金属护层是连通状态，从接头一侧将绝缘屏蔽和金属护层引出，可用于高压电缆线路直接接地或经保护器接地。绝缘接头的结构、工艺尺寸与直通接头相似，将绝缘接头两侧呈断开状态的绝缘屏蔽和金属护层通过引出的接线端连接，即可作直通接头用；直通接头无绝缘屏蔽和金属护层断开点，不能作绝缘接头用。

Jb0004333058　整体预制绝缘件接头安装技术有哪些要求？（5分）

考核知识点：电缆接头制作

难易度：难

标准答案：

（1）制式接头要求交联聚乙烯电缆绝缘的外径和预制橡胶绝缘件的内径之间有满足工艺规定的过盈配合，安装预制绝缘件接头宜使用专用的扩张工具或牵引工具。

（2）扩张方式包括工厂预扩张与现场扩张。工厂预扩张是在工厂内将预制橡胶绝缘件扩张，内衬以塑料衬管，安装时将衬管抽出。现场扩张有机械扩张和氮气扩张两种方式，机械扩张是在干净无灰尘的环境下对预制橡胶绝缘件进行扩张，宜采用专用的机械扩张工具和专用衬管进行扩张。安装时采用专用收缩工具或牵引工具将预制橡胶绝缘件抽出套在电缆绝缘上；氮气扩张通过专用的扩张工具，在电缆绝缘和预制橡胶件的界面充入一定压强的高纯氮气，将预制橡胶绝缘件扩张。安装时，预制橡胶绝缘件就位后通过放气工具将界面的氮气排出。

（3）机械扩张时，预制橡胶绝缘件经过扩张后套在专用衬管上的时间不应超过4h。预制橡胶绝缘件的扩张必须在工艺要求的温度范围内进行。

（4）现场扩张方式采用的专用扩张工具和专用衬管必须用无水酒精或其他合适的溶剂仔细擦净，并用电吹风吹干。专用衬管的外表面应清洁而光滑无毛刺，专用衬管的使用次数宜按照工艺要求加以控制。

（5）扩张时宜按照工艺要求在预制橡胶绝缘件内表面及专用衬管外表面涂抹一定标号的硅油或硅脂以减少界面间的摩擦。

（6）经过扩张的预制件在套至电缆绝缘上之前应采用塑料薄膜与外界隔离，并注意在预制橡胶绝缘件扩张前后仔细检查预制件表面，预制橡胶绝缘件表面应无异物、无损坏且无进潮。

Jb0004333059　110kV 交联聚乙烯绝缘电缆绝缘处理的技术要求有哪些？（5 分）

考核知识点：电缆附件基础知识

难易度：难

标准答案：

（1）按照接头供应商提供的尺寸确定绝缘、绝缘屏蔽的长度。

（2）采用专用的切削刀具或玻璃去除电缆绝缘屏蔽，绝缘层屏蔽与绝缘层间应形成光滑过渡，过渡部分锥形长度宜控制在 20～40mm，绝缘屏蔽断口峰谷差宜按照工艺要求执行，如未注明宜控制在小于 10mm 内。

（3）如接头供应商另有工艺规定，应严格按照工艺指导书操作。

（4）电缆绝缘处理前应测量电缆绝缘以及预制件尺寸，确认上述尺寸是否符合工艺图纸要求。

（5）电缆绝缘表面应进行打磨抛光处理，一般宜采用 240～600 号及以上砂纸，110kV 及以上电缆应尽可能使用 600 号及以上砂纸，最低不应低于 400 号砂纸。初次打磨可使用打磨机或 240 号砂纸进行粗抛，并按照由小至大的顺序选择砂纸进行打磨。打磨时每一号砂纸应从两个方向打磨 10 遍以上，直到上 1 号砂纸的痕迹消失。打磨过绝缘屏蔽的砂纸禁止再用来打磨电缆绝缘。

（6）附件供应商另有抛光工艺要求，按工艺执行。

（7）打磨处理后应测量绝缘表面直径。测量时至少选择三个测量点，每个测量点应在同一平面至少测两次，确保绝缘表面的直径达到设计图纸所规定的尺寸范围，测量完毕应再次打磨抛光测量点去除痕迹。

（8）磨抛光处理完毕后，绝缘表面的粗糙度（目视检测）宜按照工艺要求执行，如未注明宜控制在：110kV 电压等级不大于 300μm，220kV 电压等级不大于 100μm，现场可用平行光源进行检查。

（9）绝缘处理完毕后，用工艺规定的清洁剂清洁绝缘表面，并及时用洁净的塑料薄膜覆盖绝缘表面，防止灰尘和其他污染物黏附。

Jb0004331060　试述点压和围压各自的优点。（5 分）

考核知识点：电缆附件基础知识

难易度：易

标准答案：

（1）点压的优点是所需压力较小，较容易使局部压接处接触面产生金属表面渗透。

（2）围压的优点是压接后接管的形状比较平直，容易解决接管处电场过分集中的问题。

Jb0004331061　高压单芯电缆线路护层保护器与电缆金属护层的连接线选择，应符合哪些规定？（5 分）

考核知识点：电缆附件基础知识

难易度：易

标准答案：

（1）连接线应尽量短，宜在3m以上且采用同轴电缆。

（2）连接线应与电缆护层的绝缘水平一致。

（3）连接线的截面，应满足最大电流通过时的热稳定要求。

Jb0004331062　交联电缆接头和终端的制作要注意哪些？（5分）

考核知识点：电缆接头制作、电缆终端头制作

难易度：易

标准答案：

（1）电缆须加热矫直，尤其是预制式接头和终端；绝缘表面一定要光滑，尤其是套应力锥和预制件的部位。

（2）外半导电层的处理要平滑过渡，特别是采用涂半导电漆的工艺要均匀；套入应力锥和预制件时要用专用工具，应力锥和预制件不能有损伤；整个施工过程和施工环境要保持清洁。

Jb0004331063　简述插入式GIS终端安装工艺。（5分）

考核知识点：电缆终端头制作

难易度：易

标准答案：

插入式GIS终端安装，内锥环氧套管装入GIS电缆筒体后应安装封盖，以防止潮气或杂质进入。电缆终端应对正内锥环氧套管轴线安装，避免终端前端的触头损伤环氧套管内壁。电缆终端不宜多次插拔，不得超过附件制造商允许的插拔次数。

Jb0004331064　工程投运前，电缆运检部门应完成哪些工作？（5分）

考核知识点：电缆竣工移交

难易度：易

标准答案：

工程投运前，电缆运检部门应完成生产装备、安全工器具配置，提前收集设备信息、基础数据相关资料，建立设备基础台账（PMS台账），完成标识牌的制作安装，做好基建移交工器具与备品备件的接收。

Jb0004332065　电缆GIS终端安装质量应满足什么要求。（5分）

考核知识点：电缆终端头制作

难易度：中

标准答案：

（1）导体连接可靠。

（2）绝缘恢复满足设计要求。

（3）接地与密封牢靠。

（4）如有外接供油设备、过电压保护装置等，应固定在可靠支架上。

（5）电缆GIS终端安装质量还应满足变电站防火封堵要求，并与周边环境协调。

（6）电缆GIS终端安装时电缆弯曲半径不宜小于电缆外径的20倍。

（7）电缆GIS终端安装时应确保开关设备气室与电缆GIS终端之间密封可靠、无渗漏。

Jb0004321066　如图 Jb0004321066－1、图 Jb0004321066－2 所示，标出冷冻法制作高落差电缆下终端头及冷冻盒结构的各部分名称。（5 分）

考核知识点：电缆终端头制作

难易度：易

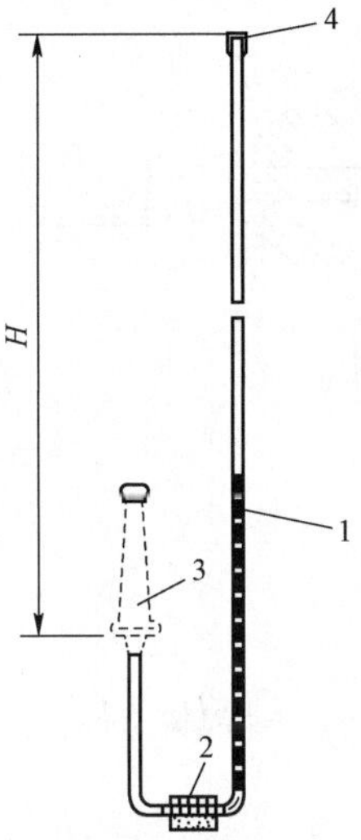

图 Jb0004321066－1（高落差电缆下终端头示意）

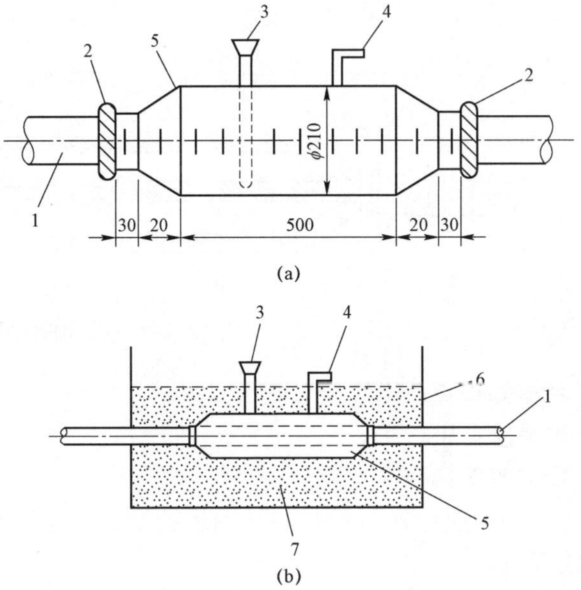

图 Jb0004321066－2（高落差电缆冷冻盒结构）

（a）接头结构；（b）整体结构

标准答案：

图 Jb0004321066－1 各部分名称：1—电缆；2—冷冻盒；3—下终端头制作位置；4—电缆上端。

图 Jb0004321066－2 各部分名称：1—电缆；2—石棉密封；3—液氮注入口；4—氮气出口；5—冷冻盒；6—保温箱；7—保温层。

Jb0004321067　如图 Jb0004321067 所示，标出 220kV 双室塞止式接头的结构各部分名称。（5 分）

考核知识点：电缆接头制作

难易度：易

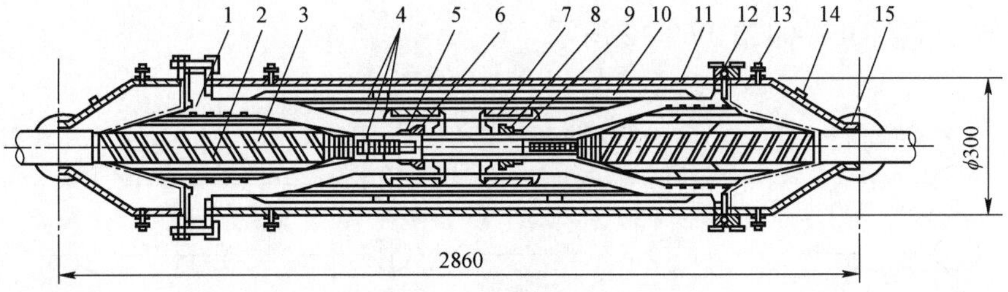

图 Jb0004321067

标准答案：

1—环氧树脂套管；2—电缆室增绕绝缘；3—电缆；4—填充绝缘；5—芯管；6—导体连接；7—带有绝缘的电极；8—轴封螺母；9—密封垫圈；10—外腔增绕绝缘；11—外壳；12—密封垫圈；13—

油嘴；14—接地端子；15—封铅。

Jb0004322068　图 Jb0004322068 为 35kV 三芯电缆中间头剥切图，图中 1～8 分别代表什么？（5 分）

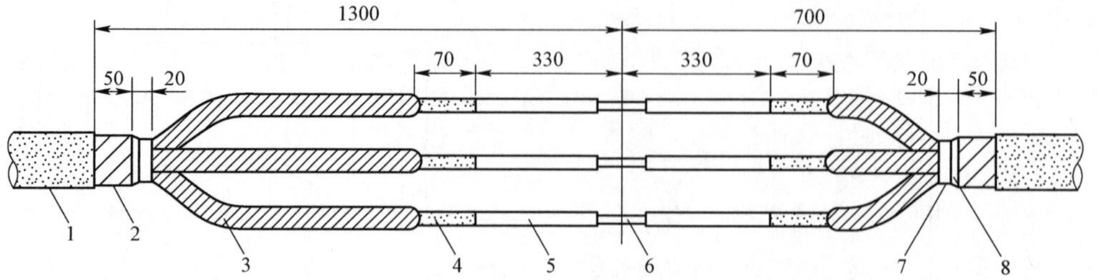

图 Jb0004322068

考核知识点：电缆接头制作

难易度：中

标准答案：

1—外护层；2—钢铠；3—铜屏蔽层；4—外半导电层；5—绝缘层；6—导体线芯；7—内护层；8—铜绑线。

Jb0004321069　请结合图 Jb0004321069－1 中单芯电缆线路绘出一种正确的交叉互联方式。（5 分）

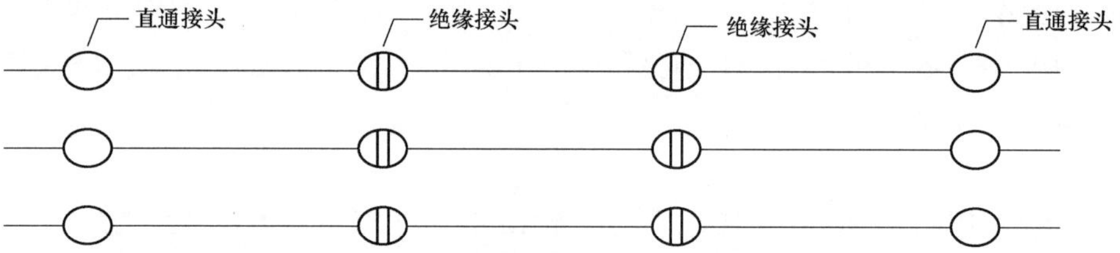

图 Jb0004321069－1

考核知识点：单芯电缆接地系统

难易度：易

标准答案：

交叉互联方式 1 如图 Jb0004321069－2 所示。

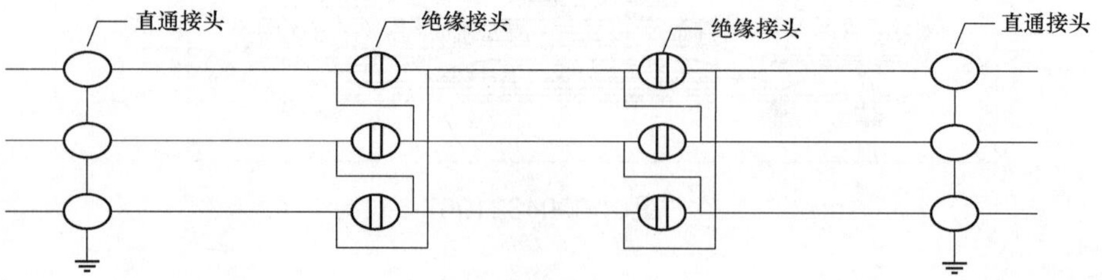

图 Jb0004321069－2

交叉互联方式 2 如图 Jb0004321069－3 所示。

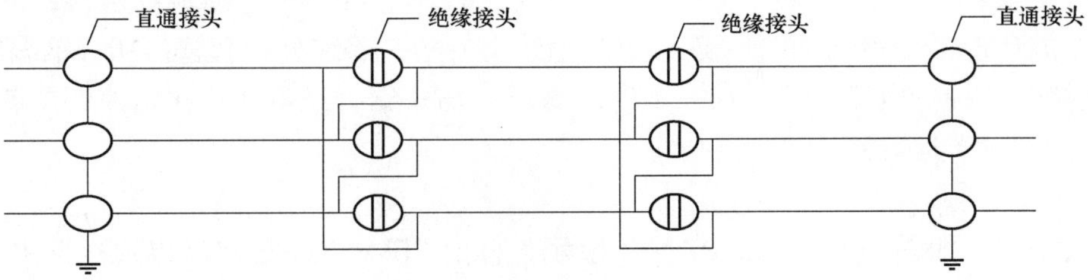

图 Jb0004321069－3

Jb0004321070　如图 Jb0004321070－1 所示，标出 10kV 交联聚乙烯热缩电缆中间接头的制作尺寸。（5 分）

考核知识点：电缆接头制作

难易度：易

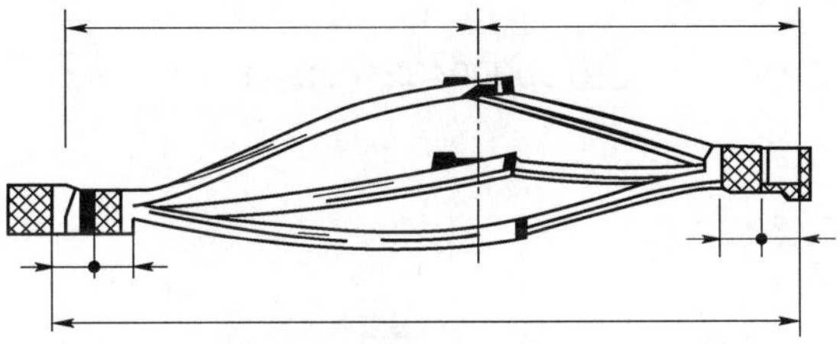

图 Jb0004321070－1

标准答案：

制作尺寸如图 Jb0004321070－2 所示。

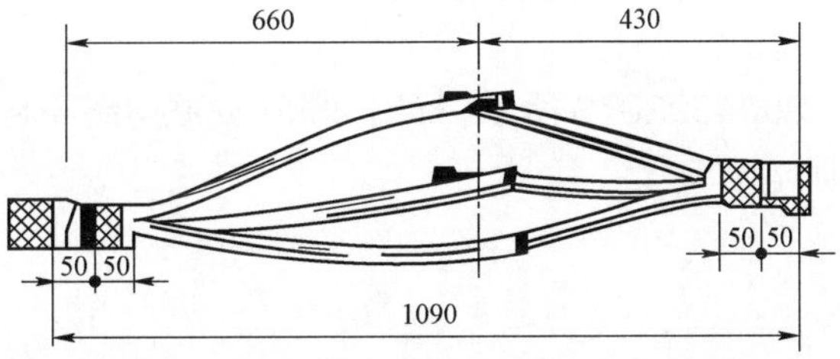

图 Jb0004321070－2（单位：mm）

Jb0004322071　如图 Jb0004322071 所示，标出 35kV 交联电缆预制接头结构的各部名称。（5 分）

考核知识点：电缆接头制作

难易度：中

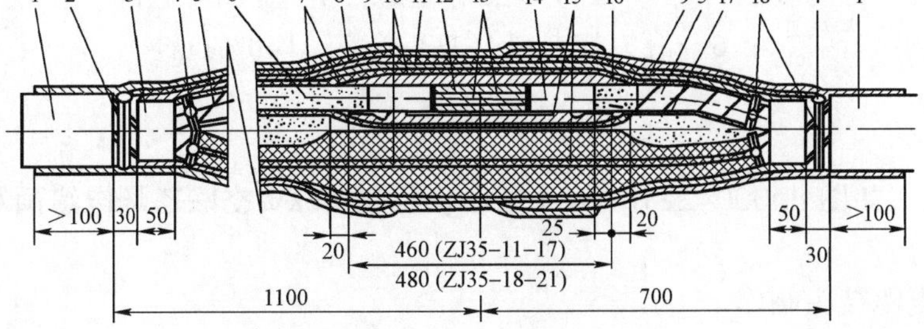

图 Jb0004322071（单位：mm）

标准答案：

1—电缆外护层；2—电缆铠装；3—电缆内护层；4—焊点；5—电缆铜屏蔽层；6—电缆半导电层；7—热缩内护套管；8—铜编织带（连接电缆铠装用）；9—热缩外护套管；10—钢编织网；11—预制件；12—连接管；13—电缆导体；14—电缆绝缘层；15—铜编织带（连接电缆铜屏蔽用）；16—半导电带缠绕体；17—密封填料；18—铜扎线。

Jb0004321072　如图 Jb0004321072－1 所示，标出 35kV XLPE 单芯电缆冷缩中间接头各部分名称及主要尺寸（5 分）

考核知识点： 电缆接头制作

难易度： 易

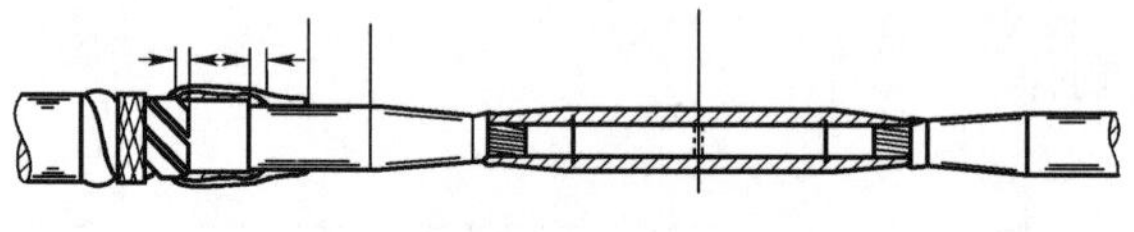

图 Jb0004321072－1

标准答案：

如图 Jb0004321072－2 所示。

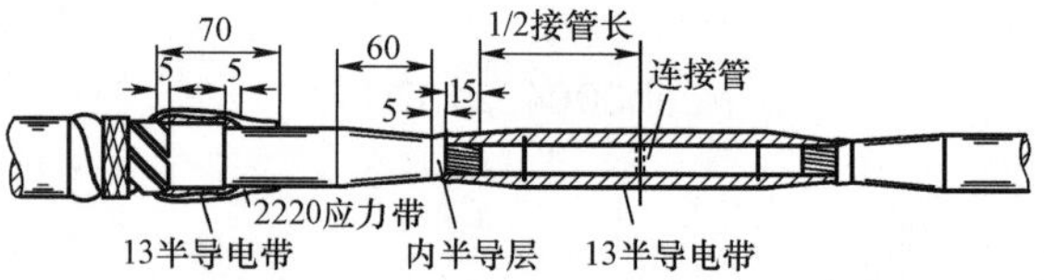

图 Jb0004321072－2

Jb0004322073　如图 Jb0004322073 所示，标出 35kV 交联电缆绕包接头结构各部分名称。（5 分）

考核知识点： 电缆接头制作

难易度： 中

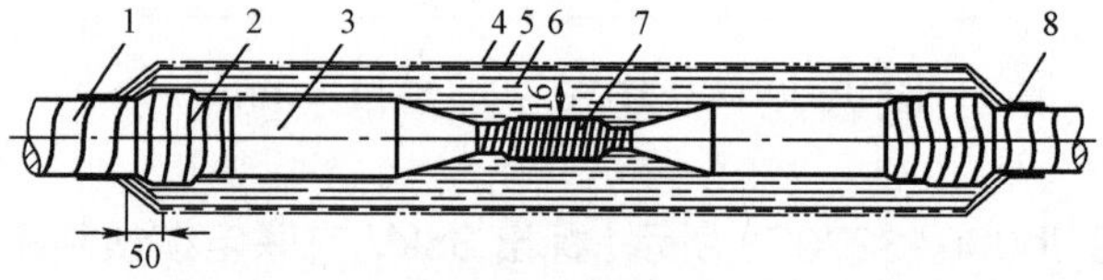

图 Jb0004322073

标准答案：

1—铜屏蔽带；2—应力控制带；3—交联聚乙烯绝缘；4—金属屏蔽网（1/2 搭盖）；5—半导电带（1/2 搭盖、100%拉伸、两层）；6—应力控制带（1/2 搭盖、100%拉伸）；7—半导电带；8—扎线、焊接。

Jb0004321074　如图 Jb0004321074－1 所示，标出 35kV 交联乙烯电缆预制接头剥切尺寸及结构各部名称。（5 分）

考核知识点： 电缆接头制作

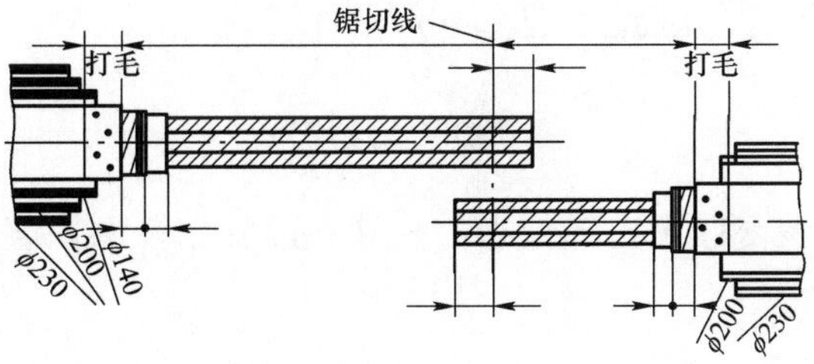

图 Jb0004321074－1

难易度：易

标准答案：

尺寸及名称如图 Jb0004321074－2 所示。

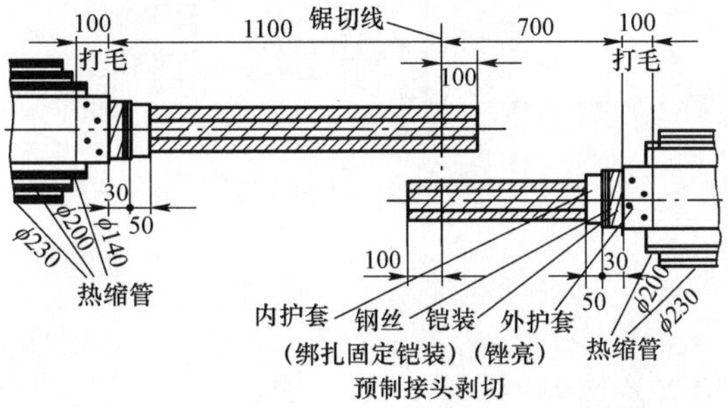

图 Jb0004321074－2（单位：mm）

Jb0004321075　如图 Jb0004321075 所示，标出牵引头与单芯电缆的连接结构图及各部分名称。（5 分）

考核知识点：电缆牵引头制作

难易度：易

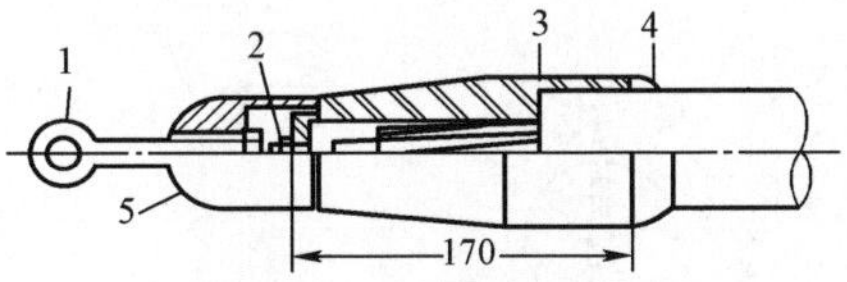

图 Jb0004321075

标准答案：

1—牵引梗；2—牵引套；3—铅封；4—牵引套；5—电缆铅护套。

Jb0004321076　绘出 110kV 单芯交联聚乙烯绝缘电缆结构图，并标出各部分名称。（5 分）

考核知识点：电缆基础知识

难易度：易

标准答案：

110kV 单芯交联聚乙烯绝缘电缆结构如图 Jb0004321076 所示。

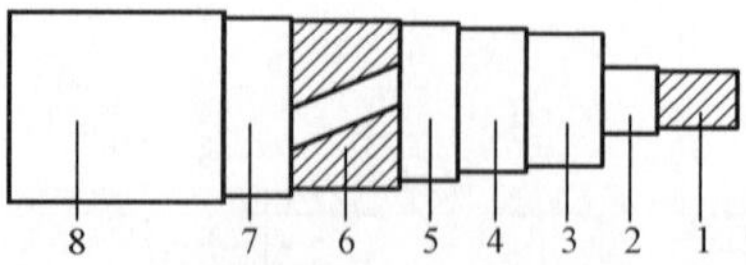

图 Jb0004321076

1—导线；2—屏蔽层；3—交联聚乙烯绝缘；4—屏蔽层；5—保护层；6—铜保护层；7—保护层；8—聚氯乙烯外护套。

Jb0004321077　如图 Jb0004321077 所示，标出 220kV 单芯纸绝缘螺纹铝包充油电缆结构的各部分名称。（5 分）

考核知识点：电缆基础知识

难易度：易

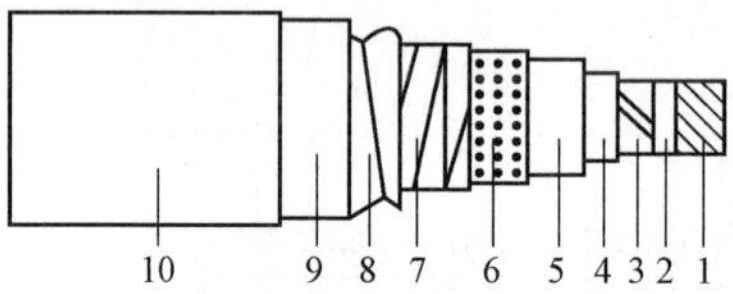

图 Jb0004321077

标准答案：

1—导线；2—屏蔽层；3—保护层；4—屏蔽层；5—纸绝缘；6 金属化纸屏蔽；7—保护层；8—螺纹铝护套；9—衬垫层；10—聚氯乙烯外护套。

Jb0004321078　如图 Jb0004321078－1 所示，标出 220kV 交联聚乙烯电缆终端头制作打磨半导体锥尺寸示意图。（5 分）

考核知识点：电缆终端头制作

难易度：易

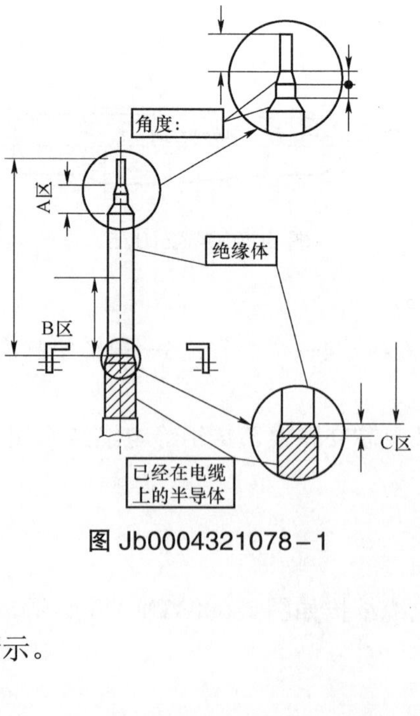

图 Jb0004321078－1

标准答案：

尺寸如图 Jb0004321078－2 所示。

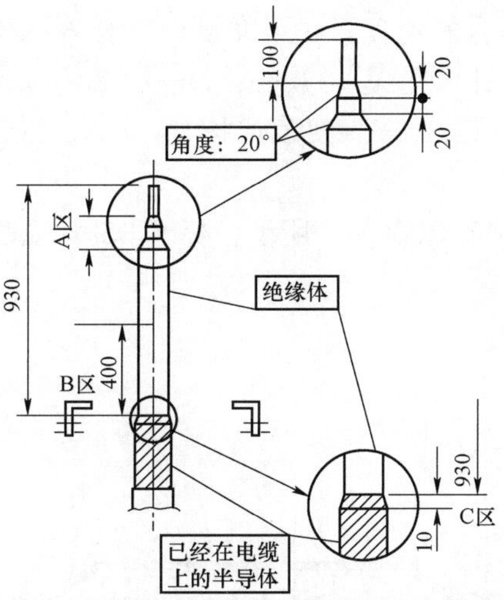

图 Jb0004321078－2（单位：mm）

Jb0004322079　如图 Jb0004322079－1 所示，标出 WTC－515 型 35kV 交联聚乙烯电缆终端头结构：（a）电缆剥切尺寸；（b）应力锥尺寸。（5 分）

考核知识点：电缆终端头制作

难易度：中

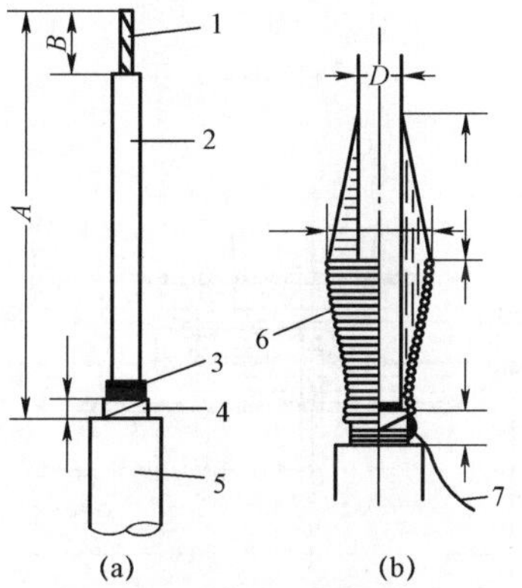

图 Jb0004322079－1

标准答案：

尺寸如图 Jb0004322079－2 所示。

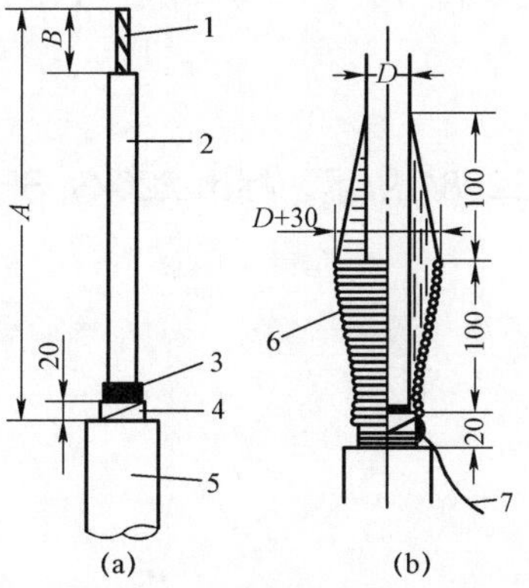

图 Jb0004322079－2（单位：mm）

A—剖铅长度；实测，从终端合的瓷套管底平面至出线杆内孔顶部 + 120mm，不同截面出线杆内孔长度不同；B—导线长度，出线杆内孔深 + 38mm；D—线芯绝缘外径；1—导线；2—交联聚乙烯绝缘层；3—半导电布带；4—铜屏蔽带；5—聚氯乙烯护套；6—ϕ2.02mm 软铅丝；7—接地线。

Jb0004323080　如图 Jb0004323080－1 所示，标出 35kV 交联电缆聚乙烯中间接头结构和各部分名称及尺寸数据。（5 分）

考核知识点：电缆接头制作

难易度：难

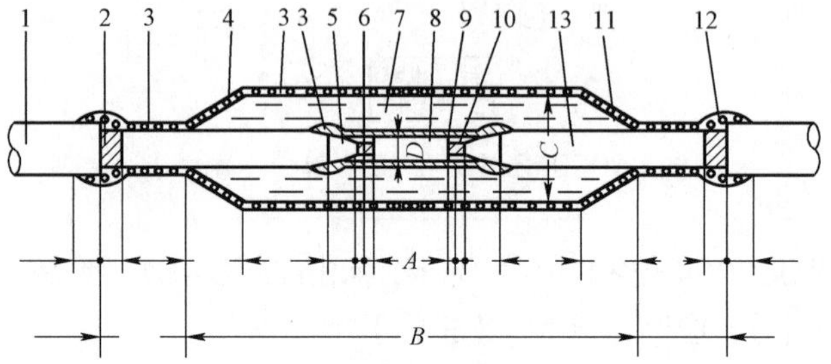

图 Jb0004323080－1

标准答案：

尺寸如图 Jb0004323080－2 所示。

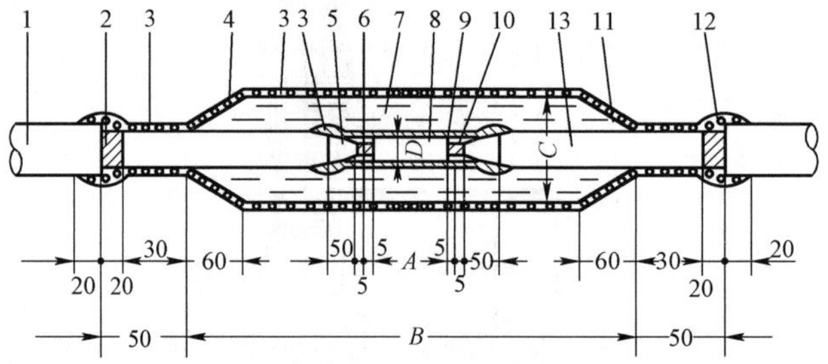

图 Jb0004323080－2（单位：mm）

A—连接管长度；B、C—依据电缆截面选用的加热模具决定；D—连接管外径；1—聚氯乙烯护套；2—屏蔽铜带；3—乙丙橡胶带；4—铜屏蔽网套；5—反应力锥；6—填充乙丙橡胶带；7—化学交联带；8—连接管；9—导线；10—导线屏蔽；11—应力锥；12—锡焊；13—交联聚乙烯绝缘。

Jb0004322081　如图 Jb0004322081 所示，标出 220kV SF_6 全封闭组合电器用的电缆终端头的结构各部分名称。（5 分）

考核知识点：电缆终端头制作

难易度：中

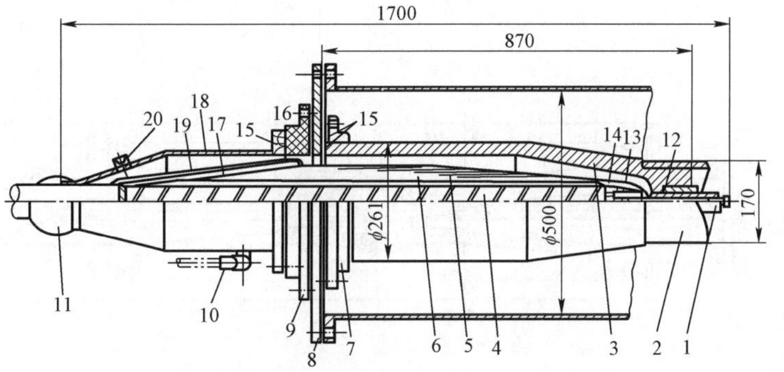

图 Jb0004322081（单位：mm）

标准答案：

1—出线杆；2—高压屏蔽；3—环氧树脂套管；4—电缆线芯绝缘；5—电容极板；6—油纸电容锥；7—套管法兰；8—底板；9—卡环；10—接地端子；11—铅封；12—轴封垫；13—绝缘皱纹纸；14—极板引线；15—“O”形密封圈；16—护层绝缘套管；17—半导体皱纹纸；18—尾管；19—电容锥支架；20—尾管阀座。

Jb0004322082　标出图 Jb0004322082 中 220kV 双室式塞止接头结构的各部分名称。（5 分）

考核知识点：电缆接头制作

难易度：中

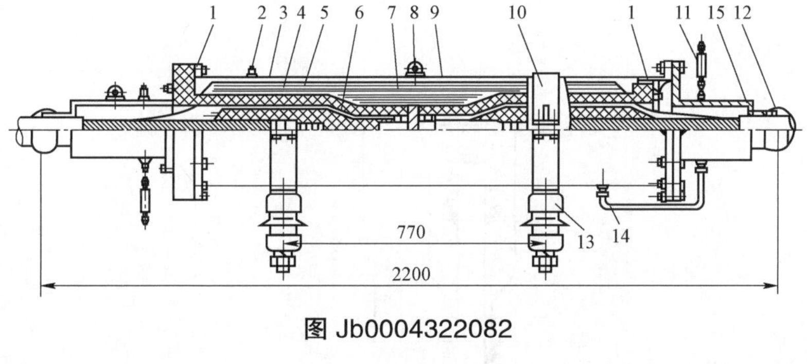

图 Jb0004322082

标准答案：

1—密封圈（F26 橡胶）；2—油管路接头；3—外腔绝缘（工厂预制的油浸纸卷）；4—内腔绝缘（施工现场绕包的油浸纸绝缘）；5—环氧树脂套管；6—导线连接（梅花触头，带有闭锁，必要时可开启）；7—高电压屏蔽电极；8—接地端子；9—套管；10—支架；11—油路绝缘接头；12—铅封（外有环氧玻璃布加强）；13—支持绝缘子；14—内、外腔油路连接管；15—尾管。

Jb0004322083　标出图 Jb0004322083 中 220kV 充油—交联电缆过度接头的结构各部分名称。（5 分）

考核知识点：电缆接头制作

难易度：中

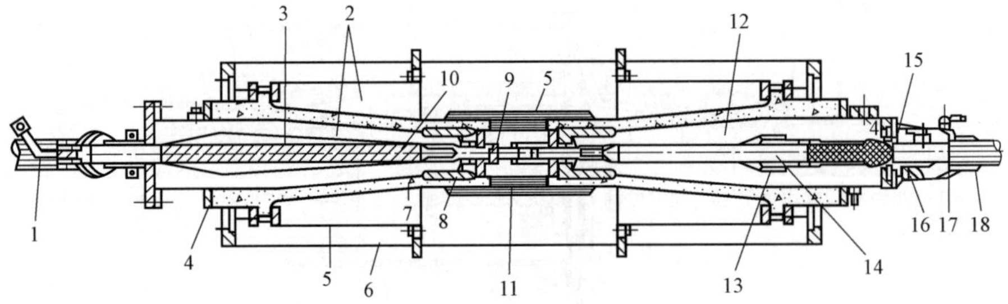

图 Jb0004322083

标准答案：

1—编织带；2—电缆油；3—电容锥；4—法兰；5—屏蔽罩；6—接头盒体；7—环氧套管；8—螺母；9—连接管；10—油纸绝缘；11—中间部分增绕绝缘；12—硅油；13—应力锥；14—交联聚乙烯绝缘；15—密封环；16—接地线；17—尾管；18—热缩管。

Jb0004321084 绘出真空法制作高落差终端头时电缆上终端处理图，并标出各结构名称。（5分）

考核知识点： 电缆终端头制作

难易度： 易

标准答案：

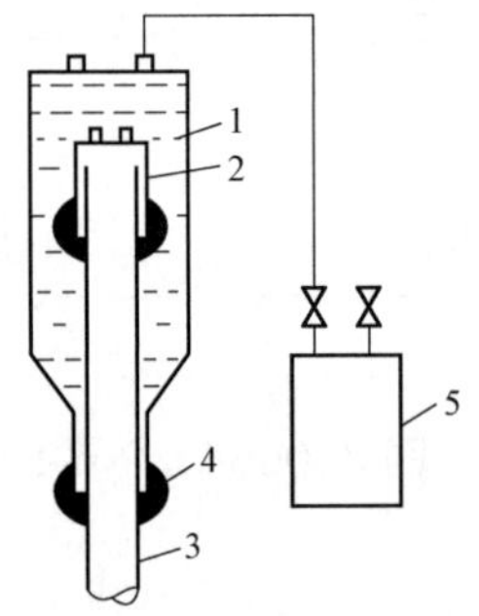

图 Jb0004321084

1—附加封帽；2—电缆封帽；3—电缆铅护套；4—铅封；5—压力箱。

Jb0004322085 如图 Jb0004322085 所示，标出 110kV 交联电缆 T 字头结构图各部分名称。（5分）

考核知识点： 电缆 T 字头制作

难易度： 中

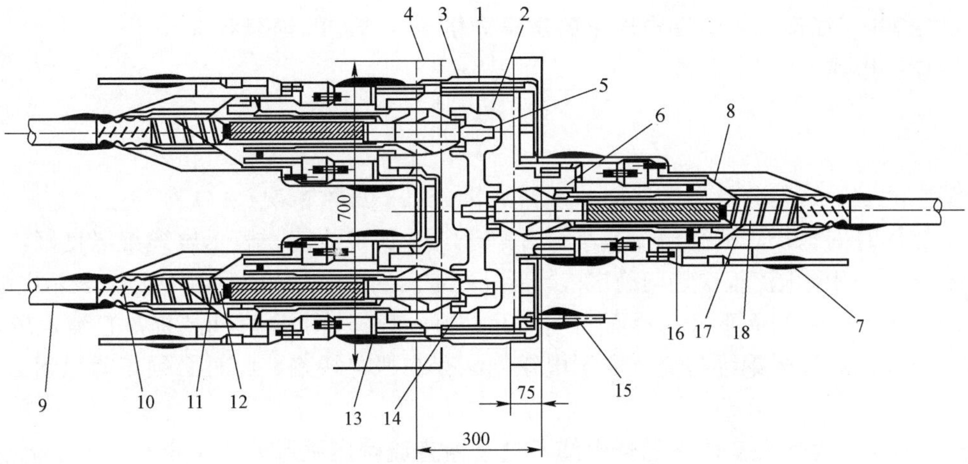

图 Jb0004322085

标准答案：

1—连接盒；2—绝缘体；3—防腐层；4—外壳；5—连接金具；6—应力锥；7—同轴电缆；8—套筒；9—外护层；10—铝包；11—铜带；12—半导电层；13—自粘带、防水带、PVC 带；14—固定金具；15—接地端子；16—固定螺栓；17—填充剂；18—编织铜线。

Jb0005332086　微安表接在高压侧有什么优缺点？（5 分）

考核知识点：工器具使用

难易度：中

标准答案：

（1）微安表处于高压侧的优点是受杂散电流的影响较小，测出的泄漏电流准确。

（2）缺点是微安表置于高压侧，需对地绝缘、屏蔽，在试验过程中切除微安表量程需要戴高压绝缘手套或站在绝缘垫上进行操作，操作不便。

Jb0005332087　耐压试验前为什么要测量电缆绝缘电阻？（5 分）

考核知识点：电缆试验

难易度：中

标准答案：

从绝缘电阻的数值可初步判断电缆是否受潮、老化，决定能否进行耐压试验，并可判断由耐压试验检查出的缺陷性质，所以在进行耐压试验前，要对电缆的绝缘进行测量。

Jb0005332088　简述电力电缆塑料外护层破损的修补方法。（5 分）

考核知识点：电缆外护套修补

难易度：中

标准答案：

（1）在破损点用自黏性橡胶带或塑料带包扎。

（2）在停电情况下，用一块与电缆外护套相同材料的塑料覆盖在护套破损处，用塑料焊枪热风吹焊。

（3）在停电情况下，在护层破损处采用拉链热收缩套管以热缩法修补。

在以上三种方法修补后应测试护层绝缘电阻。

Jb0005332089　如何根据泄漏电流试验结果分析电缆线路的绝缘状况？（5分）

考核知识点：电缆试验

难易度：中

标准答案：

根据泄漏电流试验结果分析电缆绝缘状况，通常分以下三种情况：

（1）随着加压时间延长，泄漏电流减小，并趋于一个稳定数值，表示电缆绝缘良好。

（2）在加压后，泄漏电流很快趋向稳定值，而且稳定后的数值与初始值很接近，表示电缆绝缘较差。

（3）泄漏电流不随时间而下降，反而出现上升趋势。若延长加压时间或提高直流电压，泄漏电流增加的趋势会继续发展甚至绝缘击穿，表示电缆绝缘存在严重缺陷，此时必须查明原因。

Jb0005332090　为什么交联聚乙烯电缆不适宜做直流耐压试验？（5分）

考核知识点：电缆试验

难易度：中

标准答案：

（1）直流耐压试验电压不能模拟交联聚乙烯电缆的运行状况，不能有效发现电缆及其附件绝缘的隐含缺陷。

（2）在直流耐压试验电缆下形成的空间电荷可能造成绝缘损伤，以至于经直流耐压后投入运行不久，在交流工作电压下提早发生绝缘击穿事故。

Jb0005331091　按对电网安全运行的影响程度，电缆线路缺陷分为哪几种？最严重的那种的含义是什么？（5分）

考核知识点：电缆运维

难易度：易

标准答案：

（1）电缆线路缺陷分为一般缺陷、严重缺陷、危急缺陷三种。

（2）危急缺陷是指对安全运行已构成较大威胁，必须立即消除的缺陷，例如：接点过热发红、终端套管断裂、充油电缆失压等。

Jb0005332092　根据《电气装置安装工程电缆线路施工及验收规范》，交联电缆及其附件运抵施工现场后，应做哪些检查？（5分）

考核知识点：电缆工程验收

难易度：中

标准答案：

（1）产品的技术文件应齐全，电缆型号、规格、长度应符合订货要求。

（2）电缆外观不应受损，电缆封端应严密，当外观检查有怀疑时，应进行受潮判断或试验。

（3）附件部件应齐全，材质应符合产品技术要求。

Jb0005332093　电缆线路工程验收按哪7个部分工程逐项进行？（5分）

考核知识点：电缆工程验收

难易度：中

标准答案：

电缆土建工程、支架和导管、电缆敷设、电缆终端和接头、接地系统、电气系统、电缆的防火与阻燃。

Jb0005332094　怎样做好水底电缆线路防护工作？（5分）
考核知识点：电缆运维
难易度：中
标准答案：
（1）对于水底电缆线路按水域管辖部门的航行规定，划定一定宽度的防护区，禁止船只抛锚。
（2）按船只往来频繁情况，必要时设置瞭望岗哨，配置能引起船只注意的设施。
（3）在水底电缆线路防护区内，发生违反航行规定的事件，应通知水域管辖部门，尽可能采取有效措施。

Jb0005331095　闪络性故障大多出现在电缆哪个部位？（5分）
考核知识点：电缆故障处置
难易度：易
标准答案：
闪络故障大多出现在电缆接头和终端内。

Jb0005331096　闪络性故障主要有哪两类？（5分）
考核知识点：电缆故障处置
难易度：易
标准答案：
击穿故障和封闭性故障。

Jb0005332097　开断电缆前应做好哪些工作？（5分）
考核知识点：电缆检修
难易度：中
标准答案：
（1）开断电缆前，必须与电缆走向图图纸核对是否相符。
（2）使用专用仪器（如感应法）确切证实电缆无电。
（3）用接地的带绝缘柄的铁钎钉入电缆芯后，方可工作。
（4）扶绝缘柄的人应戴绝缘手套并站在绝缘垫上，并采取防灼伤措施（如防护面具）。

Jb0005331098　电缆试验按实施阶段可分哪三类？（5分）
考核知识点：电缆试验
难易度：易
标准答案：
交接试验、预防性试验、修后试验。

Jb0005331099　泄漏电流试验和直流耐压试验作用各是什么？（5分）
考核知识点：电缆试验
难易度：易

标准答案：

泄漏电流试验是检查电缆的绝缘状况；直流耐压是考验电缆绝缘的耐电压强度。

Jb0005331100　电缆谐振试验中产生谐振的方法主要有哪两种？（5分）

考核知识点：电缆试验

难易度：易

标准答案：

变频谐振和变感谐振。

Jb0005331101　电缆线路常见五种故障分别是什么？（5分）

考核知识点：电缆故障处置

难易度：易

标准答案：

接地故障、短路故障、断线故障、闪络性故障、混合故障。

Jb0005333102　试论XLPE绝缘电缆半导电屏蔽层抑制树枝生长和热屏障的作用。（5分）

考核知识点：电缆运维

难易度：难

标准答案：

（1）当导体表面金属毛刺直接刺入绝缘层时，或者在绝缘层内部存地杂质颗粒、水气、气隙时，这些将引起尖端产生高电场、场致发射而引发树枝。对于金属表面毛刺，半导电屏蔽将有效地减弱毛刺附近的场强，减少场致发射，从而提高耐电树枝放电特性。若在半导电屏蔽料中加入能捕捉水分的物质，就能有效地阻挡由线芯引入的水分进入绝缘层，从而防止绝缘中产生水树枝。

（2）半导电屏蔽层有一定热阻，当线芯温度瞬时升高时，电缆有半导屏蔽层的热阻，高温不会立即冲击到绝缘层，通过热阻的分温作用，使绝缘层上的温升下降。

Jb0005332103　现在常见的电缆故障有哪些？（5分）

考核知识点：电缆故障处置

难易度：中

标准答案：

现在常见的电缆故障可概括为接地、短路、断线三类。

Jb0005331104　最常见的电缆故障是什么呢？（5分）

考核知识点：电缆故障处置

难易度：易

标准答案：

外力破坏。近几年，因受外力破坏导致电缆故障，占电缆故障总数的91%左右。近年来由于城市建设加快，施工队伍在不明地下管线情况下进行地下管线施工或为赶工期而进行的施工等，是造成电缆受外力破坏的主要原因。

Jb0005332105　为什么要对电力电缆进行交接试验？（5分）

考核知识点：电缆试验

难易度：中

标准答案：

电力电缆交接试验是指电力电缆线路安装完毕后，施工单位为了向运行单位验证电缆线路的可靠性进行的试验。由于附件安装和运输及现场敷设的因素，即使已通过相关试验的高压电缆的电气性能也会遭受影响。因此为了保障电网能够可靠供电，避免因微小绝缘缺陷影响整个电网，在运输敷设前必须对电缆进行交接试验。

Jb0005332106 电缆交接试验有哪些项目？（5分）

考核知识点：电缆试验

难易度：中

标准答案：

（1）主绝缘及外护套绝缘电阻测量。
（2）主绝缘直流耐压试验及泄漏电流测量。
（3）主绝缘交流耐压试验。
（4）测量金属屏蔽层电阻和导体电阻比。
（5）外护套直流耐压试验。
（6）检查电缆线路两端的相位。
（7）充油电缆的绝缘油试验。
（8）交叉互联系统试验。
（9）电缆局部放电测量。

Jb0005332107 交接试验项目需要哪些试验仪器？（5分）

考核知识点：电缆试验

难易度：中

标准答案：

绝缘电阻测试仪、直流耐压试验装置或交流耐压试验装置、核相仪、绝缘油试验装置和电力电缆线路局部放电检测装置等。

Jb0005331108 核相仪的工作原理是什么？（5分）

考核知识点：工器具使用

难易度：易

标准答案：

核相仪的基本原理为采集装置获取被测高电压相位信号，并进行相位比较，确定相位相差角度，从而判断为同相或异相。核相仪分数字式和指针式两种，按有无连接线可分为有线型和无线型两类。

Jb0005332109 电力电缆交接试验时，电缆应如何短接或接地？（5分）

考核知识点：电缆试验

难易度：中

标准答案：

电力电缆交接试验，应为电缆的每一相测量其主绝缘的绝缘电阻和进行耐压试验。对具有统包绝缘的三芯电缆，应分别对每一相进行，其他两相导体、金属屏蔽或金属套和铠装层应一起接地；对分相屏蔽的三芯电缆和单芯电缆，可一相或多相同时进行，非被试相导体、金属屏蔽或金属套和铠装层应一起接地；对金属屏蔽或金属套一端接地，另一端装有护层过电压保护器的单芯电缆主绝缘做耐压试验时，应将护层过电压保护器短接，使这一端的电缆金属屏蔽或金属套临时接地。

Jb0005332110　电力电缆交接试验为何要检查电缆线路两端的相位？（5分）

考核知识点：电缆试验

难易度：中

标准答案：

电力电缆交接试验时，对电缆线路两端进行校相，一是防止在线路进行并列运行时发生相间短路，二是在线路自动装置动作时，因动作时间短或线路较长呈容性，由于发生不同相，而造成对下级三相用电设备的冲击。

Jb0005332111　电力电缆交接试验有哪些注意事项？（5分）

考核知识点：电缆试验

难易度：中

标准答案：

（1）在高压试验设备和高电压引线周围，均应装设遮栏并悬挂警示牌。

（2）进行高电压试验时，操作人员与高电压回路间应具有足够的安全距离。

（3）高压试验结束后，应对直流试验设备及大电容的被测试设备多次放电，放电时间至少1min以上。

Jb0005332112　电缆的现场验收包括哪些内容？（5分）

考核知识点：电缆工程验收

难易度：中

标准答案：

（1）按照施工设计和订货合同，电缆的规格、型号和数量应相符。电缆的产品说明书、检验合格证应齐全。

（2）电缆盘及电缆应完好无损，充油电缆盘上的附件应完好，压力箱的油压应正常，电缆应无漏油迹象。电缆端部应密封严密牢固。

（3）摇测电缆外护套绝缘。凡有聚氯乙烯或聚乙烯护套且护套外有石墨层的电缆，一般应用2500V绝缘电阻表测量绝缘电阻，绝缘电阻应符合要求。

（4）电缆盘上盘号，制造厂名称，电缆型号、额定电压、芯数及标称截面面积，装盘长度，毛重，电缆盘正确旋转方向的箭头，标注标记和生产日期应齐全清晰。

Jb0005332113　电缆附件的现场验收包括哪些内容？（5分）

考核知识点：电缆工程验收

难易度：中

标准答案：

（1）按照施工设计和订货合同，电缆附件的产品说明书、检验合格证、安装图纸应齐全。

（2）电缆附件应齐全、完好，型号、规格应与电缆类型（如电压、芯数、截面面积、护层结构）和环境要求一致，终端外绝缘应符合污秽等级要求。

（3）绝缘材料的防潮包装及密封应良好，绝缘材料不得受潮。

（4）橡胶预制件、热缩材料的内、外表面光滑，没有因材质或工艺不良引起的肉眼可见的斑痕、凹坑、裂纹等缺陷。

（5）导体连接杆和导体连接管表面应光滑、清洁，无损伤和毛刺。

（6）附件的密封金具应具有良好的组装密封性和配合性，不应有组装后造成泄漏的缺陷，如划伤、凹痕等。

（7）橡胶绝缘与半导电屏蔽的界面应结合良好，应无裂纹和剥离现象。半导电屏蔽应无明显杂质。

（8）环氧预制件和环氧套管内外表面应光滑，无明显杂质、气孔；绝缘与预埋金属嵌件结合良好，无裂纹、变形等异常情况。

Jb0005331114　电缆外绝缘存有破损、裂纹属于什么缺陷？电缆外绝缘存在明显放电痕迹，异味和异常响声属于什么缺陷？（5分）

考核知识点： 电缆运维

难易度： 易

标准答案：

（1）严重。

（2）危急。

Jb0005331115　简述电缆及通道缺陷分类及消缺时间。（5分）

考核知识点： 电缆运维

难易度： 易

标准答案：

（1）电缆及通道的各类缺陷按其严重程度分为危急、严重、一般缺陷。

（2）危急缺陷消除时间不得超过24h，严重缺陷应在30天内消除，一般缺陷可结合检修计划尽早消除，但应处于可控状态。

Jb0005331116　电缆试验时，另外两相应如何处理？（5分）

考核知识点： 电缆试验

难易度： 易

标准答案：

电缆试验时，另外两相应接地处理。

Jb0005331117　试验完毕应如何放电？（5分）

考核知识点： 电缆试验

难易度： 易

标准答案：

每相试验完毕，应用放电棒对电缆进行放电，放电时应慢慢接近被试电缆，空气击穿后再完全放电。

Jb0005331118　一相试验完毕，对另一相进行试验，拆接引线应注意什么？（5分）

考核知识点： 电缆试验

难易度： 易

标准答案：

电缆应先接地，然后再拆接引线。

Jb0005331119　简述 110kV 及以上交联电缆线路的主要定期预防性试验项目。（5 分）

考核知识点： 电缆试验

难易度： 易

标准答案：

（1）电缆主绝缘耐压试验。

（2）电缆外护套耐压试验。

（3）交叉互联系统耐压及电气性能试验。

Jb0005332120　电缆进行直流耐压试验时，升压速度为什么不能太快？（5 分）

考核知识点： 电缆试验

难易度： 中

标准答案：

试验时如果升压速度太快，会使充电电流过大，而损坏试验设备。同时击穿电压随着升压速度的升高，会有所降低，而使试验结果不准。因此，一般控制升压速度在 1～2kV/s。

Jb0005331121　简述电缆外护套破损严重导致接地的处理方法。（5 分）

考核知识点： 电缆外护套修补

难易度： 易

标准答案：

（1）外护套故障找寻，找到故障点后将故障点及两侧 100mm 内电缆外护套用砂纸打毛，先后绕包绝缘带、防水带，然后用半导电带恢复外电极，最后绕包 PVC 带。

（2）修复后再次测量外护套绝缘电阻，并进行直流耐压试验，直流电压 5kV，加压时间 60s，不应击穿。

Jb0005332122　避雷器例行试验的内容有哪些？（5 分）

考核知识点： 电缆试验

难易度： 中

标准答案：

（1）直流 1mA 电压及在 $0.75U_{1mA}$ 下泄流电流测量。

（2）避雷器底座绝缘电阻测量。

（3）放电计数器功能检查、电流表校验。

（4）计数器上引线绝缘检查。

Jb0005331123　简述电力电缆路径仪的基本功能特性。（5 分）

考核知识点： 工器具使用

难易度： 易

标准答案：

（1）探测电缆走向。

（2）探测电缆埋设深度。

（3）具有输出短路保护及指示功能。

Jb0005332124 简述验收时对新建电缆线路的交流耐压试验要求。（5分）

考核知识点：电缆试验

难易度：中

标准答案：

（1）将试验设备调试并准备就位，试验场地四周装设警示围栏，悬挂“止步，高压危险！”标示牌，设专人监护。

（2）按试验规定方法布置试验接线，将试验引线接上被试验电缆相，其余两相接地，并留有影像资料。

（3）测量该试验相电缆绝缘电阻，并留有影像资料。

（4）检查试验回路所有接线，检查测量仪表，准备开始试验。

（5）合上试验电源，开始试验，将试验回路调至谐振。

（6）将输出电压逐渐升至试验电压，保持试验电压60min后，快速降至零，断开试验电源，高压端挂接地线。

（7）试验过程中如发生闪络、击穿或异常情况，应立即暂停试验。安排施工人员检查电缆是否需要处理，确定能否再次进行耐压试验。同时试验人员应检查试验设备是否损坏，如有损坏应立即检修。

（8）重新试验时如再次发生闪络或击穿现象，施工人员必须确认电缆经检查处理后符合耐压试验要求，重复执行第（6）步骤直到试验完成。

（9）再次测量该相电缆绝缘电阻。以此完成其他两相的试验。

Jb0005322125 在图Jb0005322125－1直流耐压试验设备接线图中相应位置填入电压表（V）、电流表（A）并标出空缺的设备名称。（5分）

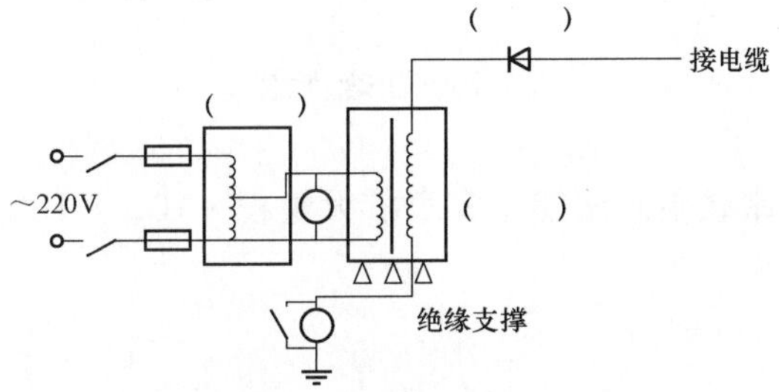

图 Jb0005322125－1

考核知识点：电缆试验

难易度：中

标准答案：

如图Jb0005322125－2所示。

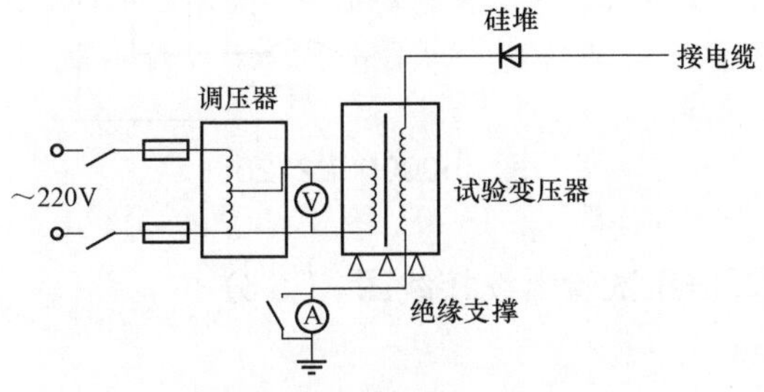

图 Jb0005322125－2

Jb0005321126　绘出测量电缆绝缘电阻接线方法示意图。（5 分）

考核知识点：电缆试验

难易度：易

标准答案：

测量电缆绝缘电阻接线方法示意图如图 Jb0005321126 所示。

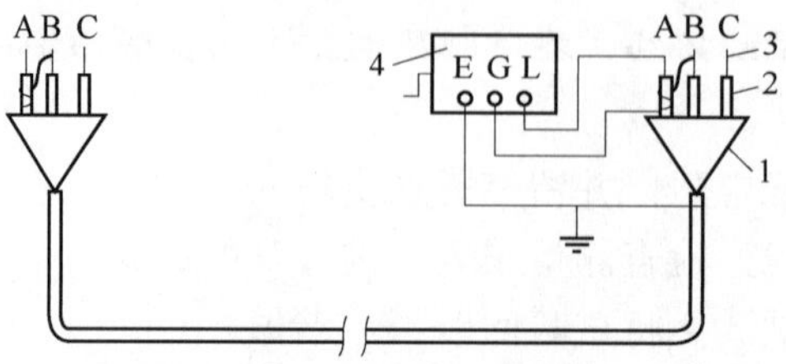

图 Jb0005321126

1—电缆终端头；2—套管或绕包的绝缘；3—线芯导体；4—500～2500V 绝缘电阻表。

Jb0005321127　绘出绝缘电阻表核相接线示意图。（5 分）

考核知识点：工器具使用

难易度：易

标准答案：

绝缘电阻表核相接线示意图如图 Jb0005321127 所示。

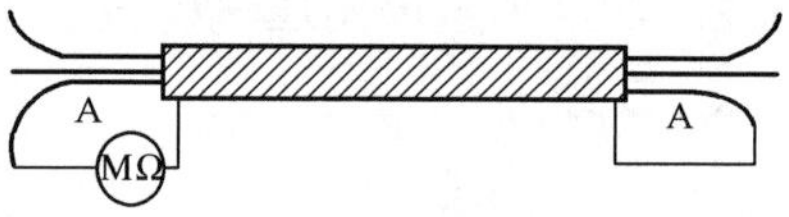

图 Jb0005321127

Jb0005322128　绘出用串联电阻法使微安表扩大量程×10，×100，×1000 时的接线图。（5 分）

考核知识点：工器具使用

难易度：中

标准答案：

接线图如图 Jb0005322128 所示。

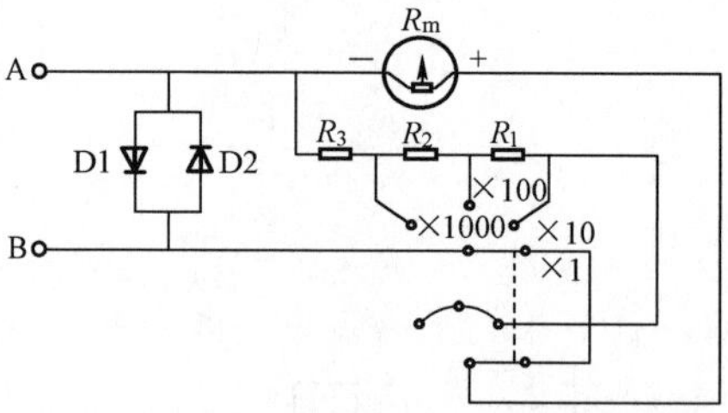

图 Jb0005322128

Jb0005322129　绘出用二倍压试验电缆接线图。（5 分）

考核知识点：电缆试验

难易度：中

标准答案：

用二倍压试验电缆接线图如图 Jb0005322129 所示。

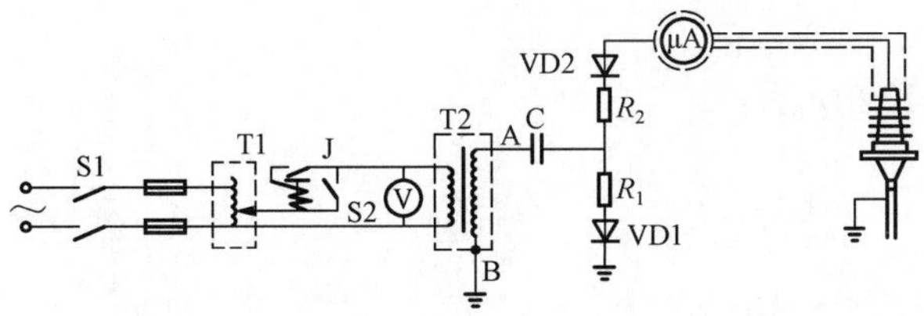

图 Jb0005322129

VD1、VD2—高压硅堆；μA—微安表；S1、S2—开关；C—脉冲电容器；J—脱扣线圈；A、B—T2 高压侧的两个端点；T1—高压变压器；R_1、R_2—限流保护电阻；T2—高压试验变压器；V—电压表。

Jb0005321130　绘出交联电缆线芯进水处理，去潮处理回路连接装置图。（5 分）

考核知识点：电缆检修

难易度：易

标准答案：

连接装置图如图 Jb0005321130 所示。

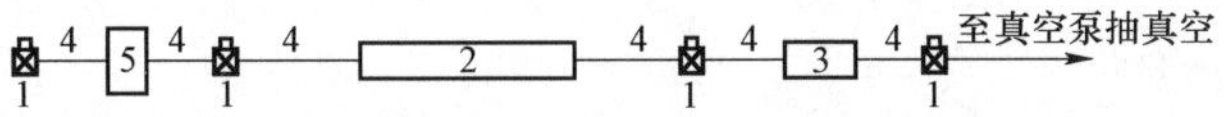

图 Jb0005321130

1—四通阀门（控制气体流量及充气压力）；2—被去潮的电缆段（长度控制在 200m 以内）；3—干燥管（用硅胶判别线芯内是否有水分）；4—塑料管（从三相电缆线芯上引出接至四通阀门合并一根）；5—干燥介质（氮气或干燥空气）。

Jb0005321131　画出一条有 1 个直通中间接头、2 个电缆终端头的电缆线路接地示意图。（5 分）

考核知识点：单芯电缆接地系统

难易度：易

标准答案：

有 1 个直通中间接头、2 个电缆终端头的电缆线路接地示意图如图 Jb0005321131 所示。

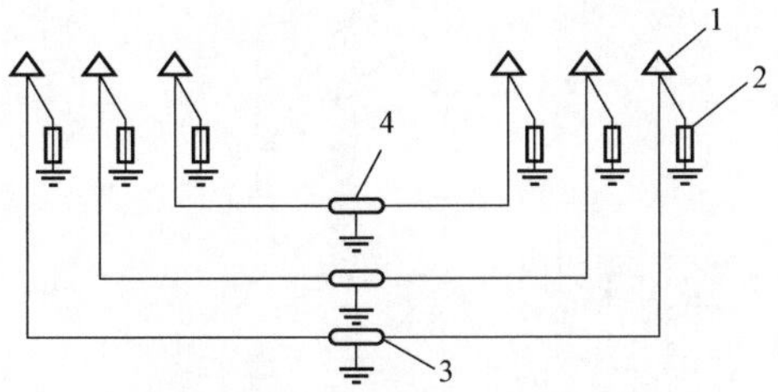

图 Jb0005321131

1—电缆终端；2—保护接地；3—直接接地；4—电缆直通接头。

Jb0005322132　画出用交流充电法测量分相屏蔽型或单芯电缆电容接线图。（5分）

考核知识点：电缆试验

难度：中

标准答案：

接线图如图 Jb0005322132 所示。

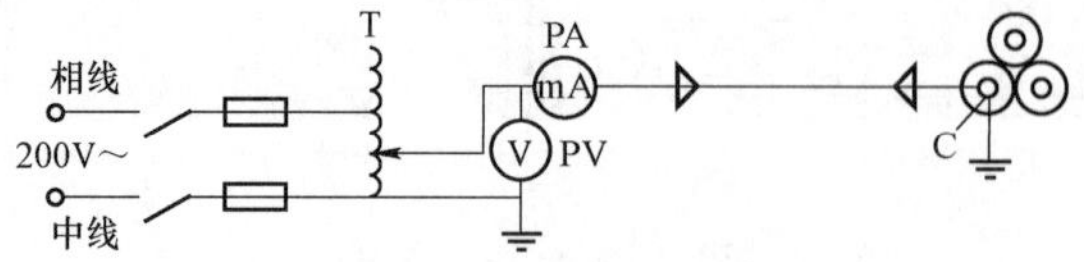

图 Jb0005322132

PA—电流表；PV—电压表；T—调压器；C—每相缆芯对地电容。

Jb0005322133　画出用油流法测量充油电缆漏油点示意图，并标出设备名称。（5分）

考核知识点：电缆检修

难度：中

标准答案：

用油流法测量充油电缆漏油点示意图如图 Jb0005322133 所示。

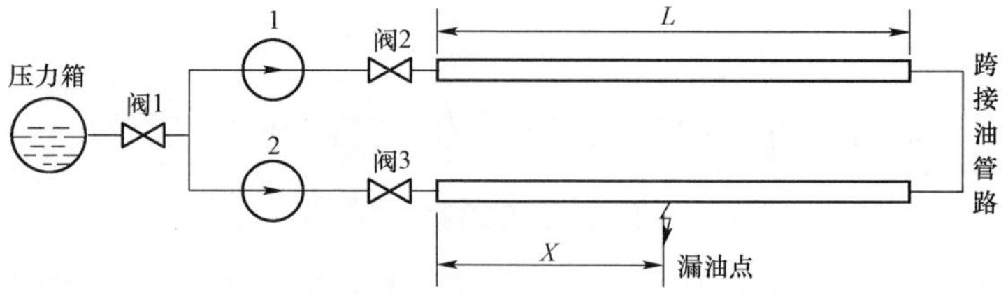

图 Jb0005322133

1、2—微量玻璃转子流量计；阀 1、阀 2、阀 3—控制阀门。

Jb0005322134　画出八倍压串级直流输出的耐压电路图。（5分）

考核知识点：电缆试验

难度：中

标准答案：

八倍压串级直流输出的耐压电路图如图 Jb0005322134 所示。

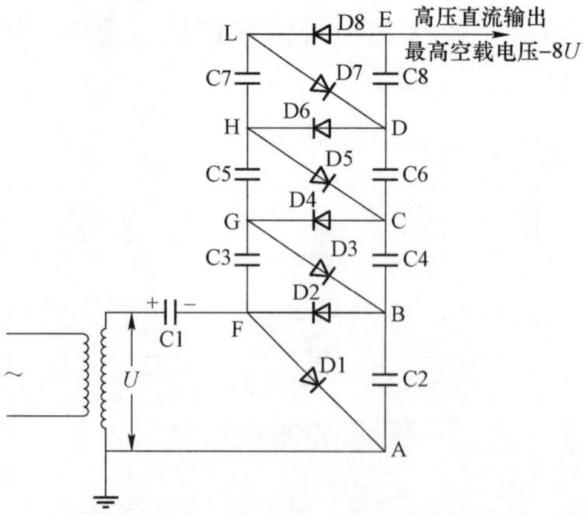

图 Jb0005322134

Jb0005311135 某纸绝缘电缆在做绝缘电阻试验时，测得 R_{15}=1500MΩ，若吸收比为 1.4，问 R_{60} 为多少？（5 分）

考核知识点：电缆试验

难易度：易

标准答案：

解：由公式 $K=\dfrac{R_{60}}{R_{15}}$ 得 $R_{60}=K\times R_{15}=1.4\times1500=2100$（MΩ）。

答：该电缆 R_{60} 为 2100MΩ。

Jb0005311136 用交流充电法测量一条长 1500m，截面面积 95mm² 的 XLPE 绝缘电缆一相对屏蔽电容，电压 50V 电流为 5.65mA，求这条电缆每千米电容为多少？（5 分）

考核知识点：电缆基础知识

难易度：易

标准答案：

解：由公式 $C=\dfrac{1}{2\pi fU}\times10^{3}=\dfrac{5.65}{100\times3.14\times50}\times10^{3}=0.36$（μF）

每千米电容 $C_0=0.36\times\dfrac{1000}{1500}=0.24$（μF）

答：这条电缆每千米电容为 0.24μF。

Jb0005311137 *R*、*L*、*C* 串联电路，已知 *L*=20mH、*C*=200pF、*R*=100Ω，问电路的谐振频率为多少？（5 分）

考核知识点：电缆试验

难易度：易

标准答案：

解：$f=\dfrac{1}{2\pi\sqrt{LC}}=\dfrac{1}{2\pi\sqrt{20\times10^{-3}\times200\times10^{-12}}}\approx80$（kHz）

答：电路的谐振频率为 80kHz。

第六章　电力电缆安装运维工（输电）高级工技能操作

Jc0005363001　35kV 电力电缆直流耐压及泄漏电流试验。（100 分）

考核知识点：

1. 试验接线的标准接线方法
2. 试验仪器制造及操作理论掌握能力
3. 试验仪器的操作熟练化水平
4. 试验所对应安全预控措施的实施能力

难易度：难

技能等级评价专业技能考核操作工作任务书

一、任务名称

35kV 电力电缆直流耐压及泄漏电流试验。

二、适用工种

电力电缆安装运维工（输电）高级工。

三、具体任务

（1）布置试验现场，完成各项准备工作。

（2）正确选取试验设备并接线。

（3）开展泄漏电流试验。

四、工作规范及要求

（1）电缆耐压试验前后，应对被试设备充分放电。

（2）更换引线时，应对被试设备充分放电，作业人员应戴好绝缘手套并站在绝缘垫上。

五、考核及时间要求

（1）本考核操作时间共 30 分钟。

（2）工作完成后向考评员汇报工作完毕。

技能等级评价专业技能考核操作评分标准

工种	电力电缆安装运维工（输电）					评价等级	高级工
项目模块	电缆运行与维护—电缆检测				编号	Jc0005363001	
单位			准考证号			姓名	
考试时限	30 分钟		题型	单项操作		题分	100 分
成绩		考评员		考评组长		日期	
试题正文	35kV 电力电缆直流耐压及泄漏电流试验						
需要说明的问题和要求	（1）本项工作可设专人配合操作，仅对作业人员进行考评。 （2）操作应注意安全，根据具体任务对应标准化作业流程开展确保人身与设备安全。发生安全事故本项考核不合格。 （3）作业流程是否正确将列入考评内容。 （4）工具材料的选用与检查由被考核人员独立完成。 （5）本项工作可设专人配合操作，仅对作业人员进行考评						

续表

序号	项目名称	质量要求	满分	扣分标准	扣分原因	得分
1	工作准备					
1.1	安全劳动防护用品的准备	正确佩戴安全帽，穿全套工作服，包括工作服、绝缘鞋、棉手套	5	未正确佩戴安全帽，未正确穿工作服、绝缘鞋、棉手套，每项扣 1 分，扣完为止		
1.2	工器具的准备	熟练正确使用各种工器具	10	未正确使用一次扣 2 分，扣完为止		
1.3	相关安全措施的准备	（1）正确进行工具安全性能检查。 （2）现场作业条件复核。 （3）合理布置地面材料、工具	15	未进行工具外观安全性能检查扣 5 分； 未对现场作业可能存在的危险点进行分析并提出防范措施扣 5 分； 地面工具、材料摆放不整齐、不合理扣 5 分； 发生安全事故本项考核不得分		
2	工作许可					
2.1	许可方式	向考评员示意准备就绪，申请开始工作	5	未向考评员示意履行许可手续扣 5 分		
3	工作步骤及技术要求					
3.1	准备场地	试验场地围好围栏	2	未做扣 2 分		
3.2	挂标示牌	电缆另一端挂好警示牌或派人看守，将两端电缆头表面擦净	4	未做扣 2 分； 不处理扣 2 分		
3.3	试验电压确定	正确确定试验电压（预试或交接）	5	不正确扣 5 分		
3.4	试验前后摇测绝缘电阻	不作为考评，但必须完成这一过程	3	未做扣 3 分		
3.5	试验接线	试验接线正确	4	不正确扣 4 分		
3.6	高压引线对地的绝缘距离	高压引线对地的绝缘距离保持足够	3	不正确扣 3 分		
3.7	接地线	接地线牢靠	3	一处接地不牢扣 1 分，扣完为止		
3.8	试验接地	试验一相时其他两相接地正确	5	不正确扣 5 分		
3.9	合闸升压	接到监护人指令并大声复诵后方可合闸升压	3	未复诵扣 3 分		
3.10	试验电压的呼唱	加压过程应互唱	3	未互唱扣 3 分		
3.11	读数、记录	随电压逐级上升，分别在 0.25、0.5、0.75、1.0 倍时分段上升，每点保留 1min 取泄漏电流值，最后升至试验电压	10	操作不正确扣 1 分/次，扣完为止		
3.12	试验完毕时放电	试验完毕对电缆充分放电，直至电缆无残留电荷	5	操作不正确扣 1 分/次，扣完为止		
3.13	时间	在规定时间内完成所有操作	5	每超出规定时间 3 分钟扣 1 分，扣完为止		
4	工作结束					
4.1	作业结束	作业完成检查完毕，确认作业现场没有遗留物件，申请作业结束	5	未向考评员汇报作业结束扣 1 分； 现场有遗留物的不得分		
4.2	材料、工具规整	作业结束后进行现场工具材料规整	5	未进行现场工具材料规整扣 5 分		
合计			100			

Jc0004342002　35kV 交联电缆硅橡胶预制式户内终端头制作并安装。（100 分）

考核知识点：

1. 电缆附件图纸的解读能力
2. 电缆头制作理论知识
3. 电缆头工艺制作水平
4. 钳工工艺
5. 电缆起吊方法的掌握与吊点的选择
6. 电缆夹具的选择与安装

难易度：中

技能等级评价专业技能考核操作工作任务书

一、任务名称

35kV 交联电缆硅橡胶预制式户内终端头制作并安装。

二、适用工种

电力电缆安装运维工（输电）高级工。

三、具体任务

（1）制作硅橡胶预制式电缆终端头。

（2）完成电缆终端头吊装并固定。

四、工作规范及要求

（1）电缆终端头制作时尺寸应正确。

（2）电缆剥切时不应有毛刺，不得伤及主绝缘层。

（3）操作顺序应正确。

（4）电缆固定应牢固。

（5）现场作业应满足相关安全要求。

五、考核及时间要求

（1）本考核操作时间共 60 分钟。

（2）工作完成后向考评员汇报工作完毕。

技能等级评价专业技能考核操作评分标准

工种	电力电缆安装运维工（输电）					评价等级	高级工
项目模块	电缆附件安装—电缆终端头安装，电缆中间接头安装				编号	Jc0004342002	
单位			准考证号			姓名	
考试时限	60 分钟		题型	单项操作		题分	100 分
成绩		考评员		考评组长		日期	
试题正文	35kV 交联电缆硅橡胶预制式户内终端头制作并安装						
需要说明的问题和要求	（1）本项工作可设专人配合操作，仅对作业人员进行考评。 （2）操作应注意安全，根据具体任务对应标准化作业流程开展确保人身与设备安全。发生安全事故本项考核不合格。 （3）作业流程是否正确将列入考评内容。 （4）工具材料的选用与检查由被考核人员独立完成。 （5）本项工作可设专人配合操作，仅对作业人员进行考评						

序号	项目名称	质量要求	满分	扣分标准	扣分原因	得分
1	工作准备					

续表

序号	项目名称	质量要求	满分	扣分标准	扣分原因	得分
1.1	安全劳动防护用品的准备	正确佩戴安全帽，穿全套工作服，包括工作服、绝缘鞋、棉手套	5	未正确佩戴安全帽，未正确穿工作服、绝缘鞋、棉手套，每项扣 1 分，扣完为止		
1.2	工器具的准备	熟练正确使用各种工器具	10	未正确使用一次扣 2 分，扣完为止		
1.3	相关安全措施的准备	（1）正确进行工具安全性能检查。 （2）现场作业条件复核。 （3）合理布置地面材料、工具	15	未进行工具外观安全性能检查扣 5 分； 未对现场作业可能存在的危险点进行分析并提出防范措施扣 5 分； 地面工具、材料摆放不整齐、不合理扣 5 分； 发生安全事故本项考核不得分		
2	工作许可					
2.1	许可方式	向考评员示意准备就绪，申请开始工作	5	未向考评员示意履行许可手续扣 5 分		
3	工作步骤及技术要求					
3.1	工具、材料的选择	正确选用工具（如压接钳），附件（终端）和材料（端子）	5	选择错误扣 1 分，扣完为止		
3.2	支撑、校直、外护套擦拭	为了便于操作，选好位置，将要进行施工的部分支架好，同时校直，擦去外护套上的污迹	5	每项工作未做扣 1 分，扣完为止		
3.3	将电缆断切面锯平	如果电缆三相线芯锯口不在同一平面上或导体切面凹凸不平应锯平	2	未按要求做扣 2 分		
3.4	校对施工尺寸	根据附件供应商提供的图纸，确定施工尺寸	5	一处尺寸与图纸不符扣 1 分，扣完为止		
3.5	操作程序控制	操作程序应按上述图纸进行	2	程序错误扣 1 分； 遗漏工序扣 1 分		
3.6	剥除外护套、铠装、内护层、内衬、铜屏蔽及外半导电层等	剥切时切口不平，金属切口有毛刺或伤及其下一层结构，应视为缺陷；绝缘表面干净，光滑，无残质，均匀涂上硅脂	5	尺寸不正确扣 1 分； 剥切时伤及绝缘扣 1 分； 剥口没处理成小斜坡、有毛刺扣 1 分； 绝缘表面没处理干净扣 1 分； 未均匀涂抹硅油扣 1 分		
3.7	钢铠接地极铜屏蔽接地分开	固定应牢靠、美观。恒力弹簧接地上包绕填充胶，填充胶包绕应成形（橄榄状或苹果状）；再包绕绝缘自粘胶带，两接地之间有绝缘要求	3	接地不牢固扣 1 分； 两接地之间无绝缘扣 1 分； 填充胶包绕不成形扣 1 分		
3.8	包绕填充胶和热缩三指手套应力管和绝缘管	填充胶包绕应成形（橄榄状或苹果状），三指手套、应力管、绝缘管套入皆应到位，收缩紧密，管外表无灼伤痕迹，三指手套由根部向两端加热，绝缘管由三叉根部向上加热	3	填充剂包绕不成形扣 1 分； 内外次序错误扣 1 分； 管外表有灼伤痕迹扣 1 分		
3.9	剥削绝缘和导体压按端子	绝缘切断处应平整；压接端子既不可过也不能不紧，以阴阳模接触为宜；压接后端子表面应打磨光滑	3	绝缘切断处不平整扣 1 分； 压接端子过度扣 1 分； 管外表面未打磨扣 1 分		
3.10	绕包半导体带做好安装记号	用半导体带将铜屏蔽口包住，并向下覆盖热缩管，在热缩上用自粘带做好应力锥安装记号	4	绕包半导体带不连续、不光滑扣 2 分； 未做应力锥安装记号扣 2 分		
3.11	安装预制式终端	将硅脂涂在绝缘表面和预制式终端内，把预制式终端套进电缆并把其推至所做的记号处	2	预制式终端不到位扣 1 分； 未涂抹硅脂扣 1 分		

续表

序号	项目名称	质量要求	满分	扣分标准	扣分原因	得分
3.12	电缆吊装的安全工具准备	高空作业应戴安全帽；上杆作业应有登杆工具，系安全带，并备有必要的个人工具；所用绳索应经检验合格方能使用	2	未对登杆工具进行冲击试验扣1分； 安全带系绑错误扣1分		
3.13	夹具安装	抱箍、电缆夹具安装应牢固，上下夹具对齐	3	安装不牢固扣1分； 上下夹具不对齐扣1分； 没用垫片扣1分		
3.14	电缆吊装	绳扣要牢固，且易解；吊点要合适，不影响终端固定；滑轮安装位置正确	4	吊装不到位扣1分； 绳扣不牢固扣1分； 吊点不合适扣1分； 滑轮安装位置不正确扣1分		
3.15	接地线连接	电缆终端的接地线与接地装置引出的接地线连接，接地线截面面积不小于25mm²；且不允许用缠绕方法连接	2	连接不牢固扣1分； 没用垫片扣1分		
3.16	时间	在规定时间内完成所有操作	5	每超出规定时间3分钟扣1分，扣完为止		
4	工作结束					
4.1	作业结束	作业完成检查完毕，确认作业现场没有遗留物件，申请作业结束	5	未向考评员汇报作业结束扣1分； 现场有遗留物的不得分		
4.2	材料、工具规整	作业结束后进行现场工具材料规整	5	未进行现场工具材料规整扣5分		
合计			100			

Jc0005342003　对35kV电缆进行相序识别的操作。（100分）

考核知识点：

1. 工作票制度与工作许可制度
2. 工作监护制度
3. 仪器仪表的操作规范性
4. 试验数据分析能力

难易度：中

技能等级评价专业技能考核操作工作任务书

一、任务名称

对35kV电缆进行相序识别的操作。

二、适用工种

电力电缆安装运维工（输电）高级工。

三、具体任务

登杆核对35kV电缆相序。

四、工作规范及要求

（1）相序识别应在双回路线路上进行。

（2）相序识别应由三人进行，其中1人监护、1人操作、1人读表。

（3）相序识别的杆上工作应戴安全帽、登杆工具、安全带，室内工作需与其他设施保持安全距离。

（4）相序识别考核最好不要在实际运行线路上进行，并站在绝缘垫上，运行线路应退出重合闸。

五、考核及时间要求

（1）本考核操作时间共20分钟。

（2）工作完成后向考评员汇报工作完毕。

技能等级评价专业技能考核操作评分标准

<table>
<tr><td>工种</td><td colspan="5">电力电缆安装运维工（输电）</td><td>评价等级</td><td>高级工</td></tr>
<tr><td>项目模块</td><td colspan="4">电缆运行维护与检修—电缆检测</td><td>编号</td><td colspan="2">Jc0005342003</td></tr>
<tr><td>单位</td><td colspan="2"></td><td colspan="2">准考证号</td><td></td><td>姓名</td><td></td></tr>
<tr><td>考试时限</td><td colspan="2">20 分钟</td><td>题型</td><td colspan="2">单项操作</td><td>题分</td><td>100 分</td></tr>
<tr><td>成绩</td><td></td><td>考评员</td><td></td><td>考评组长</td><td></td><td>日期</td><td></td></tr>
<tr><td>试题正文</td><td colspan="7">对 35kV 电缆进行相序识别的操作</td></tr>
<tr><td>需要说明的问题和要求</td><td colspan="7">（1）本项工作可设专人配合操作，仅对作业人员进行考评。
（2）操作应注意安全，根据具体任务对应标准化作业流程开展确保人身与设备安全。发生安全事故本项考核不合格。
（3）作业流程是否正确将列入考评内容。
（4）工具材料的选用与检查由被考核人员独立完成。
（5）本项工作可设专人配合操作，仅对作业人员进行考评</td></tr>
</table>

序号	项目名称	质量要求	满分	扣分标准	扣分原因	得分
1	工作准备					
1.1	安全劳动防护用品的准备	正确佩戴安全帽，穿全套工作服，包括工作服、绝缘鞋、棉手套	5	未正确佩戴安全帽，未正确穿工作服、绝缘鞋、棉手套，每项扣 1 分，扣完为止		
1.2	工器具的准备	熟练正确使用各种工器具	10	未正确使用一次扣 2 分，扣完为止		
1.3	相关安全措施的准备	（1）正确进行工具安全性能检查。 （2）现场作业条件复核。 （3）合理布置地面材料、工具	15	未进行工具外观接安全性能检查扣 5 分； 未对现场作业可能存在的危险点进行分析并提出防范措施扣 5 分； 地面工具、材料摆放不整齐、不合理扣 5 分； 发生安全事故本项考核不得分		
2	工作许可					
2.1	许可方式	向考评员示意准备就绪，申请开始工作	5	未向考评员示意履行许可手续扣 5 分		
3	工作步骤及技术要求					
3.1	履行工作许可制度	办理工作票，得到工作许可方可开工	5	未开工作票扣 3 分； 未得到工作许可扣 2 分		
3.2	严格执行监护制度	人员不得失去监护，无监护人不得自行操作；操作时所站的最佳位置和姿势应事先选择	10	监护不到位扣 3 分； 不在监护人监护和指导下擅自操作扣 3 分； 操作动作、位置考虑不周扣 4 分		
3.3	检查核相仪的指示正确性	先将 X 和 Y 采集器分别挂到同一相高压线路上，主机显示屏显示 X、Y 同相，相位差 5°～355°	5	此项不做扣 5 分		
3.4	登杆工具冲击试验	对登杆工具进行冲击试验	5	未做冲击试验扣 5 分		
3.5	安全工具应用	操作人员操作时应戴绝缘手套	5	未戴绝缘手套扣 5 分		
3.6	挂相	测量时应先挂一相线路再挂另一相线路	5	操作不正确扣 5 分		
3.7	换相	操作动作规范	5	操作不规范扣 2～5 分		

续表

序号	项目名称	质量要求	满分	扣分标准	扣分原因	得分
3.8	工作位置选择	位置选择利于操作，测量人员身体不应接触测量引下线	5	位置选择考虑不周扣 3 分； 引下线靠在人身体上扣 2 分		
3.9	记录	测量相位时应画简图并作记录	5	绘图或记录不正确扣 2～5 分		
3.10	时间	在规定时间内完成所有操作	5	每超出规定时间 3 分钟扣 1 分，扣完为止		
4	工作结束					
4.1	作业结束	作业完成检查完毕，确认作业现场没有遗留物件，申请作业结束	5	未向考评员汇报作业结束扣 1 分； 现场有遗留物的不得分		
4.2	材料、工具规整	作业结束后进行现场工具材料规整	5	未进行现场工具材料规整扣 5 分		
合计			100			

Jc0004342004　35kV－XLPE 电缆热缩户外终端头安装并吊装就位的操作。（100 分）

考核知识点：

1. 电缆附件图纸的解读能力
2. 电缆头制作理论知识
3. 电缆头工艺制作水平
4. 钳工工艺
5. 电缆起吊方法的掌握与吊点的选择
6. 电缆夹具的选择与安装

难易度：中

技能等级评价专业技能考核操作工作任务书

一、任务名称

35kV－XLPE 电缆热缩户外终端头安装并吊装就位的操作。

二、适用工种

电力电缆安装运维工（输电）高级工。

三、具体任务

（1）制作热缩电缆终端头。

（2）完成电缆终端头吊装并固定。

四、操作规范及要求

（1）电缆终端头制作时尺寸应正确。

（2）电缆剥切时不应有毛刺，不得伤及主绝缘层。

（3）操作顺序应正确。

（4）电缆固定应牢固。

（5）现场作业应满足相关安全要求。

五、考核及时间要求

（1）本考核操作时间共 120 分钟。

（2）未完成的操作项目不得分，但不影响其他项目得分。

技能等级评价专业技能考核操作评分标准

<table>
<tr><td>工种</td><td colspan="5">电力电缆安装运维工（输电）</td><td>评价等级</td><td>高级工</td></tr>
<tr><td>项目模块</td><td colspan="4">电缆附件安装—电缆终端头安装，电缆中间接头安装</td><td>编号</td><td colspan="2">Jc0004342004</td></tr>
<tr><td>单位</td><td colspan="3"></td><td>准考证号</td><td></td><td>姓名</td><td></td></tr>
<tr><td>考试时限</td><td colspan="2">120 分钟</td><td>题型</td><td colspan="2">单项操作</td><td>题分</td><td>100 分</td></tr>
<tr><td>成绩</td><td></td><td>考评员</td><td></td><td>考评组长</td><td></td><td>日期</td><td></td></tr>
<tr><td>试题正文</td><td colspan="7">35kV－XLPE 电缆热缩户外终端头安装并吊装就位的操作</td></tr>
<tr><td>需要说明的问题和要求</td><td colspan="7">（1）本项工作可设专人配合操作，仅对作业人员进行考评。
（2）操作应注意安全，根据具体任务对应标准化作业流程开展确保人身与设备安全。发生安全事故本项考核不合格。
（3）作业流程是否正确将列入考评内容。
（4）工具材料的选用与检查由被考核人员独立完成</td></tr>
</table>

序号	项目名称	质量要求	满分	扣分标准	扣分原因	得分
1	工作准备					
1.1	安全劳动防护用品的准备	正确佩戴安全帽，穿全套工作服，包括工作服、绝缘鞋、棉手套	5	未正确佩戴安全帽，未正确穿工作服、绝缘鞋、棉手套，每项扣 1 分，扣完为止		
1.2	工器具的准备	熟练正确使用各种工器具	10	未正确使用一次扣 2 分，扣完为止		
1.3	相关安全措施的准备	（1）正确进行工具安全性能检查。 （2）现场作业条件复核。 （3）合理布置地面材料、工具	15	未进行工具外观安全性能检查扣 5 分； 未对现场作业可能存在的危险点进行分析并提出防范措施扣 5 分； 地面工具、材料摆放不整齐、不合理扣 5 分； 发生安全事故本项考核不得分		
2	工作许可					
2.1	许可方式	向考评员示意准备就绪，申请开始工作	5	未向考评员示意履行许可手续扣 5 分		
3	工作步骤及技术要求					
3.1	支撑、校直、外护套擦拭	为了便于操作，选好位置，将要进行施工的部分支架好，同时校直，擦去外护套上的污迹	3	一项工作未做扣 1 分，扣完为止		
3.2	将电缆断切面锯平	如果电缆三相线芯锯口不在同一平面上或导体切面凹凸不平应锯平	2	未按要求做一处扣 1 分，扣完为止		
3.3	校对施工尺寸	根据附件供应商提供的图纸，确定施工尺寸	3	一处尺寸与图纸不符扣 1 分，扣完为止		
3.4	操作程序控制	操作程序应按上述图纸进行	5	程序错误扣 3 分； 遗漏工序扣 2 分		
3.5	剥除外护层、铠装、内护层、内衬、铜屏蔽及外半导电层等	剥切时切口不平，金属切口有毛刺或伤及其下一层结构，应视为缺陷；绝缘表面干净，光滑，无残质，均匀涂上硅脂	5	尺寸不正确扣 1 分； 剥切时伤及绝缘扣 1 分； 剥口没处理成小斜坡、有毛刺扣 1 分； 绝缘表面没处理干净扣 1 分； 未均匀涂抹硅油扣 1 分		
3.6	绑扎和焊接	绑扎铠装及接地线，固定铜屏蔽要平整，不能松带，焊点应平滑、牢固，焊接点厚度不大于 4mm	4	焊点不牢固扣 1 分； 焊点厚度大于 4mm 扣 1 分； 铜屏蔽不平整，松带扣 1 分； 接地线绑扎不紧扣 1 分		
3.7	包绕填充胶和热缩三指手套、应力管和绝缘管	填充胶包绕应成形（橄榄状或苹果状），三指手套、应力管、绝缘管套入皆应到位，收缩紧密，管外表无灼伤痕迹，三指手套由根部向两端加热，绝缘管由三叉根部向上加热	6	填充胶包绕不成形扣 2 分； 应力管位置不正确扣 2 分； 管外表有灼伤痕迹扣 2 分		
3.8	剥削绝缘和导体压按端子	剥去绝缘处应削成铅笔状，压接端子既不可过渡亦不能不紧，以阴阳模接触为宜，压接后端子表面应打磨光滑	6	未削成铅笔状扣 2 分； 压接端子未从上向下压接扣 1 分； 压接端子过度扣 2 分； 端子表面未打磨扣 1 分		

续表

序号	项目名称	质量要求	满分	扣分标准	扣分原因	得分
3.9	固定防雨裙	将三孔防雨裙和单孔防雨裙套进电缆芯线，并热缩固定	2	收缩不均匀扣1分； 管外表有灼痕扣1分		
3.10	固定相色密封管	所包的相色与实际相位对应无误	3	未包相色或相色不正确扣3分		
3.11	电缆吊装的安全工具准备	高空作业应戴安全帽；上杆作业应有登杆工具，系安全带，并备有必要的个人工具；所用绳索应经检验合格方能使用	2	未对登杆工具进行冲击试验扣1分； 安全带系绑错误扣1分		
3.12	电缆吊装	绳扣要牢固，且易解；吊点要合适，不影响终端固定；滑轮安装位置正确	4	吊装不到位扣1分； 绳扣不牢固扣1分； 吊点不合适扣1分； 滑轮安装位置不正确扣1分		
3.13	接地线连接	电缆终端的接地线与接地装置引出的接地线连接，接地线截面面积不小于25mm²；且不允许用缠绕方法连接	5	连接不牢固扣3分； 没用垫片扣2分		
3.14	时间	在规定时间内完成所有操作	5	每超出规定时间3分钟扣1分，扣完为止		
4	工作结束					
4.1	作业结束	作业完成检查完毕，确认作业现场没有遗留物件，申请作业结束	5	未向考评员汇报作业结束扣1分； 现场有遗留物的不得分		
4.2	材料、工具规整	作业结束后进行现场工具材料规整	5	未进行现场工具材料规整扣5分		
合计			100			

Jc0004352005　35kV－XLPE 电缆冷缩户外终端头安装并吊装就位的操作。（100 分）

考核知识点：

1. 电缆附件图纸的解读能力
2. 电缆头制作理论知识
3. 电缆头工艺制作水平
4. 钳工工艺
5. 电缆起吊方法的掌握与吊点的选择

难易度：中

技能等级评价专业技能考核操作工作任务书

一、任务名称

35kV－XLPE 电缆冷缩户外终端头安装并吊装就位的操作。

二、适用工种

电力电缆安装运维工（输电）高级工。

三、具体任务

（1）制作冷缩电缆终端头。

（2）完成电缆终端头吊装并固定。

四、操作规范及要求

（1）电缆终端头制作时尺寸应正确。

（2）电缆剥切时不应有毛刺，不得伤及主绝缘层。

（3）操作顺序应正确。

（4）电缆固定应牢固。

（5）现场作业应满足相关安全要求。

五、考核及时间要求

（1）本考核操作时间共 120 分钟。

（2）未完成的操作项目不得分，但不影响其他项目得分。

技能等级评价专业技能考核操作评分标准

工种	电力电缆安装运维工（输电）			评价等级	高级工
项目模块	电缆附件安装—电缆终端头安装，电缆中间接头安装		编号	Jc0004352005	
单位		准考证号		姓名	
考试时限	120 分钟	题型	单项操作	题分	100 分
成绩		考评员	考评组长		日期
试题正文	35kV－XLPE 电缆冷缩户外终端头安装并吊装的操作				
需要说明的问题和要求	（1）本项考核可设专人配合操作，仅对作业人员进行考评。 （2）操作应注意安全，根据具体任务对应标准化作业流程开展确保人身与设备安全。发生安全事故本项考核不合格。 （3）作业流程是否正确将列入考评内容。 （4）工具材料的选用与检查由被考核人员独立完成				

序号	项目名称	质量要求	满分	扣分标准	扣分原因	得分
1	工作准备					
1.1	安全劳动防护用品的准备	正确佩戴安全帽，穿全套工作服，包括工作服、绝缘鞋、棉手套	5	未正确佩戴安全帽，未正确穿工作服、绝缘鞋、棉手套，每项扣 1 分，扣完为止		
1.2	工器具的准备	熟练正确使用各种工器具	10	未正确使用一次扣 2 分，扣完为止		
1.3	相关安全措施的准备	（1）正确进行工具安全性能检查。 （2）现场作业条件复核。 （3）合理布置地面材料、工具	15	未进行工具外观安全性能检查扣 5 分； 未对现场作业可能存在的危险点进行分析并提出防范措施扣 5 分； 地面工具、材料摆放不整齐、不合理扣 5 分； 发生安全事故本项考核不得分		
2	工作许可					
2.1	许可方式	向考评员示意准备就绪，申请开始工作	5	未向考评员示意履行许可手续扣 5 分		
3	工作步骤及技术要求					
3.1	支撑、校直、外护套擦拭	为了便于操作，选好位置，将要进行施工的部分支架好，同时校直，擦去外护套上的污迹	5	一项工作未做扣 1 分，扣完为止		
3.2	将电缆断切面锯平	如果电缆三相线芯锯口不在同一平面上或导体切面凹凸不平应锯平	2	未按要求做扣 2 分		
3.3	校对施工尺寸	根据附件供应商提供的图纸，确定施工尺寸	5	一处尺寸与图纸不符扣 1 分，扣完为止		
3.4	操作程序控制	操作程序应按上述图纸进行	5	程序错误扣 3 分； 遗漏工序扣 2 分		
3.5	剥除外护层、铠装、内护层、内衬、铜屏蔽及外半导电层等	剥切时切口不平，金属切口有毛刺或伤及其下一层结构，应视为缺陷；绝缘表面干净，光滑，无残质，均匀涂上硅脂	5	尺寸不正确扣 1 分； 剥切时伤及绝缘扣 1 分； 剥口没处理成小斜坡、有毛刺扣 1 分； 绝缘表面没处理干净扣 1 分； 未均匀涂抹硅油扣 1 分		

续表

序号	项目名称	质量要求	满分	扣分标准	扣分原因	得分
3.6	钢铠接地及铜屏蔽接地分开	固定应牢靠、美观。恒力弹簧接地时包绕填充胶，填充胶包绕应成形（橄榄状或苹果状）；再包绕绝缘自粘胶带，两接地之间有绝缘要求	5	不牢固扣1分； 两接地之间无绝缘扣2分； 填充胶包绕不成形扣2分		
3.7	半导电带的绕包	在铜屏蔽和绝缘交界处应半导电胶带半搭盖方式紧密绕包，且起始与终点都在铜带上	2	绕包位置不对称扣1分； 起始与终点不在铜带上扣1分		
3.8	冷缩三叉管及绝缘管	清洁绝缘表面，并涂少许硅脂，三叉套管套于电缆根部，逆时针抽芯绳，先缩根部，后缩三叉。绝缘管与三叉套管有搭盖	3	未均匀涂抹硅脂扣1分； 先缩三叉，后缩根部扣1分； 绝缘管与三叉管无搭盖扣1分		
3.9	剥削绝缘和导体压接端子	剥去绝缘处应削成铅笔状，压接端子既不可过渡亦不能不紧，以阴阳模接触为宜，压接后端子表面应打磨光滑	5	未削成铅笔状扣1分； 压接端子过渡扣2分； 端子表面未打磨扣2分		
3.10	端部密封	将绝缘端部与端子之间的空隙密封成锥形	2	不正确扣2分		
3.11	电缆吊装的安全工具准备	高空作业应戴安全帽；上杆作业应有登杆工具，系安全带，并备有必要的个人工具；所用绳索应经检验合格方能使用	2	未对登杆工具进行冲击试验扣1分； 安全带系绑错误扣1分		
3.12	夹具安装	抱箍、电缆夹具安装应牢固，上下夹具对齐	3	安装不牢固扣1分； 上下夹具不对齐扣1分； 没用垫片扣1分		
3.13	电缆吊装	绳扣要牢固，且易解；吊点要合适，不影响终端固定；滑轮安装位置正确	4	吊装不到位扣1分； 绳扣不牢固扣1分； 吊点不合适扣1分； 滑轮安装位置不正确扣1分		
3.14	接地线连接	电缆终端的接地线与接地装置引出的接地线连接，接地线截面面积不小于25mm²；且不允许用缠绕方法连接	2	连接不牢固扣1分； 没用垫片扣1分		
3.15	时间	在规定时间内完成所有操作	5	每超出规定时间3分钟扣1分，扣完为止		
4	工作结束					
4.1	作业结束	作业完成检查完毕，确认作业现场没有遗留物件，申请作业结束	5	未向考评员汇报作业结束扣1分； 现场有遗留物的不得分		
4.2	材料、工具规整	作业结束后进行现场工具材料规整	5	未进行现场工具材料规整扣5分		
合计			100			

Jc0004342006　35kV－XLPE 电缆热缩中间接头安装（三相）及试验。（100 分）

考核知识点：

1. 电缆附件图纸的解读能力
2. 电缆头制作理论知识
3. 电缆头工艺制作水平
4. 钳工工艺

难易度：中

技能等级评价专业技能考核操作工作任务书

一、任务名称

35kV－XLPE电缆热缩中间接头安装（三相）及试验。

二、适用工种

电力电缆安装运维工（输电）高级工。

三、具体任务

（1）制作热缩电缆中间接头。

（2）对电缆进行耐压试验。

四、操作规范及要求

（1）电缆中间接头制作时尺寸应正确。

（2）电缆剥切时不应有毛刺，不得伤及主绝缘层。

（3）操作顺序应正确。

（4）电缆试验操作应正确。

（5）现场作业应满足相关安全要求。

五、考核及时间要求

（1）本考核操作时间共210分钟。

（2）未完成的操作项目不得分，但不影响其他项目得分。

技能等级评价专业技能考核操作评分标准

<table>
<tr><td>工种</td><td colspan="8">电力电缆安装运维工（输电）</td><td>评价等级</td><td>高级工</td></tr>
<tr><td>项目模块</td><td colspan="7">电缆附件安装—电缆终端头安装，电缆中间接头安装</td><td>编号</td><td colspan="2">Jc0004342006</td></tr>
<tr><td>单位</td><td colspan="3"></td><td colspan="2">准考证号</td><td colspan="3"></td><td>姓名</td><td></td></tr>
<tr><td>考试时限</td><td colspan="2">210分钟</td><td colspan="2">题型</td><td colspan="4">单项操作</td><td>题分</td><td>100分</td></tr>
<tr><td>成绩</td><td></td><td>考评员</td><td colspan="2"></td><td colspan="2">考评组长</td><td colspan="2"></td><td>日期</td><td></td></tr>
<tr><td>试题正文</td><td colspan="10">35kV－XLPE电缆热缩中间接头安装（三相）及试验</td></tr>
<tr><td>需要说明的问题和要求</td><td colspan="10">（1）本项考核可设专人配合操作，仅对作业人员进行考评。
（2）操作应注意安全，根据具体任务对应标准化作业流程开展确保人身与设备安全。发生安全事故本项考核不合格。
（3）作业流程是否正确将列入考评内容。
（4）工具材料的选用与检查由被考核人员独立完成</td></tr>
</table>

序号	项目名称	质量要求	满分	扣分标准	扣分原因	得分
1	工作准备					
1.1	安全劳动防护用品的准备	正确佩戴安全帽，穿全套工作服，包括工作服、绝缘鞋、棉手套	5	未正确佩戴安全帽，未正确穿工作服、绝缘鞋、棉手套，每项扣1分，扣完为止		
1.2	工器具的准备	熟练正确使用各种工器具	10	未正确使用，一次扣2分，扣完为止		
1.3	相关安全措施的准备	（1）正确进行工具安全性能检查。 （2）现场作业条件复核。 （3）合理布置地面材料、工具	15	未进行工具外观安全性能检查扣5分； 未对现场作业可能存在的危险点进行分析并提出防范措施扣5分； 地面工具、材料摆放不整齐、不合理扣5分； 发生安全事故本项考核不得分		

续表

序号	项目名称	质量要求	满分	扣分标准	扣分原因	得分
2	工作许可					
2.1	许可方式	向考评员示意准备就绪，申请开始工作	5	未向考评员示意履行许可手续扣5分		
3	工作步骤及技术要求					
3.1	支撑、校直、外护套擦拭	为了便于操作，选好位置，将要进行施工的部分支架好，同时校直，擦去外护套上的污迹，将热缩管套在电缆上	4	一项工作未做扣1分，扣完为止		
3.2	确定中间对接点，将电缆断切面锯平	导体切口平面凹凸不平应锯平，确定对接中心点和长、短头	4	未按要求做扣2分； 尺寸不对或未做接头裕度扣2分		
3.3	校对施工尺寸	根据附件供应商提供的图纸，确定施工尺寸	5	一处尺寸与图纸不符扣1分，扣完为止		
3.4	操作程序控制	操作程序应按上述图纸进行	5	程序错误扣3分； 遗漏工序扣2分		
3.5	剥除外护层、铠装、内护层、内衬、铜屏蔽及外半导电层等	剥切时切口不平，金属切口有毛刺或伤及其下一层结构，应视为缺陷；绝缘表面干净，光滑，无残质，均匀涂上硅脂	5	尺寸不正确扣1分； 剥切时伤及绝缘扣1分； 剥口没处理成小斜坡、有毛刺扣1分； 绝缘表面没处理干净扣1分； 未均匀涂抹硅油扣1分		
3.6	绑扎和焊接及屏蔽连接	绑扎铠装及接地线，固定铜屏蔽要平整，不能松带，焊点应平滑、牢固，铜网拉平，联结牢固	4	焊点不牢固扣1分； 焊点厚度大于4mm扣1分； 铜屏蔽不平整、松带扣1分； 接地线绑扎不紧扣1分		
3.7	按先内后外次序热缩套管，依次套入各种不同用途的热缩管	收缩紧密，管外表无灼伤痕迹，所有套管热缩应到位，按管上应绕半导体自粘带和填充带，热缩前绝缘表面应用清洁帕单方向清洁，待压接后热缩之	5	应力管位置不对称扣2分； 内外次序错误扣2分； 管外表有灼伤痕迹扣1分		
3.8	剥削绝缘和压接连接管	绝缘断口处应削成铅笔状，压接从接管两端口开始，压数不得少于4点，压接后接管表面应打磨光滑	5	未削成铅笔状扣2分； 压接点少于4点扣2分； 连接管表面未打磨扣1分		
3.9	热缩应力管、绝缘管、外护套	外护套应热缩均匀，两端都应绕密封胶，加强防潮能力	4	未绕密封胶扣2分； 工艺不正确扣2分		
3.10	绝缘摇测	选用绝缘电阻表正确，操作正确，对接前后都需遥测	4	未检查绝缘电阻表扣1分； 转速不符合要求扣1分； 未放电扣1分； 对接前后不遥测扣1分		
3.11	交流耐压试验	接线正确，操作正确	5	接线不正确扣2分； 未放电扣3分； 未得到许可擅自加压本项不得分		
3.12	时间	在规定时间内完成所有操作	5	每超过3分钟扣1分，扣完为止		
4	工作结束					
4.1	作业结束	作业完成检查完毕，确认作业现场没有遗留物件，申请作业结束	5	未向考评员汇报作业结束扣1分； 现场有遗留物的不得分		
4.2	材料、工具规整	作业结束后进行现场工具材料规整	5	未进行现场工具材料规整扣5分		
合计			100			

Jc0005343007　110kV（220kV）某电缆线预防性试验。（100分）

考核知识点：

1. 110kV电缆的特点及运行方式
2. 电力电缆预防性试验的原理

3. 仪器仪表的接线方式
4. 仪器仪表的正确使用

难易度： 难

技能等级评价专业技能考核操作工作任务书

一、任务名称

110kV（220kV）某电缆线预防性试验。

二、适用工种

电力电缆安装运维工（输电）高级工。

三、具体任务

（1）进行主绝缘电阻测量。
（2）对电缆进行吸收比的测量。
（3）外护套绝缘电阻的测量。
（4）交叉互联箱绝缘电阻的测量。
（5）设备的拆除与接线恢复。

四、工作规范及要求

（1）持有已许可开工的电力线路第二种工作票。
（2）操作由 1 人操作、1 人监护完成，穿戴规范。
（3）试验需断开设备接头时，拆前应做好标记，拆后应进行检查。
（4）试验装置的金属外壳应可靠接地，高压引线应尽量缩短。
（5）试验现场应装设安全围栏，向外悬挂“止步，高压危险！”的标识牌。
（6）变更接线或试验结束时，应先断开试验电缆，放电，并将升压设备高压部分短路接地。
（7）试验结束后，操作人员应拆除自装的接地短路线，并对被试设备进行检查和清理现场。

五、考核及时间要求

本考核操作时间共 120 分钟。

技能等级评价专业技能考核操作评分标准

<table>
<tr><td>工种</td><td colspan="6">电力电缆安装运维工（输电）</td><td>评价等级</td><td>高级工</td></tr>
<tr><td>项目模块</td><td colspan="5">电缆运行维护与检修—电缆检测</td><td>编号</td><td colspan="2">Jc0005343007</td></tr>
<tr><td>单位</td><td colspan="3"></td><td colspan="2">准考证号</td><td></td><td>姓名</td><td></td></tr>
<tr><td>考试时限</td><td colspan="2">120 分钟</td><td>题型</td><td colspan="3">单项操作</td><td>题分</td><td>100 分</td></tr>
<tr><td>成绩</td><td></td><td>考评员</td><td></td><td colspan="2">考评组长</td><td></td><td>日期</td><td></td></tr>
<tr><td>试题正文</td><td colspan="8">110kV（220kV）某电缆线预防性试验</td></tr>
<tr><td>需要说明的问题和要求</td><td colspan="8">（1）本项考核可设专人配合操作，仅对作业人员进行考评。
（2）操作应注意安全，根据具体任务对应标准化作业流程开展确保人身与设备安全。发生安全事故本项考核不合格。
（3）作业流程是否正确将列入考评内容。
（4）工具材料的选用与检查由被考核人员独立完成</td></tr>
</table>

序号	项目名称	质量要求	满分	扣分标准	扣分原因	得分
1	工作准备					
1.1	安全劳动防护用品的准备	正确佩戴安全帽，穿全套工作服，包括工作服、绝缘鞋、棉手套	5	未正确佩戴安全帽，未正确穿工作服、绝缘鞋、棉手套，每项扣 1 分，扣完为止		

续表

序号	项目名称	质量要求	满分	扣分标准	扣分原因	得分
1.2	工器具的准备	熟练正确使用各种工器具	10	未正确使用一次扣2分，扣完为止		
1.3	相关安全措施的准备	（1）正确进行工具安全性能检查。 （2）现场作业条件复核。 （3）合理布置地面材料、工具	10	未进行工具外观安全性能检查扣3分； 未对现场作业可能存在的危险点进行分析并提出防范措施扣4分； 地面工具、材料摆放不整齐、不合理扣3分； 发生安全事故本项考核不得分		
2	工作许可					
2.1	许可方式	向考评员示意准备就绪，申请开始工作	5	未向考评员示意履行许可手续扣5分		
3	工作步骤及技术要求					
3.1	设置安全措施	按规定做好安全措施，装设围栏和警示牌	10	未按要求做好安全措施扣5分； 围栏设置、警示牌设置不合理扣5分		
3.2	主绝缘电阻测量	（1）用5000V绝缘电阻表测量电缆绝缘电阻1min，记录绝缘电阻值。 （2）用接地线对被试电缆三相进行充分放电	10	测量方法不正确每处扣5分，扣完为止； 测量结果有误扣5分		
3.3	吸收比的测量	（1）用5000V绝缘电阻表测量电缆绝缘电阻，15s、1min，记录绝缘电阻之间的比值。 （2）用接地线对被试电缆三相进行充分放电	10	测量方法不正确扣5分； 测量结果有误扣5分		
3.4	外护套绝缘电阻的测量	（1）用500V绝缘电阻表测量电缆绝缘电阻，1min，记录绝缘电阻值。 （2）用接地线对被试电缆外护套进行充分放电	10	测量方法不正确扣5分； 测量结果有误扣5分		
3.5	交叉互联箱绝缘电阻的测量	（1）用1000V绝缘电阻表测量交叉互联箱绝缘电阻1min，记录绝缘电阻值。 （2）测量后对试品充分放电	10	测量方法不正确扣5分； 测量结果有误扣5分		
3.6	设备复原	（1）拆除试验临时电源接线。 （2）将被试设备接线恢复正常。 （3）拆除设置的安全措施	10	未拆除每项扣5分，扣完为止		
3.7	时间	在规定时间内完成所有操作	5	每超出规定时间3分钟扣1分，扣完为止		
4	工作结束					
4.1	作业结束	作业完成检查完毕，确认作业现场没有遗留物件，申请作业结束	2	未向考评员汇报作业结束扣1分； 现场有遗留物的不得分		
4.2	材料、工具规整	作业结束后进行现场工具材料规整	3	未进行现场工具材料规整扣3分		
合计			100			

Jc0005343008　110kV（220kV）某电缆线路定期巡视工作。（100分）

考核知识点：

1. 掌握电缆线路巡检的技术和安全要求
2. 熟知所用仪器仪表及设备的操作规程

3. 具备设备状态分析的专门知识

难易度： 难

技能等级评价专业技能考核操作工作任务书

一、任务名称

110kV（220kV）某电缆线路定期巡视工作。

二、适用工种

电力电缆安装运维工（输电）高级工。

三、具体任务

（1）电缆终端头巡视。

（2）电缆绝缘中间接头巡视。

（3）电缆沟、管及电缆线路巡视检查。

（4）电缆隧道及电缆巡视检查。

（5）电缆通道沿线外破点巡视检查及记录。

四、工作规范及要求

（1）进入电缆沟巡视时必须先通风，使用有毒有害测试仪确认无有毒有害气体后方可进入，进行短距离巡视作业时最少同时打开两个井盖。进行长距离巡视时必须配备正压式空气呼吸器。

（2）打开井盖时需使用专用钥匙，同时注意所立位置，防止钥匙滑脱造成人身伤害。

（3）井盖打开后应设置安全围栏并设专人看守，防止行人坠入受伤。

（4）电缆沟内所有电缆及其附件都应视为带电体，禁止触碰。

（5）巡视完毕后应立即将井盖关闭，防止人员坠入受伤，并向考评员报告巡视工作已结束。

五、考核及时间要求

本考核操作时间共120分钟，每超过3分钟扣1分，到10分钟终止考核。

技能等级评价专业技能考核操作评分标准

<table>
<tr><td>工种</td><td colspan="5">电力电缆安装运维工（输电）</td><td>评价等级</td><td>高级工</td></tr>
<tr><td>项目模块</td><td colspan="4">电缆运行维护与检修—电缆检测</td><td>编号</td><td colspan="2">Jc0005343008</td></tr>
<tr><td>单位</td><td colspan="3"></td><td>准考证号</td><td></td><td>姓名</td><td></td></tr>
<tr><td>考试时限</td><td colspan="2">120分钟</td><td>题型</td><td colspan="2">单项操作</td><td>题分</td><td>100分</td></tr>
<tr><td>成绩</td><td></td><td>考评员</td><td></td><td>考评组长</td><td></td><td>日期</td><td></td></tr>
<tr><td>试题正文</td><td colspan="7">110kV（220kV）某电缆线路定期巡视工作</td></tr>
<tr><td>需要说明的问题和要求</td><td colspan="7">（1）本项考核可设专人配合操作，仅对作业人员进行考评。
（2）操作应注意安全，根据具体任务对应标准化作业流程开展确保人身与设备安全。发生安全事故本项考核不合格。
（3）作业流程是否正确将列入考评内容。
（4）工具材料的选用与检查由被考核人员独立完成。
（5）巡视工作可在指定电缆通道内进行，也可在电力电缆实训基地完成</td></tr>
</table>

序号	项目名称	质量要求	满分	扣分标准	扣分原因	得分
1	工作准备					
1.1	安全劳动防护用品的准备	正确佩戴安全帽，穿全套工作服，包括工作服、绝缘鞋、棉手套	5	未正确佩戴安全帽，未正确穿工作服、绝缘鞋、棉手套，每项扣1分，扣完为止		
1.2	工器具的准备	熟练正确使用各种工器具	10	未正确使用，一次扣2分，扣完为止		

续表

序号	项目名称	质量要求	满分	扣分标准	扣分原因	得分
1.3	相关安全措施的准备	（1）正确进行工具安全性能检查。 （2）现场作业条件复核。 （3）合理布置地面材料、工具	10	未进行工具外观安全性能检查扣3分； 未对现场作业可能存在的危险点进行分析并提出防范措施扣4分； 地面工具、材料摆放不整齐、不合理扣3分； 发生安全事故本项考核不得分		
2	工作许可					
2.1	许可方式	向考评员示意准备就绪，申请开始工作	5	未向考评员示意履行许可手续不得分		
3	工作步骤及技术要求					
3.1	巡视卡完善	检查完善巡视卡的内容并按要求进行确认	5	少、错一处扣1分，扣完为止		
3.2	终端接点	巡视到位	2	巡视不到位扣1～2分		
3.3	终端头套管	巡视到位	2	巡视不到位扣1～2分		
3.4	终端头法兰盘	巡视到位	2	巡视不到位扣1～2分		
3.5	终端头密封件	巡视到位	2	巡视不到位扣1～2分		
3.6	终端头接地	巡视到位	2	巡视不到位扣1～2分		
3.7	终端头金属部件	巡视到位	2	巡视不到位扣1～2分		
3.8	终端头电缆	巡视到位	2	巡视不到位扣1～2分		
3.9	电缆户外终端	巡视到位	2	巡视不到位扣1～2分		
3.10	外观检查	巡视到位	2	巡视不到位扣1～2分		
3.11	防火措施	巡视到位	2	巡视不到位扣1～2分		
3.12	标识清晰	巡视到位	2	巡视不到位扣1～2分		
3.13	金属屏蔽换位同轴电缆	巡视到位	2	巡视不到位扣1～2分		
3.14	金属屏蔽换位箱	巡视到位	2	巡视不到位扣1～2分		
3.15	接地装置	巡视到位	2	巡视不到位扣1～2分		
3.16	电缆沟盖板	巡视到位	2	巡视不到位扣1～2分		
3.17	电缆沟、管	巡视到位	2	巡视不到位扣1～2分		
3.18	工作井	巡视到位	2	巡视不到位扣1～2分		
3.19	周边环境	巡视到位	2	巡视不到位扣1～2分		
3.20	电缆	巡视到位	2	巡视不到位扣1～2分		
3.21	沿线场地情况	巡视到位	2	巡视不到位扣1～2分		
3.22	支架、接地情况	巡视到位	2	巡视不到位扣1～2分		
3.23	电缆隧道内设施	巡视到位	2	巡视不到位扣1～2分		
3.24	隧道内电缆	巡视到位	2	巡视不到位扣1～2分		
3.25	隧道内接头及接地装置	巡视到位	2	巡视不到位扣1～2分		
3.26	隧道电缆固定金具	巡视到位	2	巡视不到位扣1～2分		
3.27	隧道竖井	巡视到位	2	巡视不到位扣1～2分		

续表

序号	项目名称	质量要求	满分	扣分标准	扣分原因	得分
3.28	缺陷上报	按规范要求进行上报	4	少汇报一处扣 2 分，扣完为止； 不汇报扣 4 分		
3.29	巡视卡票面情况	巡视卡面整洁，无涂改，无漏填	6	错一处扣 2 分； 签字、打勾不完整、规范，一处扣 1 分； 涂改一处扣 1 分； 脏污、破损扣 2 分； 以上扣分，扣完为止		
3.30	时间	在规定时间内完成所有操作	2	每超出规定时间 3 分钟扣 1 分，扣完为止		
4	工作结束					
4.1	作业结束	作业完成检查完毕，确认作业现场没有遗留物件，申请作业结束	2	未向考评员汇报作业结束扣 1 分； 现场有遗留物的不得分		
4.2	材料、工具规整	作业结束后进行现场工具材料规整	3	未进行现场工具材料规整扣 3 分		
合计			100			

Jc0005343009　110kV（220kV）某电缆线氧化锌避雷器交接和预防性试验。（100 分）

考核知识点：

1. 110kV（220kV）氧化锌避雷器的接线原理及运行方式
2. 110kV（220kV）氧化锌避雷器的交接和预防性试验原理及方法
3. 仪器仪表的接线方式
4. 仪器仪表的正确使用

难易度：难

技能等级评价专业技能考核操作工作任务书

一、任务名称

110kV（220kV）某电缆线氧化锌避雷器交接和预防性试验。

二、适用工种

电力电缆安装运维工（输电）高级工。

三、具体任务

（1）避雷器绝缘电阻的测量。

（2）直流 1mA 电压 U_{1mA} 及 $0.75U_{1mA}$ 下的泄漏电流测量。

（3）避雷器底座绝缘电阻测试。

（4）避雷器专用放电极速器动作检查。

（5）试验接线拆除及设备恢复。

四、工作规范及要求

（1）持有已许可开工的电力电缆第一种工作票。

（2）操作由 1 人操作、1 人监护完成，穿戴规范。

（3）试验需断开设备接头时，拆前应做好标记，拆后应进行检查。

（4）试验装置的金属外壳应可靠接地，高压引线应尽量缩短。

（5）试验现场应装设安全遮栏，向外悬挂“止步，高压危险！”的标识牌。

（6）变更接线或试验结束时，应先断开试验设备并放电，并将升压设备高压部分短路接地。

（7）试验结束后，操作人员应拆除自装的接地短路线，并对被试设备进行检查和清理现场。

五、考核及时间要求

本考核操作时间共 120 分钟。

技能等级评价专业技能考核操作评分标准

工种	电力电缆安装运维工（输电）				评价等级	高级工
项目模块	电费运行维护与检修—电缆检测			编号	Jc0005343009	
单位		准考证号			姓名	
考试时限	120 分钟	题型	单项操作		题分	100 分
成绩	考评员		考评组长		日期	
试题正文	110kV（220kV）某电缆线氧化锌避雷器交接和预防性试验					
需要说明的问题和要求	（1）本项考核可设专人配合操作，仅对作业人员进行考评。 （2）操作应注意安全，根据具体任务对应标准化作业流程开展确保人身与设备安全。发生安全事故本项考核不合格。 （3）作业流程是否正确将列入考评内容。 （4）工具材料的选用与检查由被考核人员独立完成。 （5）避雷器试验故障可在未安装的避雷器上进行，也可在电力电缆实训基地完成					

序号	项目名称	质量要求	满分	扣分标准	扣分原因	得分
1	工作准备					
1.1	安全劳动防护用品的准备	正确佩戴安全帽，穿全套工作服，包括工作服、绝缘鞋、棉手套	5	未正确佩戴安全帽，未正确穿工作服、绝缘鞋、棉手套，每项扣 1 分，扣完为止		
1.2	工器具的准备	熟练正确使用各种工器具	10	未正确使用一次扣 2 分，扣完为止		
1.3	相关安全措施的准备	（1）正确进行工具安全性能检查。 （2）现场作业条件复核。 （3）合理布置地面材料、工具	15	未进行工具外观安全性能检查扣 5 分； 未对现场作业可能存在的危险点进行分析并提出防范措施扣 5 分； 地面工具、材料摆放不整齐、不合理扣 5 分； 发生安全事故本项考核不得分		
2	工作许可					
2.1	许可方式	向考评员示意准备就绪，申请开始工作	5	未向考评员示意履行许可手续扣 5 分		
3	工作步骤及技术要求					
3.1	设置安全措施	按规定做好安全措施，装设围栏和警示牌	5	未按要求做好安全措施扣 5 分； 围栏设置、警示牌设置不合理，每处扣 2 分，扣完为止		
3.2	测量绝缘电阻	（1）用绝缘电阻表测量避雷器两极绝缘电阻，测量 1min，记录绝缘电阻值。 （2）用接地线对避雷器两极充分放电	10	测量不规范，每处扣 2 分，扣完为止		
3.3	直流 1mA 电压 U_{1mA} 及 $0.75U_{1mA}$ 下的泄漏电流测量	（1）将避雷器瓷套表面擦拭干净。 （2）采用高压直流发生器进行试验，泄漏电流应该在高压侧读表，测量电流的导线应使用屏蔽线。 （3）升压，在直流泄漏电流超过 200μA 时，此时电压升高一点，电流将会急剧增大，此时应放慢升压速度，在电流达到 1mA 时，读取电压值 U_{1mA} 后，降压至零。 （4）计算 $0.75U_{1mA}$ 值。 （5）升压至 $0.75U_{1mA}$ 电压，测量泄漏电流的大小。 （6）降压至零，断开试验电源。 （7）待电压表指示基本为零时，用放电杆对避雷器放电，挂接地线，拆试验接线	15	测量不规范，每处扣 3 分，扣完为止		

续表

序号	项目名称	质量要求	满分	扣分标准	扣分原因	得分
3.4	底座绝缘电阻	用绝缘电阻表测量避雷器底座绝缘电阻 1 分钟	5	操作不正确每处扣 1 分，扣完为止		
3.5	放电计数器动作检查	采用放电计数测试仪检查计数器动作情况，重复 10 次	10	每少一次扣 1 分，扣完为止		
3.6	设备复原	（1）拆除试验临时电源接线。 （2）将被试设备接线恢复正常。 （3）拆除设置的安全措施	5	每一步操作缺失或错误扣 3 分，全部错误不得分		
3.7	时间	在规定时间内完成所有操作	5	每超出规定时间 3 分钟扣 1 分，扣完为止		
4	工作结束					
4.1	作业结束	作业完成检查完毕，确认作业现场没有遗留物件，申请作业结束	5	未向考评员汇报作业结束扣 1 分；现场有遗留物的不得分		
4.2	材料、工具规整	作业结束后进行现场工具材料规整	5	未进行现场工具材料规整扣 5 分		
合计			100			

Jc0004342010 110kV 交联电缆终端头剥切。（100 分）

考核知识点： 电力电缆制作工艺

难易度： 中

技能等级评价专业技能考核操作工作任务书

一、任务名称

110kV 交联电缆终端头剥切。

二、适用工种

电力电缆安装运维工（输电）高级工。

三、具体任务

根据所提供电缆附件图纸进行 110kV 交联电缆终端头剥切工作。

四、工作规范及要求

（1）工器具检查及使用。

（2）按要求进行操作。

（3）工作终结报告。

五、考核及时间要求

本考核操作时间共 120 分钟。

技能等级评价专业技能考核操作评分标准

工种	电力电缆安装运维工（输电）				评价等级	高级工
项目模块	电缆附件安装—电缆终端头安装			编号	Jc0004342010	
单位		准考证号			姓名	
考试时限	120 分钟	题型	单项操作		题分	100 分
成绩		考评员		考评组长	日期	
试题正文	110kV 交联电缆终端头剥切					

续表

需要说明的问题和要求	（1）操作由2人配合完成。 （2）考生应在规定时间内完成110kV交联电缆终端头剥切。 （3）作业必须符合Q/GDW 1799.2—2013《国家电网公司电力安全工作规程　线路部分》等有关规定，发生省级电网公司界定的严重违章行为不得分 YJLW$_{02}$-64/110kV-1X630电缆剥切图 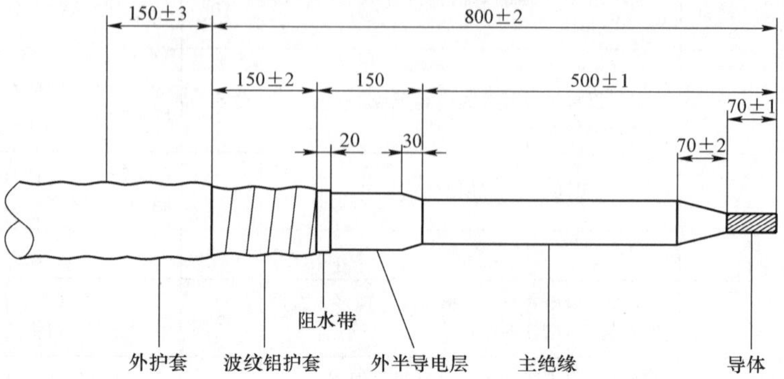 （图中尺寸单位为mm）

序号	项目名称	质量要求	满分	扣分标准	扣分原因	得分
1	工作前准备					
1.1	着装、个人工具	工作服、胶鞋、安全帽、手套、工具袋（钳子、扳手）等	3	每少一件扣1分（不强求每个人均带齐，但要满足现场作业需要）； 安全帽下颚带未系每人次扣2分； 以上扣分，扣完为止		
1.2	站队三交	作业前由评委向队员交代工作任务和必要的安全技术措施，并告知可以开工	2	作业人员要口头告知评委已知道工作任务、危险点和安全措施，未告之扣2分		
1.3	选择工器具、材料	电缆、钢锯、电工刀、钳子、剪切工具和其他常用工具，电缆剥、切、削的专用工具，烙铁、喷灯或燃气喷枪等	5	未根据图纸检查材料是否齐全、是否完好扣2分； 工作开始后每返回拿工器具一次，每次扣2分，扣完为止		
2	深度探测及绘图					
2.1	固定电缆，校直，外护套擦拭	（1）电缆固定在电缆终端支架上，并将电缆制作部分校直。 （2）外护套擦拭干净	2	未校直整理扣1分； 未擦拭扣1分		
2.2	切除电缆	（1）在距电缆端部约1000mm处做基准点标记。 （2）从基准点向上量取800mm，切除多余电缆	2	切口斜度1～2mm扣2分		
2.3	剥除外护套	从基准点向上剥去300mm长PVC外护套，并清洁铝护套	4	损伤金属护套扣1分； 损伤主绝缘扣1分； 操作不正确扣1分； 操作不熟练扣1分		
2.4	去石墨层（半导电层）	从基准点向下量150mm段刮去表面的石墨涂层	2	有石墨涂层残留，每处扣1分，扣完为止		
2.5	剥除金属护套	从基准点向上量150mm为铝护套末端，其余剥去，并将断口倒圆	5	尺寸误差超过3mm扣1分； 损伤阻水层扣1分； 损伤半导电屏蔽层扣2分； 切口不平整，有毛刺扣1分		

续表

序号	项目名称	质量要求	满分	扣分标准	扣分原因	得分
2.6	剥除绝缘屏蔽包带	从铝护套断口向上量取 20mm 扎一圈 PVC 胶带，将以上半导电缓冲层全部剥除	2	损伤外半导电层扣 1 分； 断口不平齐扣 1 分		
2.7	剥切绝缘	从电缆端部向下量取 70mm 剥出绝缘层，露出导体	5	断口不平齐扣 1 分； 尺寸误差每超过 2mm 扣 1 分； 伤及导体扣 2 分； 导体散股扣 1 分		
2.8	剥切反应力锥	将电缆绝缘端头 70mm 削成锥形，锥体端部以刚好不露出导体屏蔽为宜，用 120～400 号砂带打磨绝缘表面	6	锥度不圆整光滑，扣 2 分； 损伤导体，扣 2 分； 反应力锥形状不对称，扣 2 分		
2.9	剥切外半导电屏蔽层	从导体端部向下量取 500mm 处为绝缘屏蔽层末端用 PVC 带作。 临时标记；使用专用工具或玻璃片剥除外半导电层。剥切尺寸应符合图纸要求，允许误差在 1mm 以内；不得切削和损伤绝缘层；半导电层应切削干净，不得留有残迹；端口周围应平齐；半导电层坡面应均匀光洁与绝缘表面平滑过渡	20	尺寸不符合要求（＞1mm）扣 3 分； 损伤绝缘层扣 4 分； 半导电层未切削干净有残迹扣 4 分； 半导电层端口有毛刺或凹槽（＞1mm）扣 3 分； 半导电层坡面有凹凸，不平滑扣 3 分； 半导电层与绝缘层过渡不平滑扣 3 分		
2.10	打磨电缆绝缘	（1）依次使用 120、240、320、400 号砂带打磨电缆绝缘，绝缘末端起向上 400mm 表面应作精细打磨。 （2）绝缘表面应完整光滑。 （3）打磨后，绝缘与半导电层表面应清洁干净。 （4）两轴向绝缘直径误差应不大于 0.5mm。 （5）打磨清洗完成后，用保鲜膜做临时保护	10	不按照砂纸由粗到细打磨扣 2 分； 电缆绝缘打磨不光滑扣 1 分； 绝缘与半导电层未清洁扣 2 分，清洁方法不正确扣 2 分； 两轴向绝缘直径误差大于 0.5mm 扣 2 分； 打磨完毕后未用保鲜膜做临时保护扣 1 分		
2.11	填写记录	记录填写准确、完整、规范	2	测量、记录正交方向的主绝缘外径、绝缘屏蔽层外径，记录错误扣 2 分		
3	工作终结					
3.1	清理现场	清理现场，工器具、材料复原	5	现场有遗留工器具或废弃材料每件扣 1 分，扣完为止； 工器具复原凌乱扣 1 分		
3.2	汇报终结	向评委汇报工作结束	2	未汇报扣 2 分		
4	其他					
4.1	文明生产	语言文明	3	语言不文明每次扣 1 分，扣完为止		
4.2	时间	按时完成	10	作业时间到达 120 分钟后，超过 30 分钟评委立即停止作业人员作业，且每超过 3 分钟扣 1 分，扣完为止		
5	现场提问	在 Q/GDW 232.5—2008《国家电网公司生产技能人员职业能力培训规范　第 5 部分：输电电缆》相关技能模块范围内	10	回答不正确性、不完整性扣 2～10 分		
合计			100			

Jc0005342011　110kV 电力电缆护层试验。（100 分）

考核知识点：电力电缆试验

难易度：中

技能等级评价专业技能考核操作工作任务书

一、任务名称

110kV 电力电缆护层试验。

二、适用工种

电力电缆安装运维工（输电）高级工。

三、具体任务

按照 110kV 电力电缆护层试验标准对 110kV 电力电缆护层进行试验。

四、工作规范及要求

（1）工器具检查及使用。

（2）按要求进行操作。

（3）工作终结报告。

五、考核及时间要求

本考核操作时间共 120 分钟。

技能等级评价专业技能考核操作评分标准

工种	电力电缆安装运维工（输电）					评价等级	高级工
项目模块	电缆运行维护与检修—电缆检测				编号		Jc0005342011
单位			准考证号			姓名	
考试时限	120 分钟		题型	单项操作		题分	100 分
成绩		考评员		考评组长		日期	
试题正文	110kV 电力电缆护层试验						
需要说明的问题和要求	（1）操作由两人配合完成。 （2）考生应在规定时间内完成 110kV 电力电缆护层试验。 （3）作业必须符合 Q/GDW 1799.2—2013《国家电网公司电力安全工作规程　线路部分》等有关规定。发生省级电网公司界定的严重违章行为不得分。 （4）要求着装正确（穿工作服、工作胶鞋、戴安全帽）						

序号	项目名称	质量要求	满分	扣分标准	扣分原因	得分
1	工作前准备					
1.1	着装、个人工具	工作服、胶鞋、安全帽、手套、工具袋（钳子、扳手）等	3	每少一件扣 1 分（不强求每个人均带齐，但要满足现场作业需要）； 安全帽下颚带未系每人次扣 2 分； 以上扣分，扣完为止		
1.2	站队三交	作业前由评委向队员交代工作任务和必要的安全技术措施，并告知可以开工	2	作业人员要口头告知评委已知道工作任务、危险点和安全措施，未告之扣 2 分		
1.3	选择工器具、材料	电缆、钢锯、电工刀、钳子、剪切工具和其他常用工具、电缆剥、切、削的专用工具、烙铁、喷灯或燃气喷枪等	5	未根据图纸检查材料是否齐全、是否完好扣 2 分； 工作开始后每返回拿工器具一次，每次扣 2 分，扣完为止		
2	深度探测及绘图					
2.1	刮除电缆两端石墨层	用玻璃片刮除 200mm 长石墨层，要求刮除部分护套上无石墨残留	5	刮除长度不足扣 3 分； 有石墨残留扣 2 分		
2.2	钉入钉子	在刮除石墨段 1/2 处用榔头将钉子钉入金属护套	5	钉钉子位置不正确扣 2 分； 钉子未接触金属护套扣 3 分		

续表

序号	项目名称	质量要求	满分	扣分标准	扣分原因	得分
2.3	试验设备接线	按照试验要求正确接线	7	设备接线一处不正确扣2分，扣完为止； 接地不牢靠扣5分		
2.4	加压端连接	由高压引出端接线至钉子尾部	5	高压端不符合安全距离要求扣5分		
2.5	接地端连接	试验设备、电缆石墨层均可靠接地，试品尾端悬空，不应接地	5	操作不正确扣2分； 接地不良扣2分； 尾端接地扣1分（或直接判为不合格）		
2.6	检查接线	检查所有接线是否正确、可靠，通知监护人员将升压	5	未确认接线正确与否扣2分； 导线接触不良扣1分； 未通知监护人员扣2分		
2.7	升压	平稳升高直流电压至10kV，保持1min，未击穿，读取泄漏电流值	5	升压不平稳扣3分； 读数不准确扣2分		
2.8	降压	平稳降低电压回零，关闭电源开关	5	降压不平稳扣3分； 未关闭电源扣2分		
2.9	放电	用接地可靠的放电棒，对被试线路充分放电	6	操作顺序错误扣3分； 放电不充分扣3分		
2.10	拆除接线	拆除各点接线	5	操作顺序错误扣3分； 漏拆线扣2分		
2.11	防水处理	用防水带包裹钉子眼	5	未处理扣3分； 防水处理不良扣2分		
2.12	填写记录	记录填写准确、完整、规范	2	测量、记录正交方向的主绝缘外径、绝缘屏蔽层外径，记录不正确扣2分		
3	工作终结					
3.1	清理现场	清理现场，工器具、材料复原	5	现场有遗留工器具或废弃材料每件扣1分，扣完为止； 工器具复原凌乱扣1分		
3.2	汇报终结	向考评员汇报工作结束	2	未汇报扣2分		
4	其他					
4.1	文明生产	语言文明	3	语言不文明每次扣1分，扣完为止		
4.2	时间	按时完成	10	作业时间到达120分钟后，超过10分钟考评员立即停止作业人员作业，且每超过1分钟扣1分，扣完为止		
5	现场提问	在Q/GDW 232.5—2008《国家电网公司生产技能人员职业能力培训规范　第5部分：输电电缆》相关技能模块范围内	10	回答不正确性、不完整性评分扣2～10分		
合计			100			

Jc0003342012　指挥一次用机械方式在排管内敷设长线电缆的工作。（100分）

考核知识点：

1. 电缆敷设施工工器具的试验
2. 排管方式敷设的现场布置和人员调配能力
3. 排管敷设的质量控制

难易度：中

技能等级评价专业技能考核操作工作任务书

一、任务名称

指挥一次用机械方式在排管内敷设长线电缆的工作。

二、适用工种

电力电缆安装运维工（输电）高级工。

三、具体任务

利用牵引机在排管内敷设电缆。

四、工作规范及要求

（1）电缆型号为：YJV22－8.7/15－3X240 电缆。

（2）考生应遵守安全文明施工规定，正确指挥排管方式的电缆敷设；能合理使用电缆牵引设备和输送设备；能合理指挥工作现场人员；能有效把握电缆施放的质量。

（3）该项目由 1 名考生独立完成指挥任务，配合施工人员若干。

（4）发生安全事故，本项考核不合格。

（5）工作地段应装设安全围栏，挂标识牌。

五、考核及时间要求

本考核操作时间共 150 分钟。

技能等级评价专业技能考核操作评分标准

工种	电力电缆安装运维工（输电）					评价等级	高级工
项目模块	电缆敷设—电缆质量检查，敷设场地布置，电缆敷设安装				编号	Jc0003342012	
单位			准考证号			姓名	
考试时限	150 分钟		题型	单项操作		题分	100 分
成绩		考评员		考评组长		日期	
试题正文	指挥一次用机械方式在排管内敷设长线电缆的工作						
需要说明的问题和要求	（1）本项考核可设专人配合操作，仅对作业人员进行考评。 （2）操作应注意安全，根据具体任务对应标准化作业流程开展确保人身与设备安全。发生安全事故本项考核不合格。 （3）作业流程是否正确将列入考评内容。 （4）工具材料的选用与检查由被考核人员独立完成						

序号	项目名称	质量要求	满分	扣分标准	扣分原因	得分
1	工作准备					
1.1	安全劳动防护用品的准备	正确佩戴安全帽，穿全套工作服，包括工作服、绝缘鞋、棉手套	5	未正确佩戴安全帽，未正确穿工作服、绝缘鞋、棉手套，每项扣 1 分，扣完为止		
1.2	工器具的准备	熟练正确使用各种工器具	10	未正确使用一次扣 2 分，扣完为止		
1.3	相关安全措施的准备	（1）正确进行工具安全性能检查。 （2）现场作业条件复核。 （3）合理布置地面材料、工具	10	未进行工具外观安全性能检查扣 3 分； 未对现场作业可能存在的危险点进行分析并提出防范措施扣 4 分； 地面工具、材料摆放不整齐、不合理扣 3 分； 发生安全事故本项考核不得分		
2	工作许可					

续表

序号	项目名称	质量要求	满分	扣分标准	扣分原因	得分
2.1	许可方式	向考评员示意准备就绪，申请开始工作	5	未向考评员示意履行许可手续不得分		
3	工作步骤及技术要求					
3.1	疏通管道	全线疏通管道，管道中不能有砂、石或其他障碍物	2	不符要求扣 2 分		
3.2	人井抽水、排气	抽水、排气以保证人身和设备安全	3	不符要求扣 3 分		
3.3	装施工器具	为输送机、牵引机、放线架、地滑轮等设备施工器具选好位置，并将电缆、钢丝绳盘支架好	5	一件设备位置选择不当扣 2 分； 线缆置放不稳扣 2 分； 电缆施放方向不对称扣 1 分		
3.4	接通电源	接通电源，一定无安全隐患	5	电源不通扣 2 分； 安全上有问题扣 3 分		
3.5	校试通信设备	始终保持施工全过程通信联络	5	通信工具未准备好扣 2 分； 不畅通扣 3 分		
3.6	准备工具材料，检验设备运转情况	未进行敷设前应空试设备，是否便于控制（或集中控制），上表中所必在的工具不能少	5	一项未按要求进行扣 2 分； 工具材料不全扣 3 分		
3.7	人员配置	所选监控设备人员是否足够和是否合适	5	人员安排有失责者扣 5 分		
3.8	采取相关的安全措施	采取防止事故发生的措施，在交通设备和人员等方面做到既不伤害他人，也不伤害施工人员	3	无安全措施或发生问题后不能很快采措施扣 3 分		
3.9	牵引头制作	牵引头制作应牢固、灵动	4	牵引头制作不好扣 4 分		
3.10	电缆弯曲半径	电缆弯曲半径应严格控制在规定范围内	5	一处弯曲半径超过规定扣 3～5 分		
3.11	对拉力和摩擦力的监控	应对电缆敷设全过程进行牵引监控	3	不能准确判断牵引力过大的原因扣 3 分		
3.12	防止外护层受损	如对管壁摩擦力太大，应即时查明原因，容易引起外护层受损的地方，应加以注意，并在通过该段时进行检查	5	发现一处超过 1/2 外护层厚度的伤痕扣 3～5 分		
3.13	电缆放线时应有制动措施	制动与通信联络要同时进行	5	无制动工具扣 3 分； 制动控制不好扣 2 分		
3.14	敷设记录	敷设前应有记录	5	无记录扣 5 分		
3.15	时间		5	每超出规定时间 3 分钟扣 1 分，扣完为止		
4	工作结束					
4.1	作业结束	作业完成检查完毕，确认作业现场没有遗留物件，申请作业结束	2	未向考评员汇报作业结束扣 1 分； 现场有遗留物的不得分		
4.2	材料、工具规整	作业结束后进行现场工具材料规整	3	未进行现场工具材料规整扣 3 分		
	合计		100			

Jc0005343013 铜屏蔽电阻与导体电阻比试验。（100 分）

考核知识点：

1. 双臂电桥的原理
2. 双臂电桥的正确接线与操作
3. 绝缘电阻试验中的安全措施

难易度：难

技能等级评价专业技能考核操作工作任务书

一、任务名称

铜屏蔽电阻与导体电阻比试验。

二、适用工种

电力电缆安装运维工（输电）高级工。

三、具体任务

利用双臂电桥法测量在相同温度下的铜屏蔽电阻与导体电阻。

四、操作规范及要求

（1）要求一人操作一人监护。

（2）试验接线应正确。

（3）放电及变更接线时动作规范、熟练。

（4）数据分析与判断准确。

（5）做好相应安全措施。

五、考核及时间要求

（1）本考核操作时间共 20 分钟。

（2）工作完成后向考评员汇报工作完毕。

技能等级评价专业技能考核操作评分标准

工种	电力电缆安装运维工（输电）			评价等级	高级工
项目模块	电缆运行维护与检修—电缆检测		编号	Jc0005343013	
单位		准考证号		姓名	
考试时限	20 分钟	题型	单项操作	题分	100 分
成绩		考评员		考评组长		日期	
试题正文	铜屏蔽电阻与导体电阻比试验				
需要说明的问题和要求	（1）本项考核可设专人配合操作，仅对作业人员进行考评。 （2）操作应注意安全，根据具体任务对应标准化作业流程开展确保人身与设备安全。发生安全事故本项考核不合格。 （3）作业流程是否正确将列入考评内容。 （4）工具材料的选用与检查由被考核人员独立完成				

序号	项目名称	质量要求	满分	扣分标准	扣分原因	得分
1	工作准备					
1.1	安全劳动防护用品的准备	正确佩戴安全帽，穿全套工作服，包括工作服、绝缘鞋、棉手套	5	未正确佩戴安全帽，未正确穿工作服、绝缘鞋、棉手套，每项扣 1 分，扣完为止		
1.2	工器具的准备	熟练正确使用各种工器具	10	未正确使用一次扣 2 分，扣完为止		
1.3	相关安全措施的准备	（1）正确进行工具安全性能检查。 （2）现场作业条件复核。 （3）合理布置地面材料、工具	10	未进行工具外观安全性能检查扣 3 分； 未对现场作业可能存在的危险点进行分析并提出防范措施扣 4 分； 地面工具、材料摆放不整齐、不合理扣 3 分； 发生安全事故本项考核不得分		
2	工作许可					

续表

序号	项目名称	质量要求	满分	扣分标准	扣分原因	得分
2.1	许可方式	向考评员示意准备就绪，申请开始工作	5	未向考评员示意履行许可手续扣5分		
3	工作步骤及技术要求					
3.1	现场准备	试验场地围好围栏	5	未围栏扣5分		
3.2	连接线路	正确连接电源、待测电缆并报告	5	无报告扣2分； 错、漏项扣3分		
3.3	试验测量	检流计调零	3	未调零扣3分		
		正确设置各个挡位	3	挡位不正确扣3分		
		正确运用按键	3	按键不正确扣3分		
		利用双臂电桥C、R挡的改变来试探待测电阻的大约阻值，找到合适的C挡位，保证R的1粗调挡不为零	10	错误一项扣2分，扣完为止		
		确定C挡后，调整R细调盘，使检流计指针不偏转。不能使用细调盘的空挡处	8	错误一项扣2分，扣完为止		
		调整中合理运用检流计灵敏度按钮，开始时用低灵敏度，最终读数时用高灵敏度	8	错误一项扣2分，扣完为止		
3.4	记录数据	数据清晰，单位明确、统一	8	记录一处不正确扣2分，扣完为止		
3.5	试验结束	拆除试验接线，仪器、设备还原，清理现场	10	现场清理不干净扣3分； 检流计开关未在断开位置扣3分； 电源开关未在断开位置扣4分		
3.6	时间	在规定时间内完成所有操作	2	每超出规定时间3分钟扣1分，扣完为止		
4	工作结束					
4.1	作业结束	作业完成检查完毕，确认作业现场没有遗留物件，申请作业结束	2	未向考评员汇报作业结束扣1分； 现场有遗留物的不得分		
4.2	材料、工具规整	作业结束后进行现场工具材料规整	3	未进行现场工具材料规整扣3分		
	合计		100			

Jc0004343014　电缆交叉互联接地箱的制作。（100分）

考核知识点：

1. 交叉互联接地箱的结构
2. 电缆金属护套交叉换位及接地方式
3. 人员现场实际操作能力

难易度：难

技能等级评价专业技能考核操作工作任务书

一、任务名称

电缆交叉互联接地箱的制作。

二、适用工种

电力电缆安装运维工（输电）高级工。

三、具体任务

安装电缆交叉互联箱，完成同轴电缆及内部接线。

四、工作规范及要求

（1）动火操作应遵循相关工作规程。

（2）安装完成后箱体应可靠固定、密封良好。

（3）该项目由考生 1 人完成。

（4）发生安全事故，本项考核不合格。

五、考核及时间要求

（1）本考核操作时间共 50 分钟。

（2）工作完成后向考评员汇报工作完毕。

技能等级评价专业技能考核操作评分标准

工种	电力电缆安装运维工（输电）					评价等级	高级工
项目模块	电缆附件安装—电缆中间接头安装				编号	Jc0004343014	
单位			准考证号			姓名	
考试时限	50 分钟		题型	单项操作		题分	100 分
成绩		考评员		考评组长		日期	
试题正文	电缆交叉互联接地箱的制作						
需要说明的问题和要求	（1）本项考核可设专人配合操作，仅对作业人员进行考评。 （2）操作应注意安全，根据具体任务对应标准化作业流程开展确保人身与设备安全。发生安全事故本项考核不合格。 （3）作业流程是否正确将列入考评内容。 （4）工具材料的选用与检查由被考核人员独立完成						

序号	项目名称	质量要求	满分	扣分标准	扣分原因	得分
1	工作准备					
1.1	安全劳动防护用品的准备	正确佩戴安全帽，穿全套工作服，包括工作服、绝缘鞋、棉手套	5	未正确佩戴安全帽，未正确穿工作服、绝缘鞋、棉手套，每项扣 1 分，扣完为止		
1.2	工器具的准备	熟练正确使用各种工器具	10	未正确使用一次扣 2 分，扣完为止		
1.3	相关安全措施的准备	（1）正确进行工具安全性能检查。 （2）现场作业条件复核。 （3）合理布置地面材料、工具	10	未进行工具外观安全性能检查扣 3 分； 未对现场作业可能存在的危险点进行分析并提出防范措施扣 4 分； 地面工具、材料摆放不整齐、不合理扣 3 分； 发生安全事故本项考核不得分		
2	工作许可					
2.1	许可方式	向考评员示意准备就绪，申请开始工作	5	未向考评员示意履行许可手续扣 5 分		
3	工作步骤及技术要求					
3.1	工器具、材料准备	工器具、仪表、材料选用准确、齐全	3	未进行工器具检查扣 1 分； 工器具、材料漏选或有缺陷扣 2 分		
3.2	操作前检查	认真检查核对接地线型号与接地电缆截面面积是否对应，互层保护器的型号和规格是否符合设计要求且试验合格完好无损，查阅交叉互联接地方式	3	3 个检查项目，漏查一项扣 1 分，扣完为止		

续表

序号	项目名称	质量要求	满分	扣分标准	扣分原因	得分
3.3	截取接地同轴电缆和单芯接地电缆	根据现场布置，截取适当长度的同轴电缆和单芯接地电缆	8	没有量取现场布置的距离扣 3 分； 截取的接地电缆长度不合适扣 5 分		
3.4	剥除绝缘、压接接线端子	量取接地箱内接线孔的间距，剥切同轴电缆的线芯绝缘和屏蔽层绝缘，不得损伤铜导体，表面光滑无毛刺；对于单芯接地电缆，两头都要剥切绝缘并压接接线端子	9	没有量取接地箱内接线孔的间距扣 3 分； 剥切长度错误扣 3 分； 导体表面损伤扣 3 分		
3.5	将同轴电缆穿入交叉互联接地箱	依次将 3 根同轴电缆穿入交叉互联接地箱，每一根同轴电缆的线芯导体与屏蔽层导体要穿到位，并拧紧接线端的压紧螺栓，确保电气接触良好。裸露的导演部分与接地箱箱体之间有足够的绝缘距离	6	同轴电缆穿入不到位扣 2 分； 接线端接触不牢固扣 2 分； 导体与接地箱箱体之间绝缘距离不够，或有杂物残留扣 2 分		
3.6	安装交叉互联铜排	按照设计的交叉互联方式，安装交叉互联铜排，不得错接。螺栓要拧紧，保证电气接触良好	5	安装相序错误扣 3 分； 检查不良扣 2 分		
3.7	安装密封垫圈和箱盖	紧固箱体螺栓时要与对角均匀，逐渐紧固。安装完成后箱体应可靠固定、密封良好	7	没有对角均匀、逐渐紧固扣 4 分； 完成后箱体未可靠固定、密封扣 3 分		
3.8	出线孔密封	按照安装工艺要求进行，绕包防水密封胶，绕包绝缘带。最后安装热缩套管密封	10	未安装防水密封胶扣 3 分； 未绕包绝缘带扣 3 分； 未安装热缩套管密封扣 4 分		
3.9	绕包相色带	在出线孔外缠绕相色带，相位正确、美观	5	相位不正确扣 5 分		
3.10	安装总接地线	将压接好接线端子的单芯接地电缆连接接地箱和总接地极。接地电缆的接地点选择永久接地点，接地接触面抹导电膏，连接牢固	7	接地箱两端中一端未接地扣 2 分； 接触面不牢固扣 3～5 分		
3.11	时间	在规定时间内完成所有操作	2	每超出规定时间 3 分钟扣 1 分，扣完为止		
4	工作结束					
4.1	作业结束	作业完成检查完毕，确认作业现场没有遗留物件，申请作业结束	2	未向考评员汇报作业结束扣 1 分； 现场有遗留物的不得分		
4.2	材料、工具规整	作业结束后进行现场工具材料规整	3	未进行现场工具材料规整扣 3 分		
合计			100			

Jc0004342015　填写 35kV－XLPE 冷缩中间绝缘接头自检记录。（100 分）

考核知识点：

1. 考核填写人综合能力
2. 电缆头制作理论知识
3. 人员现场实际操作能力

难易度：中

技能等级评价专业技能考核操作工作任务书

一、任务名称

填写 35kV－XLPE 冷缩中间绝缘接头自检记录。

二、适用工种

电力电缆安装运维工（输电）高级工。

三、具体任务

（1）根据电缆施工原始记录独立填写 35kV－XLPE 电缆头自检记录。

（2）要求字迹工整、内容完善、格式正确。

四、工作规范及要求

（1）填写时必须提供 1 份原始数据。

（2）笔、纸、资料备齐时计时开始。

（3）该项目由考生 1 人完成。

五、考核及时间要求

（1）本考核操作时间共 15 分钟。

（2）工作完成后向考评员汇报工作完毕。

技能等级评价专业技能考核操作评分标准

<table>
<tr><td>工种</td><td colspan="7">电力电缆安装运维工（输电）</td><td>评价等级</td><td colspan="2">高级工</td></tr>
<tr><td>项目模块</td><td colspan="6">工艺图纸及材料准备—电缆附件安装工艺图识别</td><td>编号</td><td colspan="3">Jc0004342015</td></tr>
<tr><td>单位</td><td colspan="3"></td><td>准考证号</td><td colspan="3"></td><td>姓名</td><td colspan="2"></td></tr>
<tr><td>考试时限</td><td colspan="2">15 分钟</td><td>题型</td><td colspan="4">单项操作</td><td>题分</td><td colspan="2">100 分</td></tr>
<tr><td>成绩</td><td></td><td>考评员</td><td></td><td>考评组长</td><td colspan="3"></td><td>日期</td><td colspan="2"></td></tr>
<tr><td>试题正文</td><td colspan="10">填写 35kV－XLPE 冷缩中间绝缘接头自检记录（见附表）</td></tr>
<tr><td>需要说明的问题和要求</td><td colspan="10">（1）独立填写（补充电缆头型号、规格及数量）。
（2）作业流程是否正确将列入考评内容。
（3）自检用记录表格 1～2 份，碳素水钢笔、铅笔各一支，原始记录一份。
（4）场地为有办公桌椅的室内</td></tr>
<tr><td>序号</td><td colspan="2">项目名称</td><td colspan="2">质量要求</td><td>满分</td><td colspan="3">扣分标准</td><td>扣分原因</td><td>得分</td></tr>
<tr><td>1</td><td colspan="2">笔型选用</td><td colspan="2">选用碳素水钢笔，不得选用铅笔</td><td>10</td><td colspan="3">选铅笔扣 10 分</td><td></td><td></td></tr>
<tr><td>2</td><td colspan="2">字形、字迹要求</td><td colspan="2">字形要易于辨认，字迹要清晰、端子，不可有污点</td><td>10</td><td colspan="3">不符合要求扣 10 分</td><td></td><td></td></tr>
<tr><td>3</td><td colspan="2">填写内容</td><td colspan="2">要求填写起点、终点、电缆编号、制作人、制作日期、制作前后的绝缘电阻、外观有无损伤及接地是否符合要求</td><td>70</td><td colspan="3">胡乱编造扣 10 分；
每缺 1 项扣 10 分，
累计缺 4 相扣 70 分，扣完为止</td><td></td><td></td></tr>
<tr><td>4</td><td colspan="2">填写格式</td><td colspan="2">格式正确无遗漏</td><td>10</td><td colspan="3">格式不正确扣 5 分；
每遗漏 1 项扣 1 分，扣完为止</td><td></td><td></td></tr>
<tr><td colspan="3">合计</td><td colspan="2"></td><td>100</td><td colspan="3"></td><td></td><td></td></tr>
</table>

附表

10kV－XLPE 电缆头自检记录。

<table>
<tr><td colspan="2">工程名称</td><td colspan="2"></td><td colspan="2">施工日期</td><td colspan="2"></td></tr>
<tr><td colspan="2">线路名称</td><td colspan="2"></td><td colspan="2">温度、湿度</td><td colspan="2"></td></tr>
<tr><td colspan="2">电缆型号</td><td colspan="2">YJV22－26/35－3×300mm²</td><td colspan="2">接头型号</td><td colspan="2">冷缩绝缘中间接头</td></tr>
<tr><td rowspan="2">序号</td><td rowspan="2" colspan="2">项目</td><td colspan="4">中间接头安装</td><td rowspan="2">操作人员</td></tr>
<tr><td>标准</td><td>A 相</td><td>B 相</td><td>C 相</td></tr>
<tr><td>1</td><td colspan="2">安装前主绝缘</td><td></td><td></td><td></td><td></td><td></td></tr>
<tr><td>2</td><td colspan="2">安装前内、外护套绝缘</td><td></td><td></td><td></td><td></td><td></td></tr>
</table>

续表

序号	项目	中间接头安装				操作人员
		标准	A 相	B 相	C 相	
3	安装后主绝缘					
4	安装前内、外护套绝缘					
5	电缆防潮					
6	外护套剥切尺寸					
7	铠装层剥切尺寸					
8	内护套剥切尺寸					
9	铜屏蔽剥切尺寸					
10	主绝缘剥切尺寸/绝缘外径					
11	线芯保留长度					
12	应力锥、绝缘出厂编号					
13	绝缘表面处理					
14	外半与绝缘过度					
15	应力锥、绝缘件安装位置					
16	铜网安装长度					
17	铠装安装长度					
18	外防护结构安装					
工程单位			施工地点			
绝缘电阻表型号						
施工单位						
施工人员			自检时间	年　月　日		

Jc0005342016　35kV 电力电缆交流串联谐振试验。（100 分）

考核知识点：

1. 仪器仪表的正确使用
2. 交流串联谐振接线原理
3. 35kV 电缆的特点及运行方式

难易度： 中

技能等级评价专业技能考核操作工作任务书

一、任务名称

35kV 电力电缆交流串联谐振试验。

二、适用工种

电力电缆安装运维工（输电）高级工。

三、具体任务

开展 35kV 电缆交流串联谐振试验。

四、操作规范及要求

（1）做好相应安全措施。

（2）操作由一人操作、一人监护完成，穿戴规范。

（3）变更接线或试验结束时，应先断开试验电缆，放电，并将升压设备高压部分短接。

五、考核及时间要求

（1）本考核操作时间共30分钟。

（2）工作完成后向考评员汇报工作完毕。

技能等级评价专业技能考核操作评分标准

工种	电力电缆安装运维工（输电）					评价等级	高级工
项目模块	电缆运行维护与检修—电缆检测				编号	Jc0005342016	
单位			准考证号			姓名	
考试时限	30分钟		题型	单项操作		题分	100分
成绩		考评员		考评组长		日期	
试题正文	35kV电力电缆交流串联谐振试验						
需要说明的问题和要求	（1）本项考核可设专人配合操作，仅对作业人员进行考评。 （2）操作应注意安全，根据具体任务对应标准化作业流程开展确保人身与设备安全。发生安全事故本项考核不合格。 （3）作业流程是否正确将列入考评内容。 （4）试验仪器及工器具的选用与检查由被考核人员独立完成						

序号	项目名称	质量要求	满分	扣分标准	扣分原因	得分
1	工作准备					
1.1	安全劳动防护用品的准备	正确佩戴安全帽，穿全套工作服，包括工作服、绝缘鞋、棉手套	5	未正确佩戴安全帽，未正确穿工作服、绝缘鞋、棉手套，每项扣1分，扣完为止		
1.2	工器具的准备	熟练正确使用各种工器具	10	未正确使用一次扣2分，扣完为止		
1.3	相关安全措施的准备	（1）正确进行工具安全性能检查。 （2）现场作业条件复核。 （3）合理布置地面材料、工具	10	未进行工具外观安全性能检查扣3分； 未对现场作业可能存在的危险点进行分析并提出防范措施扣4分； 地面工具、材料摆放不整齐、不合理扣3分； 发生安全事故本项考核不得分		
2	工作许可					
2.1	许可方式	向考评员示意准备就绪，申请开始工作	5	未向考评员示意履行许可手续扣5分		
3	工作步骤及技术要求					
3.1	挂标示牌	电缆另一端挂好标示牌或派人看守	3	未做扣3分		
3.2	试验电压确定	正确确定试验电压（预试 $1.6U_0$ 或交接 $2.0U_0$）	5	不正确扣5分		
3.3	耐压前后遥测绝缘电阻	不考评，但必须完成这一过程	5	未做扣5分		
3.4	检查电源	检查电压（交流220V）	2	未做扣2分		
3.5	根据电缆试验电压及电容量选择电抗的接线	多只电抗器并联	8	操作不正确扣2～8分		
3.6	试验接线	试验接线应正确	8	不正确扣2～8分		
3.7	高压引线对地的绝缘距离	高压引线对地的绝缘距离足够	4	不正确扣1～4分		

续表

序号	项目名称	质量要求	满分	扣分标准	扣分原因	得分
3.8	接地线	试验接线应正确	5	接地不牢扣 2～5 分		
3.9	试验接地	试验一相时，其他两相接地正确	5	不正确扣 2～5 分		
3.10	合闸升压	接到监护人指令并大声复诵后方可合闸	5	未接到监护人指令合闸扣 2 分； 未大声复诵扣 3 分		
3.11	试验电压的互唱	加压过程互唱	3	未互唱扣 3 分		
3.12	试验完毕时放电	试验完毕对电缆充分放电，直至电缆无残留电荷	5	操作不正确扣 2～5 分		
3.13	试验结果的判断	试验过程中不闪烁，不放电则耐压试验合格	5	不正确扣 2～5 分		
3.14	时间	在规定时间内完成所有操作	2	每超出规定时间 3 分钟扣 1 分，扣完为止		
4	工作结束					
4.1	作业结束	作业完成检查完毕，确认作业现场没有遗留物件，申请作业结束	2	未向考评员汇报作业结束扣 1 分； 现场有遗留物的不得分		
4.2	材料、工具规整	作业结束后进行现场工具材料规整	3	未进行现场工具材料规整扣 3 分		
合计			100			

Jc0005342017　交叉互联系统试验检查。（100 分）

考核知识点：

1. 电缆外护套直流耐压试验原理及操作
2. 互层保护器试验原理及操作
3. 对电缆交叉互联接地系统的理解和掌握

难易度： 中

技能等级评价专业技能考核操作工作任务书

一、任务名称

交叉互联系统试验检查。

二、适用工种

电力电缆安装运维工（输电）高级工。

三、具体任务

（1）直流耐压试验。

（2）互层保护器试验。

（3）交叉互联箱检查。

（4）接线正确性检查。

四、工作规范及要求

（1）做直流耐压时，遵循 Q/GDW 1799.2—2013《国家电网公司安全工作规程　线路部分》及 DL/T 393—2021《输变电设备状态检修试验规程》的相关要求。

（2）使用绝缘电阻表检查电缆外护套电阻时，需注意对电缆进行充分放电，防止残余电荷伤人。

（3）工器具和材料有序摆放。

（4）施工场地周围设置安全围栏。

（5）该项目由 2 名考生配合完成。

五、考核及时间要求

（1）本考核操作时间共45分钟。

（2）未完成的操作项目不得分，但不影响其他项目得分。

技能等级评价专业技能考核操作评分标准

工种	电力电缆安装运维工（输电）					评价等级	高级工
项目模块	电缆运行维护与检修—电缆缺陷检修				编号	Jc0005342017	
单位			准考证号			姓名	
考试时限	45分钟		题型	单项操作		题分	100分
成绩		考评员		考评组长		日期	
试题正文	交叉互联系统试验检查						
需要说明的问题和要求	（1）本项考核可设专人配合操作，仅对作业人员进行考评。 （2）操作应注意安全，根据具体任务对应标准化作业流程开展确保人身与设备安全。发生安全事故本项考核不合格。 （3）作业流程是否正确将列入考评内容。 （4）工具材料的选用与检查由被考核人员独立完成						

序号	项目名称	质量要求	满分	扣分标准	扣分原因	得分
1	工作准备					
1.1	安全劳动防护用品的准备	正确佩戴安全帽，穿全套工作服，包括工作服、绝缘鞋、棉手套	5	未正确佩戴安全帽，未正确穿工作服、绝缘鞋、棉手套，每项扣1分，扣完为止		
1.2	工器具的准备	熟练正确使用各种工器具	10	未正确使用一次扣2分，扣完为止		
1.3	相关安全措施的准备	（1）正确进行工具安全性能检查。 （2）现场作业条件复核。 （3）合理布置地面材料、工具	10	未进行工具外观安全性能检查扣3分； 未对现场作业可能存在的危险点进行分析并提出防范措施扣4分； 地面工具、材料摆放不整齐、不合理扣3分； 发生安全事故本项考核不得分		
2	工作许可					
2.1	许可方式	向考评员示意准备就绪，申请开始工作	5	未向考评员示意履行许可手续扣5分		
3	工作步骤及技术要求					
3.1	绝缘电阻试验	用2500V绝缘电阻表测量金属护套对地绝缘，记录下60s和15s的值，做好记录	5	绝缘遥测接线错误扣3分； 没有达到设计扣2分		
3.2	直流耐压试验	使用直流耐压试验成套装置，分别对每段电缆外护套做直流耐压试验，逐步升压至DC5000V，记录泄漏电流。试验时须将互层保护器断开，在互联箱中将另一侧的三芯电缆全部接地	5	非试验相未接地扣5分； 接线错误扣1分； 升压速度过快扣1分； 未记录泄漏电流扣1分		
3.3	互层保护器试验	使用1000V绝缘电阻表，测量互层保护器的绝缘电阻不低于10MΩ	10	绝缘电阻表选择错误扣5分； 方法不正确扣5分		
3.4	交叉互联箱检查	检查接地箱内污垢情况、积水情况，检查接地线密封情况	10	检查不到位扣5～10分		
3.5	绘制检查互联接线图	检查接地线中连接铜排的接线顺序、同轴电缆的进线相序，绘制检查互联接线图	10	绘制不正确扣10分		
3.6	核相确认	通过绝缘电阻表再逐一核相	5	核相方法不正确扣5分		

续表

序号	项目名称	质量要求	满分	扣分标准	扣分原因	得分
3.7	填报整理记录	绝缘电阻记录、直流耐压记录、绘制交叉互联接线图	15	三相记录差一相扣 5 分		
3.8	时间	在规定时间内完成所有操作	5	每超出规定时间 3 分钟扣 1 分，扣完为止		
4	工作结束					
4.1	作业结束	作业完成检查完毕，确认作业现场没有遗留物件，申请作业结束	2	未向考评员汇报作业结束扣 1 分；现场有遗留物的不得分		
4.2	材料、工具规整	作业结束后进行现场工具材料规整	3	未进行现场工具材料规整扣 3 分		
合计			100			

Jc0005342018 使用绝缘电阻表进行电力电缆核相测试操作。（100 分）

考核知识点：电缆核相

难易度：中

技能等级评价专业技能考核操作工作任务书

一、任务名称

使用绝缘电阻表进行电力电缆核相测试操作。

二、适用工种

电力电缆安装运维工（输电）高级工。

三、具体任务

使用绝缘电阻表进行电缆核相。

四、工作规范及要求

（1）工器具使用及安全措施。

（2）按要求进行操作。

（3）工作终结报告。

五、考核及时间要求

（1）本考核操作时间共 20 分钟。

（2）工作完成后向考评员汇报工作完毕。

技能等级评价专业技能考核操作评分标准

<table>
<tr><td>工种</td><td colspan="5">电力电缆安装运维工（输电）</td><td>评价等级</td><td>高级工</td></tr>
<tr><td>项目模块</td><td colspan="4">电缆运行维护与检修—电缆检测</td><td>编号</td><td colspan="2">Jc0005342018</td></tr>
<tr><td>单位</td><td colspan="3"></td><td>准考证号</td><td></td><td>姓名</td><td></td></tr>
<tr><td>考试时限</td><td colspan="2">20 分钟</td><td>题型</td><td colspan="2">单项操作</td><td>题分</td><td>100 分</td></tr>
<tr><td>成绩</td><td></td><td>考评员</td><td></td><td>考评组长</td><td></td><td>日期</td><td></td></tr>
<tr><td>试题正文</td><td colspan="7">使用绝缘电阻表进行电力电缆核相测试操作</td></tr>
<tr><td>需要说明的问题和要求</td><td colspan="7">派 2 人协助，并设指挥 1 人</td></tr>
</table>

续表

序号	项目名称	质量要求	满分	扣分标准	扣分原因	得分
1	工作准备					
1.1	办理工作许可手续	作业人员向考评员履行工作许可手续	2	未办理工作许可手续扣 2 分		
1.2	劳动保护用品	佩戴正确，符合操作要求	5	不正确扣 1～5 分		
1.3	机具准备	正确齐全	3	不正确扣 1～3 分		
1.4	核对电缆线路名称	电缆线路名称正确	2	不正确扣 1～2 分		
1.5	现场布防	测试点装设安全围栏、悬挂安全警示装置，检测前封闭该区域	4	不正确扣 2～4 分		
1.6	电缆放电	电缆两端无电压	4	不正确扣 1～4 分		
2	接线					
2.1	将电缆两端的线路接地开关拉开	接地开关处于拉开位置	10	不合格扣 1～10 分		
2.2	将测量线一段接绝缘电阻表“L”端，另一端接绝缘杆，绝缘电阻表“E”接地	接线正确	15	接错一次扣 2 分，扣完为止		
2.3	通知对侧人员将 A 相接地	指令下达准确无误	5	不正确扣 1～5 分		
3	测试					
3.1	测试人员驱动绝缘电阻表，将绝缘杆分别搭接到电缆三相线芯上，绝缘电阻为零的为 A 相	操作正确，测试结果正确	15	不正确扣 3～15 分		
3.2	将绝缘杆脱离电缆 A 相，在关闭绝缘电阻表，对被试电缆进行放电并记录	操作正确	8	不正确扣 2～8 分		
3.3	完成上述操作后，通知对侧试验人员将接地线接到线路 B 相，重复上述操作	测试步骤正确且结果无误	10	不正确扣 1～10 分		
3.4	完成上述操作后，剩下最后一项则为 C 相	判断正确	7	不正确扣 7 分		
4	工作终结					
4.1	向测评人员汇报测评结果，对测评进行点评	汇报完成	3	未汇报扣 3 分		
4.2	清点工具，清理测试现场，检查是否有遗留物	做到“工完、料净、场地清”	2	未完成扣 1～2 分		
5	其他要求					
5.1	动作要求	动作熟练流畅	1	不熟练扣 1 分		
5.2	着装正确	应穿工作服、工作胶鞋，戴安全帽	2	每漏一项扣 1 分，扣完为止		
5.3	时间要求	按时完成	2	每超过 3 分钟扣 1 分，扣完为止		
合计			100			

Jc0005342019　高压电缆外护层修复操作。（100 分）

考核知识点：电缆外护层修复

难易度：中

技能等级评价专业技能考核操作工作任务书

一、任务名称

高压电缆外护层修复操作。

二、适用工种

电力电缆安装运维工（输电）高级工。

三、具体任务

高压电缆出现局部缺陷（如刮痕、断胶、皱褶、凸凹等现象）时，需要对该缺陷局部进行定位、核相、检查、修补、绝缘测试。

四、工作规范及要求

（1）工器具使用及安全措施。

（2）按要求进行操作。

（3）工作终结报告。

五、考核及时间要求

（1）本考核操作时间共 60 分钟。

（2）工作完成后向考评员汇报工作完毕。

技能等级评价专业技能考核操作评分标准

工种	电力电缆安装运维工（输电）					评价等级	高级工
项目模块	电缆运行维护与检修—电缆缺陷检修				编号	Jc0005342019	
单位			准考证号			姓名	
考试时限	60 分钟	题型		单项操作		题分	100 分
成绩		考评员		考评组长		日期	
试题正文	高压电缆外护层修复操作						
需要说明的问题和要求	（1）检测单人操作，设 1 人监护，配合人员 2 人。 （2）要求着装正确（穿工作服、工作胶鞋、戴安全帽）						

序号	项目名称	质量要求	满分	扣分标准	扣分原因	得分
1	工作开始					
1.1	办理工作许可手续	作业人员向考评员履行工作许可手续	5	未办理工作许可手续扣 5 分		
2	修复准备					
2.1	劳动保护用品	佩戴正确，符合操作要求	4	不正确扣 1～4 分		
2.2	机具准备	正确齐全	4	不正确扣 1～4 分		
2.3	气体检测	检测合格	3	未检测扣 3 分		
2.4	核对电缆线路名称，确定故障点	电缆线路名称及故障点查找正确	8	不正确扣 8 分		
2.5	现场布防	测试点装设安全围栏、悬挂安全警示装置，检测前封闭该区域	6	不正确扣 2～6 分		
3	外护层修复					

续表

序号	项目名称	质量要求	满分	扣分标准	扣分原因	得分
3.1	确认故障点，并对电缆进行核相	完成工作	5	未完成扣1～5分		
3.2	用木方悬挂手扳葫芦吊起电缆，对外护套故障点进行清洁、处理，吹干故障点的水	悬空电缆方便操作	5	未悬空5分		
3.3	用剥离片刮去故障点周围的石墨层	长度以故障点为中心两边至少15cm	10	不正确扣1～10分		
3.4	用绝缘胶带对故障点进行均匀绕包	至少绕包10层	5	数量不够扣1～5分		
3.5	防水胶带对故障点进行绕包	至少绕包5层，防水胶带应覆盖绝缘带	5	不合格扣1～5分		
3.6	用环氧树脂、玻璃纤维带对故障点进行处理	玻璃纤维带至少绕5层	5	缠绕数量不够扣1～5分		
3.7	用半导电带缠绕并连通石墨层	至少绕2层，且要连通石墨层	5	不合格扣1～5分		
3.8	用PVC带对电缆故障点进行绕包	至少绕包2层	5	不合格扣1～5分		
4	电缆绝缘电阻测试					
4.1	用绝缘电阻表测试外护套绝缘电阻	绝缘电阻不低于0.5MΩ/km	10	操作不正确扣1～10分		
4.2	如不合格继续寻找下一故障点	直至绝缘电阻合格	5	未操作扣1～5分		
5	工作终结					
5.1	向测评人员汇报环流测量和数据处理结果	汇报完成	3	未汇报扣3分		
5.2	清点工具，清理测试现场，检查是否有遗留物	做到“工完、料净、场地清”	2	未完成扣1～2分		
6	其他要求（此项目为扣分项）					
6.1	动作要求	动作熟练流畅	1	不熟练扣1分		
6.2	着装正确	应穿工作服、工作胶鞋，戴安全帽	2	每漏一项扣1分，扣完为止		
6.3	时间要求	按时完成	2	每超过3分钟扣1分，扣完为止；超过10分钟该操作不合格		
合计			100			

Jc0005342020　电缆路径及埋设深度探测，绘出直向图和单相埋设深度断面图。（100分）

考核知识点：

1. 电缆路径探测仪的正确使用
2. 电缆路径探测仪的接线与探测原理
3. 电缆路径图与断面图的绘制方法

难易度：中

技能等级评价专业技能考核操作工作任务书

一、任务名称

电缆路径及埋设深度探测，绘出直向图和单相埋设深度断面图。

二、适用工种

电力电缆安装运维工（输电）高级工。

三、具体任务

进行电缆路径探测、埋深探测，测试完毕后绘制电缆路径图及埋深断面图。

四、工作规范及要求

（1）电缆路径探测仪连接线安装正确，连接线与仪器之间的连接必须牢固。

（2）正确规范的使用仪器仪表。

（3）做好相应安全措施。

（4）绘图不须按比例。

五、考核及时间要求

（1）本考核操作时间共120分钟。

（2）未完成的操作项目不得分，但不影响其他项目得分。

技能等级评价专业技能考核操作评分标准

工种	电力电缆安装运维工（输电）					评价等级	高级工
项目模块	电缆运行维护与检修—电缆检测，电缆故障探录				编号	Jc0005342020	
单位			准考证号			姓名	
考试时限	120分钟		题型	单项操作		题分	100分
成绩		考评员		考评组长		日期	
试题正文	电缆路径及埋设深度探测，绘出直向图和单相埋设深度断面图						
需要说明的问题和要求	（1）本项考核可设专人配合操作，仅对作业人员进行考评。 （2）操作应注意安全，根据具体任务对应标准化作业流程开展确保人身与设备安全。发生安全事故本项考核不合格。 （3）作业流程是否正确将列入考评内容。 （4）工具材料的选用与检查由被考核人员独立完成						

序号	项目名称	质量要求	满分	扣分标准	扣分原因	得分
1	工作准备					
1.1	安全劳动防护用品的准备	正确佩戴安全帽，穿全套工作服，包括工作服、绝缘鞋、棉手套	5	未正确佩戴安全帽，未正确穿工作服、绝缘鞋、棉手套，每项扣1分，扣完为止		
1.2	工器具的准备	熟练正确使用各种工器具	10	未正确使用一次扣2分，扣完为止		
1.3	相关安全措施的准备	（1）正确进行工具安全性能检查。 （2）现场作业条件复核。 （3）合理布置地面材料、工具	15	未进行工具外观安全性能检查扣5分； 未对现场作业可能存在的危险点进行分析并提出防范措施扣5分； 地面工具、材料摆放不整齐、不合理扣5分； 发生安全事故本项考核不得分		
2	工作许可					
2.1	许可方式	向考评员示意准备就绪，申请开始工作	5	未向考评员示意履行许可手续不得分		

续表

序号	项目名称	质量要求	满分	扣分标准	扣分原因	得分
3	工作步骤及技术要求					
3.1	仪器接线	发射机与电缆接线方法正确，接收机与传感器接线方法正确	5	接线错误扣 5 分		
3.2	通信联络	工作前确定操作人员间的联络方式，确保通信畅通，提高工作效率	5	未能保持正常通信扣 5 分		
3.3	仪器使用	正确开关机，会使用仪器菜单选项	10	仪器使用不熟悉扣 5 分； 不会使用扣 5 分		
3.4	路径探测	路径探测正确，电缆路径图绘图正确	10	探测绘图错误扣 5 分； 绘图不明确，未标定参照物扣 5 分		
3.5	埋深探测	对设定的 3 个点埋深探测正确；电缆埋深断面图绘制正确	15	探测错误每个点扣 5 分； 绘图不明确，未标定参照物扣 10 分		
3.6	工作终结	仪器仪表归位和整理各种临时用线；工作现场清理干净，报告工作全部完成	5	仪器未归位，连接线未整理扣 3 分； 现场清理不干净，未报告完工扣 2 分		
3.7	时间	在规定时间内完成所有操作	5	每超出规定时间 3 分钟扣 1 分，扣完为止		
4	工作结束					
4.1	作业结束	作业完成检查完毕，确认作业现场没有遗留物件，申请作业结束	5	未向考评员汇报作业结束扣 1 分； 现场有遗留物的不得分		
4.2	材料、工具规整	作业结束后进行现场工具材料规整	5	未进行现场工具材料规整扣 5 分		
合计			100			

Jc0004342021　用铅焊补漏法修理充油电缆漏油点的操作。（100 分）

考核知识点：

1. 110kV 电缆油浸式终端头制作理论知识
2. 110kV 电缆油浸式终端头制作实际操作能力
3. 搪铅工艺原理
4. 搪铅工艺实操能力
5. 人员操作时对温度、焊料固化程度的掌控

难易度：中

技能等级评价专业技能考核操作工作任务书

一、任务名称

用铅焊补漏法修理充油电缆漏油点的操作。

二、适用工种

电力电缆安装运维工（输电）高级工。

三、具体任务

剥开充油电缆外层露出漏油点，截取适当尺寸的铅皮，用铅焊补漏法修理漏油点。

四、工作规范及要求

（1）本考核需在电缆停电条件下进行，也可用有一定油压的铅（铝）管代替电缆。

（2）不考虑失油现象。
（3）该作业由两名考生配合完成。
（4）选用工器具、设备、材料时间 5 分钟，时间到停止选用。此项用时不纳入考核时间。
（5）现场清理完毕后，汇报工作结束，记录考核结束时间。
（6）现场发生安全事故，本项考核不合格。

五、考核及时间要求

（1）本考核操作时间共 40 分钟。
（2）未完成的操作项目不得分，但不影响其他项目得分。

技能等级评价专业技能考核操作评分标准

工种	电力电缆安装运维工（输电）				评价等级	高级工
项目模块	电缆附件安装—电缆终端头安装			编号	Jc0004342021	
单位		准考证号			姓名	
考试时限	40 分钟	题型	单项操作		题分	100 分
成绩		考评员		考评组长		日期	
试题正文	用铅焊补漏法修理充油电缆漏油点的操作					
需要说明的问题和要求	（1）本项工作属于 1 人操作项，仅对作业人员进行考评。 （2）操作应注意安全，根据具体任务对应标准化作业流程开展确保人身与设备安全。发生安全事故本项考核不合格。 （3）作业流程是否正确将列入考评内容。 （4）工具材料的选用与检查由被考核人员独立完成					

序号	项目名称	质量要求	满分	扣分标准	扣分原因	得分
1	工作准备					
1.1	安全劳动防护用品的准备	正确佩戴安全帽，穿全套工作服，包括工作服、绝缘鞋、棉手套	5	未正确佩戴安全帽，未正确穿工作服、绝缘鞋、棉手套，每项扣 1 分，扣完为止		
1.2	工器具的准备	熟练正确使用各种工器具	10	未正确使用一次扣 2 分，扣完为止		
1.3	相关安全措施的准备	（1）正确进行工具安全性能检查。 （2）现场作业条件复核。 （3）合理布置地面材料、工具	15	未进行工具外观安全性能检查扣 5 分； 未对现场作业可能存在的危险点进行分析并提出防范措施扣 5 分； 地面工具、材料摆放不整齐、不合理扣 5 分； 发生安全事故本项考核不得分		
2	工作许可					
2.1	许可方式	向考评员示意准备就绪，申请开始工作	5	未向考评员示意履行许可手续扣 5 分		
3	工作步骤及技术要求					
3.1	油压控制	将电缆内油压调至允许的最低位	5	未进行调压扣 5 分		
3.2	清洗漏油点近旁的铅包	剥去电缆漏油点的铠装层、外护层、铜带防水层，暴露出漏油点，用棉纱醮电缆油把铅层表面擦净	10	操作不符合要求扣 2～10 分		
3.3	附加铅皮的皮处理	按照铅层上漏油裂口的大小，截取适当尺寸的铅皮，作补漏用，并在其上钻个小孔，将其包在漏油处的一截电缆上，补漏时小孔应位于下方，以便电缆油能从此孔中溢出	20	未钻小孔扣 5 分； 附加铅皮没能将漏油点全部包住扣 10 分； 小孔不足朝下扣 5 分		

续表

序号	项目名称	质量要求	满分	扣分标准	扣分原因	得分
3.4	扩铅	使附加铅皮与电缆本身铅包紧密封在一起，焊毕，用小螺钉旋入排油用小孔，堵住油流，再在外面将此处封焊	10	密封不光滑、不牢固扣5分； 密封时间超过20分钟扣5分		
3.5	调整油压	铅封毕待冷却后，对电缆补油，升高油压至0.29～3kgf/cm³，维持lh（不计在考证时间内），无渗油，调整油压到正常值	5	不符合要求扣5分		
3.6	重新恢复各结构层	重新恢复防水层，加固铜带层、外护层、铠装层，分别扎紧焊牢	5	绕包不平整扣2分； 有一层未扎紧焊牢扣3分		
3.7	时间	在规定时间内完成所有操作	5	每超出规定时间3分钟扣1分，扣完为止		
4	工作结束					
4.1	作业结束	作业完成检查完毕，确认作业现场没有遗留物件，申请作业结束	2	未向考评员汇报作业结束扣1分； 现场有遗留物的不得分		
4.2	材料、工具规整	作业结束后进行现场工具材料规整	3	未进行现场工具材料规整扣3分		
合计			100			

Jc0002342022　凿子刃口的磨制。（100分）

考核知识点：

1. 掌握凿子设计原理
2. 凿子磨制的实际操作能力
3. 人员操作时对磨制角度和厚度的掌控

难易度：中

技能等级评价专业技能考核操作工作任务书

一、任务名称

凿子刃口的磨制。

二、适用工种

电力电缆安装运维工（输电）高级工。

三、具体任务

根据要求利用砂轮磨制凿子刃口。

四、工作规范及要求

（1）要求独立操作。

（2）操作人员应站在砂轮侧面，必须戴护目镜。

（3）注意安全用具。

（4）计时自材料备齐、砂轮运转开始。

（5）现场清理完毕后，汇报工作结束，记录考核结束时间。

（6）现场发生安全事故，本项考核不合格。

五、考核及时间要求

（1）本考核操作时间共5分钟。

（2）未完成的操作项目不得分，但不影响其他项目得分。

技能等级评价专业技能考核操作评分标准

工种	电力电缆安装运维工（输电）				评价等级	高级工
项目模块	工艺图纸及材料准备——电缆附件安装工艺图识别			编号	Jc0002342022	
单位		准考证号			姓名	
考试时限	5 分钟	题型	单项操作		题分	100 分
成绩		考评员		考评组长	日期	
试题正文	凿子刃口的磨制					
需要说明的问题和要求	（1）本项工作属于单人操作项，仅对作业人员进行考评。 （2）操作应注意安全，根据具体任务对应标准化作业流程开展确保人身与设备安全。发生安全事故本项考核不合格。 （3）作业流程是否正确将列入考评内容。 （4）工具材料的选用与检查由被考核人员独立完成。 （5）操作场地，照明充足，有足够的活动空间					

序号	项目名称	质量要求	满分	扣分标准	扣分原因	得分
1	工作准备					
1.1	安全劳动防护用品的准备	正确佩戴安全帽，穿全套工作服，包括工作服、绝缘鞋、棉手套	5	未正确佩戴安全帽，未正确穿工作服、绝缘鞋、棉手套，每项扣 1 分，扣完为止		
1.2	工器具的准备	熟练正确使用各种工器具	10	未正确使用一次扣 2 分，扣完为止		
1.3	相关安全措施的准备	（1）正确进行工具安全性能检查。 （2）现场作业条件复核。 （3）合理布置地面材料、工具	15	未进行工具外观安全性能检查扣 5 分； 未对现场作业可能存在的危险点进行分析并提出防范措施扣 5 分； 地面工具、材料摆放不整齐、不合理扣 5 分； 发生安全事故本项考核不得分		
2	工作许可					
2.1	许可方式	向考评员示意准备就绪，申请开始工作	5	未向考评员示意履行许可手续扣 5 分		
3	工作步骤及技术要求					
3.1	了解对凿刃角度的要求	凿硬质材料时刃角一般取 60°～70°，软质材料刃角取 30°～50°。对于中硬度材料刃角取 50°～60°	15	对不同硬度所规定的角度不知道，每错一项扣 5 分，扣完为止		
3.2	对凿刃在旋转砂轮上的位置要求	凿刃应刃口朝上，放在砂轮中心偏上位置	10	放错位置扣 10 分		
3.3	磨修过程要求	双手拿凿身，轻轻压着，左右移动，刃磨过程中要不断蘸水冷却，以防退火，要求刃口平直	20	操作方法不当扣 10 分； 操作不熟练扣 10 分		
3.4	对安全的要求	操作人员应站在砂轮侧面，必须戴护目镜	10	违反规程扣 10 分		
3.5	时间	在规定时间内完成所有操作	5	每超出规定时间 3 分钟扣 1 分，扣完为止		
4	工作结束					
4.1	作业结束	作业完成检查完毕，确认作业现场没有遗留物件，申请作业结束	2	未向考评员汇报作业结束扣 1 分； 现场有遗留物的不得分		
4.2	材料、工具规整	作业结束后进行现场工具材料规整	3	未进行现场工具材料规整扣 3 分		
合计			100			

Jc0005342023　电缆正序阻抗的测量。（100 分）

考核知识点：

1. 35kV 电缆的特点及运行方式
2. 电力电缆正序阻抗的接线原理
3. 电力电缆正序阻抗的正确测量方法

难易度：中

技能等级评价专业技能考核操作工作任务书

一、任务名称

电缆正序阻抗的测量。

二、适用工种

电力电缆安装运维工（输电）高级工。

三、具体任务

（1）试验电源接取。

（2）变压器的容量和表计量程的选择。

（3）确定跨线和互感器极性。

（4）进行正序阻抗的测量。

（5）计算正序阻抗和交流电阻。

四、工作规范及要求

（1）操作需有人监护，且可有 1 人帮助读表。

（2）试验接线如图 Jc0005342023 所示。

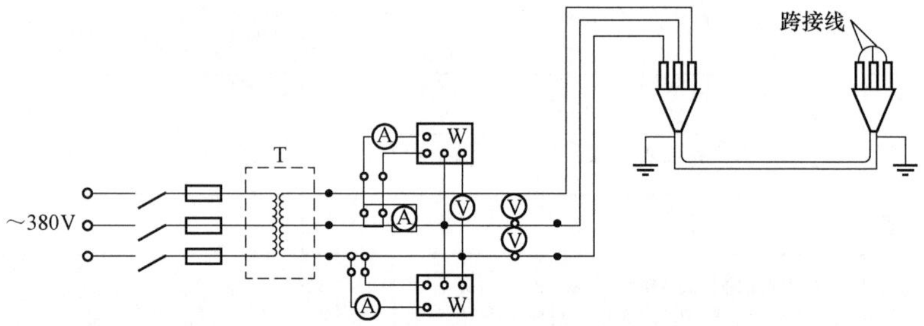

图 Jc0005342023

T—抽头式的降压变压器具；V—电压表；A—电流表；W—功率表

（3）工作终结报告。

五、考核及时间要求

本考核操作时间共 60 分钟。

技能等级评价专业技能考核操作评分标准

工种	电力电缆安装运维工（输电）					评价等级	高级工
项目模块	电缆运行维护与检修—电缆检测				编号	Jc0005342023	
单位		准考证号				姓名	
考试时限	60 分钟	题型		单项操作		题分	100 分
成绩		考评员		考评组长		日期	
试题正文	电缆正序阻抗的测量						

续表

需要说明的问题和要求	（1）本项考核可设专人配合操作，仅对作业人员进行考评。 （2）操作应注意安全，根据具体任务对应标准化作业流程开展确保人身与设备安全。发生安全事故本项考核不合格。 （3）作业流程是否正确将列入考评内容。 （4）工具材料的选用与检查由被考核人员独立完成					
序号	项目名称	质量要求	满分	扣分标准	扣分原因	得分
1	工作准备					
1.1	安全劳动防护用品的准备	正确佩戴安全帽，穿全套工作服，包括工作服、绝缘鞋、棉手套	5	未正确佩戴安全帽，未正确穿工作服、绝缘鞋、棉手套，每项扣1分，扣完为止		
1.2	工器具的准备	熟练正确使用各种工器具	10	未正确使用一次扣2分，扣完为止		
1.3	相关安全措施的准备	（1）正确进行工具安全性能检查。 （2）现场作业条件复核。 （3）合理布置地面材料、工具	10	未进行工具外观安全性能检查扣3分； 未对现场作业可能存在的危险点进行分析并提出防范措施扣4分； 地面工具、材料摆放不整齐、不合理扣3分； 发生安全事故本项考核不得分		
2	工作许可					
2.1	许可方式	向考评员示意准备就绪，申请开始工作	5	未向考评员示意履行许可手续扣5分		
3	工作步骤及技术要求					
3.1	接电源	380V电源，因所需电源容量较大，故接线所用导线截面不能太小	5	电源接触不好或漏电保护不匹配扣5分		
3.2	容量选择	变压器容量根据电缆长短而定（一般5kVA以上）	5	容量选择不当扣5分		
3.3	确定跨线	另一端跨接线要短而粗	5	跨线及长或过细扣5分		
3.4	跨线接触	跨线接触良好	5	接触不好扣5分		
3.5	表计量程选择	表计量程选择准确	5	选择不当扣5分		
3.6	极性	互感器初、次级极性与功率表极性符合	5	极性不符扣5分		
3.7	试验接线	试验接线正确	5	试验接线不正确扣5分		
3.8	安全措施及监护	试验场地应装设安全围栏，在现场还应按线路安全规定做好其他安全措施，送电前应通知在场的其他人	10	无监护人扣3分； 未安围栏扣3分； 未通知他人扣4分		
3.9	操作	操作应熟练，同时电流控制在70～80A较合适	10	操作不熟练扣3分； 未能同时读表扣3分； 不控制电流扣4分		
3.10	计算	计算正序阻抗和交流电阻	5	计算不正确扣5分		
3.11	时间	在规定时间内完成所有操作	5	每超出规定时间3分钟扣1分，扣完为止		
4	工作结束					
4.1	作业结束	作业完成检查完毕，确认作业现场没有遗留物件，申请作业结束	2	未向考评员汇报作业结束扣1分； 现场有遗留物的不得分		
4.2	材料、工具规整	作业结束后进行现场工具材料规整	3	未进行现场工具材料规整扣3分		
合计			100			

Jc0002341024　制作电缆卡子。（100分）

考核知识点： 附件加工的能力

难易度： 易

技能等级评价专业技能考核操作工作任务书

一、任务名称

制作电缆卡子。

二、适用工种

电力电缆安装运维工（输电）高级工。

三、具体任务

根据现场提供的电缆卡子在规定时间内制作同样的电缆卡子。

四、工作规范及要求

（1）工器具检查及使用。

（2）按要求进行操作。

（3）工作终结报告。

五、考核及时间要求

本考核操作时间共20分钟。

技能等级评价专业技能考核操作评分标准

<table>
<tr><td>工种</td><td colspan="6">电力电缆安装运维工（输电）</td><td>评价等级</td><td>高级工</td></tr>
<tr><td>项目模块</td><td colspan="5">工艺图纸及材料准备—电缆附件安装工艺图识别</td><td>编号</td><td colspan="2">Jc0002341024</td></tr>
<tr><td>单位</td><td colspan="3"></td><td>准考证号</td><td colspan="2"></td><td>姓名</td><td></td></tr>
<tr><td>考试时限</td><td colspan="2">20分钟</td><td>题型</td><td colspan="3">单项操作</td><td>题分</td><td>100分</td></tr>
<tr><td>成绩</td><td></td><td>考评员</td><td></td><td>考评组长</td><td colspan="2"></td><td>日期</td><td></td></tr>
<tr><td>试题正文</td><td colspan="8">制作电缆卡子</td></tr>
<tr><td>需要说明的问题和要求</td><td colspan="8">（1）要求独立完成。
（2）照明充足。
（3）正确使用安全用品用具。
（4）材料工具备齐，开始计时。
（5）要求着装正确（穿工作服、工作胶鞋、戴安全帽）</td></tr>
</table>

序号	项目名称	质量要求	满分	扣分标准	扣分原因	得分
1	工作准备					
1.1	安全劳动防护用品的准备	正确佩戴安全帽，穿全套工作服，包括工作服、绝缘鞋、棉手套	5	未正确佩戴安全帽，未正确穿工作服、绝缘鞋、棉手套，每项扣1分，扣完为止		
1.2	工器具的准备	熟练正确使用各种工器具	10	未正确使用一次扣2分，扣完为止		
1.3	相关安全措施的准备	（1）正确进行工具安全性能检查。 （2）现场作业条件复核。 （3）合理布置地面材料、工具	10	未进行工具外观安全性能检查扣3分； 未对现场作业可能存在的危险点进行分析并提出防范措施扣4分； 地面工具、材料摆放不整齐、不合理扣3分； 发生安全事故本项考核不得分		
2	工作许可					
2.1	许可方式	向考评员示意准备就绪，申请开始工作	5	未向考评员示意履行许可手续扣5分		

续表

序号	项目名称	质量要求	满分	扣分标准	扣分原因	得分
3	工作步骤及技术要求					
3.1	说出打卡子的准确位置、尺寸，应打卡子的数量及卡子间隔距离	位置、尺寸、数量、间隔应正确	5	每说错一项扣2分，扣完为止		
3.2	外观检查	整齐、牢固	5	不美观、有痕迹扣2~5分		
3.3	长度正确	在被截取的电缆的四个面测量长度	10	一处长度误差超过2mm扣1分，扣完为止		
3.4	截面判断	截面大小判断正确	15	不正确扣15分		
3.5	绝缘判断	绝缘类型判断正确	15	不正确扣15分		
3.6	电缆电压等级判断	电压等级判断正确	15	不正确扣15分		
4	工作终结	整理工具并清理现场	5	工具未整理扣3分； 现场未清理扣2分		
合计			100			

第四部分
技　师

第七章 电力电缆安装运维工（输电）技师技能笔答

Jb0001231001 什么叫局部放电？（5分）

考核知识点：电缆基础知识

难易度：易

标准答案：

指对电气设备的绝缘中部分被击穿的电气放电现象，这种放电可以发生在导体附近，也可以发生在其他部位。

Jb0001231002 试解释边缘效应或尖端效应。（5分）

考核知识点：电缆基础知识

难易度：易

标准答案：

导体表面的电场强度与其表面电荷密度成正比。在导体边缘或尖端由于曲率半径最小，表面电荷密度最大，电场强度高，容易发生局部放电，这种现象称为边缘效应或尖端效应。

Jb0001232003 交联聚乙烯电缆所用线芯为什么采用紧压型线芯？（5分）

考核知识点：电缆基础知识

难易度：中

标准答案：

（1）使外表面光滑，防止导丝效应，避免引起电场集中。

（2）防止挤塑半导体电屏蔽层时半导体电料进入线芯。

（3）可有效地防止水分顺线芯进入。

（4）有利弯曲。

Jb0001231004 电力系统频率出现较大波动时有什么危害？（5分）

考核知识点：电力系统

难易度：易

标准答案：

频率波动较大时，会影响电机和其他电气设备的性能。轻则要影响工农业产品的质量和产量；重则会损坏汽轮机等设备，严重时会引起系统性的频率崩溃，造成大面积停电，使系统瓦解。

Jb0001231005 电缆泄漏电流值除电缆绝缘性能外，还与哪些因素有关？（5分）

考核知识点：电缆基础知识

难易度：易

标准答案：

（1）试验接线方式。

（2）试验电源电压波动。
（3）表面泄漏电流。
（4）高压引线的电晕电流。
（5）环境温度和湿度。

Jb0001231006　影响电缆线路载流量的因素有哪些？（5分）
考核知识点： 电缆基础知识
难易度： 易
标准答案：
（1）电缆导体的允许工作温度。
（2）电缆各部分的损耗和热阻。
（3）敷设方式。
（4）并列回路数。
（5）环境温度以及散热条件等。

Jb0001221007　请把图 Jb0001221007 所示家用单相电能表接入电路中。（5分）
考核知识点： 电工基础
难易度： 易

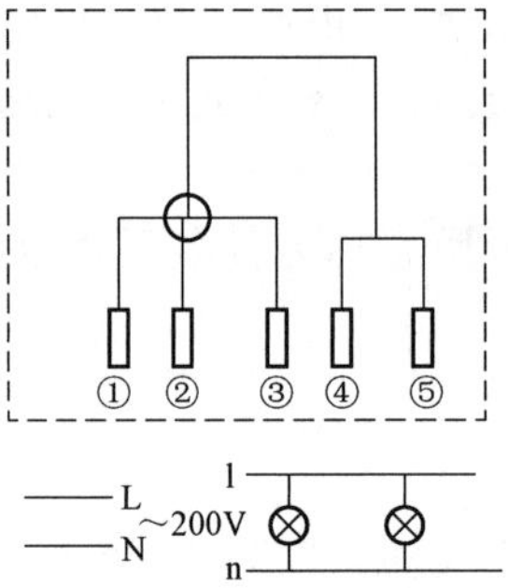

图 Jb0001221007

标准答案：
将 L 端与①端相接，将 N 端与④相接；将 l 与③端相接，将 n 端与⑤端相接。

Jb0001221008　如图 Jb0001221008－1 所示，将一个开关 K，双线圈镇流器 L，启辉器 S 和日光灯 D，接于 220V 交流电源上，画出该接线图。（5分）
考核知识点： 电工基础
难易度： 易

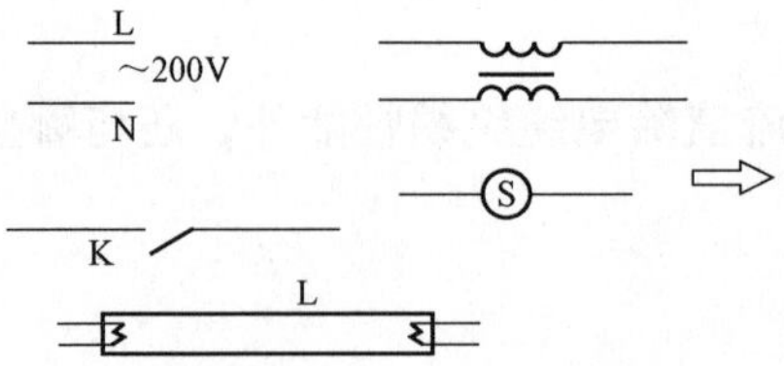

图 Jb0001221008－1

标准答案：

接线图如图 Jb0001221008－2 所示。

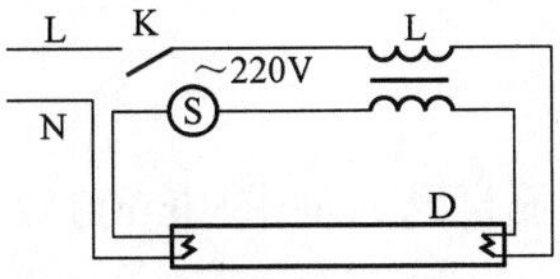

图 Jb0001221008－2

Jb0001221009 画出正序、负序、零序各分量图。（5 分）

考核知识点： 电工基础

难易度： 易

标准答案：

正序、负序、零序各分量图如图 Jb0001221009 所示。

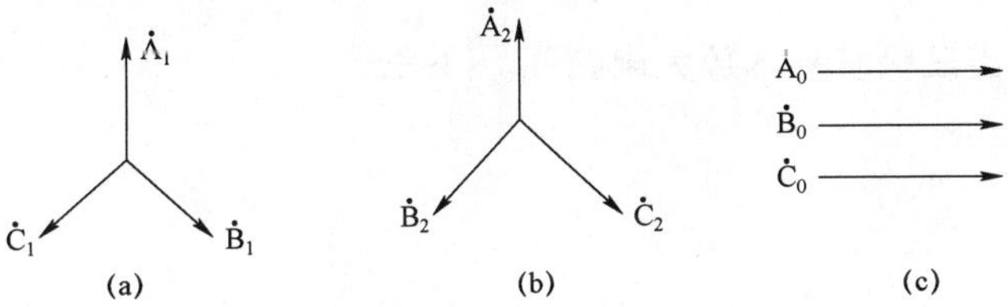

图 Jb0001221009

（a）正序分量；（b）负序分量；（c）零序分量

Jb0001221010 画出单相半波整流电容滤波图。（5 分）

考核知识点： 电工基础

难易度： 易

标准答案：

如图 Jb0001221010 所示。

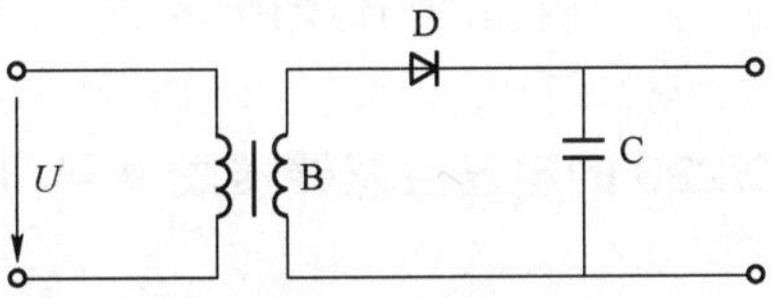

图 Jb0001221010

Jb0001221011 画出三相四线制对称负荷电路图。（5 分）

考核知识点： 电工基础

难易度： 易

标准答案：

如图 Jb0001221011 所示。

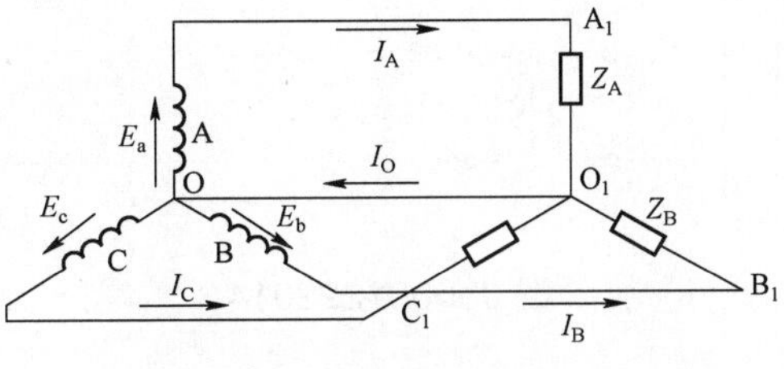

图 Jb0001221011

Jb0001221012　试画图说明全面质量管理计划工作的 4 个阶数循环程序。（5 分）

考核知识点：电缆基础知识

难易度：易

标准答案：

全面质量管理计划工作的 4 个阶数循环程序如图 Jb0001221012 所示。

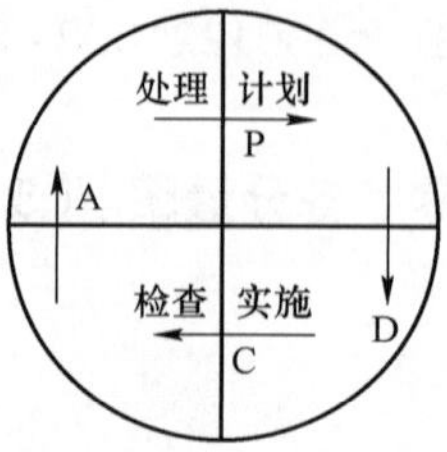

图 Jb0001221012

Jb0001221013　画出三极管基本放大电路图。（5 分）

考核知识点：电工基础

难易度：易

标准答案：

三极管基本放大电路图如图 Jb0001221013 所示。

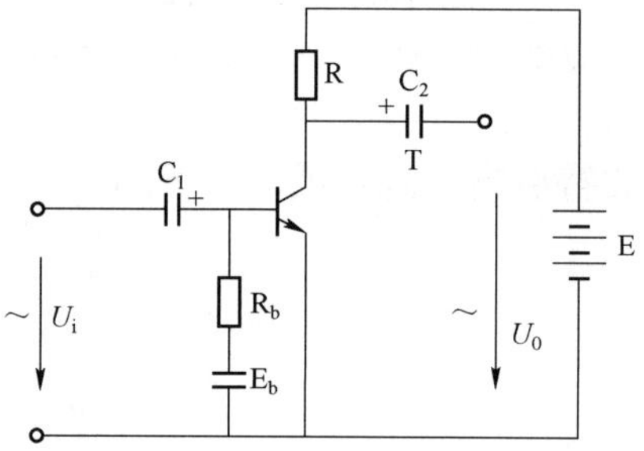

图 Jb0001221013

Jb0001222014　请把两个 380/220 的电压互感器接成 V－V 形，用于测量三相电压。（5 分）

考核知识点：电工基础

难易度：中

标准答案：

接线图如图 Jb0001222014 所示。

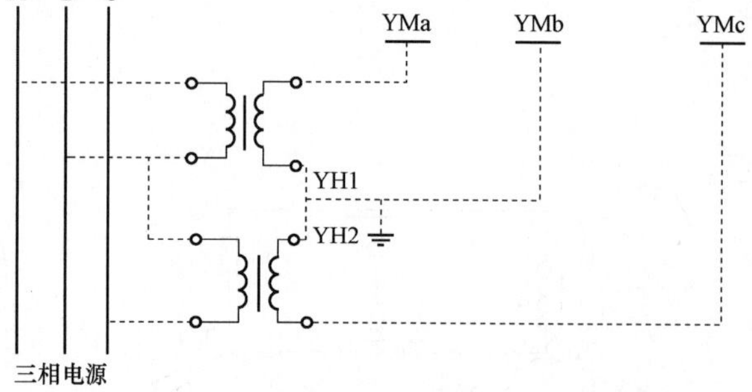

图 Jb0001222014

注：虚线部分为所接线。实线部分为本题所提供的已知条件。

Jb0001221015 求电压 $u=100\sin(\omega t+30°)$ V 和电流 $i=30\sin(\omega t-60°)$ A 的相位差，并画出它们的波形。（5 分）

考核知识点：电工基础

难易度：易

标准答案：

波形图如图 Jb0001221015 所示。由图可知，相位差为 $\omega_u-\omega_i=30°-(-60°)=90°$。

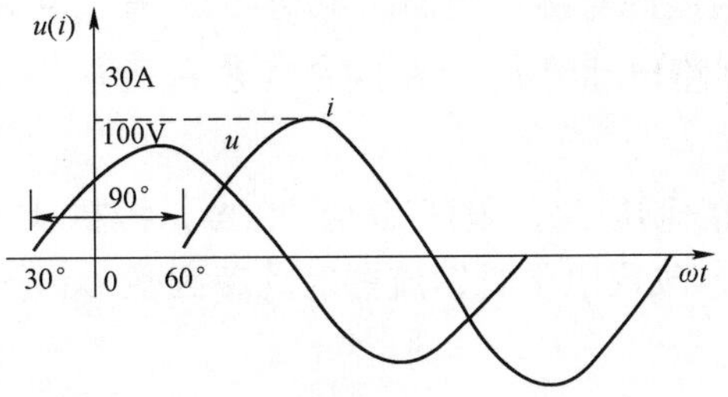

图 Jb0001221015

Jb0001221016 如图 Jb0001221016 所示，已知 $I_1=20$mA，$I_3=16$mA，$I_4=12$mA，求 I_2、I_5。（5 分）

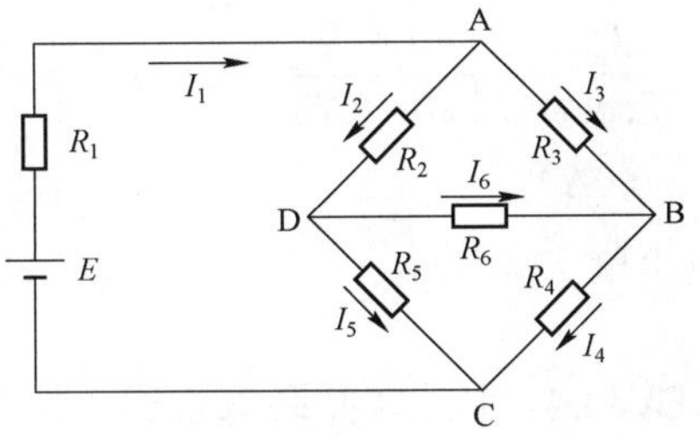

图 Jb0001221016

考核知识点：电工基础

难易度：易

标准答案：

解：$I_2=I_1-I_3=20-16=4$（mA），$I_5=I_1-I_4=20-12=8$（mA）

答：I_2 为 4mA，I_5 为 8mA。

Jb0001211017 某台三相电力变压器，其一次绕组的电压为 6kV，二次绕组电压为 230V，求该变压器的变比，若一次绕组为 1500 匝，试问二次绕组应为多少匝？（5 分）

考核知识点：电工基础

难易度：易

标准答案：

解：因为 $U_1/U_2=N_1/N_2=K$

其中 U_1、U_2 分别为变压器一、二次侧电压值。N_1、N_2 分别为变压器一、二次侧绕组匝数，K 为变比。

所以 $K=U_1/U_2=6000/230\approx26$

$N_2=N_1/K=1500/26\approx58$（匝）

答：该变压器的变比为 26，二次绕组应为 58 匝。

Jb0001211018　对称三相电源三角连接，回路电动势为多少？如果将一相绕组（如 CA 绕组）反接，回路总电动势为多少？（5分）

考核知识点：电工基础

难易度：易

标准答案：

答：记 A 相电动势为$\vec{E}_A$，B 相电动势为$\vec{E}_B$，C 相电动势为$\vec{E}_C$。

（1）当电源三角连接时，因电源对称，则回路电动势$\vec{E}_{总}=\vec{E}_A+\vec{E}_B+\vec{E}_C=0$。

（2）当 CA 绕组反接时，回路电动势$\vec{E}_{总}=\vec{E}_A+\vec{E}_B-\vec{E}_C=-2\vec{E}_C$。

Jb0001212019　有一单相照明电路，电压 *U* 为 220V，接有 40W 日光灯 25 盏，配用电感式镇流器时，功率因数 cos*φ*=0.52，改用电子式镇流器时功率因数 cos*φ*=0.73，试计算，改用电子式镇流器后电流下降多少？（5分）

考核知识点：电工基础

难易度：中

标准答案：

解：配用电感式镇流器时电流$I_1=\frac{P_n}{U\cos\varphi}=\frac{40\times25}{220\times0.52}=8.8$（A）

配用电子式镇流器时电流$I_2=\frac{P_n}{U\cos\varphi}=\frac{40\times25}{220\times0.73}=6.2$（A）

电流差$\Delta I=I_1-I_2=8.8-6.2=2.6$（A）

答：改用电子式镇流器后电流下降了 2.6A。

Jb0001211020　四台一组的 BW0.4－12－3 并联电容器，铭牌上标明电容值 *C* 为 239μF，当实际工作电压为 380V 时，其实际容量为多少？（5分）

考核知识点：电工基础

难易度：易

标准答案：

解：$Q_c=\omega CU^2\times10^{-6}=314\times239\times0.38^2\times10^{-6}=10.8\text{kvar}$

答：其实际容量为 10.8kvar。

Jb0001211021　在低压三相异步电动机估算负荷时，人们常说 1kW 两安培电流（即 1000W 负荷中，电流 *I*=2A）。这个数是怎样来的？（5分）

考核知识点：电工基础

难易度：易

标准答案：

解：

因为低压三相电动机功率因数$\cos\varphi$一般为 0.8，电压 380V，1kW 负荷与电流关系为$P=\sqrt{3}UI\cos\varphi$

即

$$I=P/(\sqrt{3}U\cos\varphi)=1000/(\sqrt{3}\times380\times0.8)=1.9\text{（A）}\approx2.0\text{A}$$

所以 1kW 两安培电流即由此而得。

Jb0001212022 两个点电荷，分别带正电荷 q 和 $4q$，它们之间的距离为 1，现在要放上第三个点电荷，正好使整个系统平衡，第三个点电荷应放在哪里？应当带哪一种电荷？所带电荷的电量是多少？（5 分）

考核知识点： 电工基础

难易度： 中

标准答案：

解： 第三个点电荷是负电荷，只能放在两个正电荷 q 和 $4q$ 的联线上。

设第三个点电荷为 $-Q$，放在距 q 为 x 处。

由于整个系统处于平衡，故得方程：

$$k\times(-Q)\times q/x^2=k\times(-Q)\times 4q/(1-x)^2 \tag{1}$$

$$k\times(-Q)\times q/x^2=k\times q\times 4q/1^2 \tag{2}$$

由式（1）得：$x=1/3$，$x=-1$（舍去）

以 $x-1/3$ 代入式（2）得：$Q-\ \ 4/9q$

答： 第三个点电荷是负电荷，应放在两个正电荷 q 和 $4q$ 的连线上，距 q 为 1/3 处，所带电荷的电量是 $-4/9q$。

Jb0001212023 某厂供电线路的额定电压是 10kV，平均负荷 $P=400$kW，$Q=300$kvar，若将较低的功率因数提高到 0.9，还需装设补偿电容器的容量 Q' 为多少？（5 分）

考核知识点： 电力系统

难易度： 中

标准答案：

解： 当功率因数提高到 0.9 时，即 $\cos\varphi=0.9$，其输送视在功率为

$$S=P/\cos\varphi=400/0.9=444.4\text{（kVA）}$$

$$\sin\varphi=0.434$$

而输送无功功率为 $Q_1=S\times\sin\varphi=444.4\times0.434=193.7$（kvar）

还需装设电容器的容量为 $Q'=Q-Q_1=300-193.7=106.3$（kvar）

答： 还需装设补偿电容器的容量为 106.3kvar。

Jb0001212024 有一日光灯电路额定电压为 220V，电路电阻为 200Ω，电感为 1.66H，试计算这个电路的有功功率、无功功率、视在功率和功率因数？（5 分）

考核知识点： 电工基础

难易度： 中

标准答案：

解： $X_L=2\pi fL=2\times3.14\times50\times1.66=521$（Ω）

阻抗 $Z=\sqrt{R^2+X_L^2}=558$（Ω）

$I=U/Z=220/558=0.394$（A）

$P=I^2R=200\times0.394\,2=31$（W）

$Q=I^2XL=0.394\,2\times521=80.9$（var）

$S=I^2Z=558\times0.394\,2=86.62$（VA）

$\cos\varphi=P/S=31/86.62=0.357\,8$

答： 此电路有功功率为 31W，无功功率为 80.9var，视在功率为 86.62VA，功率因数为 0.357 8。

Jb0002232025　施工图审查的要求有哪些？（5分）

考核知识点：图纸审查

难易度：中

标准答案：

（1）施工图是否符合国家现行的有关标准、规程和经济政策的相关规定。

（2）施工的技术设备条件能否满足设计要求；当采取特殊的施工技术措施时，现有的技术力量及现场条件有无困难，能否保证工程质量和安全施工的要求。

（3）有关特殊技术或新材料的要求，其品种、规格、数量能否满足需要及工艺规定要求。

（4）图纸的份数及说明是否齐全、清楚、明确，图纸上标注的尺寸、坐标、标高等其他项目有无遗漏和矛盾。

Jb0002232026　施工图审查的目的是什么？（5分）

考核知识点：图纸审查

难易度：中

标准答案：

施工图纸审查、会检（简称会审）的目的使建设单位、施工单位、监理单位更充分理解设计意图，熟悉设计图纸，了解工程的技术特点，明确施工中应注意的事项，提出并解决图纸中影响施工、质量的问题及图纸的遗漏及差错，确保按照设计要求正确施工，按国家标准及规范要求的质量完成而组织相关部门的施工图纸审查交底会。

Jb0002232027　简述扁钢、圆管、槽钢、薄板、深缝的锯割方法。（5分）

考核知识点：电缆材料准备

难易度：中

标准答案：

（1）扁钢：从扁钢较宽的面下锯，这样可使锯缝的深度较浅而整齐，锯条不致卡住。

（2）圆管：直径较大的圆管，不可一次从上到下锯断，应在管壁被锯透时，将圆管向推锯方向转动，边锯边转，直至锯断。

（3）槽钢：槽钢与扁钢、角钢的锯割方法相同。

（4）薄板：锯割3mm以下的薄板时，薄板两侧应用木板夹住锯割，以防卡住锯齿，损坏锯条。

（5）深缝：锯割深缝时，应将锯条在锯弓上转动90°角，操作时使锯弓放平，平握锯柄，进行推锯。

Jb0002231028　对于电缆导体连接点的电阻有何要求？（5分）

考核知识点：工器具使用

难易度：易

标准答案：

要求连接点的电阻小而且稳定，连接点的电阻与相同长度、相同截面面积的导体之比值，对于新安装的终端头和中间头，不应大于1；对于运行中的终端头和中间头这个比值不应大于1.2。

Jb0002231029　电缆接头和中间头的设计应满足哪些要求？（5分）

考核知识点：图纸审查

难易度：易

标准答案：

（1）耐压强度高，导体连接好。

（2）机械强度大，介质损失小。

（3）结构简单，密封性强。

Jb0002231030 带电检测设备的设备标志有哪些？（5分）

考核知识点：工器具使用

难易度：易

标准答案：

（1）规格型号。

（2）设备名称。

（3）制造厂名称。

（4）额定参数。

（5）出厂年月及编号。

（6）现场检测安全注意事项及设备使用要点。

Jb0003232031 电缆固定一般有哪些要求？（5分）

考核知识点：电缆固定

难易度：中

标准答案：

（1）裸金属护套电缆的固定处应加软衬垫保护。

（2）敷设于桥梁支架上的电缆固定时应采取防震措施，如采用砂枕或其他软质材料衬垫。

（3）沿电气化铁路或有电气化铁路通过的桥梁上明敷电缆的金属护层（包括电缆金属保护管道），应沿其全长与电缆的金属支架或桥梁的金属构件绝缘。

（4）使用于交流的单芯电缆或分相铅护套电缆在分相后的固定，其夹具不应有铁件构成的闭合磁路；按正三角形排列单芯电缆，每隔1m应用绑带扎牢。

（5）所有夹具的铁零部件，除预埋螺栓外，均应采用镀锌制品（户外用热镀锌）。

Jb0003231032 电力电缆在敷设前应进行哪些试验和检查？（5分）

考核知识点：电缆敷设施工

难易度：易

标准答案：

敷设前应检查电缆的型号、规格及长度是否符合要求，是否有外力损伤，低压电缆用1000V绝缘电阻表摇测绝缘电阻，阻值一般不应低于10MΩ，高压电缆用2500V绝缘电阻表摇测阻值一般不低于400MΩ。

Jb0003231033 高压电缆的敷设有哪些要求？（5分）

考核知识点：电缆敷设施工

难易度：易

标准答案：

（1）原则上 66kV 以下与 66kV 及以上电压等级电缆宜分开敷设。

（2）电力电缆和控制电缆不应配置在同一层支架上。

（3）同通道敷设的电缆应按电压等级的高低从下向上分层布置，不同电压等级电缆间宜设置防火隔板等防护措施。

（4）重要变电站和重要用户的双路电源电缆不宜同通道敷设。

（5）通信光缆应布置在最上层且应设置防火隔槽等防护措施。

（6）交流单芯电缆穿越的闭合管、孔应采用非铁磁性材料。

Jb0003231034　电缆固定应满足哪些要求？（5 分）

考核知识点：电缆固定

难易度：易

标准答案：

（1）垂直敷设或超过 45°倾斜敷设时电缆刚性固定间距不应大于 2m。

（2）桥架敷设时电缆刚性固定间距不应大于 2m。

（3）水平敷设的电缆，在电缆首末两端及转弯、电缆接头的两端处。

（4）当对电缆间距有要求时每隔 5～10m 处。

（5）交流单芯电缆的固定夹具应采用非铁磁性材料。

Jb0003231035　使用输送机敷设电缆时，输送速度过快会导致哪些问题的发生？（5 分）

考核知识点：电缆敷设机具

难易度：易

标准答案：

（1）电力电缆容易脱出滑轮。

（2）造成侧压力过大损伤电力电缆外护套，如使外护套起纹等。

（3）使外护套和内部绝缘产生滑动，破坏电力电缆整体结构。

Jb0003213036　为了便于接头施工，工作井的结构尺寸主要决定于电缆立面（平面）弯曲时所需尺寸，现要做如图 Jb0003213036 所示工井及尺寸，求电缆平面弯曲所需的长度。（假设电缆外径 *d* 为 113mm，允许弯曲半径 *N* 为 20mm）（5 分）

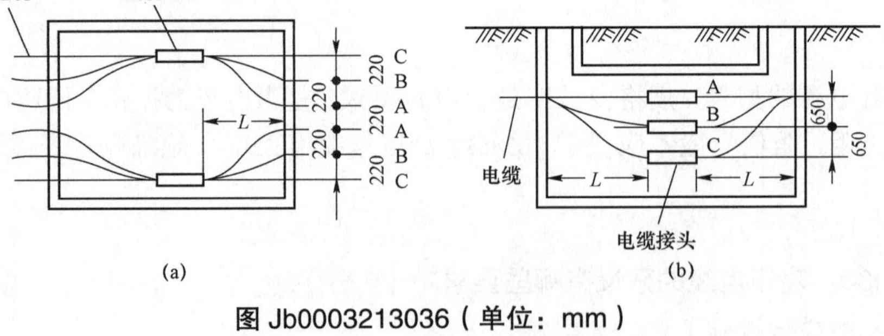

图 Jb0003213036（单位：mm）

（a）工井平面主要尺寸；（b）电缆中间接头

考核知识点：电缆敷设

难易度：难

标准答案：

解：电缆单侧平面弯曲所需的长度 $L_0=\sqrt{(Nd)^2-\left(Nd-\dfrac{X}{2}\right)^2}$

电缆在工井中弯曲，两侧共需要长度

$$L=2L_0=2\times\sqrt{(20\times113)^2-\left(20\times113-\frac{220\times2}{2}\right)^2}=1945\text{（mm）}$$

答：平面弯曲所需长度为1945mm。

Jb0005232037 低压脉冲法的基本原理是什么？（5分）

考核知识点：电缆故障测寻

难易度：中

标准答案：

在测试端向电缆线路注入一低压脉冲，仪器记录自测试端发射脉冲波和至故障点返回的反射脉冲波的时间间距Δt，已知脉冲波在电缆中传播速度，即可计算出故障点距离。

Jb0005232038 电力电缆寻找故障点时，一般需先烧穿故障点，烧穿时采用交流有效还是直流有效？（5分）

考核知识点：电缆故障测寻

难易度：中

标准答案：

若施加交流，因电缆的电容量大，设备的容量也要较大，另外，交流电压过零易于熄弧，故烧穿效果较差，若加以直流，只要通过足够的电流就可以烧穿故障点。另外，因电缆电容在直流电压作用下，不产生电容电流，设备的容量可较小。

Jb0005231039 某35kV-XLPE电缆，全长2294.6m，在路面下走向比较复杂，大多是在车行道下面，运行中发生故障，在变电站内用绝缘电阻表测量绝缘电阻，A、C相对地为∞，B相对地为0，后用万用表测试B相对地为250Ω，说明该故障类型。（5分）

考核知识点：电缆故障测寻

难易度：易

标准答案：

单相低阻接地故障。

Jb0005231040 简述电缆故障探测的步骤。（5分）

考核知识点：电缆故障测寻

难易度：易

标准答案：

（1）故障性质判断。

（2）故障测距。

（3）路径探测。

（4）精确定点。

Jb0005232041　简述电缆故障性质的判断方法。（5分）

考核知识点：电缆故障测寻

难易度：中

标准答案：

（1）应用1500V直流电源器或绝缘电阻表，测试电缆每相导体对地和导体之间的绝缘电阻，判断是否为一相或多相短路（接地）故障。

（2）如果三相绝缘电阻正常，则进行导体连续性试验，或测量导体直流电阻，判断电缆线路是否存在断线故障。

（3）如果用上述两种方法检查均无异常，可对电缆线路进行耐压试验，试验电压以不高于该线路的竣工试验电压为限。当耐压试验过程中出现不连续的击穿现象时，则判断电缆线路存在闪络故障。

Jb0005232042　简述感应法测定电缆故障原理。（5分）

考核知识点：电缆故障测寻

难易度：中

标准答案：

感应法是给电缆芯通以音频电流，当音频电流通过故障点时，电流和磁场将发生变化，利用接收装置及音频信号放大设备听测或观察信号的变化，来确定故障点的具体位置。

Jb0005231043　电缆故障测距方法主要有哪三种？（5分）

考核知识点：电缆故障测寻

难易度：易

标准答案：

（1）回路电桥平衡法。

（2）低压脉冲反射法。

（3）闪络法。

Jb0005231044　电缆一相故障进行查找时，另外两相应如何处理？（5分）

考核知识点：电缆故障测寻

难易度：易

标准答案：

另外两相应接地。

Jb0005231045　电缆故障定点时，对端应如何处理？（5分）

考核知识点：电缆故障测寻

难易度：易

标准答案：

对端与其他电气设备断开，对端应派人看守或挂警示牌。

Jb0005231046　冲闪完毕应如何对电缆进行放电？（5分）

考核知识点：电缆故障测寻

难易度：易

标准答案：

冲闪完毕，应用放电棒先在电缆侧进行放电，放电时应慢慢接近被试电缆，空气击穿后再完全放电。

Jb0005233047　如何确定运行中电力电缆的故障性质？（5 分）

考核知识点：电缆故障测寻

难易度：难

标准答案：

电缆绝缘长期在电压、电流的作用下工作，受到电压、电流的化学、热及机械作用，使绝缘受到老化、受潮、过热及机械损伤、腐蚀等破坏作用，此外电缆本身的材料缺陷、设计和制造等工艺问题引起故障。故障分类：接地或短路故障、低阻或高阻故障、断线故障、闪络故障及封闭故障（多发接头中）。

确定故障性质是指高阻还是低阻，是闪络性还是封闭式，是接地断线故障还是混合型故障，是单相还是多相故障。

确定故障性质时，需要进行绝缘电阻的测量（用绝缘电阻表），测量缆芯之间和线芯对地的绝缘电阻。还可进行“导通试验”，将电缆末端三相短路，用万用表在电缆首端测芯线之间电阻。有时为了弄清故障点损坏程度还要进行直耐试验。

Jb0005232048　目前常用的电力电缆线路局部放电检测方法主要有哪些？（5 分）

考核知识点：电缆带电检测

难易度：中

标准答案：

目前常用的电力电缆线路局部放电检测方法主要有脉冲电流法、振荡波测试法、超声波检测法以及特高频（UHF）法。

Jb0005232049　电缆的出厂试验包括哪些项目？（5 分）

考核知识点：电缆试验

难易度：中

标准答案：

电缆例行试验又称为出厂试验，是制造厂为了证明电缆质量符合技术条件，发现制造过程中的偶然性缺陷，对所有制造电缆长度均进行的试验。电缆例行试验主要包括以下三项试验：

（1）交流电压试验。试验应在成盘电缆上进行。室温下在导体和金属屏蔽之间施加交流电压，电压值与持续时间应符合相关标准规定，以不发生绝缘击穿为合格。

（2）局部放电试验。交联聚乙烯电缆应当进行局部放电试验，局部放电试验电压施加于电缆导体与绝缘屏蔽之间。通过局部放电试验可以检验出的制造缺陷有绝缘中存在杂质和气泡、导体屏蔽层不完善（如凸凹、断裂）、导体表面毛刺及外屏蔽损伤等。进行局部放电测量时，电压应平稳地升高到 1.2 倍试验电压，但时间不应超过 1min。此后，缓慢地下降到规定的试验电压，此时即可测量局部放电量值，测得的指标应符合国家技术标准及订货技术标准。

（3）非金属外护套直流电压试验。如在订货时有要求，对非金属外护套应进行直流电压试验。在非金属外护套内金属层和外导电层之间（以内金属层为负极性）施加 25kV 直流电压，保持 1min，外护套应不击穿。

Jb0005232050　交接试验中对绝缘电阻测量有什么要求？（5分）

考核知识点：电缆试验

难易度：中

标准答案：

交接试验中，测量绝缘电阻所用绝缘电阻表电压及绝缘电阻值应符合 GB 50150—2016《电气装置安装工程　电气设备交接试验标准》，应满足以下要求：

（1）橡塑电缆外护套、内衬层的绝缘电阻不应低于 0.5MΩ/km。

（2）电缆绝缘测量宜采用 2500V 绝缘电阻表，额定电压 U_0/U 为 6/6kV 及以上电缆可采用 5000V 绝缘电阻表；橡胶电缆外护套、内衬层的测量宜采用 500V 绝缘电阻表。

Jb0005232051　直流耐压试验应如何加压和测量泄漏电流？（5分）

考核知识点：电缆试验

难易度：中

标准答案：

开展直流耐压试验时，试验电压可分 4 阶段～6 阶段均匀升压，每阶段应停留 1min，并应读取泄漏电流值。试验电压升至规定值后应维持 15min，期间应读取 1min 和 15min 时刻泄漏电流。测量时应消除杂散电流的影响。

Jb0005232052　如何根据电缆泄漏电流判定电缆绝缘存在缺陷？（5分）

考核知识点：电缆试验

难易度：中

标准答案：

当电缆的泄漏电流具有下列情况之一者，可判定电缆绝缘可能有缺陷。

（1）泄漏电流很不稳定，波动较大。

（2）泄漏电流随试验电压升高急剧上升。

（3）泄漏电流随试验时间延长有上升现象。

Jb0005232053　电缆线路竣工验收应进行哪些检查？（5分）

考核知识点：电缆工程验收

难易度：中

标准答案：

（1）电缆规格应符合规定，排列应整齐，无损伤，标牌齐全、正确、清晰。

（2）电缆的固定，弯曲半径，有关距离及单芯电力电缆的金属护层的接线应符合要求。

（3）电缆终端、中间头不渗漏油，安装牢固。

（4）接地良好。

（5）电缆终端，相色正确，支架等的金属部件，油漆完整。

（6）电缆沟及隧道内、桥架上应无杂物，盖板齐全。

Jb0005231054　低压脉冲法测量断线故障，波形有何特点？（5分）

考核知识点：电缆故障测寻

难易度：易

标准答案：

发射脉冲与反射脉冲同极性，当发射为正脉冲，反射也为正脉冲。

Jb0005231055 低压脉冲法测量接地故障，波形有何特点？（5分）
考核知识点：电缆故障测寻
难易度：易
标准答案：
发射脉冲与反射脉冲极性相反，当发射为正脉冲，反射为负脉冲。

Jb0005231056 故障定点时，如何提高故障点放电声音？（5分）
考核知识点：电缆故障测寻
难易度：易
标准答案：
适当加大球间隙或增大电容。

Jb0005231057 高阻接地故障发射为正脉冲，反射波形有何特点？（5分）
考核知识点：电缆故障测寻
难易度：易
标准答案：
反射波形为前沿有负反冲的正脉冲。

Jb0005231058 电缆故障产生主要原因有哪些？（5分）
考核知识点：电缆故障处置
难易度：易
标准答案：
（1）外力损坏。
（2）试验击穿。
（3）制造质量不良。
（4）绝缘老化。
（5）施工质量。

Jb0005232059 为什么要在输电线路中串联电容器。（5分）
考核知识点：电缆运维
难易度：中
标准答案：
输电线路有电阻和电感，线路输送功率时，不仅有有功功率损耗，还会产生电压降。在长距离、大容量送电线路上，感抗上会产生很大的电压降，但在线路中串联电容器后，一部分感抗被容抗所抵消，就可以减少线路的电压降起到补偿的作用，提高电压质量。

Jb0005233060 相对两端直接接地而言，单芯电缆的金属护套采取单端接地或交叉互联接地有哪些优点？（5分）
考核知识点：单芯电缆接地系统
难易度：难
标准答案：
电缆导体中有电流通过时，在与电缆平行的金属护套中必然会产生纵向感应电动势。

如果电缆金属护套两端直接接地，护套中的感应电压将产生以大地为回路的循环电流，从而增加了电能损耗，减小了电缆的输送容量。

金属护套采取单端接地，仅一端接地，另一端对地绝缘，护套中没有电流通过。但是，感应电压与电缆长度成正比，当电缆线路较长时，过高的护套感应电压可能危及人身安全，并可能导致设备事故。因此，运行规程中规定，在未采取不能任意接触金属层的安全措施时，断线电缆金属护套感应电压不得超过 50V。

电缆线路较长时，金属护套通常采用交叉互联方式，将三段长度相等或者基本相等的电缆组成一个换位段，经过交叉互联换位后，在一个大段中金属护套三相合成电动势理论上应该为零。与不实行交叉互联相比，交叉互联后电缆线路输送容量有较大提高。所以，为了减少电缆线路损耗，提高电缆输送容量，高压单芯电缆的金属护套一般均采用交叉互联接地或者单端接地方式。

Jb0005232061　声磁同步法精确定点的原理方法是什么？（5 分）

考核知识点：电缆故障测寻

难易度：中

标准答案：

由于现场环境存在各种干扰，单独的声测法和磁测法不能区分放电信号与干扰信号。采用声磁信号同步接收法，利用声电传感器监听声音信号，同时接受空间脉冲磁场信号，就可以判断出所测信号是否由故障点的放电产生的，以准确地判断故障点位置。

Jb0005231062　探测电缆故障，什么情况适用跨步电压法？（5 分）

考核知识点：电缆故障测寻

难易度：易

标准答案：

这种方法的优点是可以指示故障点的方向，对测试人员的指导性较强。但此方法只能查找直埋电缆外皮破损的开放性故障，不适用于查找封闭性的故障或非直埋电缆的故障。

Jb0005232063　试述脉冲波在电缆线路中传播有什么特性。（5 分）

考核知识点：电缆故障测寻

难易度：中

标准答案：

（1）脉冲波在电缆线路上按一定速度传播，传播的距离和时间呈线性关系。

（2）脉冲波在电缆线路上传播时遇到波阻抗不匹配点，如断线、短路和接地等，将产生电磁波反射。

（3）脉冲波在电缆线路中传播的速度只决定于电缆的绝缘介质，与导体材料及截面面积无关。例如纸绝缘电缆波速度为 160m/μs，交联聚乙烯电缆波速度为 170m/μs 等。

Jb0005231064　电缆故障测试前，需做好哪些安全措施？（5 分）

考核知识点：电缆故障测寻

难易度：易

标准答案：

（1）两端围设安全围栏，并对外悬挂“止步，高压危险警示牌”。

（2）末端留专人看守。

（3）电缆两终端悬空处理，相间导体、导体与柜体之间留有足够距离。
（4）对被测电缆进行验电、放电、悬挂接地线。

Jb0005232065 330kV 铅包充油电缆例行试验项目有哪些？（5 分）
考核知识点：电缆试验
难易度：中
标准答案：
（1）导线直流电阻。
（2）电容试验。
（3）介质损失角正切试验。
（4）铅护层密封性能试验。
（5）外护层直流耐压试验。
（6）油样试验。

Jb0005232066 若电缆线路两端相位不符，会造成什么结果？（5 分）
考核知识点：电缆运维
难易度：中
标准答案：
（1）电缆联络两个电源时，合开关时会因相间短路立即跳闸，也即无法运行。
（2）由电缆线路送电至用户而相位有两相接错时，会使用户的电动机倒转。当三相全部接错后，虽不致使电动机倒转，但对有双路电源的用户则无法并用双电源；对只有一个电源的用户，则当其申请备用电源后，会产生无法作备用的后果。
（3）由电缆线路送电到电网变压器时，会使低压电网无法环并列运行。
（4）双并或多并电缆线路中有一条接错相位时，如果在做耐压试验时未发现，会造成合开关后引发相间短路故障。

Jb0005231067 冲闪时读取放电电流，如何操作电流表短路线？（5 分）
考核知识点：电缆故障测寻
难易度：易
标准答案：
应从电流流入侧取下短路线。

Jb0005231068 直流耐压试验属于破坏性试验还是非破坏性试验？（5 分）
考核知识点：电缆试验
难易度：易
标准答案：
破坏性试验。

Jb0005231069 鉴别纸绝缘电缆有无潮气的方法是什么？（5 分）
考核知识点：电缆运维
难易度：易

标准答案：

（1）可将电缆油加热到 140～150℃，把纸带浸入油中。如纸带轻度受潮，可以看到油中泛有泡沫，受潮严重时，会发出嗞嗞声。

（2）将纸带撕下用火点燃，如果有潮气，纸带表面会出一些泡沫和裂皮凸起。

Jb0005231070　振荡波试验方法有哪些优点？（5 分）

考核知识点：电缆试验

难易度：易

标准答案：

（1）能有效地检测缺陷。

（2）与 50Hz 试验结果相一致。

（3）设备简单、便宜。

（4）没有电压限制。

Jb0005231071　防止误操作的“五防”内容是什么？（5 分）

考核知识点：安全要求

难易度：易

标准答案：

（1）防止误拉、误合断路器。

（2）防止带负荷拉、误合隔离开关。

（3）防止带电合接地开关。

（4）防止带接地线合闸。

（5）防止误入带电间隔。

Jb0005232072　交联聚乙烯绝缘电缆的绝缘中含有微水，对电缆安全运行会产生什么危害？（5 分）

考核知识点：电缆基础知识

难易度：中

标准答案：

虽然绝缘中所含有的微水的直径一般只有几个微米，但在电场的作用下，微观上的小水珠的空隙之间会形成一个放电通道，微水珠越多，放电通道也越多，久而久之放电通道会连成一体，从而在绝缘体中形成水树枝，最终造成绝缘击穿；因此在生产过程中须严格控制绝缘中水的含量，以减少水树枝形成的机会。

Jb0005232073　电缆验收报告中主要包括哪些内容？（5 分）

考核知识点：电缆工程验收

难易度：中

标准答案：

（1）工程概况说明。

（2）验收项目签证，其中包括：① 电缆敷设；② 电缆终端；③ 电缆接头；④ 土建设施；⑤ 二次信号装置；⑥ 试验报告；⑦ 电缆技术资料；⑧ 中间验收签证记录等。

Jb0005232074 哪些电缆缺陷可以带电处理？（5分）

考核知识点：电缆运维

难易度：中

标准答案：

（1）在不加热的前提下补修电缆金属护套。

（2）终端缺油补油。

（3）更换终端引出线。

（4）终端外接点发热检修。

Jb0005232075 电缆线路需要备有哪些技术资料？（5分）

考核知识点：电缆运维

难易度：中

标准答案：

（1）电缆网络总图。

（2）电缆网络的系统图。

（3）电缆线路图。

（4）电缆截面图。

（5）电缆附件装配图。

（6）电缆线路索引卡。

（7）故障报告。

（8）线路专档。

（9）供油管路图和示警信号图。

Jb0005232076 电缆工程竣工交接验收应检查哪些项目？（5分）

考核知识点：电缆工程验收

难易度：中

标准答案：

（1）电缆规格应符合规定；排列整齐，无机械损伤；标志牌应装设齐全、正确、清晰。

（2）电缆的固定、弯曲半径、有关距离和单芯电力电缆的金属护层的接线、相序排列等应符合要求。

（3）电缆的固定、电缆接头及充油电缆的供油系统应安装牢固，不应有渗漏现象；充油电缆的油压及表计整定值应符合要求。

（4）接地应良好；充油电缆及护层保护器的接地电阻应符合设计。

（5）电缆终端的相色正确，电缆支架等的金属部件防腐层应完好。

（6）电缆沟内应无杂物，盖板齐全，隧道内应无杂物，照明，通风、排水等设施应符合设计。

（7）直埋电缆路径标志，应与实际路径相等；路径标志清晰、牢固，间距适当。

（8）水底电缆线路两岸，禁锚区内的标志和夜间照明装置应符合设计。

（9）防火措施应符合设计，且施工质量合格。

Jb0005232077 电缆工程竣工交接验收时，施工单位应提交哪些下列资料和技术文件？（5分）

考核知识点：电缆工程验收

难易度：中

标准答案：

（1）电缆线路路径的协议文件。

（2）设计资料图纸、电缆清册、变更设计的证明文件和竣工图。

（3）直埋电缆输电线路的敷设位置图，比例宜为1:500。地下管线密集的地段不应小于1:100；在管线稀少、地形简单的地段为1:1000；平行敷设的电缆线路，宜合用一张图纸。图上必须标明各线路的相对位置，并有标明地下管线的剖面图。

（4）制造厂提供的产品说明书、试验记录、合格证件及安装图纸等技术文件。

（5）隐蔽工程的技术记录。

（6）电缆线路的原始记录：① 电缆的型号、规格及其实际敷设总长度及分段长度，电缆终端和接头的型式及安装日期；② 电缆终端和接头中填充的绝级材料名称、型号。

（7）试验记录。

Jb0005232078　根据国家电网有限公司《110（66）千伏及以上电缆及通道分级标准》规定，110（66）kV及以上电缆通道分级标准是什么？（5分）

考核知识点：电缆运维

难易度：中

标准答案：

一级电缆通道：正常方式下，因通道原因可造成4级及以上电网事件的电缆通道；正常方式下，因通道原因可造成1座及以上220kV及以上变电站全停的电缆通道，或造成 3 座及以上110kV变电站全停的高压电缆通道；一级电缆线路所在通道。

二级电缆通道：正常方式下，因通道原因可造成5级电网事件的电缆通道；正常方式下，因通道原因可造成2座及以下110kV变电站全停的电缆通道；二级电缆线路所在通道。

三级电缆通道：未列入一、二级的电缆通道。

Jb0005231079　家族缺陷的定义及分级？（5分）

考核知识点：电缆运维

难易度：易

标准答案：

经确认由于制造厂设计、材质、工艺等同一共性因素导致的设备缺陷或隐患称为家族缺陷。

根据家族缺陷对人身、电网或设备的影响程度分为重大和一般两级。重大家族缺陷是指可能造成人身伤害、电网事故或设备损坏，需尽快治理的家族缺陷。一般家族缺陷是指对电网、设备安全运行暂不构成较大影响，可适时安排治理的家族缺陷。

Jb0005232080　为防止外力破坏和设施被盗，在运行阶段应注意哪些问题？（5分）

考核知识点：电缆运维

难易度：中

标准答案：

（1）电缆路径上应设立明显的警示标志，对可能发生外力破坏的区段应加强监视，并采取可靠的防护措施。

（2）工井正下方的电缆，宜采取防止坠落物体打击的保护措施。

（3）应监视电缆通道结构、周围土层和邻近建筑物等的稳定性，发现异常应及时采取防护措施。

（4）敷设于公用通道中的电缆应制定专项管理措施。

（5）应及时清理退运的报废缆线，对盗窃易发地区的电缆设施应加强巡视。

Jb0005231081　简述高频局部放电检测的步骤。（5 分）

考核知识点：电缆带电检测

难易度：易

标准答案：

（1）测试前检查测试环境，排除干扰源。

（2）将传感器（高频 TA 或其他传感器）安装于检测部位。

（3）选择适合的频率范围，可采用仪器的推荐值。

（4）对所有检测部位进行高频局放检测，在检测过程保证高频传感器方向一致。

（5）测量数据记录。

（6）当监测到异常时，记录异常信号放电谱图、分类谱图以及频谱图，并给出初步分析判断结论。

Jb0005231082　局部放电测量时的干扰一般有哪些？（5 分）

考核知识点：电缆带电检测

难易度：易

标准答案：

（1）电源网络的干扰。

（2）各类电磁场辐射的干扰。

（3）试验回路接触不良、各部位电晕及试验设备的内部放电。

（4）接地系统的干扰。

（5）金属物体悬浮电位的放电。

Jb0005232083　简述变频谐振试验下局部放电检测步骤。（5 分）

考核知识点：电缆带电检测

难易度：中

标准答案：

（1）测试前检查测试环境，排除干扰源。

（2）将传感器（高频 TA 或其他传感器）安装于检测部位，在检测过程中保证高频传感器方向一致。

（3）选择适合的频率范围，可采用仪器的推荐值。

（4）试验电压应逐渐升到额定电压 U 并保持 10min，然后慢慢地升到 $1.4U$ 并保持 10min，直至升到试验电压，并保持一定的试验时间。

（5）对所有检测部位（对具备条件的所有电缆终端、接头）进行高频局部放电检测。

（6）测量数据记录。

（7）当检测到异常时，记录异常信号放电谱图、分类谱图以及频谱图，并给出初步分析判断结论。

Jb0005232084　到货验收包括哪些内容？（5 分）

考核知识点：电缆工程验收

难易度：中

标准答案：

设备到货后，运维单位应参与对现场物资的验收。

（1）检查设备外观、设备参数是否符合技术标准和现场运行条件。

（2）检查设备合格证、试验报告、专用工器具、设备安装与操作说明书、设备运行检修手册等是否齐全。

（3）每批次电缆应提供抽样试验报告。对于首次中标的电缆敷设单位或附件厂家，运维单位应加强对厂家关键工艺的现场监督和质量把控，明确具体考核关键节点和需提供的技术资料。

Jb0005231085　简述声测定点法精确定点的原理。（5分）

考核知识点：电缆故障测寻

难易度：易

标准答案：

利用与冲击闪络法相同的高压设备，使故障点击穿放电。故障间隙放电时产生的机械振动传到地面，利用声电传感器检测，可以比较准确地对电缆故障点进行定位。

Jb0005231086　对电力电缆及附件进行高频局部放电检测时，高频局部放电传感器应安装在什么部位？（5分）

考核知识点：电缆带电检测

难易度：易

标准答案：

（1）对于电力电缆及附件，可以在电缆终端接头接地线、电缆中间接头接地线、电缆中间接头交叉互联接地线、电缆本体上安装高频局部放电传感器，在电缆单相本体上安装相位信息传感器。

（2）如果存在无外接地线的电缆终端接头，高频局部放电传感器也可以安装在该段电缆本体上，使用时应注意放置方向，应保证电流入地方向与传感器标记方向一致。

Jb0005231087　在电缆发生故障后应做好哪些巡视工作？（5分）

考核知识点：电缆故障处置

难易度：易

标准答案：

（1）故障巡视应在电缆发生故障后立即进行，巡视范围为发生故障的区段或全线。

（2）对引发事故的证物证件应妥为保管设法取回，并对事故现场进行记录、拍摄，以便为事故分析提供证据和参考。

（3）具有交叉互联的电缆跳闸后，应同时对电缆上的交叉互联箱、接地箱进行巡视，还应对给同一用户供电的其他电缆开展巡视工作以保证用户供电安全。

Jb0005231088　由于接地线/封铅虚焊导致的电缆接头发热应如何处理？（5分）

考核知识点：电缆运维

难易度：易

标准答案：

（1）应先将电缆停电。

（2）检查电缆主绝缘表面，无明显变化的，重新进行接地线焊接/封铅。

（3）若放电现象严重，电缆主绝缘出现变色、碳化等情况，切除电缆接头及受损电缆，重新安装电缆接头。

Jb0005231089 投入运行前的电缆线路的参数试验包括哪些？（5分）

考核知识点：电缆运维

难易度：易

标准答案：

投入运行前的电缆线路的参数试验包括测量电缆的正序阻抗、负序阻抗、零序阻抗、电容量和导体直流电阻等。

Jb0005232090 请简述高压电缆超高频局部放电现场检测步骤。（5分）

考核知识点：电缆带电检测

难易度：中

标准答案：

（1）将传感器放置在电缆接头非金属封闭处，以减少金属对内部电磁波的屏蔽以及传感器与螺栓产生的外部静电干扰。

（2）保持每次测试点的位置一致，以便于进行比较分析。

（3）如检测到异常信号，则应在该接头进行多点检测比较，查找信号最大点的位置。

（4）记录检测图谱。

（5）当检测到异常时，记录异常信号放电谱图、分类谱图以及频谱图，并给出初步分析判断结论。

Jb0005231091 什么是高频局部放电检测设备检测校验功能？（5分）

考核知识点：电缆带电检测

难易度：易

标准答案：

高频局部放电检测设备应具备检测校验功能，在一定的频率范围内通过输入的标准脉冲幅值与检出的等效放电量相比较，调整输入信号的传输阻抗修正系数，实现对检测回路的校正。

Jb0005231092 电缆线路高频局部放电缺陷状态的诊断依据是什么？（5分）

考核知识点：电缆带电检测

难易度：易

标准答案：

测试结果：具有具备放电特征且放电幅值较大；图谱特征：有可疑放电特征，放电相位图谱180°分布特征明显，幅值正负分明；建议策略：密切监视，观察其发展情况，必要时停电处理。

Jb0005232093 简述电力电缆带电检测的周期。（5分）

考核知识点：电缆带电检测

难易度：中

标准答案：

（1）测温检测。新设备投运及A、B类检修后应在1个月内完成检测，在运橡塑绝缘电缆330kV及以上每1个月检测1次、220kV每3个月检测1次、110（66）kV及以下每6个月检测1次，在运充油电缆220kV/330kV每3个月检测1次、110（66）kV及以下每6个月检测1次。

（2）金属护层接地电流检测。新设备投运、解体检修后应在1个月内完成检测，在运设备330kV及以上每1个月检测1次、220kV每3个月检测1次、110（66）kV及以下每6个月检测1次。

（3）超声波、高频、超高频局部放电检测。新设备投运、解体检修1周内完成检测，在运设备每6年检测1次。

Jb0005231094　什么是状态检测？（5分）

考核知识点：电缆带电检测

难易度：易

标准答案：

利用红外热成像、局部放电、接地电流检测等专业无损检测技术手段，综合评估并诊断电力设备的运行状况、绝缘老化、工艺缺陷等潜伏性故障。

Jb0005231095　单芯电缆护套一端接地方式为什么必须安装一条沿电缆平行敷设的回流线？（5分）

考核知识点：单芯电缆接地系统

难易度：易

标准答案：

（1）在金属护套一端接地的电缆线路中，为确保护套中的感应电压不超过允许值。

（2）当发生单相接地故障时，接地短路电流可以通过回流线留回系统中性点并可降低短路故障时护套的感应电流。

Jb0005232096　交接试验的一般要求？（5分）

考核知识点：电缆试验

难易度：中

标准答案：

对电缆的主绝缘进行耐压试验或绝缘电阻测量时，应分别在每一相上进行，对一相进行试验或测量时，其他两相导体和金属屏蔽（金属套）一起接地，试验结束后应对被试电缆进行充分放电。

对金属屏蔽（金属套）一端接地，另一端由护层电压限制器的单芯电缆主绝缘做耐压试验时，应将护层电压限制器短接，使这一端的电缆金属屏蔽（金属套）临时接地；对于采用交叉互联接地的电缆线路，应将交叉互联箱做分相短接处理，并将护层电压保护器短接。

Jb0005231097　试述开展电缆交接试验时对局部放电检测试验要求。（5分）

考核知识点：电缆试验

难易度：易

标准答案：

对35kV及以下电缆线路，交接试验宜开展局部放电检测。对66kV及以上电缆线路，在主绝缘交流耐压试验期间应同步开展局部放电检测。

Jb0005232098　电力电缆线路试验有哪些安全措施？（5分）

考核知识点：电缆试验

难易度：中

标准答案：

（1）电力电缆试验要拆除接地线时，应征得工作许可人的许可（根据调控人员指令装设的接地线，应征得调控人员的许可），方可进行。工作完毕后立即恢复。

（2）电缆耐压试验前，加压端应做好安全措施，防止人员误入试验场所，另一端应设置围栏并挂上警告标示牌。如另一端是上杆的或是锯断电缆处，应派人看守。

（3）电缆耐压试验前，应先对设备充分放电。

（4）电缆的试验过程中，更换试验引线时，应先对设备充分放电，作业人员应戴好绝缘手套。

（5）电缆耐压试验分相进行时，另两项电缆应接地。

（6）电缆试验结束，应对被试电缆进行充分放电，并在被试电缆上加装临时接地线，待电缆尾线接通后才可拆除。

（7）电缆故障声测定点是，禁止直接用手触摸电缆外皮或冒烟小洞。

Jb0005232099 电缆检修策略的一般要求有？（5分）

考核知识点：电缆检修

难易度：中

标准答案：

（1）电缆线路的状态检修策略既包括年度检修计划的制定，也包括缺陷处理、试验、不停电的维修和检查等。检修策略应根据设备状态评价的结果动态调整。

（2）年度检修计划每年至少修订一次。根据最近一次设备的状态评价结果，考虑设备风险评估因素，并参考制造厂家的要求确定下一次停电检修时间和检修类别。在安排检修计划时，应协调相关设备检修周期，统一安排、综合检修，避免重复停电。

（3）对于设备缺陷，根据缺陷性质，按照缺陷管理相关规定处理。同一设备存在多种缺陷，也应尽量安排在一次检修中处理，必要时，可调整检修类别。

（4）C类检修正常周期宜与试验周期一致。不停电维护和试验根据实际情况安排。

Jb0005232100 简述正常状态电缆接头C类检修的检修内容与技术要求。（5分）

考核知识点：电缆检修

难易度：中

标准答案：

（1）检修内容：

1）检查电缆接头外观有无异常。

2）检查电缆接头两侧伸缩节有无明显变化。

3）检查电缆接头托架、夹具有无偏移、锈蚀、破损、部件缺失等情况。

4）检查电缆接头防火设施是否完好。

（2）技术要求：

1）外观应无异常。

2）电缆接头两侧伸缩节应无明显变化。

3）电缆接头托架、夹具应无偏移、锈蚀、破损、部件缺失等情况。

4）电缆接头防火设施应完好。

Jb0005232101 正常状态电缆本体C类检修项目中的电缆本体外观检查包括哪些？（5分）

考核知识点：电缆检修

难易度：中

标准答案：

（1）检查电缆是否存在过度弯曲、过度拉伸、外部损伤等情况，检查充油电缆是否存在渗漏油情况。

（2）检查电缆抱箍、电缆夹具和电缆衬垫是否存在锈蚀、破损、缺失、螺栓松动等情况。

（3）检查电缆的蠕动变形，是否造成电缆本体与金属件、构筑物距离过近。

（4）检查电缆防火设施是否存在脱落、破损等情况。

Jb0005232102　在进行电缆线路高频局部放电检测时，当根据相位图谱特征判断测量信号具备50Hz相关性后，应继续哪些操作？（5分）

考核知识点：电缆带电检测

难易度：中

标准答案：

（1）排除外界环境干扰，即排除与电缆有直接电气连接的设备（如变压器、GIS等）或空间的放电干扰。

（2）根据各检测部位的幅值大小（即信号衰减特性）初步定位局部放电部位。

（3）根据各检测部位三相信号相位特征，定位局放相别。

（4）根据单个脉冲时域波形、相位图谱特征初步判断放电类型。

（5）在条件具备时，综合应用超声波局放仪、示波器等仪器进行精确的定位。

Jb0005232103　对正常状态避雷器绝缘套管C类检修的技术要求有哪些？（5分）

考核知识点：电缆检修

难易度：中

标准答案：

（1）外观无异常，高压引线、接地线连接正常。

（2）套管外绝缘无污秽及放电痕迹。

（3）均压环无错位。

（4）复合套管严禁使用酒精、乙醚等有机溶剂清扫，对于污秽等级上升的区域，更换时应提高避雷器爬距。

Jb0005231104　何为闪络性故障？（5分）

考核知识点：电缆故障处置

难易度：易

标准答案：

（1）这类故障一般发生于电缆耐压试验击穿中，并多出现在电缆中间接头或终端头内。

（2）试验时绝缘被击穿，形成间隙性放电，当试验电压达到某一定值时，发生击穿放电，而当击穿后放电电压降至某一值时，绝缘又恢复而不发生击穿；有时在特殊条件下，绝缘击穿后又恢复正常，即使提高试验电压，也不再击穿的现象。

Jb0005231105　简述交叉互联系统对地绝缘的直流耐压试验的测试要求。（5分）

考核知识点：电缆试验

难易度：易

标准答案：

试验时必须事先将护层电压限制器断开，并在互联箱中将另一侧的三段电缆金属套全部接地，使绝缘接头的绝缘环部分也同时进行试验。在每段电缆金属屏蔽（金属套）与地之间施加直流电压10kV，加压时间 1min，交叉互联系统对地绝缘部分不应击穿。

Jb0005232106　电缆金属护层接地方式应符合设计规范标准，具体要求有哪些？（5 分）

考核知识点： 单芯电缆接地系统

难易度： 中

标准答案：

（1）高压电缆线路宜采用交叉互联换位系统；对于较短的线路，可采用中间一点接地或单端接地加回流线方式；通常变电站段设置直接接地，用户站端设置经保护器接地；一端在站内另一端在站外的高压电缆线路，站内端应设置为直接接地，站外设置为保护接地；接地线和回流线的截面面积应满足系统短路容量要求。

（2）电缆单段长度应合理，排管内电缆的单段长度不宜超过 600m，隧道内不宜超过 700m；电缆的换位段设置应均衡，3 个换位小段长度差应不会导致感应电流超标。

Jb0005231107　初设阶段，电缆排列布置应符合哪些设计规范标准？（5 分）

考核知识点： 电缆运维

难易度： 易

标准答案：

电缆的敷设断面（孔位）已经电缆运维部门同意并符合运行要求；三相单芯电缆应采用三角形或一字形布置；同一通道内的电缆按电压等级高低由下向上布置；排管的孔数应满足规划需要，并保留一定的裕度（预留检修孔）；隧道、沟槽和竖井内电缆应采取蛇形布置。

Jb0005231108　隧道的设计应满足哪些运行、检修的要求？（5 分）

考核知识点： 电缆生产准备

难易度： 易

标准答案：

隧道的吊物孔及人孔位置应满足施工和运行要求；隧道的检修通道符合设计规范标准；隧道与其他通道的连接方式合理；隧道的出入口、通风口等宜高于地面 500mm，并设置防倒灌措施；隧道的排水泵积水井有效容积是否满足最大排水泵 15～20min 的流量；隧道的总体标高应避免较大起伏造成局部容易积水。

Jb0005231109　电缆通道的安防、辅控系统、监测（控）系统等附属设备设计应符合哪些运行要求？（5 分）

考核知识点： 电缆生产准备

难易度： 易

标准答案：

电缆终端场站、隧道出入口、重要区域的工井井盖应有安防措施，满足防水、防盗、防坠落、防位移等功能，应设置二层子盖，二层子盖宜选用复合材料，并加装在线监控装置；隧道应采用双电源供电，每路电源均应满足该供电范围内全部设备同时投时用电的需求；隧道内电源分电箱和低压配电箱等外壳防护等级不应低于 IP56；换位箱和接地箱应设置在人行道、绿化带等便于检测工作开展的位置。

Jb0005231110　可研阶段，高压电缆线路路径选择应注意哪些方面？（5 分）

考核知识点：电缆生产准备

难易度：易

标准答案：

电缆路径应合法，满足安全运行要求。电缆路径、附属设备及设施（互联箱、出入口、通风亭、余缆井等）的设置应通过规划部门审批；电缆路径不应进入规划红线范围；不应邻近热力管线和腐蚀性介质管道。

Jb0005231111　简述综合管廊电力舱验收时应注意的消防要求。（5 分）

考核知识点：电缆工程验收

难易度：易

标准答案：

电力舱应做好防火隔断及封堵，电缆应选用阻燃电缆、技术成熟可靠的电缆附件，应安装火灾报警和灭火装置；电缆密集敷设区域的电缆接头，应加装防火槽盒或其他防火隔离措施，应设置无源清洁可靠的灭火装置。

Jb0005231112　验收工作包括哪些内容？（5 分）

考核知识点：电缆工程验收

难易度：易

标准答案：

验收工作包括到货验收、验收方案编制和交底、隐蔽工程验收、土建验收和竣工验收。

Jb0005231113　竣工验收建设单位和监理单位应该提供哪些资料？（5 分）

考核知识点：电缆工程验收

难易度：易

标准答案：

（1）建设单位应提供相应的设计图、工程竣工完工报告和竣工图等书面资料，包括验收申请、施工总结、路径图、管位剖面图、具体结构图、隐蔽工程和附件关键工序影像资料、设计变更联系单等。

（2）监理单位应提供相应的工程监理报告。

Jb0005231114　简述电缆及通道竣工图纸和路径图的要求。（5 分）

考核知识点：电缆工程验收

难易度：易

标准答案：

电缆及通道竣工图纸和路径图，比例尺一般为 1:500，地下管线密集地段为 1:100，管线稀少地段，为 1:1000。在房屋内及变电站附近的路径用 1:50 的比例尺绘制。平行敷设的电缆，应标明各条线路相对位置，并标明地下管线剖面图。电缆如采用特殊设计，应有相应的图纸和说明。

Jb0005231115　验收前工作准备包括哪些内容？（5 分）

考核知识点：电缆工程验收

难易度：易

标准答案：

（1）建设单位提供相应的设计图、工程竣工完工报告和竣工图等书面资料，包括验收申请、施工总结、路径图、管位剖面图、具体结构图、设计变更联系单等。

（2）监理单位应提供相应的工程监理报告。

（3）建设单位应做好有限空间作业准备工作，做好通风、杂物和积水清理，提前开井，确保验收工作顺利进行。

Jb0005231116 生产准备工作包含哪些内容？（5分）

考核知识点：电缆生产准备

难易度：易

标准答案：

生产准备工作包括相关生产人员的组织、装备的配置、管理制度的编写等，220kV及以上电缆工程应编制专项生产准备方案。

Jb0005231117 简述电缆隧道验收中通风设施验收标准。（5分）

考核知识点：电缆工程验收

难易度：易

标准答案：

通风亭符合设计要求，表面平整、洁净、色泽一致，无裂痕和缺损；通风亭顶板应有排水坡度，避免积水；百叶窗应安装牢固，叶片间隙应均匀，防尘网安装齐全；通风亭内应具备防坠篦子，避免重物掉落。

Jb0005231118 简述隐蔽工程验收的要求。（5分）

考核知识点：电缆工程验收

难易度：易

标准答案：

电缆运检部门应不定期对施工现场进行检查；现场应核查监理和施工单位关键工序的影像资料；对检查过程中发现的问题，书面反馈并督促整改。

Jb0005231119 初设阶段中，初步设计的深度应满足那些要求？（5分）

考核知识点：电缆生产准备

难易度：易

标准答案：

（1）设计单位应完成现场勘探。

（2）设计方案经过优化比较、论证和确定。

（3）通道路径的规划部门批准文件及有关协议应落实主要设备。

（4）型号及材料用量应明确。

（5）应进行工程投资分析。

Jb0005231120 电缆隧道验收时，对防火设施的要求是什么？（5分）

考核知识点：电缆工程验收

难易度：易

标准答案：

隧道两侧支架上方防火隔板安装齐全，防火槽盒安装齐全，表面应平整、无缝隙，无破损，槽盒盖板封盖严密，尺寸符合设计要求，材料达到阻燃 B1 级别；支架各层间防火隔板安装齐全，表面应平整、无缝隙，无破损，槽盒盖板封盖严密，尺寸符合设计要求，材料达到阻燃 B1 级别；管孔防火封堵密实，无机堵料封堵表面光洁、无粉化、无硬化、无开裂等缺陷，材料达到阻燃 B1 级别。

Jb0005231121　电缆隧道验收时，对接地装置的要求是什么？（5 分）

考核知识点：电缆工程验收

难易度：易

标准答案：

焊接牢固饱满、无虚焊，焊接位置两侧 100mm 范围内及锌层破损处应做防腐处理并刷防锈漆；地线焊接要求搭接长度为 2 倍扁铁宽，三面焊牢，清渣后施做防腐并涂灰色防锈漆，遇电力隧道转弯处，为保证地线搭接长度，转弯处扁铁需冷压麻花状过渡；接地电阻检测符合设计要求，不大于 5Ω，综合接地电阻不大于 1Ω。

Jb0005221122　画出 DGC 型闪测仪定点探头基本结构图。（5 分）

考核知识点：电缆故障测寻

难易度：易

标准答案：

DGC 型闪测仪定点探头基本结构图如图 Jb0005221122 所示。

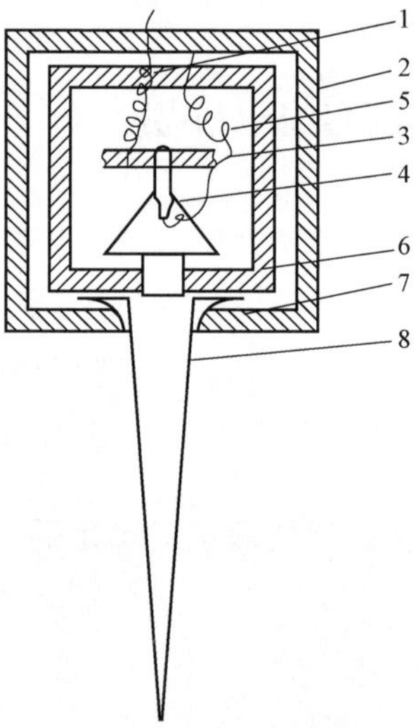

图 Jb0005221122

1—信号线；2—外隔离；3—压电晶体；4—绝缘小棒；5—屏蔽地线；6—内隔离；7—固定螺母；8—探针

Jb0005222123　绘出对电缆单相接地故障测距的原理接线图。（5 分）

考核知识点：电缆故障测寻

难易度：中

标准答案：

接线图如图 Jb0005222123 所示。

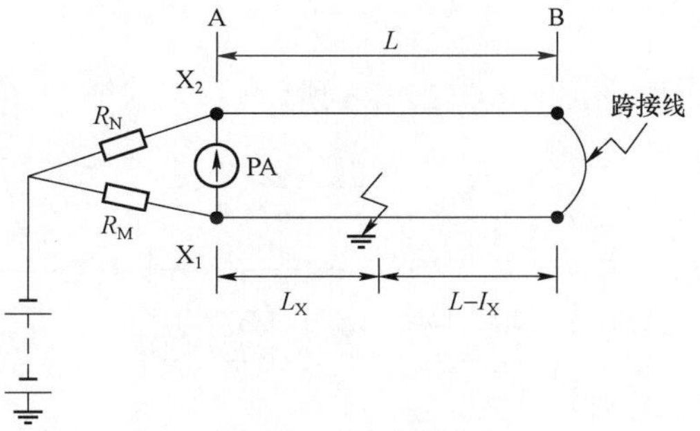

图 Jb0005222123

A、B—电缆的两端；L—电缆的全长；L_X—A 端到故障点的距离；R_M—电桥的比率臂电阻；R_N—电桥测定臂电阻

Jb0005222124 绘出测量电缆油击穿的试验接线示意图。（5 分）

考核知识点：电缆试验

难易度：中

标准答案：

测量电缆油击穿的试验接线示意图如图 Jb0005222124 所示。

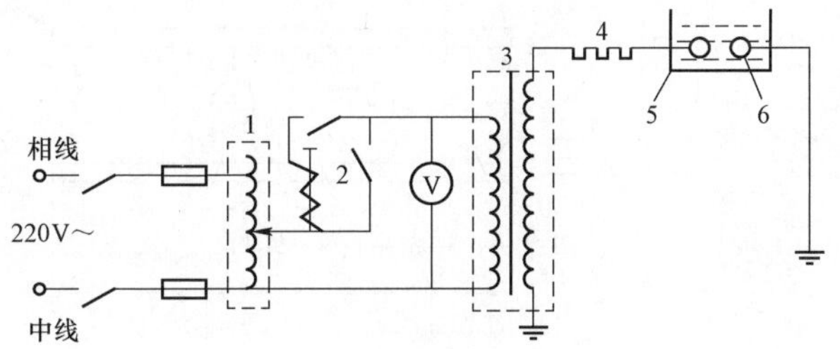

图 Jb0005222124

1—调压器；2—过流脱扣装置；3—试验变压器；4—0.5MΩ的水电阻；5—盛试品的瓷杯；6—间隙为 2.5mm 的球电极

Jb0005222125 绘出三倍压试验电缆原理图。（5 分）

考核知识点：电缆试验

难易度：中

标准答案：

三倍压试验电缆原理图如图 Jb0005222125 所示。

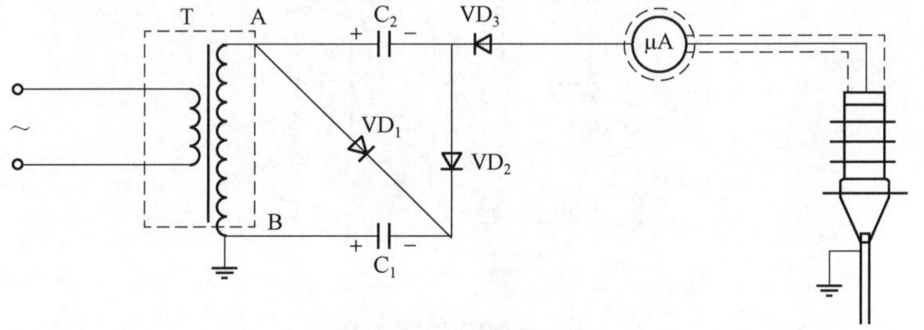

图 Jb0005222125

Jb0005222126 绘出测量电缆零序阻抗的接线图。（5 分）

考核知识点：电缆试验

难易度：中

标准答案：

测量电缆零序阻抗的接线图如图 Jb0005222126 所示。

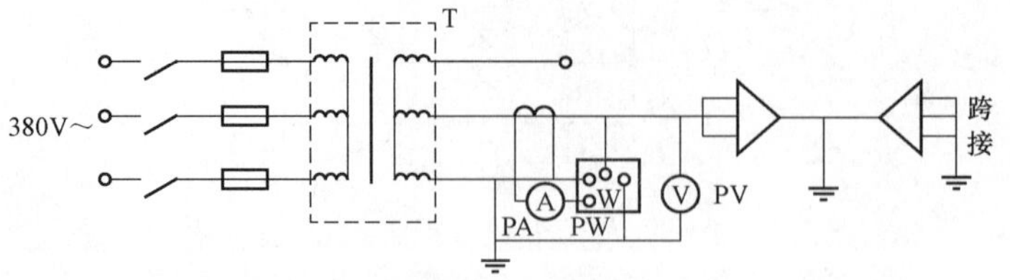

图 Jb0005222126

T—抽头式降压变压器；PA—电流表；PV—电压表；PW—功率表

Jb0005222127　绘出油压法测量充油电缆漏油点简图。（5 分）

考核知识点： 电缆试验

难易度： 中

标准答案：

油压法测量充油电缆漏油点简图如图 Jb0005222127 所示。

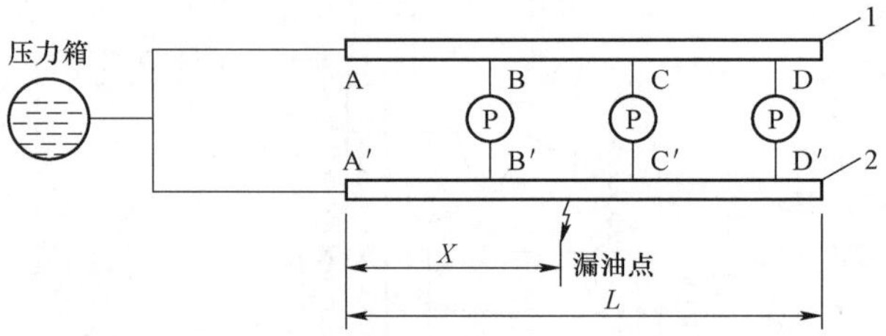

图 Jb0005222127

1、2—充油电缆

Jb0005222128　标出如图 Jb0005222128 所示电缆油处理装置设备的各部分名称。（5 分）

考核知识点： 电缆试验

难易度： 中

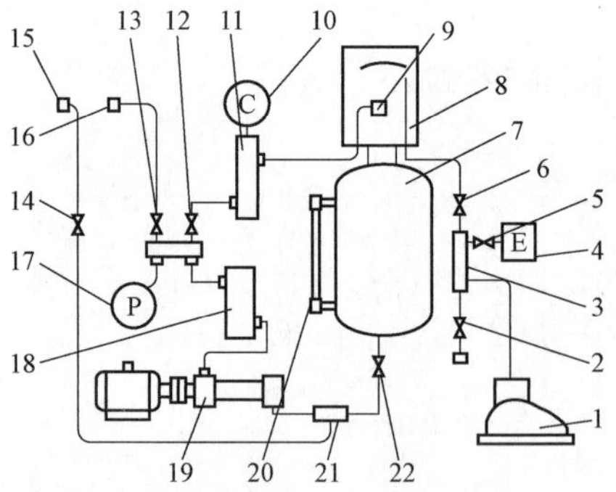

图 Jb0005222128

标准答案：

1—真空泵；2—油气分离器放油阀；3—油气分离器；4—麦氏真空表；5、6—真空检测阀；7—储油罐；8—去气缸；9—喷油嘴；10—触点温度计；11—加热器；12—喷油阀；13—出油阀；14—进油阀；15—进油接口；16—出油接口；17—压力表；18—过滤器；19—油泵；20—油位管；21—三通接头；22—循环阀。

Jb0005221129　绘出从终端头尾管取充油电缆油样的管路示意图。（5 分）

考核知识点：电缆试验

难易度：易

标准答案：

如图 Jb0005221129 所示。

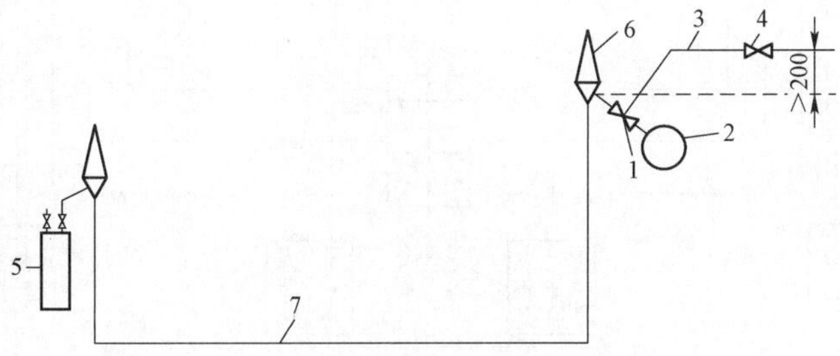

图 Jb0005221129

1—三通管路压力阀；2—压力表；3—取油样管路（长度大于 1m）；4—阀门；5—压力箱；6—终端头；7—电缆

Jb0005222130　绘出用交流电桥法测量统包型电缆电容的接线。（5 分）

考核知识点：电缆试验

难易度：中

标准答案：

如图 Jb0005222130 所示。

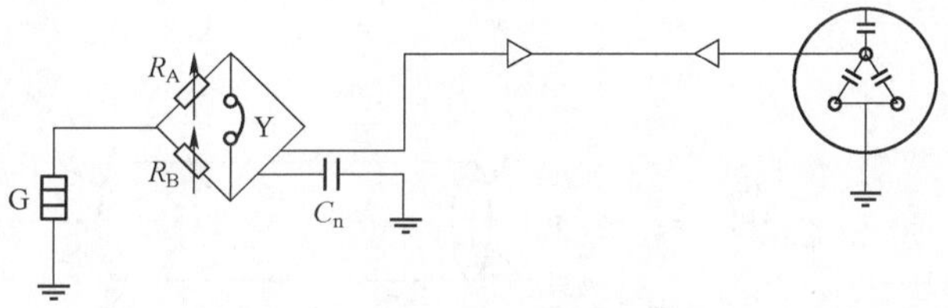

图 Jb0005222130

Jb0005222131　绘出用交流充电法测量一芯对其两芯及对地的电容接线图。（5 分）

考核知识点：电缆试验

难易度：中

标准答案：

如图 Jb0005222131 所示。

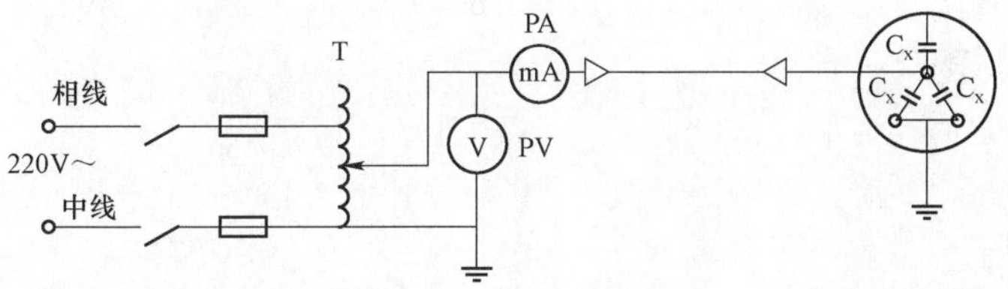

图 Jb0005222131

Jb0005221132　画出一条有一个绝缘中间接头、2 个电缆终端头的电缆线路接地示意图。（5 分）

考核知识点：单芯电缆接地系统

难易度：易

标准答案：

示意图如图 Jb0005221132 所示。

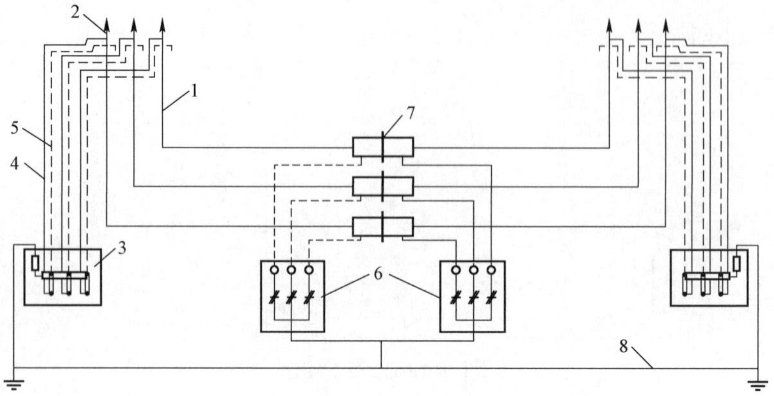

图 Jb0005221132

1—电缆；2—终端头；3—闸刀箱；4—同轴电缆内导体；5—同轴电缆外导体；6—保护器；7—绝缘接头；8—接地导体

Jb0005222133　画出冲击高压终端测试接线图。（5 分）

考核知识点：电缆故障测寻

难易度：中

标准答案：

如图 Jb0005222133 所示。

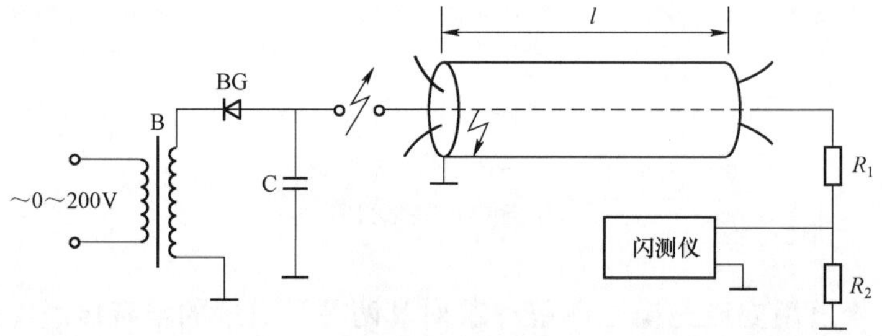

图 Jb0005222133

Jb0005213134　某一路 110kV 交联聚乙烯电缆，线芯截面面积为 630mm²，载流量为 1000A。电缆应用于三相平衡线路，排列方式为接触正三角品行排列，接地方式为单端接地，线路长 500m，未采取不能任意接触金属层的安全措施。试计算说明：电缆金属护套中的感应电压是否满足设计要求？（ln2＝0.693）（5 分）

考核知识点：电缆运维

难易度：难

标准答案：

解：

对于接触正三角形品字形排列：

所以 $X_1=X_2=X_3=X_5=2\omega\ln2\times10^{-7}=4.353\times10^{-5}$（$\Omega/\text{m}$）

故 $U_{S1}=U_{S2}=U_{S3}=IX_S=1000\times4.353\times10^{-5}=4.353\times10^{-2}$（V / m）

未接地端最大感应电压为：$500\times4.353\times10^{-2}=21.8$（V）≤50（V）

答：满足设计要求。

Jb0005211135 用声测法对一故障电缆进行冲击放电，放电电压为 20kV，放电间隙时间 3～4s，电容为 5μF，问电容器上所储能量为多少？（5 分）

考核知识点：电缆故障测寻

难易度：易

标准答案：

解：$W=CU^2/2$

$W=5\times20^2/2=1000$（W）

答：电容器上所储能量为 1000W。

Jb0005212136 998m 长的 3×95mm² 电缆发生纯单相接地故障，故障相对地电阻为 160Ω，其中两相绝缘尚好，用回线法在首端测得结果如下：正接法 *M* 为 1000，*N* 为 1900；反接法 *M* 为 1000，*N* 为 526。问故障在什么位置？（5 分）

考核知识点：电缆故障测寻

难易度：中

标准答案：

解：$L_X=\dfrac{M}{M+N}2L$

$$L_{X1}=\frac{1000}{1000+1900}\times2\times998\approx688.3\text{（m）}$$

$$L_{X2}=\frac{526}{1000+526}\times2\times998\approx688\text{（m）}$$

答：故障在距离首端约 688m 处。

Jb0005212137 电力电缆寻找故障点时，一般需先烧穿故障点，烧穿时采用交流有效还是直流有效？（5 分）

考核知识点：电缆故障测寻

难易度：中

标准答案：

若施加交流，因电缆的电容量大，设备的容量也要较大，另外，交流电压过零易于熄弧，故烧穿效果较差，若加以直流，只要通过足够的电流就可以烧穿故障点。另外，因电缆电容在直流电压作用下，不产生电容电流，设备的容量可较小。

Jb0005212138 交联聚乙烯绝缘电缆进入潮气后，常用的处理方法是什么？（5 分）

考核知识点：电缆检修

难易度：中

标准答案：

在电缆的一端用压缩气体介质（通常用干燥的氮气或干燥空气）强制灌入电缆绝缘线芯内，在电缆的另一端同时抽真空，让干燥气体吸收进入电缆的潮气后抽出。

Jb0005212139　正确使用钳形电流表应注意哪些问题？（5 分）

考核知识点：工器具使用

难易度：中

标准答案：

（1）正确选择表计的种类。应根据被测对象的不同选择不同型式的钳形电流表。

（2）正确选择表计的量程。测量前，应对被测电流进行粗略估计，选择适当的量程，倒换量程时应在不带电情况下进行，以免损坏仪表。

（3）测量交流电流时，使被测量导线位于钳口中部，并且使钳口紧闭。

（4）每次测量后，要把调节电流量程的切换开关放在最高挡位。

（5）测量 5A 以下电流时，为得到较为准确的读数，在条件许可时可将导线多绕几圈放进钳口进行测量。

（6）进行测量时，应注意操作人员对带电部分的安全距离，以免发生触电危险。

Jb0005212140　画出电缆短路或接地故障（接地电阻在 100Ω 以下）用连续扫描脉冲示波器测试故障点时，示波器荧光屏图。（5 分）

考核知识点：电缆故障测寻

难易度：中

标准答案：

示意图如图 Jb0005212140 所示。

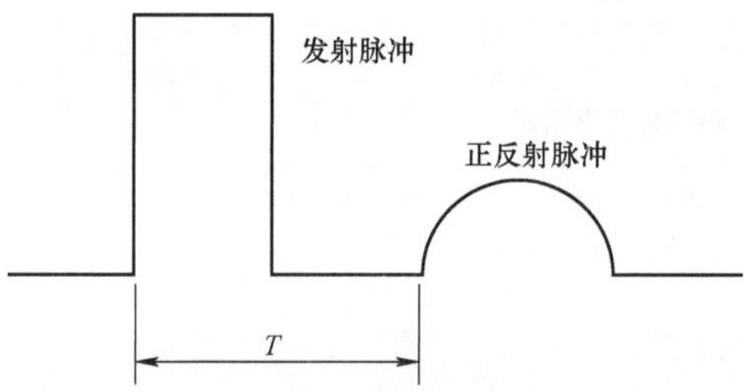

图 Jb0005212140

Jb0005212141　画出电缆高阻接地故障（接地电阻在 100kΩ 以上），采用高压一次扫描示波器测寻故障点时，示波器荧光屏图。（5 分）

考核知识点：电缆故障测寻

难易度：中

标准答案：

示意图如图 Jb0005212141 所示。

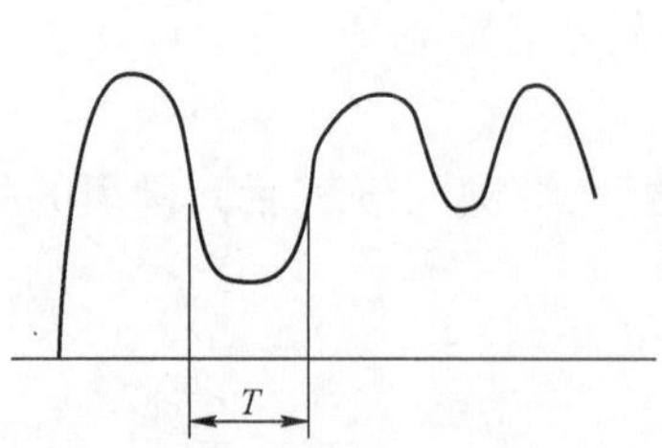

图 Jb0005212141

第八章 电力电缆安装运维工(输电)技师技能操作

Jc0005242001 对电缆故障所显示的几种不同波形的分析判断。(100 分)

考核知识点：

1. 电缆故障波形的识别
2. 电缆故障种类的判断

难易度： 中

技能等级评价专业技能考核操作工作任务书

一、任务名称

对电缆故障所显示的几种不同波形的分析判断。

二、适用工种

电力电缆安装运维工（输电）技师。

三、具体任务

（1）设置安全围栏并悬挂标示牌。

（2）检查仪器仪表。

（3）用低压脉冲法、直闪法和冲闪法测量指定故障波形。

（4）放电，短接电容。

（5）清理仪器仪表，工器具归位，退场。

四、工作规范及要求

（1）试验接线正确。

（2）仪器使用熟练。

（3）放电及更换试验接线动作规范。

（4）发生安全事故本项考核不合格。

五、考核及时间要求

（1）本考核操作时间共 30 分钟。

（2）所有操作项目中，如某项目缺失则该项目不得分，但不影响其他项目得分。

技能等级评价专业技能考核操作评分标准

<table>
<tr><td>工种</td><td colspan="6">电力电缆安装运维工（输电）</td><td>评价等级</td><td>技师</td></tr>
<tr><td>项目模块</td><td colspan="5">电缆运行维护与检修—电缆故障测寻</td><td>编号</td><td colspan="2">Jc0005242001</td></tr>
<tr><td>单位</td><td colspan="3"></td><td>准考证号</td><td colspan="2"></td><td>姓名</td><td></td></tr>
<tr><td>考试时限</td><td colspan="2">30 分钟</td><td>题型</td><td colspan="3">单项操作</td><td>题分</td><td>100 分</td></tr>
<tr><td>成绩</td><td></td><td>考评员</td><td></td><td colspan="2">考评组长</td><td></td><td>日期</td><td></td></tr>
<tr><td>试题正文</td><td colspan="8">对电缆故障所显示的几种不同波形的分析判断</td></tr>
</table>

续表

需要说明的问题和要求	（1）本项工作可设专人配合操作，仅对作业人员进行考评。 （2）操作应注意安全，根据具体任务对应标准化作业流程开展确保人身与设备安全。发生安全事故本项考核不合格。 （3）作业流程是否正确将列入考评内容。 （4）工具材料的选用与检查由被考核人员独立完成

序号	项目名称	质量要求	满分	扣分标准	扣分原因	得分
1	工作准备					
1.1	安全劳动防护用品的准备	正确佩戴安全帽，穿全套工作服，包括工作服、绝缘鞋、棉手套	5	未正确佩戴安全帽，未正确穿工作服、绝缘鞋、棉手套，每项扣 1 分，扣完为止		
1.2	工器具的准备	熟练正确使用各种工器具	10	未正确使用一次扣 2 分，扣完为止		
1.3	相关安全措施的准备	（1）正确进行工具安全性能检查。 （2）现场作业条件复核。 （3）合理布置地面材料、工具	15	未进行工具外观安全性能检查扣 5 分； 未对现场作业可能存在的危险点进行分析并提出防范措施扣 5 分； 地面工具、材料摆放不整齐、不合理扣 5 分； 发生安全事故本项考核不得分		
2	工作许可					
2.1	许可方式	向考评员示意准备就绪，申请开始工作	5	未向考评员示意履行许可手续扣 5 分		
3	工作步骤及技术要求					
3.1	试验接线	试验接线正确	10	不正确扣 10 分		
3.2	仪器使用	正确开关机，会使用仪器菜单选项	15	仪器使用不熟练扣 5 分； 不会使用扣 15 分		
3.3	低压脉冲法测全长波形	会识别并加以分析判断	5	不识别波形扣 5 分		
3.4	低压脉冲法测断线故障波形	会识别并加以分析判断	5	不识别波形扣 5 分		
3.5	低压脉冲法测低阻故障波形	会识别并加以分析判断	5	不识别波形扣 5 分		
3.6	直闪法测高阻闪络故障的波形	会识别并加以分析判断	5	不识别波形扣 5 分		
3.7	冲闪法测高阻泄漏型故障的波形	会识别并加以分析判断	5	不识别波形扣 5 分		
3.8	时间	在规定时间内完成所有操作	5	每超出规定时间 3 分钟扣 1 分，扣完为止		
4	工作结束					
4.1	作业结束	作业完成检查完毕，确认作业现场没有遗留物件，申请作业结束	5	未向考评员汇报作业结束扣 1 分； 现场有遗留物的不得分		
4.2	材料、工具规整	作业结束后进行现场工具材料规整	5	未进行现场工具材料规整扣 5 分		
合计			100			

Jc0004242002　110kV－XLPE 电缆 SF_6 封闭式终端安装。(100 分)

考核知识点：

1. 电缆附件图纸的解读能力
2. 110kV 电缆头制作理论知识
3. 电缆头工艺制作水平

4. 钳工工艺

难易度：中

技能等级评价专业技能考核操作工作任务书

一、任务名称

110kV－XLPE 电缆 SF_6 封闭式终端安装。

二、适用工种

电力电缆安装运维工（输电）技师。

三、具体任务

完成 XLPE 电缆封闭式终端安装。

四、操作规范及要求

（1）电缆终端头制作时尺寸应正确。

（2）电缆剥切时不应有毛刺，不得伤及主绝缘层。

（3）操作顺序应正确。

（4）现场作业应满足相关安全要求。

五、考核及时间要求

（1）本考核操作时间共 240 分钟。

（2）未完成的操作项目不得分，但不影响其他项目得分。

技能等级评价专业技能考核操作评分标准

工种	电力电缆安装运维工（输电）				评价等级	技师
项目模块	电缆附件安装—电缆终端头安装			编号	Jc0004242002	
单位		准考证号			姓名	
考试时限	240 分钟	题型	单项操作		题分	100 分
成绩		考评员		考评组长		日期	
试题正文	110kV－XLPE 电缆 SF_6 封闭式终端安装					
需要说明的问题和要求	（1）本项工作可设专人配合操作，仅对作业人员进行考评。 （2）操作应注意安全，根据具体任务对应标准化作业流程开展确保人身与设备安全。发生安全事故本项考核不合格。 （3）作业流程是否正确将列入考评内容。 （4）工具材料的选用与检查由被考核人员独立完成					

序号	项目名称	质量要求	满分	扣分标准	扣分原因	得分
1	工作准备					
1.1	安全劳动防护用品的准备	正确佩戴安全帽，穿全套工作服，包括工作服、绝缘鞋、棉手套	5	未正确佩戴安全帽，未正确穿工作服、绝缘鞋、棉手套，每项扣 1 分，扣完为止		
1.2	工器具的准备	熟练正确使用各种工器具	10	未正确使用一次扣 2 分，扣完为止		
1.3	相关安全措施的准备	（1）正确进行工具安全性能检查。 （2）现场作业条件复核。 （3）合理布置地面材料、工具	15	未进行工具外观安全性能检查扣 5 分； 未对现场作业可能存在的危险点进行分析并提出防范措施扣 5 分； 地面工具、材料摆放不整齐、不合理扣 5 分； 发生安全事故本项考核不得分		
2	工作许可					

续表

序号	项目名称	质量要求	满分	扣分标准	扣分原因	得分
2.1	许可方式	向考评员示意准备就绪，申请开始工作	5	未向考评员示意履行许可手续扣5分		
3	工作步骤及技术要求					
3.1	固定电缆切割电缆	（1）在支撑板上安装好下法兰盘。 （2）调节水平和高度。 （3）固定电缆。 （4）以法兰盘上平面向上量锯支多余电缆。 （5）拿去下法兰后进行加热校直	3	水平调节不正确扣0.5分； 高度调节不合适扣0.5分； 电缆固定不好影响下步工作扣0.5分； 未（加热）消除内应力扣0.5分； 未校直扣1分		
3.2	剥外护套、焊接地环去金属护套	（1）去校直用角钢。 （2）套入尾管。 （3）剥去外护套，断口处呈锥形。 （4）除去一段石墨。 （5）从剖塑口向上除去多余铜线，清洁铜线和铅包。 （6）焊接地环。 （7）翻上铜线，装上接地外环，固定扁铜线线后扩铅。 （8）剥去金属护套。 （9）在剖塑口包自粘乙丙橡胶，PVC带	8	忘记套尾管扣1分； 剥外护套熟练程度扣0.5分； 断锥形不好扣1分； 未清除石墨扣0.5分； 未清洁扁铜线和铅包扣0.5分； 焊接地环扣1分； 未接外环扣0.5分； 未扎线固定铜线扣0.5分； 扩铅不好扣1分； 剥金属护套毛糙扣1分； 剖铅口未包半导体带扣0.5分		
3.3	应力锥就位	（1）在半导体上，向下平整绕包PVC带。 （2）两次喷涂石墨后，除去PVC带（第一次10min，第二次15min）。 （3）清洁绝缘体表面后抹去上硅脂。 （4）应力锥内抹硅脂,用千斤顶顶入扩胀管。 （5）按安装图纸要求，将应力锥固定在电缆本体上。 （6）擦清剩余硅脂	8	包绕不平整扣1分； 未遮挡其余附件扣1分； 使半导体被喷时掌握不正确扣1分； 绝缘表面清洁不净扣1分； 应力锥和绝缘未涂抹硅脂扣1分； 顶入扩胀管操作不正确扣1分； 应力锥位置固定不正确扣1分； 未清洁处理扣1分		
3.4	绝缘绕包	（1）清洁接梗处,然后在导体处绕包防水带。 （2）用乙丙橡胶将绝缘端部两梯形锥体包成锥形整体。 （3）在梗处向下包PVC带一个来回，用尼龙线扎紧。 （4）清洁锥下部，固定橡胶衬垫。 （5）剖铅口绕包半导体带收口再从应力锥向橡皮帽包2分层半导体带。 （6）从应力锥向橡皮帽绕包铜丝编织带，返回时将铜皮包进去，应力锥结束。 （7）绕包绝缘乙丙橡胶带，在应力锥和橡皮帽之间的铜编织带部分绕包5层乙丙橡胶带，再在锥和帽间凹部包2层PVC带。 （8）在乙丙带外包2层PVC带	12	未清洁扣1分； 未包防水带扣1分； 锥体包绕不成型扣1分； 未包PVC带或不规范扣1分； 固定橡胶衬垫不对称扣1分； 绕包半导体带收口不正确扣1分； 少包2层半导体带扣1分； 未外包PVC带扣1分； 不合质量要求所述扣1分； 未搭盖扣1分； 少包一次乙丙带扣1分； 未包PVC带扣1分		
3.5	总装	（1）帽处用尼龙带扎紧。 1）套入O形圈，下法兰，垫圈固定于支架上。 2）检查环氧套管并擦清，安装内油管，装上临时吊环。 3）慢慢套入套管，并固定。 4）拧紧连接螺栓。 5）安装下尾管。 6）把梅花触片套入法兰盖，装入O形圈，套入接梗。 （2）套入法兰和屏蔽罩	5	未扎尼龙带扣1分； 程序有误扣1分； 拧连接螺栓力矩不足30N·m扣2分； 漏做一个程序扣1分		
3.6	注油	真空注油	5	操作错误扣5分		

续表

序号	项目名称	质量要求	满分	扣分标准	扣分原因	得分
3.7	电缆绝缘体施工	（1）剥去半导体。 （2）剥去绝缘层。 （3）按梯形结构做出两个半导体锥。 （4）打磨绝缘表面和半导体断口锥形使之平滑过渡。 （5）工作结束后即用不粘的塑料带包好	5	绝缘上仍有半导体残质扣 0.5 分； 由于去半导体层破坏绝缘扣 0.5 分； 电缆端部两阶梯性锥形做得不好扣 1 分； 打磨绝缘表面和外半导电层不平滑扣 2.5 分； 未立即用塑料带包上扣 0.5 分		
3.8	压接	压接端子压力足够 压接后对端子的凸角和毛刺要打光	4	压接后有毛刺，锐也未打光扣 1 分； 有裂纹扣 1 分； 压接后电阻大于导体本体电阻 5% 不合格扣 1 分； 压接不到位扣 1 分		
3.9	橡皮衬垫的安装	（1）套入 O 形圈和铝法兰。 （2）在电缆上定出衬垫的位置。 （3）利用扩张工具将衬垫定在电缆上	5	未套 O 形圈扣 2 分； 定位不合适扣 1 分； 扩张不良扣 2 分		
3.10	时间	在规定时间内完成所有操作	5	每超出规定时间 3 分钟扣 1 分，扣完为止		
4	工作结束					
4.1	作业结束	作业完成检查完毕，确认作业现场没有遗留物件，申请作业结束	2	未向考评员汇报作业结束扣 1 分； 现场有遗留物的不得分		
4.2	材料、工具规整	作业结束后进行现场工具材料规整	3	未进行现场工具材料规整扣 3 分		
合计			100			

Jc0004242003　110kV 交联电缆直线接头的安装（单相）。（100 分）

考核知识点：

1. 电缆附件图纸的解读能力
2. 110kV 电缆头制作理论知识
3. 电缆头工艺制作水平
4. 钳工工艺

难易度：中

技能等级评价专业技能考核操作工作任务书

一、任务名称

110kV 交联电缆直线接头的安装（单相）。

二、适用工种

电力电缆安装运维工（输电）技师。

三、具体任务

制作 110kV 交联电缆直线接头。

四、操作规范及要求

（1）电缆终端头制作时尺寸应正确。

（2）电缆剥切时不应有毛刺，不得伤及主绝缘层。

（3）操作顺序应正确。

（4）现场作业应满足相关安全要求。

五、考核及时间要求

（1）本考核操作时间共 300 分钟。

（2）未完成的操作项目不得分，但不影响其他项目得分。

技能等级评价专业技能考核操作评分标准

工种	电力电缆安装运维工（输电）					评价等级	技师
项目模块	电缆附件安装—电缆终端头安装				编号	Jc0004242003	
单位			准考证号			姓名	
考试时限	300 分钟	题型		单项操作		题分	100 分
成绩		考评员		考评组长		日期	
试题正文	110kV 交联电缆直线接头的安装（单相）						
需要说明的问题和要求	（1）本项工作可设专人配合操作，仅对作业人员进行考评。 （2）操作应注意安全，根据具体任务对应标准化作业流程开展确保人身与设备安全。发生安全事故本项考核不合格。 （3）作业流程是否正确将列入考评内容。 （4）工具材料的选用与检查由被考核人员独立完成						

序号	项目名称	质量要求	满分	扣分标准	扣分原因	得分
1	工作准备					
1.1	安全劳动防护用品的准备	正确佩戴安全帽，穿全套工作服，包括工作服、绝缘鞋、棉手套	5	未正确佩戴安全帽，未正确穿工作服、绝缘鞋、棉手套，每项扣 1 分，扣完为止		
1.2	工器具的准备	熟练正确使用各种工器具	10	未正确使用一次扣 2 分，扣完为止		
1.3	相关安全措施的准备	（1）正确进行工具安全性能检查。 （2）现场作业条件复核。 （3）合理布置地面材料、工具	15	未进行工具外观安全性能检查扣 5 分； 未对现场作业可能存在的危险点进行分析并提出防范措施扣 5 分； 地面工具、材料摆放不整齐、不合理扣 5 分； 发生安全事故本项考核不得分		
2	工作许可					
2.1	许可方式	向考评员示意准备就绪，申请开始工作	5	未向考评员示意履行许可手续扣 5 分		
3	工作步骤及技术要求					
3.1	支撑、校直、外护套擦拭	为了便于操作，选好位置，将要进行施工的部分支架好，同时校直，锯去部分电缆，让其自然回缩	3	支架不利操作扣 1 分； 未校直整理扣 1 分； 未进行应力消除准备扣 1 分		
3.2	对电缆外护套进行试验	为了防止电缆在施放过程中将外护层破坏，应对其进行试验	5	对接不正确扣 2 分； 操作不合要求扣 2 分； 试验标准不正确扣 1 分		
3.3	剥切外护套	切口整齐	1	划伤金属护套扣 1 分		
3.4	剥除金属护套	切口齐无毛刺	1	伤及内层扣 1 分		
3.5	去防水层	整齐	1	有损其他结构扣 1 分		
3.6	定长度	金属护套 200，防水带 50，绝缘半导体 50，绝缘 350，反应力锥 110 内半导体 20 和 1/2 连接管长（mm）	5	尺寸有误每项扣 1 分，扣完为止		
3.7	去半导电屏蔽	剥除干净，不伤及主绝缘	5	伤及主绝缘扣 5 分		
3.8	绝缘表面打磨	分别用 150、200、400 目砂纸打光	4	不分层次打磨扣 2 分； 不光滑扣 2 分		
3.9	两边分别套入金属护套	套入金属护套对电缆外层用干净布或纸包好，并将 200mm 护层清洁干净	2	一处不合要求扣 1 分，扣完为止		
3.10	除绝缘及内半导电层	按上述尺寸露出缆芯	1	伤及线芯扣 1 分		
3.11	削反应力锥	梯度标准	5	剥削不合要求 5 分		

续表

序号	项目名称	质量要求	满分	扣分标准	扣分原因	得分
3.12	留内半导体层	切口平整	2	未留半导电层扣 1 分； 切口不平扣 1 分		
3.13	压接	套联接管，用 60t 以上压接钳压接分六角模和圆模两次压接接管，砂磨光滑，无凸刺	3	压接工具选用不正确扣 1 分； 不分两次压接扣 1 分； 不光滑扣 1 分		
3.14	涂硅脂	在绝缘上涂硅脂将多余的擦去	1	不合要求扣 1 分		
3.15	接管上绕包半导电带	紧密，半搭盖	1	不合要求扣 1 分		
3.16	绕绝缘	从接管处开始包绕绝缘，厚度符合设计要求，这里要求 10mm 左右，应力锥位置从半导电屏蔽 20mm 处开始，应力锥形状标准	3	可预先告之，不合要求扣 3 分		
3.17	加强锥增绕	附锥高度为应力锥 2/3，长度 100mm，坡度与应力锥一致	2	不合要求扣 1～2 分		
3.18	绕包防水胶带	绕包整个接头两层和厚防水布带连接	1	包绕不紧密扣 1 分		
3.19	安装金属护管	两端封	2	封焊不合要求扣 1 分； 时间太长扣 1 分		
3.20	包绕防水胶带	包绕连接处	1	包绕不严扣 1 分		
3.21	包防火胶带	包绕连接处	1	包绕不平整扣 1 分		
3.22	时间	在规定时间内完成所有操作	5	每超出规定时间 3 分钟扣 1 分，扣完为止		
4	工作结束					
4.1	作业结束	作业完成检查完毕，确认作业现场没有遗留物件，申请作业结束	5	未向考评员汇报作业结束扣 1 分； 现场有遗留物的不得分		
4.2	材料、工具规整	作业结束后进行现场工具材料规整	5	未进行现场工具材料规整扣 5 分		
合计			100			

Jc0005243004　110kV（220kV）某电缆线 PE 外护层故障查找作业。（100 分）

考核知识点：

1. 110kV 电缆的特点及运行方式
2. 电力电缆 PE 外护层故障的查找原理
3. 仪器仪表的接线方式
4. 仪器仪表的正确使用

难易度： 难

技能等级评价专业技能考核操作工作任务书

一、任务名称

110kV（220kV）某电缆线 PE 外护层故障查找作业。

二、适用工种

电力电缆安装运维工（输电）技师。

三、具体任务

对电缆 PE 层进行故障测距及定点。

四、工作规范及要求

（1）操作由一人操作、一人监护完成，穿戴规范。

（2）试验需断开设备接头时，拆前应做好标记，拆后应进行检查。

（3）试验装置的金属外壳应可靠接地，高压引线应尽量缩短。

（4）现场做好相应安全措施。

五、考核及时间要求

本考核操作时间共120分钟。

技能等级评价专业技能考核操作评分标准

工种	电力电缆安装运维工（输电）					评价等级	技师
项目模块	电缆运行维护与检修—电缆故障测寻				编号	Jc0005243004	
单位			准考证号			姓名	
考试时限	120分钟	题型		单项操作		题分	100分
成绩		考评员		考评组长		日期	
试题正文	110kV（220kV）某电缆线PE外护层故障查找作业						
需要说明的问题和要求	（1）本项工作可设专人配合操作，仅对作业人员进行考评。 （2）操作应注意安全，根据具体任务对应标准化作业流程开展确保人身与设备安全。发生安全事故本项考核不合格。 （3）作业流程是否正确将列入考评内容。 （4）工具材料的选用与检查由被考核人员独立完成。 （5）故障查找可在已停电运行的故障电缆上进行，也可在电力电缆实训基地完成						

序号	项目名称	质量要求	满分	扣分标准	扣分原因	得分
1	工作准备					
1.1	安全劳动防护用品的准备	正确佩戴安全帽，穿全套工作服，包括工作服、绝缘鞋、棉手套	5	未正确佩戴安全帽，未正确穿工作服、绝缘鞋、棉手套，每项扣1分，扣完为止		
1.2	工器具的准备	熟练正确使用各种工器具	10	未正确使用一次扣2分，扣完为止		
1.3	相关安全措施的准备	（1）正确进行工具安全性能检查。 （2）现场作业条件复核。 （3）合理布置地面材料、工具	15	未进行工具外观安全性能检查扣5分； 未对现场作业可能存在的危险点进行分析并提出防范措施扣5分； 地面工具、材料摆放不整齐、不合理扣5分； 发生安全事故本项考核不得分		
2	工作许可					
2.1	许可方式	向考评员示意准备就绪，申请开始工作	5	未向考评员示意履行许可手续扣5分		
3	工作步骤及技术要求					
3.1	设置安全措施	按规定做好安全措施，装设围栏和警示牌	4	未按要求做好安全措施扣2分； 围栏设置、警示牌设置不合理扣2分		
3.2	确认故障电缆线路	（1）确认故障电缆线路名称及相位。 （2）全线巡视，检查电缆线路有无外破现象或明显故障点。 （3）如未发现明显的故障点，再进行下步程序	3	未核对线路名称及相位扣3分； 巡视不到位每处扣1分，扣完为止		
3.3	准备试验电源	（1）工作现场设置安全遮栏，防止闲杂人员进入。 （2）就近取用试验检测所需的低压电源（220V）或装设发电机。 （3）取用试验检测所需的低压电源（220kV）前，必须使用验电笔进行验电，然后用万用表或电压表测量电压值，并有专人监护	3	操作不正确每处扣1分，扣完为止		

续表

序号	项目名称	质量要求	满分	扣分标准	扣分原因	得分
3.4	将故障电缆放电并隔离	（1）将故障电缆放电并接地。 （2）工作负责人监督拆除故障电缆两端与其他设备的全部电气连线，不得损伤电缆终端和其他电气设备	3	操作不正确每处扣1分，扣完为止		
3.5	故障相PE层电阻的精确测量	将1～17号接头井盖板分段打开直接接地盒，保护接地盒引线解除，使用绝缘电阻表或万用表分段测量每段电缆PE层的绝缘电阻值并仔细检查电缆外护层外观，缩小故障测寻范围，初步判断故障的性质并做好检查试验记录	3	操作不正确每处扣1分，扣完为止		
3.6	电缆PE层故障测距	（1）首先使用绝缘电阻表或万用表测量故障电缆的绝缘电阻值，并仔细检查电缆线芯的连续性，初步分析判断故障的性质并做好检查试验记录。 （2）如果故障电缆对地电阻小于200Ω，则是低阻故障。 （3）如果故障电缆对地电阻大于200Ω，则是高阻故障。 （4）如果故障电缆是低阻与断线故障，可用校正仪器测量波速的方法，检查导体的连续性	5	操作不正确每处扣1分，扣完为止		
3.7	冲闪法粗测	（1）如果对电缆加直流高压时，发现电流表指示较大，直流高压加不上说明故障点泄漏大，故障点电阻不很高，要采用冲击高压闪络法（简称冲闪法）测距。 （2）测试接线基本与直闪法相同，不同之处只是在高压试验设备与电缆导体之间串入一球形间隙*G*。 （3）电缆故障点没击穿时，电流表指针摆动较小；故障点击穿时，电流表指针摆动范围较大。 （4）升压前必须先调好仪器“工作方式”置于“单次”。 （5）工作接地必须和保护接地分开	5	操作不正确每处扣1分，扣完为止		
3.8	分析粗测数据，确定故障点大概距离	（1）将测量结果打印、记录。 （2）如果有必要，可在电缆的对端再测量一次，将两端测量的数据进行分析比较，以便得出正确的结论。 （3）测量的波形和数据要由故障分析人员经过综合分析判断	3	操作不正确每处扣1分，扣完为止		
3.9	声测放电精确定点确定故障点大概距离	（1）正确连接电缆测试线，高压信号发生器设备，检查高压调整旋钮是否在零位置，检查安全措施齐备，工作负责人命令开始升压放电。 （2）一组人员沿电缆路径在粗测的范围内对故障点进行精确定点，另一组人员在放电现场。两组人员保持通信畅通，确保故障现场、定点人员能够接收到有效信号。 （3）球间隙放电时间间隔一般取2～5s一次，放电太快，试验设备容易损坏，放电太慢则不容易区别外界干扰，放电时间一般靠改变电压和电容量的大小来确定。 （4）定点人员和操作高压设备人员应通过通信工具等手段保持联络，可以方便地控制高压设备的开、停以及间隙放电时间间隔，有利于排除环境噪声干扰，缩短故障定点时间，必要时可在夜深人静时进行声测定点。	10	操作不正确每处扣1分，未查出故障点扣10分		

续表

序号	项目名称	质量要求	满分	扣分标准	扣分原因	得分
3.9	声测放电精确定点确定故障点大概距离	（5）作业人员沿电缆路径仔细听探故障点的位置，发现地面有明显振动且声音最大处即为故障点的实际位置，用通信工具通知停止声测放电，将电缆充分放电；声测人员必须始终在放电现场，加压人员监视放电电压的大小，防止试验设备发热，造成设备损坏。 （6）放电完毕，高压旋钮回零，拉开试验电源的开关，使用放电棒渐进、缓慢靠近加压端试验设备及电缆，对电缆进行充分放电并挂上接地线	10	操作不正确每处扣 1 分，未查出故障点扣 10 分		
3.10	设备复原	（1）拆除试验临时电源接线。 （2）将被试设备接线恢复正常。 （3）拆除设置的安全措施	3	未拆除每项扣 1 分，扣完为止		
3.11	时间	在规定时间内完成所有操作	3	每超出规定时间 3 分钟扣 1 分，扣完为止		
4	工作结束					
4.1	作业结束	作业完成检查完毕，确认作业现场没有遗留物件，申请作业结束	5	未向考评员汇报作业结束扣 1 分；现场有遗留物的不得分		
4.2	材料、工具规整	作业结束后进行现场工具材料规整	5	未进行现场工具材料规整扣 5 分		
合计			100			

Jc0004243005　110kV（220kV）某电缆线绝缘中间接头制作作业。（100 分）

考核知识点：

1. 电缆非金属护套的剥切能力
2. 电缆金属护套的剥切能力
3. 电缆绝缘屏蔽层的剥切能力
4. 屏蔽层端部锥度的加工能力
5. 电缆绝缘表面处理能力

难易度：难

技能等级评价专业技能考核操作工作任务书

一、任务名称

110kV（220kV）某电缆线绝缘中间接头制作作业。

二、适用工种

电力电缆安装运维工（输电）技师。

三、具体任务

制作 110kV 电缆线绝缘中间接头。

（1）工作前准备。

（2）进行电缆预处理。

（3）套装零部件。

（4）压接连接管。

（5）安装均压管。

（6）装配应力锥。

（7）装配附件。

（8）设备复原。

四、工作规范及要求

（1）工器具和材料有序摆放。

（2）电缆剥切下来的多余废料及时收集并集中存放。

（3）施工场地周围设置安全围栏。

（4）具体任务中所标识尺寸仅针对特定电缆附件尺寸，实际考核是应严格按照电缆附件提供的尺寸图安装。

（5）电缆剥切规程中，使用手锯、刀具时注意不得伤及自己和他人。

五、考核及时间要求

本考核操作时间共120分钟。

技能等级评价专业技能考核操作评分标准

工种	电力电缆安装运维工（输电）					评价等级	技师
项目模块	电缆附件安装—电缆中间接头安装				编号	Jc0004243005	
单位			准考证号			姓名	
考试时限	120分钟		题型	单项操作		题分	100分
成绩		考评员		考评组长		日期	
试题正文	110kV（220kV）某电缆线绝缘中间接头制作作业						
需要说明的问题和要求	（1）本项工作可设专人配合操作，仅对作业人员进行考评。 （2）操作应注意安全，根据具体任务对应标准化作业流程开展确保人身与设备安全。发生安全事故本项考核不合格。 （3）作业流程是否正确将列入考评内容。 （4）工具材料的选用与检查由被考核人员独立完成						

序号	项目名称	质量要求	满分	扣分标准	扣分原因	得分
1	工作准备					
1.1	安全劳动防护用品的准备	正确佩戴安全帽，穿全套工作服，包括工作服、绝缘鞋、棉手套	5	未正确佩戴安全帽，未正确穿工作服、绝缘鞋、棉手套，每项扣1分，扣完为止		
1.2	工器具的准备	熟练正确使用各种工器具	10	未正确使用一次扣2分，扣完为止		
1.3	相关安全措施的准备	（1）正确进行工具安全性能检查。 （2）现场作业条件复核。 （3）合理布置地面材料、工具	10	未进行工具外观安全性能检查扣3分； 未对现场作业可能存在的危险点进行分析并提出防范措施扣4分； 地面工具、材料摆放不整齐、不合理扣3分； 发生安全事故本项考核不得分		
2	工作许可					
2.1	许可方式	向考评员示意准备就绪，申请开始工作	5	未向考评员示意履行许可手续扣5分		
3	工作步骤及技术要求					
3.1	工作前准备	保持现场干净卫生；对电缆和整体预制橡胶绝缘件进行清洁和干燥；装接头之前仔细检查电缆绝缘表面是否光滑平整、零部件是否全部套入、尺寸是否准确，标记是否做对	5	场地清理不符合要求，每处扣1分，扣完为止		

续表

序号	项目名称	质量要求	满分	扣分标准	扣分原因	得分
3.2	电缆处理	（1）将电缆放置于最终位置，将电缆切断。 （2）将电缆一端的外护套去掉980mm、电缆另一端去掉500mm，露出金属护套；将两根电缆自外护套断口以下260～280mm的石墨层去掉。 （3）将电缆一端的金属护套去掉890mm、电缆另一端去掉410mm，露出半导电缓冲层，并将金属护套末端胀成喇叭口且倒圆；分别将14根35mm^{2}铜编织线（第一电缆焊7根）的一端用扎线扎紧在两电缆金属护套上，并将扎紧处焊牢。 （4）在电缆的半导电缓冲层上绕包加热带，对其进行75～80℃历时3h的连续加热，以消除电缆的机械应力。 （5）待冷却后将两电缆金属护套末端以上的全部半导电缓冲层去掉。 （6）将电缆一端和电缆另一端端头的半导电层去掉300+3～2mm，露出绝缘层。 （7）将电缆一端和电缆另一端剥出线芯83～85mm。 （8）将两电缆上的半导电层末端加工成一长约20～30mm的斜坡，并用砂带打磨斜坡使其与绝缘层平滑过渡。先后用120、240、320号及600号砂带将电缆绝缘层打磨抛光。 （9）用清洁巾把两根电缆的绝缘层和半导电层清洁干净，吹风吹干，最后在其上绕包一层保鲜膜。在电缆导体上绕包一层PVC胶粘带。下70mm处，并用锡焊牢	15	操作不规范，每处扣2分，扣完为止		
3.3	套装零部件	（1）将热缩管、铜保护壳、密封圈、环氧绝缘圈（仅绝缘接头）套在电缆上。 （2）在电缆一端适当位置安装定位夹。去掉保鲜膜，在电缆一端的绝缘表面、半导电表面涂上一层硅油之后，将已用无水乙醇（酒精）清洁并吹干的整体预制橡胶绝缘件内表面涂硅油，通过专用工具使整体预制橡胶绝缘件徐徐套入电缆一端，至电缆导体完全露出后卸下专用工具，用保钱膜临时保护	5	操作不规范，每处扣3分，扣完为止		
3.4	压接连接管	（1）去掉临时保护带，露出电缆一端导体。 （2）先绕包临时保护膜以防铜屑等掉到电缆绝缘层上。 （3）用120号砂带打磨两电缆导体表面清除氧化膜，清洁吹干后套上连接管，确定导体插接到位后铜连接管外径的尺寸选取适当的压模进行压接；压接后量取两绝缘间距L，其值不应超过210mm。锉掉连接管上的锐边毛刺并清洁吹干后去掉临时保护膜	5	操作不正确每处扣1分，扣完为止		
3.5	安装均压套	（1）把两块均压套扣在已压接好的连接管上，再在其中部凹缺处绕上弹簧抱箍，最后在弹簧上绕两层PVC胶粘带。 （2）做定位标记：量取套上电缆一端上的整体预制橡胶绝缘件的长度K，从连接管中心起向电缆另一端方向量取$K/2$，做一定位标记。 （3）去掉临时保鲜膜，将电缆另一端的绝缘层表面清洁吹干后，在均压套的外表面与电缆另一端的绝缘层表面涂上一层硅油	10	操作不规范，每处扣4分，扣完为止		
3.6	装配应力锥	按图纸说明将整体预制橡胶绝缘件拉到电缆另一端，其端部与定位标记齐平	5	每少一次扣1分，扣完为止		

续表

序号	项目名称	质量要求	满分	扣分标准	扣分原因	得分
3.7	装配附件	（1）在整体预制橡胶绝缘件的两端绕两层防水带以加强密封，然后从两电缆的金属屏蔽层端头开始绕一层半导电自粘带到整体预制橡胶绝缘件两端应力锥处，并用半导电自粘带将两应力锥处的台阶填平。 （2）绕铜带、铜网带：① 绝缘接头的处理：从电缆另一端的金属屏蔽层开始先绕一层铅带，再在铅带上绕一层铜网带直到整体预制橡胶绝缘件另一端的绝缘止，并用铜扎线扎紧，交叉处及金属屏蔽层上用锡焊牢。从电缆一端的金属屏蔽层上开始先绕一层铜带再在铜带上绕一层铜网带直到整体预制橡胶绝缘件端头的应力锥止，然后将铜扎线交叉扎紧在铜网带上，交叉处及金属屏蔽层上用锡焊牢。金属带与金属屏蔽层搭接20mm左右。然后在整体预制橡胶绝缘件的绝缘段上绕6～8层DJ－30自粘绝缘带。② 直通接头的处理：从电缆另一端的金属屏蔽层开始先绕一层铜带再在铜带上绕一层铜网带直到整体预制橡胶绝缘件另一端的电缆一端的金属屏蔽层为止，并用铜扎线扎紧，交叉处及金属屏蔽层上用锡焊牢。金属带与金属屏蔽层搭接20mm左右。 （3）在两金属护套上距其末端约30mm处包绕橡胶带或填充带，直到外径接近铜保护壳端口内径为止。① 绝缘接头的处理：将环氧绝缘圈中心移至中心处，将两只密封圈涂上RTV硅胶分别置于铜保护壳的法兰槽内，用螺栓将两铜保护壳坚固在环氧绝缘圈上。② 直通接头的处理：将两铜保护壳移到中心处，装配好密封圈，用螺栓将两铜保护壳紧固在一起。 （4）将35mm^{2}的铜纺织带两端分别反折向上，用铜线捆扎于尾管末端并用锡焊牢，然后在铜保护壳与电缆外护套间抹上环氧泥。 （5）半叠包防水带2层于铜扎线与环氧泥上，并盖住护套50mm。 （6）将小热缩管套到尾管包扎处，加热使其收缩，热缩管至少盖过电缆护套50mm，另一端盖过尾管上的热缩管。 （7）将已混合好的树脂（8016树脂胶）浇入铜保护壳，直到浇满为止，将法兰上的螺栓头用填充胶或环氧泥填平，在两法兰（绝缘接头含环氧绝缘圈，下同）上绕5～6层自粘性橡胶绝缘带，将一根大热缩管套到接头中心位置加热使其收缩，在两法兰上的热缩管外绕3～4层PVC胶带以使热缩管与两法兰良好贴合，热缩管必须盖过两法兰或将铜保护壳盖住，热缩管的端头用防水带包绕2～3层以加强密封	10	操作不规范，每处扣2分，扣完为止		
3.8	设备复原	（1）拆除设置的安全措施。 （2）将被试设备接线恢复正常	5	未拆除扣2分，未恢复接线扣3分		
3.9	时间	在规定时间内完成所有操作	5	每超出规定时间3分钟扣1分，扣完为止		
4	工作结束					
4.1	作业结束	作业完成检查完毕，确认作业现场没有遗留物件，申请作业结束	2	未向考评员汇报作业结束扣1分；现场有遗留物的不得分		
4.2	材料、工具规整	作业结束后进行现场工具材料规整	3	未进行现场工具材料规整扣3分		
合计			100			

Jc0004243006　110kV（220kV）某电缆户外（预制式）终端头制作作业。（100 分）

考核知识点： 电力电缆制作工艺

难易度： 难

技能等级评价专业技能考核操作工作任务书

一、任务名称

110kV（220kV）某电缆户外（预制式）终端头制作作业。

二、适用工种

电力电缆安装运维工（输电）技师。

三、具体任务

根据现场所提供的电缆附件，完成 110kV（220kV）某电缆户外（预制式）终端头制作。

四、工作规范及要求

（1）工器具检查及使用。

（2）按要求进行操作。

（3）工作终结报告。

五、考核及时间要求

本考核操作时间共 120 分钟。

技能等级评价专业技能考核操作评分标准

工种	电力电缆安装运维工（输电）					评价等级	技师
项目模块	电缆附件安装—电缆终端头安装				编号	Jc0004243006	
单位			准考证号			姓名	
考试时限	120 分钟	题型	单项操作			题分	100 分
成绩		考评员		考评组长		日期	
试题正文	110kV（220kV）某电缆户外（预制式）终端头制作作业						
需要说明的问题和要求	（1）操作由两人配合完成。 （2）考生应在规定时间内完成 110kV（220kV）某电缆户外（预制式）终端头制作作业。 （3）作业必须符合国家电网公司《电力安全工作规程（线路部分）》等有关规定。发生省公司界定的严重违章行为不得分						

序号	项目名称	质量要求	满分	扣分标准	扣分原因	得分
1	工作前准备					
1.1	着装、个人工具	工作服、安全帽、手套、工具袋（钳子、扳手）等	3	每少一件扣 1 分（不强求每个人均带齐，但要满足现场作业需要）； 安全帽下颚带未系每人次扣 2 分； 以上扣分，扣完为止		
1.2	站队三交	作业前由评委向队员交代工作任务和必要的安全技术措施，并告知可以开工	2	作业人员要口头回复评委已知道工作任务、危险点和安全措施，未复述扣 2 分		
1.3	选择工器具、材料	（1）材料：预制式电缆终端附件、液化气罐、砂纸、清洁布。 （2）工器具：电锯、液压接钳、电缆刀、钢丝钳、手锤、活动扳手、游标卡尺、手动锯工、卷尺、钢尺、液化气枪、鲤鱼钳、绝缘电阻表、锉刀、剪刀、钢丝刷、平口起子、电烙铁、玻璃、电缆剥削器、电缆校直设备、电缆加热器、发电机、内六角扳手、力矩扳手、温湿度表、手动葫芦、梅花起子等	5	材料、工器具要满足现场需要，返还拿材料、工器具每次扣 2 分，扣完为止		

续表

序号	项目名称	质量要求	满分	扣分标准	扣分原因	得分
2	制作过程					
2.1	设置安全措施	按规定做好安全措施，装设围栏和警示牌	5	未按要求做好安全措施扣 5 分； 围栏设置、警示牌设置不合理扣 2 分，扣完为止		
2.2	电缆处理	（1）根据现场敷设情况确定电缆末端位置并做好标记。 （2）剥外护套。 （3）搪锡处理。 （4）剥金属屏蔽。 （5）刮石墨层：刮去护套表面的石墨层 150mm。 （6）加热校直。 （7）去半导电缓冲层。 （8）去外半导电层。 （9）剥主绝缘。 （10）打磨并清洁电缆绝缘。 （11）接地线。 （12）用清洁巾清理外半导电层表面，吹风吹干。 （13）从外半导电层末端往下 60mm 处到 105mm 处范围内半折叠绕包 1 层防水带。再从外半导电层末端下量 105mm 处到外护套末端往上 60mm 处范围内绕包 2～3 层防水带，要求防水带完全盖住铜扎线及金属尖角。 （14）将热缩管套入电缆	15	操作不规范，每处扣 1 分，扣完为止		
2.3	装配绝缘主体	（1）测量并记录正交两方向的主绝缘外径、外半导电层外径。电缆主绝缘外径应比终端绝缘主体大 5～10mm。 （2）用清洁巾清洁绝缘主体安装专用装置和绝缘主体内表面，吹风吹干，然后把绝缘主体安装专用装置装入主体，用清洁巾清洁电缆导体，并用 PVC 胶带把电缆导体顶部完全包好。绝缘主体安装专用装置的具体安装方法见安装工具使用说明书。 （3）去掉保鲜膜，用清洁巾分别将电缆绝缘表面、外半导电层的表面清洁干净，吹风吹干。 （4）自外半导电层末端向下量取 90mm，用 PVC 胶带作好标记，在电缆绝缘表面均匀抹一层硅油。 （5）将绝缘主体有应力锥的一端套入电缆，然后断续加 0.5MPa 的气压［整体预制式终端头气动安装工具使用步骤见电缆专业通用技术标准（一）］，让绝缘主体在气压推动下套到电缆上，直至绝缘主体应力锥一端端面与 PVC 标记平齐，然后将绝缘主体上的专用装置拆除	15	操作不规范，每处扣 3 分，扣完为止		
2.4	安装罩帽和接线金具	（1）去掉电缆导体上的 PVC 胶带，用清洁巾清洁电缆的导体表面和雨裙顶部接口处，吹风吹干；并在露出的电缆绝缘表面绕包绝缘带，绕包后的外径比绝缘主体的外径稍小。在雨裙顶部接口处涂上 E43 胶；将罩帽套入电缆与绝缘主体接好，将溢出的 E43 胶擦干净。 （2）在罩帽与接线端子配合部分的表面涂上 E43 胶，然后将接线端子套入电缆导体并用压钳压紧	10	操作不正确，每处扣 5 分，扣完为止		

续表

序号	项目名称	质量要求	满分	扣分标准	扣分原因	得分
2.5	尾部密封处理	（1）用防水带将绝缘主体应力锥部分的下端面处填充满，并与绝缘主体应力锥部分搭接 30mm 左右，要求包 6～8 层防水带，使应力锥下端面与电缆的过渡处没有明显的凹槽。 （2）在电缆外护套末端上量 80mm 和下量 100mm 范围内抹上环氧泥，将接地线完全包在环氧泥中。 （3）把热缩管加热收缩，并与绝缘主体应力锥部分搭接 60mm 左右。 （4）在收好的热缩管两端口处半重叠绕包两层防水带，再半重叠绕包两层 PVC 胶带，把热缩管的端口盖住。 （5）终端固定到终端固定架上，终端头安装完毕	10	操作不规范，每处扣 2 分，扣完为止		
2.6	设备复原	（1）拆除设置的安全措施。 （2）将被试设备接线恢复正常	5	未拆除扣 2 分，未恢复接线扣 3 分		
3	工作终结					
3.1	清理现场	清理现场，工器具、材料复原	5	现场有遗留工器具或废弃材料每件扣 1 分，扣完为止； 工器具、材料复原凌乱扣 1 分		
3.2	汇报终结	向评委汇报工作结束	2	未汇报扣 2 分		
4	其他					
4.1	文明生产	语言文明	3	语言不文明每次扣 1 分，扣完为止		
4.2	时间	按时完成	10	作业时间到达 120 分钟后，超过 20 分钟评委立即停止作业人员作业，且每超过 3 分钟扣 1 分，扣完为止		
5	现场提问	在 Q/GDW 232.5—2008《国家电网公司生产技能人员职业能力培训规范 第 5 部分：输电电缆》相关技能模块范围内	10	根据回答正确性、完整性评分		
合计			100			

Jc0005243007 电缆路径及埋设深度探测，绘出直向图和单相埋设深度断面图。（100 分）

考核知识点： 电缆路径探测

难易度： 难

技能等级评价专业技能考核操作工作任务书

一、任务名称

电缆路径及埋设深度探测，绘出直向图和单相埋设深度断面图。

二、适用工种

电力电缆安装运维工（输电）技师。

三、具体任务

对指定电缆线路进行路径及埋设深度探测，并绘出直向图和单相埋设深度断面图。

四、工作规范及要求

（1）工器具检查及使用。

（2）按要求进行操作。

（3）工作终结报告。

五、考核及时间要求

本考核操作时间共120分钟。

技能等级评价专业技能考核操作评分标准

工种	电力电缆安装运维工（输电）				评价等级	技师
项目模块	电缆运行维护与检修—电缆故障测寻			编号	Jc0005243007	
单位		准考证号			姓名	
考试时限	120分钟	题型	单项操作		题分	100分
成绩		考评员		考评组长	日期	
试题正文	电缆路径及埋设深度探测，绘出直向图和单相埋设深度断面图					
需要说明的问题和要求	（1）操作由两人配合完成。 （2）考生应在规定时间内完成110kV（220kV）某电缆路径及埋设深度探测，绘出直向图和单相埋设深度断面图。 （3）路径探测不少于200m，且应至少两个弯道；深度探测不少于3个点，绘图不需要按比例。 （4）作业必须符合国家电网公司《电力安全工作规程（线路部分）》等有关规定。发生省公司界定的严重违章行为不得分。 （5）只要能输出信号的设备均可，机型、方式不予限制。 （6）要求着装正确（穿工作服、工作胶鞋、戴安全帽）					

序号	项目名称	质量要求	满分	扣分标准	扣分原因	得分
1	工作前准备					
1.1	着装、个人工具	工作服、胶鞋、安全帽、手套、工具袋（钳子、扳手）等	3	每少一件扣1分（不强求每个人均带齐，但要满足现场作业需要）； 安全帽下颚带未系每人次扣2分； 以上扣分，扣完为止		
1.2	站队三交	作业前由评委向队员交代工作任务和必要的安全技术措施，并告知可以开工	2	作业人员要口头告知评委已知道工作任务、危险点和安全措施，未告之扣2分		
1.3	选择工器具、材料	工器具、材料合格、齐备	5	材料、工器具要满足现场需要，返还拿工器具每次扣2分，扣完为止		
2	深度探测及绘图					
2.1	接收和信号发射	接线正确	5	不正确扣5分		
2.2	通信联络	工作前正确通信联络方式	5	通信不正常扣5分		
2.3	操作	操作正确	5	操作有误扣5分		
2.4	路径探测	路径探测正确	15	不正确每处扣5分，扣完为止		
2.5	深度探测	深度探测正确	15	不正确每处扣5分，扣完为止		
2.6	绘图	绘图正确（平面走向图和断面图）	15	不能正确绘图扣3～15分		
3	工作终结					
3.1	清理现场	清理现场，工器具、材料复原	5	现场有遗留工器具或废弃材料每件扣1分，扣完为止； 工器具复原凌乱扣1分		
3.2	汇报终结	向评委汇报工作结束	2	未汇报扣2分		
4	其他					
4.1	文明生产	语言文明	3	语言不文明每次扣1分，扣完为止		

续表

序号	项目名称	质量要求	满分	扣分标准	扣分原因	得分
4.2	时间	按时完成	10	作业时间到达 120 分钟后，超过 20 分钟评委立即停止作业人员作业，且每超过 3 分钟扣 1 分，扣完为止		
5	现场提问	在 Q/GDW 232.5—2008《国家电网公司生产技能人员职业能力培训规范　第 5 部分：输电电缆》相关技能模块范围内	10	根据回答正确性、完整性评分，最多扣 10 分		
合计			100			

Jc0005243008　35kV 电缆故障判断及故障距离粗测。（100 分）

考核知识点：

1. 电缆故障测试的程序及性质判断
2. 电缆故障测试方法的选择
3. 直流耐压试验设备、故障查找仪的操作及使用

难易度： 难

技能等级评价专业技能考核操作工作任务书

一、任务名称

35kV 电缆故障判断及故障距离粗测。

二、适用工种

电力电缆安装运维工（输电）技师。

三、具体任务

查找 35kV 电缆故障，判断故障种类并测试故障点距离。

四、工作规范及要求

（1）工器具检查及使用。

（2）按要求进行操作。

（3）工作终结报告。

五、考核及时间要求

本考核操作时间共 80 分钟。

技能等级评价专业技能考核操作评分标准

<table>
<tr><td>工种</td><td colspan="5">电力电缆安装运维工（输电）</td><td>评价等级</td><td>技师</td></tr>
<tr><td>项目模块</td><td colspan="4">电缆运行维护与检修—电缆故障测寻</td><td>编号</td><td colspan="2">Jc0005243008</td></tr>
<tr><td>单位</td><td colspan="2"></td><td>准考证号</td><td colspan="2"></td><td>姓名</td><td></td></tr>
<tr><td>考试时限</td><td>80 分钟</td><td>题型</td><td colspan="3">单项操作</td><td>题分</td><td>100 分</td></tr>
<tr><td>成绩</td><td></td><td>考评员</td><td></td><td>考评组长</td><td></td><td>日期</td><td></td></tr>
<tr><td>试题正文</td><td colspan="7">35kV 电缆故障判断及故障距离粗测</td></tr>
<tr><td>需要说明的问题和要求</td><td colspan="7">（1）要求单独操作，两人辅助（1 人配合，1 人监护）。
（2）要求着装正确（工作服、工作鞋、安全帽）。
（3）试验设备由操作者自选</td></tr>
</table>

续表

序号	项目名称	质量要求	满分	扣分标准	扣分原因	得分
1	工具选用					
1.1	专用工具	直流耐压试验设备、电缆故障测试设备、绝缘电阻摇表	3	仪器不齐扣 3 分		
1.2	辅助工具	万用表、验电器、放电棒等	2	工具漏一项扣 1 分，扣完为止		
2	测试前准备工作					
2.1	报告	设备到位，可以进行测试前的准备	2	未经裁判许可开始工作扣 2 分		
2.2	工作人员着装要求	（1）戴安全帽、勒紧帽带。 （2）穿工作服扣齐衣、袖扣。 （3）穿绝缘鞋，系紧鞋带；配带制作工具	2	不符合要求扣 2 分		
2.3	检查试验设备	必须有检验合格标志，且未超期；设备良好	3	未检查扣 3 分； 无检验标志或过期扣 1 分		
2.4	安全措施	工作前需经考评员许可，在试验现场装设安全围栏，向外悬挂安全警示牌。 试验前对电缆进行验电、放电、接地，验电、放电、接地过程必须戴绝缘手套	5	未进行验电、放电并接地扣 5 分（否决项）； 验电、放电、接地过程未戴绝缘手套扣 3 分； 未装设安全围栏和警示牌或装设错误扣 2 分		
2.5	电缆两端分开	将电缆两端三芯分开，满足绝缘试验的要求	2	未将两端电缆分开至满足试验要求扣 2 分		
3	故障性质判断					
3.1	检查绝缘电阻表、万用表状况	绝缘电阻表开路指针指示“∞”，短路时指示“0”； 万用表置于欧姆挡，将数字调零	2	未对仪器、表计进行检查扣 2 分； 检查方法错误扣 1 分		
3.2	连续性试验	将电缆末端三相短接，在测试端用万用表测量 AB、BC、CA 间的电阻值，并将测试结果记录报表内	5	接线方法错误扣 2 分； 使用万用表方法错误扣 3 分		
3.3	接地故障判断	利用绝缘电阻表逐相测量电缆对地绝缘电阻，进行一相导体测量时，另外两相导体和铠装层一起接地，一般保持绝缘电阻表转速在 120r/min 左右（不必测量吸收比），对地绝缘电阻测量完毕后。 用放电棒对测试相进行放电、接地（必须戴绝缘手套），并将测试结果记录报表内	10	接线方法错误扣 4 分； 一相试验时，另外两相未接地扣 2 分； 绝缘电阻表操作不正确扣 1 分； 试验后未进行放电、接地扣 2 分； 放电、接地未戴绝缘手套扣 1 分		
3.4	相间短路故障判断	利用绝缘电阻表测量电缆各相间绝缘电阻，进行两相间绝缘电阻测量时，另外一导体和铠装层一起接地，一般保持绝缘电阻表转速在 120r/min 左右（不必测量吸收比），相间绝缘电阻测量完毕后，用放电棒对测试相进行放电、接地（必须戴绝缘手套），并将测试结果记录报表内	8	接地方法错误扣 2 分； 进行两相间绝缘电阻测量时，另一相未接地，扣 2 分； 绝缘电阻表操作不正确扣 1 分； 试验后未进行放电、接地扣 2 分； 放电、接地未戴绝缘手套扣 1 分		

续表

序号	项目名称	质量要求	满分	扣分标准	扣分原因	得分
3.5	确定电缆故障性质	用万用表测试故障相对地电阻值或故障相间电阻值，并根据连续性试验、接地故障、相间短路故障的测试数据，正确判断电缆故障性质	10	用万用表测试故障相对地电阻值或故障相间电阻值方法错误扣3分； 电阻值测试结果错误扣2分； 连续性试验、接地故障、相间短路故障测试数据错漏一处扣1分； 电缆故障性质判断错误扣2分（接地电阻值小于10Ω为金属性接地故障，电阻值在10～100Ω为低阻故障，电阻值大于100Ω为高阻故障）； 以上扣分，扣完为止		
4	测量电缆全长					
4.1	测量电缆全长	正确设置测试方式、波速、范围等测试参数（测试方式选择低压脉冲法，交联电缆波速为172m/μs，根据事先告知的电缆大致全长，选择的范围应大于该长度），对完好相电缆进行全长测试，测出的波形应正确、清晰，长度准确，要求打印电缆全长波形	10	参数设置错误扣2分； 波形错误扣3分； 测出的电缆全长与实际全长误差大于±8m扣3分； 电缆全长波形未打印扣2分		
5	故障点粗测					
5.1	选择测试方法	根据电缆故障性质，正确选择故障测试方法： 低阻、断线故障选择低压脉冲法测试（＜100Ω）； 高阻故障选择冲闪法测试； 闪洛性故障选择直闪法测试（＞50MΩ）	5	测试方法选择错误扣5分		
5.2	设备接线	根据测试方法，正确进行设备接线	3	设备接线错误扣3分		
5.3	设定测试参数	正确设置测试方式、波速、范围等测试参数（交联电缆波速为172m/μs，选择的范围应大于电缆全长）	4	参数设置每错一处扣1分，扣完为止		
5.4	测量电缆故障点距离	在进行升高压测试时，升压速度保持1～2kV/s均匀升压，升压操作步骤正确。测出的波形应正确、清晰，正确定位故障距离，要求打印故障距离波形	18	升压速度过快或过慢或不均匀扣4分； 升压操作步骤错误扣4分； 测出波形不正确或不清晰扣3分； 测出的电缆故障距离与实际故障距离误差大于±15m扣5分； 电缆故障距离波形未打印扣2分		
6	工作终结					
6.1	填写记录	测试记录表各项记录字迹工整，各项数据正确、清晰，数据有单位标识	3	字迹不清晰扣1分； 数据错漏扣1分； 数据没有单位标识扣1分		
6.2	整理工器具、清理现场	试验工作结束，进行设备收线，拆除接地线、安全围栏、标识牌，工器具及设备摆放整齐，工完场清。报告工作结束	2	漏一项未完成扣1分，扣完为止		
6.3	结束报告	报告工作全部完成	1	未报告扣1分		
合计			100			

Jc0002252009 机动绞磨的使用操作。（100分）

考核知识点：机动绞磨的使用

难易度：中

技能等级评价专业技能考核操作工作任务书

一、任务名称

机动绞磨的使用操作。

二、适用工种

电力电缆安装运维工（输电）技师。

三、具体任务

正确操作并使用机动绞磨将一个重物起吊。

四、工作规范及要求

（1）工器具使用及安全措施。

（2）按要求进行操作。

（3）工作终结报告。

五、考核及时间要求

（1）本考核操作时间为30分钟，每超时2分钟扣1分。

（2）工作完成后向考评员汇报工作完毕。

技能等级评价专业技能考核操作评分标准

工种	电力电缆安装运维工（输电）					评价等级	技师
项目模块	电缆敷设—敷设场地布置				编号		Jc0002252009
单位			准考证号				准考证号
考试时限	30分钟		题型	多项操作		30分钟	题型
成绩		考评员		考评组长		日期	
试题正文	机动绞磨的使用操作						
需要说明的问题和要求	派2人协助，并设指挥1人						

序号	项目名称	质量要求	满分	扣分标准	扣分原因	得分
1	工作准备					
1.1	办理工作许可手续	作业人员向考评员履行工作许可手续	1	未办理工作许可手续扣1分		
1.2	劳动保护用品	佩戴正确，符合操作要求	2	不正确扣1～2分		
1.3	机具准备	正确齐全	3	不正确扣1～3分		
2	机动绞磨安放位置的选择					
2.1	有操作场所，现场开阔、视线好	地势较平坦，能看见指挥信号和起吊过程	2	不正确扣1～2分		
2.2	符合安全规定的要求	全面考虑操作人员的安全	4	不正确扣2～4分		
2.3	符合现场工作的要求	尽量不妨碍其他项目的操作，布置时要考虑一点多用，尽力不发生一个工作现场转移绞磨的工作	2	不正确扣1～2分		
3	检查绞磨					

续表

序号	项目名称	质量要求	满分	扣分标准	扣分原因	得分
3.1	机动绞磨放平	绞磨平稳	3	不平稳扣 1～3 分		
3.2	检查机油、汽油、齿轮箱油	机油油面合格，汽油够用，齿轮箱油面合格	4	一项不检查扣 2 分，扣完为止		
3.3	认真检查锚桩	必须有可靠的地锚或桩锚	4	不正确扣 1～4 分		
4	准备牵引					
4.1	后钢丝绳与锚桩连接好	绞磨芯筒中线对准牵引方向	3	不正确扣 1～3 分		
4.2	打开油管开关，按下加油按钮	操作正确	3	不正确扣 1～3 分		
4.3	变速箱挂空挡，离合器处于离位	操作正确	3	不正确扣 1～3 分		
4.4	调速杆放在中偏低的位置上，视汽油机温度适当关上阻风门	操作正确	3	不正确扣 1～3 分		
4.5	拉动启动绳，使汽油机启动预热，打开阻风门	操作正确	3	不正确扣 1～3 分		
5	牵引					
5.1	松开挡板，将牵引钢丝绳缠上绞磨芯	受力绳从绞磨芯下方进入顺时针缠绕，不少于 5 圈	4	不正确扣 1～4 分		
5.2	尾绳人员拉紧尾绳	操作正确	2	不正确扣 1～2 分		
5.3	装上挡板并可靠固定	操作正确	3	不正确扣 1～3 分		
5.4	将绞磨芯拔至自由转动位置收紧尾绳	使牵引绳预受力	2	不正确扣 1～2 分		
5.5	将绞磨芯拔至牵引位置	切实固定	2	不正确扣 1～2 分		
5.6	挂上高速档，平稳合上离合器	使牵引绳和绞磨后钢丝绳受力	4	不正确扣 1～4 分		
5.7	牵引工作中尾绳应及时收紧	尾绳保持受力状态	2	不正确扣 1～2 分		
5.8	必要时停止牵引，移动绞磨	使绞磨芯中线对准牵引方向	4	不正确扣 1～4 分		
5.9	根据工作情况配合挡位，调速器（油门大小）进行牵引工作	操作正确	4	不正确扣 1～4 分		
6	技术要求					
6.1	两眼密切注意指挥和起吊过程	手不能离开离合器操纵杆，及时减慢牵引速度或及时停止牵引	4	不正确扣 1～4 分		
6.2	感觉到机动绞磨受力大时及时减至慢挡，同时检查桩锚是否松动	操作正确	4	不正确扣 1～4 分		
6.3	牵引工作结束后，要先用倒挡，松劲后，再从绞磨芯上拆出钢丝绳，人力拖松	准备下一次牵引工作	2	不正确扣 1～2 分		
7	工作结束					

续表

序号	项目名称	质量要求	满分	扣分标准	扣分原因	得分
7.1	调速器（油门）加大，让汽油机高速运转几秒钟再熄火	操作正确	3	不正确扣 1～3 分		
7.2	调速器（油门）放至怠速位置，关上油管开关	操作正确	2	不正确扣 1～2 分		
7.3	从绞磨芯上拆出牵引钢丝绳并复位	操作正确	1	不正确扣 0.5～1 分		
7.4	从桩锚上拆出后钢丝绳套并做好绞磨运走的准备	操作正确	1	不正确扣 0.5～1 分		
8	其他要求					
8.1	动作要求	动作熟练流畅	5	不熟练扣 1～5 分		
8.2	对离合器分合要求	离合器分合切实到位	3	不正确扣 1～3 分		
8.3	技术要求	熟悉指挥信号，反应迅速	5	不正确扣 1～5 分		
8.4	时间要求	按时完成	2	每超过 3 分钟扣 1 分，扣完为止		
8.5	办理工作终结手续	向考评员办理工作终结手续	1	未向考评员办理工作终结手续扣 1 分		
合计			100			

Jc0006242010 编写高级工技能培训方案。（100 分）

考核知识点： 培训方案

难易度： 中

技能等级评价专业技能考核操作工作任务书

一、任务名称

编写高级工技能培训方案。

二、适用工种

电力电缆安装运维工（输电）技师。

三、具体任务

编写一份电力电缆安装运维工高级工技能培训方案。

四、工作规范及要求

结合培训任务按照以下要求完成技能培训方案的编写。

（1）培训项目为实操项目。

（2）培训相关内容由考生自行组织。

五、考核及时间要求

（1）本考核操作时间共 40 分钟。

（2）工作完成后向考评员汇报工作完毕。

技能等级评价专业技能考核操作评分标准

工种	电力电缆安装运维工（输电）					评价等级	技师
项目模块	技能管理及培训—技能培训				编号	Jc0006242010	
单位			准考证号			姓名	
考试时限	40 分钟	题型		单项操作		题分	100 分
成绩		考评员		考评组长		日期	
试题正文	编写高级工技能培训方案						
需要说明的问题和要求	（1）培训内容应为技能实操项目。 （2）内容不作限制，由考生自行组织。 （3）采用笔答形式						

序号	项目名称	质量要求	满分	扣分标准	扣分原因	得分
1	培训目标	应有明确的培训目标	10	培训目标不明确扣 10 分		
2	培训人	应有明确的授课人	10	授课人不明确扣 10 分		
3	培训对象	应明确培训对象	10	培训对象不明确扣 10 分		
4	培训内容	（1）应有具体的培训项目名称。 （2）应有项目的具体内容	20	缺少一项扣 10 分，培训课程安排的不合理酌情扣分，扣完为止		
5	培训方式	应有明确的培训方式，培训方式为实操	10	培训方式不明确扣 10 分		
6	培训时间与地点	应明确培训时间，培训地点	20	缺少一项扣 10 分，扣完为止		
7	培训考核方式	应明确培训的考核方式，考核方式为实操	10	考核方式不明确扣 10 分		
8	其他相关事宜	其他相关的培训事宜，如奖惩方式、劳动纪律等要求	10	缺少一项扣 5 分，扣完为止		
合计			100			

Jc0005242011　电桥法测电缆直流电阻。（100 分）

考核知识点：

1. 电缆直流电阻测量
2. 工器具的正确使用熟练能力

难易度：中

技能等级评价专业技能考核操作工作任务书

一、任务名称

电桥法测电缆直流电阻。

二、适用工种

电力电缆安装运维工（输电）技师。

三、具体任务

（1）电缆剥切。

（2）电缆直流电阻测量。

四、工作规范及要求

（1）正确使用工器具。

（2）电缆剥切并测量直流电阻。

（3）工作终结报告。

五、考核及时间要求

本考核操作时间共 20 分钟。

技能等级评价专业技能考核操作评分标准

工种	电力电缆安装运维工（输电）					评价等级	技师
项目模块	电缆运行维护与检修—电缆故障测寻				编号	Jc0005242011	
单位			准考证号			姓名	
考试时限	20 分钟	题型	单项操作			题分	100 分
成绩		考评员		考评组长		日期	
试题正文	电桥法测电缆直流电阻						
需要说明的问题和要求	（1）本项考核可设专人配合操作，仅对作业人员进行考评。 （2）操作应注意安全，根据具体任务对应标准化作业流程开展确保人身与设备安全。发生安全事故本项考核不合格。 （3）作业流程是否正确将列入考评内容。 （4）工具材料的选用与检查由被考核人员独立完成						

序号	项目名称	质量要求	满分	扣分标准	扣分原因	得分
1	工作准备					
1.1	安全劳动防护用品的准备	正确佩戴安全帽，穿全套工作服，包括工作服、绝缘鞋、棉手套	5	未正确佩戴安全帽，未正确穿工作服、绝缘鞋、棉手套，每项扣 1 分，扣完为止		
1.2	工器具的准备	熟练正确使用各种工器具	10	未正确使用一次扣 2 分，扣完为止		
1.3	相关安全措施的准备	（1）正确进行工具安全性能检查。 （2）现场作业条件复核。 （3）合理布置地面材料、工具	15	未进行工具外观安全性能检查扣 5 分； 未对现场作业可能存在的危险点进行分析并提出防范措施扣 5 分； 地面工具、材料摆放不整齐、不合理扣 5 分； 发生安全事故本项考核不得分		
2	工作许可					
2.1	许可方式	向考评员示意准备就绪，申请开始工作	5	未向考评员示意履行许可手续扣 5 分		
3	工作步骤及技术要求					
3.1	说出并画出电桥法测量电缆直流电阻意义、原理、接线图及注意事项	测试意义说出两项以上，如：导电率、截面积、故障测寻等。原理清晰、正确	20	说不出测试意义扣 10 分； 原理不正确扣 10 分		
3.2	电缆剥切	切口齐整，长度适宜	5	一处不当扣 1 分，扣完为止		
3.3	根据所说，画出原理图，进行接线测试	接线正确，测试方法正确	20	接线不正确扣 10 分； 测试不正确扣 10 分		
3.4	测试结果判断	判别是否合乎要求，铜芯电阻小于或等于 0.018 4Ω，铝芯电阻小于或等于 0.031Ω	5	判别不正确扣 5 分		
3.5	时间	在规定时间内完成所有操作	5	每超出规定时间 3 分钟扣 1 分，扣完为止		
4	工作结束					

续表

序号	项目名称	质量要求	满分	扣分标准	扣分原因	得分
4.1	作业结束	作业完成检查完毕，确认作业现场没有遗留物件，申请作业结束	5	未向考评员汇报作业结束扣 1 分；现场有遗留物的不得分		
4.2	材料、工具规整	作业结束后进行现场工具材料规整	5	未进行现场工具材料规整扣 5 分		
合计			100			

Jc0004242012　110kV 交联电缆终端头尾管封铅工艺操作。（100 分）

考核知识点：

1. 110kV 电缆终端头制作理论知识
2. 110kV 电缆终端头制作实际操作能力
3. 搪铅工艺原理
4. 搪铅工艺实操能力
5. 人员操作时对温度、焊料固化程度的掌控

难易度：中

技能等级评价专业技能考核操作工作任务书

一、任务名称

110kV 交联电缆终端头尾管封铅工艺操作。

二、适用工种

电力电缆安装运维工（输电）技师。

三、具体任务

对 110kV 交联电缆终端头封铅工作前的外护套和尾管进行预处理并封铅工作。

四、工作规范及要求

（1）要求独立操作，电缆垂直固定进行封铅。

（2）电缆型号为 YJW02－64/110kV－1×630（电缆型号可根据各单位实际情况进行调整）。

（3）操作前应认真检查燃气管接件有无松动、漏气。

（4）严格按照附件图所标识工艺尺寸进行操作。

（5）因操作不当造成材料超过配额使用或材料损毁者，视情节扣分。

（6）现场发生安全事故，本项考核不合格。

五、考核及时间要求

（1）本考核操作时间共 60 分钟。

（2）未完成的操作项目不得分，但不影响其他项目得分。

技能等级评价专业技能考核操作评分标准

工种	电力电缆安装运维工（输电）					评价等级	技师
项目模块	工艺图纸及材料准备—电缆附件现场安装工艺辨别				编号	Jc004242012	
单位			准考证号			姓名	
考试时限	60 分钟		题型	单项操作		题分	100 分
成绩		考评员		考评组长		日期	

续表

试题正文	110kV 交联电缆终端头尾管封铅工艺操作
需要说明的问题和要求	（1）本项工作属于单人操作项，仅对作业人员进行考评。 （2）操作应注意安全，根据具体任务对应标准化作业流程开展确保人身与设备安全。发生安全事故本项考核不合格。 （3）作业流程是否正确将列入考评内容。 （4）工具材料的选用与检查由被考核人员独立完成

序号	项目名称	质量要求	满分	扣分标准	扣分原因	得分
1	工作准备					
1.1	安全劳动防护用品的准备	正确佩戴安全帽，穿全套工作服，包括工作服、绝缘鞋、棉手套	5	未正确佩戴安全帽，未正确穿工作服、绝缘鞋、棉手套，每项扣1分，扣完为止		
1.2	工器具的准备	熟练正确使用各种工器具	10	未正确使用一次扣2分，扣完为止		
1.3	相关安全措施的准备	（1）正确进行工具安全性能检查。 （2）现场作业条件复核。 （3）合理布置地面材料、工具	10	未进行工具外观安全性能检查扣3分； 未对现场作业可能存在的危险点进行分析并提出防范措施扣4分； 地面工具、材料摆放不整齐、不合理扣3分； 发生安全事故本项考核不得分		
2	工作许可					
2.1	许可方式	向考评员示意准备就绪，申请开始工作	5	未向考评员示意履行许可手续扣5分		
3	工作步骤及技术要求					
3.1	准备工作	（1）检查电缆固定是否良好。 （2）将电缆外护层按工艺要求长度去除，将波形铝互层表面的沥青清理干净	5	未检查电缆扣2分； 沥青未清理干净扣3分		
3.2	清理焊接面	（1）将电缆终端尾管焊接部位清理干净。 （2）用钢丝刷将电缆波纹铝护套表面刷毛、清洁，去除表面氧化铝膜	5	氧化层清理不干净扣5分		
3.3	尾管、波纹铝护套表面镀铅料、封铅准备	（1）将尾管、铝护套需要焊接的表面加热。 （2）将锡、锌锡合金底料应均匀镀于尾管、铝护套表面。 （3）锌锡合金底料镀完后应钢丝刷将底料杂质去除。 （4）将尾管按工艺要求位置套入电缆并固定。 （5）如尾管与电缆铝护层之间间隙过大，可用铅皮填充，避免电缆不在尾管中心松动。 （6）电缆主绝缘温度不超过90℃	10	未加热尾管及电缆，直接镀焊接底料扣2分； 锌锡镀层不均匀、不牢固扣2分； 杂质未去除扣2分； 尾管与电缆铝护层之间未固定、松框扣2分； 电缆主绝缘温度超过90℃，未降温扣2分		
3.4	搪底铅	（1）用封铅焊料填平波纹铝护层，然后将波纹铝护套与尾管之间的缝隙填满。 （2）均匀加热，形成光滑、密实的封铅。 （3）底铅完成后将表面杂质用钢丝刷清理干净。 （4）电缆主绝缘温度不得超过90℃。 （5）封铅过程中，焊料无大块脱落	10	加热不均匀，完成后的封铅内有可见的、直径超过8mm铅块每处扣2分； 底铅不密实、有穿透性缝隙、砂眼每处扣2分； 杂质未清理扣2分； 加热、封铅中，电缆主绝缘温度超过90℃，未降温扣2分； 封铅过程中，焊料大块脱落扣2分		
3.5	二次搪铅	（1）将底铅表面均匀加热。 （2）将封铅加热后，均匀搪于底铅表面。 （3）电缆主绝缘温度不得超过90℃。 （4）搪铅过程中，焊料无大块脱落	10	加热、搪铅中，电缆主绝缘温度超过90℃，未降温扣5分； 搪铅过程中，焊料大块脱落扣5分		

续表

序号	项目名称	质量要求	满分	扣分标准	扣分原因	得分
3.6	加热揉铅、封铅	（1）加热温度控制得当。 （2）锌锡焊料熔解均匀、未分离。 （3）封铅过程中，焊料无大块脱落。 （4）封铅中电力主绝缘温度不得超过90℃	10	加热不均匀，完成后的封铅内有可见的、直径超过8mm铅块每处扣2分； 底铅不密实、有穿透性缝隙、砂眼每处扣2分； 加热、封铅中，电缆主绝缘温度超过90℃，未降温扣2分； 铅锡焊料熔解不均匀、铅锡分离扣2分； 封铅过程中，焊料大块脱落扣2分		
3.7	封铅工艺尺寸及要求	（1）封铅电缆尾管上搭接40mm±5mm，铅护套上搭接70mm±5mm，封铅最大外径为90mm±10mm。 （2）外形曲线应均匀对称、美观，呈苹果形。 （3）完成后的封铅无可见的、直径超过5mm铅块。 （4）封铅密实、无缝隙、砂眼等。 （5）封铅过程中不得烧伤电缆护层绝缘	10	尾管或铅护套搭接尺寸偏差大于5mm扣1分； 封铅最大外径偏差大于10mm扣2分； 封铅外形曲线不均匀、不对称扣1分； 完成后的封铅有可见的、直径超过5mm的铅块扣2分； 封铅不密实、有穿透性缝隙或砂眼扣2分； 封铅过程中烧伤电缆护层绝缘扣2分		
3.8	时间	在规定时间内完成操作	5	每超出规定时间3分钟扣1分，扣完为止		
4	工作结束					
4.1	作业结束	作业完成检查完毕，确认作业现场没有遗留物件，申请作业结束	2	未向考评员汇报作业结束扣1分； 现场有遗留物的不得分		
4.2	材料、工具规整	作业结束后进行现场工具材料规整	3	未进行现场工具材料规整扣3分		
合计			100			

Jc0005242013 高压电缆外护层修复操作。（100分）

考核知识点：电缆外护层修复

难易度：中

技能等级评价专业技能考核操作工作任务书

一、任务名称

高压电缆外护层修复操作。

二、适用工种

电力电缆安装运维工（输电）技师。

三、具体任务

对出现局部缺陷（如刮痕、断胶、皱褶、凸凹等现象）的高压电缆，进行缺陷局部定位、核相、检查、修补、绝缘测试。

四、工作规范及要求

（1）工器具使用及安全措施。

（2）按要求进行操作。

（3）工作终结报告。

五、考核及时间要求

（1）本考核操作时间共60分钟。

（2）工作完成后向考评员汇报工作完毕。

技能等级评价专业技能考核操作评分标准

工种	电力电缆安装运维工（输电）					评价等级	技师
项目模块	电缆运行维护与检修—电缆缺陷检修				编号	Jc0005242013	
单位			准考证号			姓名	
考试时限	60 分钟		题型	单项操作		题分	100 分
成绩		考评员		考评组长		日期	
试题正文	高压电缆外护层修复操作						
需要说明的问题和要求	（1）检测单人独操作，设 1 人监护，配合人员 2 人。 （2）要求着装正确（穿工作服、工作胶鞋、戴安全帽）						

序号	项目名称	质量要求	满分	扣分标准	扣分原因	得分
1	工作开始					
1.1	办理工作许可手续	作业人员向考评员履行工作许可手续	5	未办理工作许可手续扣 5 分		
2	修复准备					
2.1	劳动保护用品	佩戴正确，符合操作要求	4	不正确扣 1～4 分		
2.2	机具准备	正确齐全	4	不正确扣 1～4 分		
2.3	气体检测	检测合格	3	未检测扣 3 分		
2.4	核对电缆线路名称，确定故障点	电缆线路名称及故障点查找正确	8	不正确扣 8 分		
2.5	现场布防	测试点装设安全围栏、悬挂安全警示装置，检测前封闭该区域	6	不正确扣 2～6 分		
3	外护层修复					
3.1	确认故障点，并对电缆进行核相	完成工作	5	未完成扣 1～5 分		
3.2	用木方悬挂手扳葫芦吊起电缆，对外护套故障点进行清洁处理，吹干故障点的水	悬空电缆方便操作	5	未悬空扣 5 分		
3.3	用剥离片刮去故障点周围的石墨层	长度以故障点为中心两边至少 15cm	10	不正确扣 1～10 分		
3.4	用绝缘胶带对故障点进行均匀绕包	至少绕包 10 层	5	数量不够扣 1～5 分		
3.5	防水胶带对故障点进行绕包	至少绕包 5 层，防水胶带应覆盖绝缘带	5	不合格扣 1～5 分		
3.6	用环氧树脂、玻璃纤维带对故障点进行处理	玻璃纤维带至少绕 5 层	5	缠绕数量不够扣 1～5 分		
3.7	用半导电带缠绕并连通石墨层	至少绕 2 层，且要连通石墨层	5	不合格扣 1～5 分		
3.8	用 PVC 带对电缆故障点进行绕包	至少绕包 2 层	5	不合格扣 1～5 分		
4	电缆绝缘电阻测试					
4.1	用绝缘电阻表测试外护套绝缘电阻	绝缘电阻不低于 0.5MΩ/km	10	操作不正确扣 1～10 分		

续表

序号	项目名称	质量要求	满分	扣分标准	扣分原因	得分
4.2	如不合格继续寻找下一故障点	直至绝缘电阻合格	5	未操作扣 1～5 分		
5	工作终结					
5.1	向测评人员汇报环流测量和数据处理结果结果	汇报完成	3	未汇报扣 3 分		
5.2	清点工具，清理测试现场，检查是否有遗留物	做到“工完、料净、场地清”	2	未完成扣 1～2 分		
6	其他要求					
6.1	动作要求	动作熟练流畅	1	不熟练扣 1 分		
6.2	着装正确	应穿工作服、工作胶鞋，戴安全帽	2	每漏一项扣 1 分，扣完为止		
6.3	时间要求	按时完成	2	每超过 3 分钟扣 1 分，扣完为止		
合计			100			

Jc0005242014　35kV 电力电缆交流串联谐振试验。（100 分）

考核知识点：

1. 仪器仪表的正确使用
2. 交流串联谐振接线原理
3. 35kV 电缆的特点及运行方式

难易度：中

技能等级评价专业技能考核操作工作任务书

一、任务名称

35kV 电力电缆交流串联谐振试验。

二、适用工种

电力电缆安装运维工（输电）技师。

三、具体任务

对一段 35kV 电缆进行交流串联谐振试验

四、操作规范及要求

（1）操作由一人操作、一人监护完成，穿戴规范。

（2）试验需断开设备接头时，拆前应做好标记，拆后应进行检查。

（3）试验装置的金属外壳应可靠接地，高压引线应尽量缩短。

（4）做好相应安全措施。

五、考核及时间要求

（1）本考核操作时间共 30 分钟。

（2）工作完成后向考评员汇报工作完毕。

技能等级评价专业技能考核操作评分标准

<table>
<tr><td>工种</td><td colspan="4">电力电缆安装运维工（输电）</td><td>评价等级</td><td>技师</td></tr>
<tr><td>项目模块</td><td colspan="3">电缆运行维护与检修—电缆检测</td><td>编号</td><td colspan="2">Jc0005242014</td></tr>
<tr><td>单位</td><td colspan="2"></td><td>准考证号</td><td></td><td>姓名</td><td></td></tr>
<tr><td>考试时限</td><td>30 分钟</td><td>题型</td><td colspan="2">单项操作</td><td>题分</td><td>100 分</td></tr>
<tr><td>成绩</td><td></td><td>考评员</td><td>考评组长</td><td></td><td>日期</td><td></td></tr>
<tr><td>试题正文</td><td colspan="6">35kV 电力电缆交流串联谐振试验</td></tr>
<tr><td>需要说明的问题和要求</td><td colspan="6">（1）本项考核可设专人配合操作，仅对作业人员进行考评。
（2）操作应注意安全，根据具体任务对应标准化作业流程开展确保人身与设备安全。发生安全事故本项考核不合格。
（3）作业流程是否正确将列入考评内容。
（4）试验仪器及工器具的选用与检查由被考核人员独立完成</td></tr>
</table>

序号	项目名称	质量要求	满分	扣分标准	扣分原因	得分
1	工作准备					
1.1	安全劳动防护用品的准备	正确佩戴安全帽，穿全套工作服，包括工作服、绝缘鞋、棉手套	5	未正确佩戴安全帽，未正确穿工作服、绝缘鞋、棉手套，每项扣 1 分，扣完为止		
1.2	工器具的准备	熟练正确使用各种工器具	10	未正确使用一次扣 2 分，扣完为止		
1.3	相关安全措施的准备	（1）正确进行工具安全性能检查。 （2）现场作业条件复核。 （3）合理布置地面材料、工具	10	未进行工具外观安全性能检查扣 3 分； 未对现场作业可能存在的危险点进行分析并提出防范措施扣 4 分； 地面工具、材料摆放不整齐、不合理扣 3 分； 发生安全事故本项考核不得分		
2	工作许可					
2.1	许可方式	向考评员示意准备就绪，申请开始工作	5	未向考评员示意履行许可手续扣 5 分		
3	工作步骤及技术要求					
3.1	挂标示牌	电缆另一端挂好标示牌或派人看守	3	未做扣 3 分		
3.2	试验电压确定	正确确定试验电压（预试 $1.6U_0$ 或交接 $2.0U_0$）	5	不正确扣 5 分		
3.3	耐压前后遥测绝缘电阻	不考评，但必须完成这一过程	5	未做扣 5 分		
3.4	检查电源	检查电源（交流 220V）	2	未做扣 2 分		
3.5	根据电缆试验电压及电容量选择电抗的接线	多只电抗器并联	8	操作不正确扣 2～8 分		
3.6	试验接线	试验接线应正确	8	不正确扣 2～8 分		
3.7	高压引线对地的绝缘距离	高压引线对地的绝缘距离足够	4	不正确扣 1～4 分		
3.8	接地线	试验接线应正确	5	接地不牢扣 2～5 分		
3.9	试验接地	试验一相时，其他两相接地正确	5	不正确扣 2～5 分		
3.10	合闸升压	接到监护人指令并大声复诵后方可合闸	5	未接地监护人指令合闸扣 2 分； 未大声复诵扣 3 分		

续表

序号	项目名称	质量要求	满分	扣分标准	扣分原因	得分
3.11	试验电压的互唱	加压过程互唱	3	未互唱扣 3 分		
3.12	试验完毕时放电	试验完毕对电缆充分放电，直至电缆无残留电荷	5	操作不正确扣 2～5 分		
3.13	试验结果的判断	试验过程中不闪烁，不放电则耐压试验合格	5	不正确扣 2～5 分		
3.14	时间	在规定时间内完成所有操作	2	每超出规定时间 3 分钟扣 1 分，扣完为止		
4	工作结束					
4.1	作业结束	作业完成检查完毕，确认作业现场没有遗留物件，申请作业结束	2	未向考评员汇报作业结束扣 1 分；现场有遗留物的不得分		
4.2	材料、工具规整	作业结束后进行现场工具材料规整	3	未进行现场工具材料规整扣 3 分		
合计			100			

Jc0005243015　110kV（220kV）某电缆线预防性试验。（100 分）

考核知识点：

1. 110kV 电缆的特点及运行方式
2. 电力电缆预防性试验的原理
3. 仪器仪表的接线方式
4. 仪器仪表的正确使用

难易度：难

技能等级评价专业技能考核操作工作任务书

一、任务名称

110kV（220kV）某电缆线预防性试验。

二、适用工种

电力电缆安装运维工（输电）技师。

三、具体任务

（1）进行主绝缘电阻测量。

（2）对电缆进行吸收比的测量。

（3）外护套绝缘电阻的测量。

（4）交叉互联箱绝缘电阻的测量。

（5）设备的拆除与接线恢复。

四、工作规范及要求

（1）持有已许可开工的电力线路第二种工作票。

（2）操作由 1 人操作、1 人监护完成，穿戴规范。

（3）试验需断开设备接头时，拆前应做好标记，拆后应进行检查。

（4）试验装置的金属外壳应可靠接地，高压引线应尽量缩短。

（5）试验现场应装设安全遮栏，向外悬挂“止步，高压危险！”的标识牌。

（6）变更接线或试验结束时，应先断开试验电缆，放电，并将升压设备高压部分短路接地。

（7）试验结束后，操作人员应拆除自装的接地短路线，并对被试设备进行检查和清理现场。

五、考核及时间要求

本考核操作时间共120分钟。

技能等级评价专业技能考核操作评分标准

工种	电力电缆安装运维工（输电）					评价等级	技师
项目模块	电缆运行维护与检修—电缆检测				编号	Jc0005243015	
单位			准考证号			姓名	
考试时限	120分钟		题型	单项操作		题分	100分
成绩		考评员		考评组长		日期	
试题正文	110kV（220kV）某电缆线预防性试验						
需要说明的问题和要求	（1）本项考核可设专人配合操作，仅对作业人员进行考评。 （2）操作应注意安全，根据具体任务对应标准化作业流程开展确保人身与设备安全。发生安全事故本项考核不合格。 （3）作业流程是否正确将列入考评内容。 （4）工具材料的选用与检查由被考核人员独立完成						

序号	项目名称	质量要求	满分	扣分标准	扣分原因	得分
1	工作准备					
1.1	安全劳动防护用品的准备	正确佩戴安全帽，穿全套工作服，包括工作服、绝缘鞋、棉手套	5	未正确佩戴安全帽，未正确穿工作服、绝缘鞋、棉手套，每项扣1分，扣完为止		
1.2	工器具的准备	熟练正确使用各种工器具	10	未正确使用一次扣2分，扣完为止		
1.3	相关安全措施的准备	（1）正确进行工具安全性能检查。 （2）现场作业条件复核。 （3）合理布置地面材料、工具	10	未进行工具外观安全性能检查扣3分； 未对现场作业可能存在的危险点进行分析并提出防范措施扣4分； 地面工具、材料摆放不整齐、不合理扣3分； 发生安全事故本项考核不得分		
2	工作许可					
2.1	许可方式	向考评员示意准备就绪，申请开始工作	5	未向考评员示意履行许可手续扣5分		
3	工作步骤及技术要求					
3.1	设置安全措施	按规定做好安全措施，装设围栏和警示牌	10	未按要求做好安全措施扣5分，围栏设置、警示牌设置不合理扣5分		
3.2	主绝缘电阻测量绝缘电阻	（1）用5000V绝缘电阻表测量电缆绝缘电阻1min，记录绝缘电阻值。 （2）用接地线对被试电缆三相进行充分放电	10	测量方法不正确每处扣5分，扣完为止； 测量结果有误扣5分		
3.3	吸收比的测量	（1）用5000V绝缘电阻表测量电缆绝缘电阻，15s、1min，记录绝缘电阻之间的比值。 （2）用接地线对被试电缆三相进行充分放电	10	测量方法不正确每处扣3分，扣完为止； 测量结果有误扣5分		
3.4	外护套绝缘电阻的测量	（1）用500V绝缘电阻表测量电缆绝缘电阻，1min，记录绝缘电阻值。 （2）用接地线对被试电缆外护套进行充分放电	10	测量方法不正确每处扣3分，扣完为止； 测量结果有误扣5分		

续表

序号	项目名称	质量要求	满分	扣分标准	扣分原因	得分
3.5	交叉互联箱绝缘电阻的测量	（1）用 1000V 绝缘电阻表测量交叉互联箱绝缘电阻 1min，记录绝缘电阻值。 （2）测量后对试品充分放电	10	测量方法不正确每处扣 3 分，扣完为止； 测量结果有误扣 5 分		
3.6	设备复原	（1）拆除试验临时电源接线。 （2）将被试设备接线恢复正常。 （3）拆除设置的安全措施	10	未拆除每项扣 5 分，扣完为止		
3.7	时间		5	每超出规定时间 3 分钟扣 1 分，扣完为止		
4	工作结束					
4.1	作业结束	作业完成检查完毕，确认作业现场没有遗留物件，申请作业结束	2	未向考评员汇报作业结束扣 1 分； 现场有遗留物的不得分		
4.2	材料、工具规整	作业结束后进行现场工具材料规整	3	未进行现场工具材料规整扣 3 分		
合计			100			

电网企业专业技能考核题库

电力电缆安装运维工（输电）

第五部分

高级技师

第九章　电力电缆安装运维工（输电）高级技师技能笔答

Jb0001131001　运行中的电流互感器二次侧开路有什么危害？为什么？（5分）

考核知识点： 电工基础

难易度： 易

标准答案：

电流互感器二次磁通势与一次磁通势方向相反及起去磁作用，故铁芯磁通密封较低，但当电流互感器二次开路时电流为零，磁通势也为零，对一次磁通势的去磁作用消失，铁芯中磁通密度增大很多，铁芯严重饱和，在二次绕组上感应出很高的电动势，危及设备和人身安全。

Jb0001132002　简述环氧树脂复合物的构成及性能。（5分）

考核知识点： 电缆基础知识

难易度： 中

标准答案：

环氧树脂复合物由环氧树脂加入硬化剂、填充剂、增韧剂和稀释剂组成。具有以下性能：

（1）有足够的机械强度。

（2）电气性能优良。

（3）电气性能稳定。

（4）与有色金属有足够的黏附力。

（5）耐腐蚀性好。

（6）户外使用时，耐雨、耐光、耐湿热。

Jb0001132003　交联聚乙烯绝缘电缆产生“绝缘回缩”的主要原因是什么？（5分）

考核知识点： 电缆基础知识

难易度： 中

标准答案：

交联电缆产生“绝缘回缩”的主要原因在于电缆生产过程中的热效应。

（1）交流电缆在生产过程中，交联电缆温度超过结晶融化温度，使得其压缩弹性模数大幅度下降。然而电缆生产线冷却过程较为迅速，使得电缆热应力没有完全释放，最终在电缆本体中形成应力。

（2）交联电缆绝缘和导体的热膨胀系数不同，相差10～30倍。交联聚乙烯对金属导体而言，较容易回缩。

Jb0001132004　电力电缆的内屏蔽层与外屏蔽层各在什么部位？采用什么材料？有何作用？（5分）

考核知识点： 电缆基础知识

难易度： 中

标准答案：

为了使绝缘层和电缆导体有较好的接触，消除导体表面的不光滑引起的导体表面电场强度的增加，一般在导体表面包有金属化纸或半导体纸带的内屏蔽层。为了使绝缘层和金属护套有较好的接触，一般在绝缘层外表面包有外层屏蔽层。外屏层与内屏层的材料相同，有时还外扎铜带或编织铜丝带。

Jb0001122005　绘出电缆充电过程，电压随时间增长而逐渐升高，稳定变化情况的波形图。（5 分）

考核知识点：电缆基础知识

难易度：中

标准答案：

波形图如图 Jb0001122005 所示。

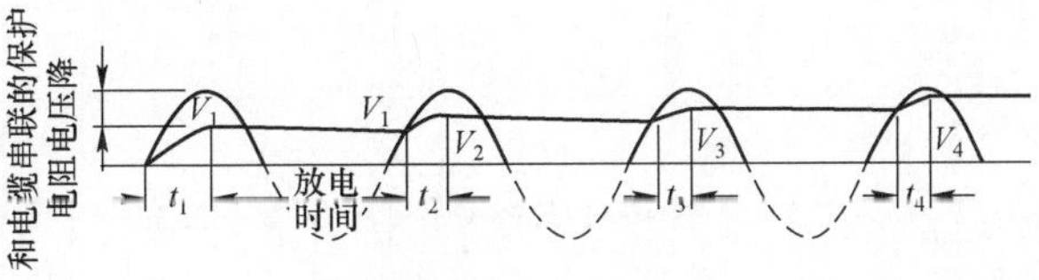

图 Jb0001122005

Jb0001122006　画出用两块单相电能表测量低压三相三线制的三相电路接线原理图（不用电流互感器。（5 分）

考核知识点：电工基础

难易度：中

标准答案：

接线原理图如图 Jb0001122006 所示。

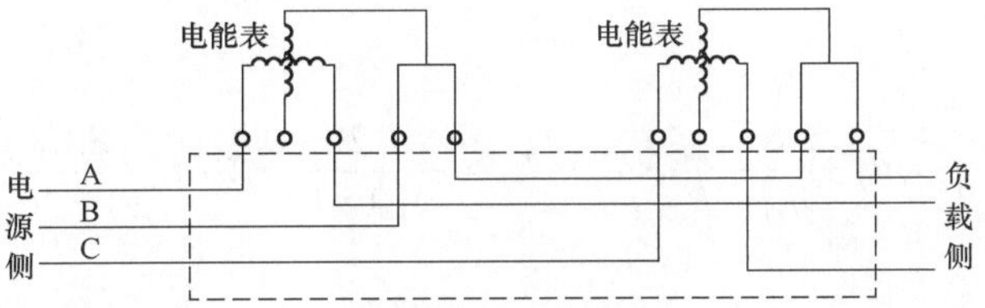

图 Jb0001122006

Jb0001122007　如图 Jb0001122007－1 所示元件，画出一个三相桥式整流电路。（5 分）

考核知识点：电工基础

难易度：中

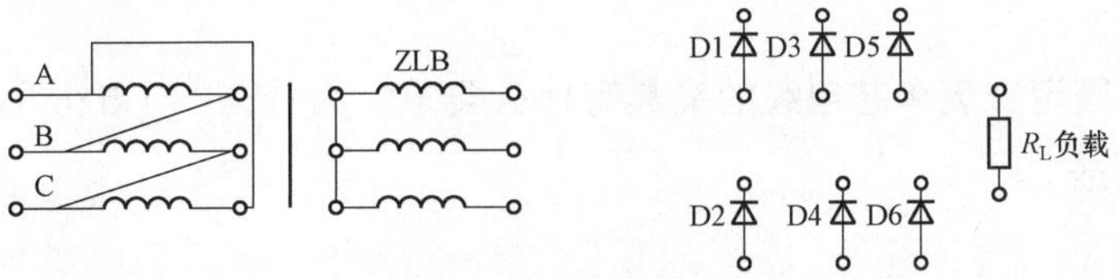

图 Jb0001122007－1

标准答案：

三相桥式整流电路如图 Jb0001122007－2 所示。

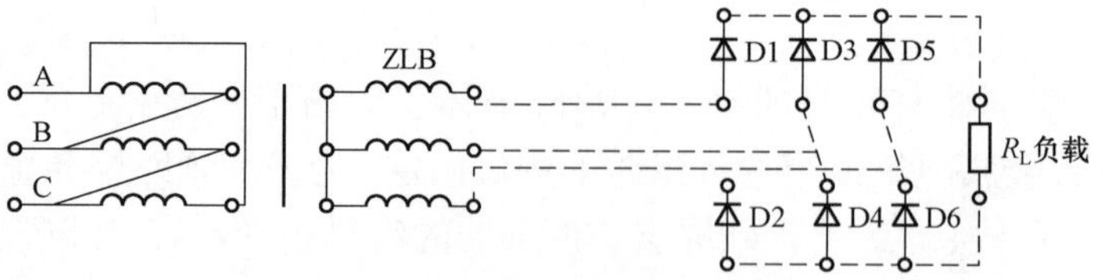

图 Jb0001122007－2

图中，ZLB 为三相整流变压器，D 为二极管，图中虚线即为所画的整流电流电能连接。

Jb0001113008　如图 Jb0001113008 所示，$R_1=R_2=10\Omega$，$R_3=25\Omega$，$R_4=R_5=20\Omega$，$E_1=20V$，$E_2=10V$，$E_3=80V$，利用戴维南定理，求流过 R_3 上的电流。(5 分)

考核知识点：电工基础

难易度：难

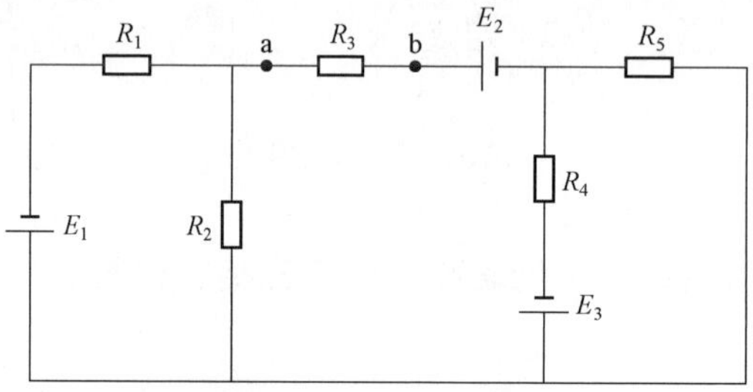

图 Jb0001113008

标准答案：

解：如图Jb0001113008所示，开口电压 E_0 和入端电阻 R_0 即a、b端等效电压 U_{ab} 和等效串联电阻 R_{ab}。

所以

$$E_0=U_{ab}=-\frac{E_1}{R_1+R_2}\times R_2+\frac{E_3}{R_4+R_5}\times R_5-E_2=-\frac{20}{10+10}\times 10+\frac{80}{20+20}\times 20-10=20\text{（V）}$$

故

$$R_0=R_{ab}=\frac{R_1R_2}{R_1+R_2}+\frac{R_4R_5}{R_4+R_5}=\frac{10\times 10}{10+10}+\frac{20\times 20}{20+20}=15\text{（}\Omega\text{）}$$

$$I_{R_3}=\frac{E_0}{R_0+R_3}=\frac{20}{15+25}=0.5\text{（A）}$$

答：流过 R_3 上的电流为 0.5A。

Jb0003131009　固定交流单芯电缆的夹具有什么要求？为什么？（ 5 分)

考核知识点：电缆固定

难易度：易

标准答案：

夹具应无铁件构成闭合磁路，防止产生涡流使电缆发热，降低电缆载流量。

Jb0003131010　主厂房内敷设电缆时一般应注意什么？（ 5 分)

考核知识点：电缆敷设施工

难易度：易

标准答案：

（1）凡引至集控室的控制电缆宜架空敷设。

（2）6kV 电缆宜用隧道或排管敷设，地下水位高处亦可架空或用排管敷设。

（3）380V 电缆当两端电缆在零米时宜用隧道、沟或排管，当一端设备在上、一端在下时，可部分架空敷设，当地下水位较高时，宜架空。

Jb0005132011 在交联聚乙烯电缆和附件绝缘中，可能有哪些因素会导致局部放电？（5分）

考核知识点：电缆运维

难易度：中

标准答案：

（1）周围环境中的水分入侵使电缆绝缘局部受潮。

（2）在安装或检修中，使电缆绝缘受到局部损伤。

（3）长期在电场和水分作用下，交联聚乙烯绝缘中产生了水树枝。

（4）安装终端和接头时，在绝缘内留下气隙。

（5）在电缆或接头的导体表面上残存有毛刺。

Jb0005131012 电缆故障定点方法主要有什么？（5分）

考核知识点：电缆故障测寻

难易度：易

标准答案：

（1）感应法。

（2）声测法。

（3）声磁同步定点法。

Jb0005133013 怎样用声测法寻找电缆故障点的准确位置？（5分）

考核知识点：电缆故障测寻

难易度：难

标准答案：

声测法灵敏可靠，较为常用，基本都能适用粗测到电缆故障到测试端的距离后，在故障电缆的一端加上冲击电压，使故障点放电，在已知故障点的路径，用定点仪接收故障点的放电声波，并将此声波在接收中放大，当耳机听到最大时即故障点的位置，断线和闪络性故障多发生在中间接头应重点检查。

Jb0005132014 简要说明系统中性点接地方式的使用。（5分）

考核知识点：电力系统

难易度：中

标准答案：

（1）中性点直接接地方式使用在电压等级在 110kV 及以上电压的系统和 380V/220V 的低压配电系统中。

（2）中性点不接地方式使用在单相接地电容电流分别不超过30A 的10kV 系统和不超过10A 的35kV 系统中。

（3）中性点经消弧线圈接地方式使用在单相接地电容电流分别超过30A 的10kV 系统和超过10A 的35kV 系统中，也可用于雷电活动强、供电可靠性要求高的110kV 系统中。

Jb0005131015　电缆故障测寻常用的方法有哪些？（5分）

考核知识点：电缆故障测寻

难易度：易

标准答案：

电缆故障测寻的方法很多，常用的有回路电桥平衡法（也就是电桥法）、低压脉冲反射法（也就是低压脉冲法）、脉冲电流法。

Jb0005132016　电缆故障测寻的基本步骤是什么？（5分）

考核知识点：电缆故障测寻

难易度：中

标准答案：

电力电缆故障测寻一般按故障性质诊断、故障初测、故障定点这 3 个步骤进行。故障性质诊断过程是对故障电缆情况做初步了解及分析，然后用绝缘电阻表及万用表进行故障性质判别；根据不同故障性质选择不同方法进行故障点的初测；再依据初测的结果进行采用声测法和感应法进一步精确定位。

Jb0005132017　电缆故障定位需注意哪些问题？（5分）

考核知识点：电缆故障测寻

难易度：中

标准答案：

在电缆故障测寻时，借助现代化的仪器和设备，便可准确、迅速地确定故障点的精确位置，为迅速处理故障，尽快恢复送电赢得宝贵的时间。但在电缆故障测寻中应注意以下几个问题。

（1）在电缆故障测寻中要想准确、快速地查找出电缆故障，对放电波形的分析判断至关重要，特别是长电缆，差一两个光标，就会相差好几十米，给故障精确定点增加很大的难度，需要在实际工作中不断的摸索，总结经验。

（2）对低阻故障，使用低压脉冲法是最准确、最方便的方法。

（3）用冲闪法的冲击放电声定点时（包括测距）应特别注意电缆的耐压等级。一般情况下，冲击电压的幅值不应超过正常运行电压的 3.5 倍。

（4）电缆的原始资料对快速、精确找出电缆故障点起到很重要作用，尤其是电缆路径图，应做到图形和实际相符，现场路径标示清楚，因此设备的日常维护和资料管理很重要。

Jb0005131018　电桥法的原理是什么？（5分）

考核知识点：电缆故障测寻

难易度：易

标准答案：

将被测电缆故障相与非故障相短接，电桥两臂分别接故障相与非故障相，调节电桥两臂上的一个可调电阻器，使电桥平衡，利用比例关系和已知的电缆长度就能得出故障距离。

Jb0005132019　二次脉冲法的原理是什么？（5分）

考核知识点：电缆故障测寻

难易度：中

标准答案：

首先在不击穿被测电缆故障点的情况下，测得低压脉冲的反射波形，紧接着用高压脉冲击穿电缆的故障点产生电弧，在电弧电压降到一定值时触发中压脉冲来稳定和延长电弧时间。之后再发出低压脉冲，从而得到故障点的反射波形，两条波形叠加后同样可以发现发散点就是故障点对应的位置。

Jb0005132020 试述电缆线路的故障及测试的方法有哪几种。（5分）

考核知识点：电缆故障测寻

难易度：中

标准答案：

测距方法：低压脉冲法，测试断线故障，低阻故障，脉冲电流法测试高阻故障与闪络故障，二次脉冲法测试高阻故障与闪络故障，电桥法测试高阻与低阻故障。

定点方法：声磁同步法，跨步电压法。

Jb0005131021 操作高压单元使用脉冲电流法测距时，如何通过高压单元与波反射仪判断故障点已被击穿？（5分）

考核知识点：电缆故障测寻

难易度：易

标准答案：

（1）高压单元球隙放电声清脆。

（2）电压表电流表指针回摆明显。

（3）出现规律波形。

Jb0005131022 什么是电气设备的交接试验？（5分）

考核知识点：电缆试验

难易度：易

标准答案：

是指新安装的电气设备在投产前，根据国家颁布的有关规程规范的试验项目和试验标准进行的试验；以判明新安装设备是否可以投入运行，并保证安全。

Jb0005132023 电缆线路的技术管理工作有哪些内容？（5分）

考核知识点：电缆运维

难易度：中

标准答案：

（1）技术资料的管理。

（2）电缆线路的可靠性管理。

（3）电缆线路的设备管理。

（4）电缆线路的绝缘监督和缺陷管理。

（5）电缆线路维护和更新改造计划的编制。

（6）反事故措施和规程制度的制定、检查和监督执行：工艺规程的编制。

（7）新技术，新工艺，新材料的开发、应用和推广。

（8）备品的管理。

（9）技术的培训。

Jb0005132024　电力电缆的金属护套或屏蔽层接地方式的选择应符合哪些要求？（5分）

考核知识点：单芯电缆接地系统

难易度：中

标准答案：

（1）三芯电缆应在线路两终端直接接地，如在线路中有电缆接头，应在电缆接头处另加设接地。

（2）单芯电缆的金属护套或屏蔽层，在线路上至少有一点直接接地，且在金属护套或屏蔽层上任一点非接地处的正常感应电压，应符合下列要求：未采取能防止人员任意接触金属护套或屏蔽层的安全措施时，满载情况下不得大于50V；采取能防止人员任意接触金属护套或屏蔽层的安全措施时，满载情况下不得大于100V。

（3）长距离单芯水底电缆线路应在两岸的接头处直接接地。

Jb0005131025　高压电缆线路附属设备中关于接地装置的技术要求有哪些？（5分）

考核知识点：电缆运维

难易度：易

标准答案：

（1）接地箱、交叉互联箱内连接应正确，铜排连接螺栓应紧固且无锈蚀、无松动现象。箱体完整，开关方便。

（2）接地箱、交叉互联箱内电气连接部分应与箱体绝缘。箱体本体不得选用铁磁材料，并应密封良好，固定牢固可靠，防护等级不低于IP68标准。

（3）电缆护层过电压限制器配置选择应符合《电力工程电缆设计标准》（GB 50217—2018）的要求，连接电缆应与电缆护层绝缘水平一致。

Jb0005131026　试述电缆过负荷运行的危害性。（5分）

考核知识点：电缆运维

难易度：易

标准答案：

（1）《电力电缆线路运行规程》（DL/T 1253—2013）中规定，电缆线路原则上不允许过负荷，即使在处理事故时出现的过负荷，也应迅速恢复正常。

（2）过负荷将缩短电缆的使用寿命。过负荷电流的大小和过负荷时间长短不同，对电缆危害程度也不一样，在电缆线路设备上因过负荷反映出来的损坏部件基本可分为以下几类：

1）造成导体接点的损坏，或是造成终端头外部接点的损坏。

2）因过热造成固体绝缘变形，降低绝缘水平，加速绝缘老化。

3）使金属铅护套发生龟裂现象，整条电缆铅护套膨胀，在铠装隙缝处裂开。

4）电缆终端盒和中间接头盒因灌注在盒内的沥青绝缘胶受热膨胀而胀裂。

Jb0005133027　电缆及通道验收时应做好哪些资料的验收和归档？（5分）

考核知识点：电缆工程验收

难易度：难

标准答案：

（1）电缆及通道走廊以及城市规划部门批准文件。包括建设规划许可证、规划部门对于电缆及通道路径的批复文件、施工许可证等。

（2）完整的设计资料，包括初步设计、施工图及设计变更文件、设计审查文件等。

（3）电缆及通道沿线施工与有关单位签署的各种协议文件。

（4）工程施工监理文件、质量文件及各种施工原始记录。

（5）隐蔽工程中间验收记录及签证书。

（6）施工缺陷处理记录及附图。

（7）电缆及通道竣工图纸应提供电子版，三维坐标测量成果。

（8）电缆及通道竣工图纸和路径图，比例尺一般为1:500，地下管线密集地段为1:100，管线稀少地段，为1:1000。在房屋内及变电所附近的路径用1:50的比例尺绘制。平行敷设的电缆，应标明各条线路相对位置，并标明地下管线剖面图。电缆如采用特殊设计，应有相应的图纸和说明。

（9）电缆敷设施工记录，应包括电缆敷设日期、天气状况、电缆检查记录、电缆生产厂家、电缆盘号、电缆敷设总长度及分段长度、施工单位、施工负责人等。

（10）电缆附件安装工艺说明书、装配总图和安装记录。

（11）电缆原始记录：长度、截面面积、电压、型号、安装日期、电缆及附件生产厂家、设备参数，电缆及电缆附件的型号、编号、各种合格证书、出厂试验报告、结构尺寸、图纸等。

（12）电缆交接试验记录。

（13）单芯电缆接地系统安装记录、安装位置图及接线图。

（14）有油压的电缆应有供油系统压力分布图和油压整定值等资料，并有警示信号接线图。

（15）电缆设备开箱进库验收单及附件装箱单。

（16）一次系统接线图和电缆及通道地理信息图。

（17）非开挖定向钻拖拉管竣工图应提供三维坐标测量图，包括两端工作井的绝对标高、断面图、定向孔数量、平面位置、走向、埋深、高程、规格、材质和管束范围等信息。

Jb0005132028 电力电缆运行阶段应注意哪些方面来防止电缆绝缘击穿事故？（5分）

考核知识点：电缆运维

难易度：中

标准答案：

（1）运行部门应加强电缆线路负荷和温度的检（监）测，防止过负荷运行，多条并联的电缆应分别进行测量。巡视过程中应检测电缆附件、接地系统等关键接点的温度。

（2）严禁金属护层不接地运行。应严格按照试验规程对电缆金属护层的接地系统开展运行状态检测、试验。

（3）运行部门应开展电缆线路状态评价，对异常状态和严重状态的电缆线路应及时检修。

（4）应监视重载和重要电缆线路因运行温度变化产生的伸缩位移，出现异常应及时处理。

（5）电缆线路发生运行故障后，应检查全线接地系统是否受损，发现问题应及时修复。

（6）人员密集区域或有防爆要求场所的瓷套终端应更换为复合套管终端。

Jb0005132029 为防止电缆外力破坏和设施被盗，在运行阶段应注意哪些问题？（5分）

考核知识点：电缆运维

难易度：中

标准答案：

（1）电缆路径上应设立明显的警示标志，对可能发生外力破坏的区段应加强监视，并采取可靠的防护措施。

（2）工井正下方的电缆，应采取防止坠落物体打击的保护措施。

（3）应监视电缆通道结构、周围土层和邻近建筑物等的稳定性，发现异常应及时采取防护措施。

（4）敷设于公用通道中的电缆应制定专项管理和技术措施，并加强巡视检测。通道内所有电力电缆及光缆应明确设备归属及运维职责。

（5）对盗窃易发地区的电缆设施应加强巡视，接地箱（互联箱）、工井盖等应采取相应的技防措施。退运报废电缆应随同配套工程同步清理。

Jb0005132030　为防止电缆火灾，《国家电网有限公司十八项电网重大反事故措施》（2018 年修订版）中对于中性点非有效接地方式且允许带故障运行的电力电缆线路的规定有哪些？（5 分）

考核知识点：电缆防火

难易度：中

标准答案：

（1）中性点非有效接地方式且允许带故障运行的电力电缆线路不应与 110kV 及以上电压等级电缆线路共用隧道、电缆沟、综合管廊电力舱。

（2）与 110（66）kV 及以上电压等级电缆线路共用隧道、电缆沟、综合管廊电力舱的中性点非有效接地方式的电力电缆线路，应开展中性点接地方式改造，或做好防火隔离措施并在发生接地故障时立即拉开故障线路。

Jb0005132031　电缆防火设施技术要求有哪些？（5 分）

考核知识点：电缆防火

难易度：中

标准答案：

（1）在电缆穿过竖井、变电站夹层、墙壁、楼板或进入电气盘、柜的孔洞处，应做防火封堵。

（2）在隧道、电缆沟、变电站夹层和进出线等电缆密集区域应采用阻燃电缆或采取防火措施。

（3）在重要电缆沟和隧道中有非阻燃电缆时，宜分段或用软质耐火材料设置阻火隔离，孔洞应封堵。

（4）未采用阻燃电缆时，电缆接头两侧及相邻电缆 2～3m 长的区段应采取涂刷防火涂料、缠绕防火包带等措施。

（5）在封堵电缆孔洞时，封堵应严实可靠，不应有明显的裂缝和可见的缝隙，孔洞较大者应加耐火衬板后再进行封堵。

Jb0005132032　电缆缺陷管理的内容有哪些？（5 分）

考核知识点：电缆运维

难易度：中

标准答案：

（1）运维单位应制定缺陷管理流程，对缺陷的上报、定性、处理和验收等环节实行闭环管理。

（2）根据对运行安全的影响程度和处理方式进行分类并记入生产管理系统。

（3）危急缺陷消除时间不得超过 24h，严重缺陷应在 30 天内消除，一般缺陷可结合检修计划尽早消除，但应处于可控状态。

（4）电缆及通道带缺陷运行期间，运维单位应加强监视，必要时制定相应应急措施。

（5）运维单位应定期开展缺陷统计分析工作，及时掌握缺陷消除情况和缺陷产生的原因，采取有针对性相应措施。

Jb0005132033 感应法电力电缆故障仪有哪些用途？（5 分）

考核知识点：电缆故障测寻

难易度：中

标准答案：

（1）寻找电缆路径。

（2）测量电缆埋置深度。

（3）寻找电缆接头位置。

（4）测量低压电阻接地故障。

（5）测量相间短路故障。

Jb0005132034 简述感应法测定电缆故障原理及适用范围。（5 分）

考核知识点：电缆故障测寻

难易度：中

标准答案：

感应法是给电缆芯通以音频电流，当音频电流通过故障点时，电流和磁场将发生变化，利用接收装置及音频信号放大设备听测或观察信号的变化，来确定故障点的具体位置。

这种方法，一般只适用于听测低阻相间短路故障，有时在特殊情况下能听测低阻的接地或断线故障。感应法可用于听测电缆埋设位置、深度及接头盒位置，有助于准确地找出电缆故障。

Jb0005131035 简述电缆故障的粗测和精确定位各使用的方法。（5 分）

考核知识点：电缆故障测寻

难易度：易

标准答案：

（1）粗测：① 电桥法；② 脉冲法。

（2）精确定点：① 冲击放电声测法；② 声磁信号同步接受定点法；③ 音频信号法；④ 跨步电压法。

Jb0005131036 简述低压脉冲法在电缆故障点查找中的作用。（5 分）

考核知识点：电缆故障测寻

难易度：易

标准答案：

低压脉冲法可以测试电缆故障距离，主要用于测量电缆断线、短路和低阻接地故障的距离，还可用于测量电缆的长度、波速度和识别定位电缆的中间头、T 形接头与终端头等。

Jb0005131037 简述使用二次脉冲法测试电缆故障点距离时，需要满足的条件。（5 分）

考核知识点：电缆故障测寻

难易度：易

标准答案：

（1）故障点处能在高电压的作用下发生弧光放电。

（2）测量装置能够对故障点加入延长弧光放电的能量。

（3）测距仪能在弧光放电的时间内发出并能接收到低压脉冲反射信号。

Jb0005132038　简述脉冲反射电压取样法的测试原理。（5 分）

考核知识点：电缆故障测寻

难易度：中

标准答案：

根据电缆故障性质的不同，在故障电缆上施加直流电压（直闪方式）或冲击电压（冲闪方式），使故障点击穿放电，即发生闪络。根据传输线理论，该闪络将在电缆中产生一个电压跃变（即脉冲），这个跃变的电压将以电波的形式在电缆的测试端与故障点之间来回反射。这时，如果在测试端记录下电波的波形，则可以从电波波形上测出电波来回反射一次的时间，再根据电波在电缆中的传播速度，就可以利用式 求出故障距离。这就是脉冲反射电压取样直闪或冲闪法的基本原理。

Jb0005122039　用冲闪法找如图 Jb0005122039－1 所示故障设备接线图中相应位置填入电压表（V）、电流表（A）并标出空缺的设备名称。（5 分）

考核知识点：电缆故障测寻

难易度：中

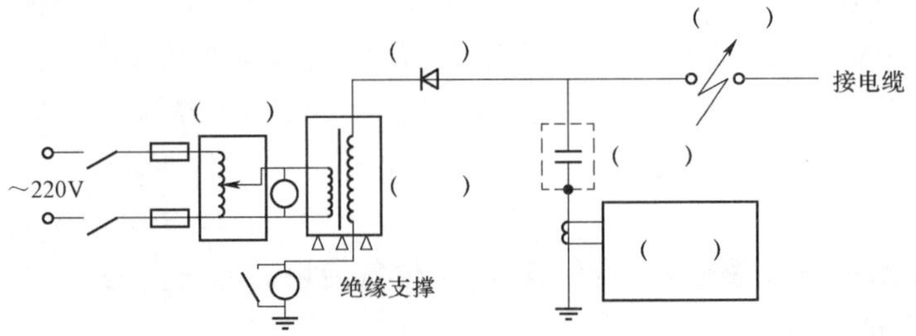

图 Jb0005122039－1

标准答案：

如图 Jb0005122039－2 所示。

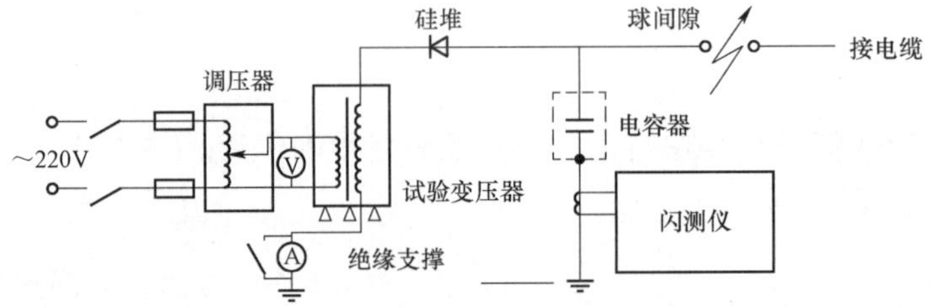

图 Jb0005122039－2

Jb0005122040　绘出感应法探测电缆位置接线及声音变化曲线图。（5 分）

考核知识点：电缆故障测寻

难易度：中

标准答案：

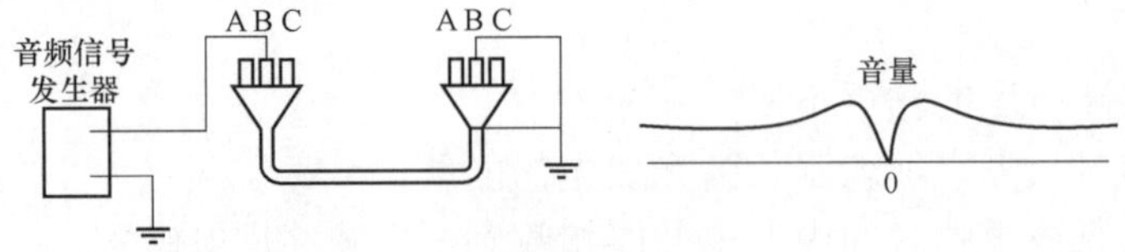

图 Jb0005122040

Jb0005121041　绘出冲击高压测试法寻找电缆故障，故障不放电时，测试端的等效电路和波形图。（5 分）

考核知识点：电缆故障测寻

难易度：易

标准答案：

如图 Jb0005121041 所示。

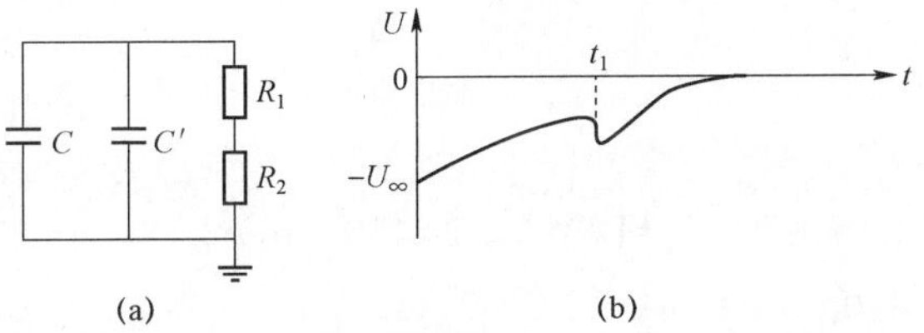

图 Jb0005121041

（a）等效电路；（b）波形图

Jb0005122042　绘出电缆故障测距的直闪法测试接线图。（5 分）

考核知识点：电缆故障测寻

难易度：中

标准答案：

电缆故障测距的直闪法测试接线图如图 Jb0005122042 所示。

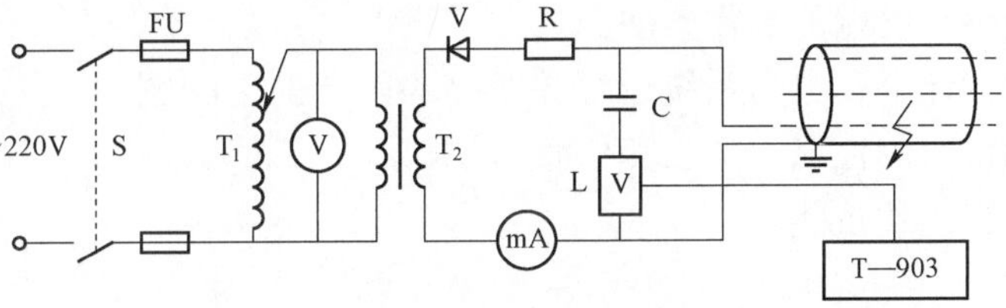

图 Jb0005122042

Jb0005112043　用交流电桥法测一统包型电缆一芯对地电容，标准电容 C_n 为 10μF，测得 R_A=331Ω，R_B=33Ω，问该电缆一芯对地电容是多少？（5 分）

考核知识点：电缆试验

难易度：中

标准答案：

解：该电缆一芯对地电容 $C_Y=\frac{1}{3}\times\frac{R_B}{R_A}\times C_n=\frac{1}{3}\times\frac{33}{331}\times 10\approx 0.332$（μF）

答：该电缆一芯对地电容为 0.332μF。

Jb0005113044　一条电缆全长 800m，发生了单相接地故障，用低压脉冲法查找故障点，不知传播速度。现测得完好相时间 t_1 为 10μs，故障相时间 t_x 为 3μs。问波速在该电缆中为多少？故障点距离测量端多少？（5 分）

考核知识点：电缆故障测寻

难易度：难

标准答案：

解：$V=2L/t_1=2\times 800\div 10=160$（m/μs）

$$L_x=Vt_x/2=160\times3\div2=240\text{（m）}$$

答：波速为160m/μs，故障点距离为240m。

Jb0005111045　用低压脉冲法测得一条长1500m的XLPE电缆故障，发送脉冲和反射脉冲之间的时间为5μs，电缆中脉冲波速度为172m/μs，问从测量端到故障点的距离为多少？（5分）

考核知识点： 电缆故障测寻

难易度： 易

标准答案：

解： 由公式$L_x=Vt_x/2$得

$$L_x=172\times5\div2=430\text{（m）}$$

答： 故障点距离测量端430m。

Jb0006132046　怎样培训电缆运行、安装人员？（5分）

考核知识点： 技术管理及培训

难易度： 中

标准答案：

电缆线路电缆运行、安装人员的技术培训要突出培养各项基本功，学习内容主要有：

（1）电工理论基础知识。

（2）电力电缆的结构和特性。

（3）电缆敷设和接头、终端的制作方法。

（4）看懂电缆线路设计书、电力系统运行图及接头工艺的装配图。

（5）各种常用绝缘材料的性能、加工和保管方法。

（6）进行杆塔上高空作业技能。

（7）电缆实验技术。

（8）熟悉安全和质量管理的规划制度（包括城建、公用事业、交通运输等有关的规定）。

（9）计算机和其他相关技能。

Jb0006132047　运行人员应具备的基本知识和技能包括什么？（5分）

考核知识点： 技术管理及培训

难易度： 中

标准答案：

（1）相关法律法规、制度、规程、标准等。

（2）电力电缆线路的基本理论知识。

（3）电缆线路走向图的绘制。

（4）电缆故障查找方法。

（5）电缆试验及带电检测技术。

（6）电缆线路的各种敷设方法。

（7）各种电缆附件工艺施工方法要点。

（8）塔杆上的高空作业。

（9）状态评价和状态管理要求。

第十章　电力电缆安装运维工（输电）高级技师技能操作

Jc0005142001　电桥法测量电力电缆单相低阻接地故障。（100 分）

考核知识点：

1. 掌握电桥法测量单相低阻接地故障测量的测量原理及过程
2. 熟练操作万用表及电桥测试设备
3. 能根据测量数据正确计算故障点距离

难易度：中

技能等级评价专业技能考核操作工作任务书

一、任务名称

电桥法测量电力电缆单相低阻接地故障。

二、适用工种

电力电缆安装运维工（输电）高级技师。

三、具体任务

计算出电缆测量端到故障点距离。

四、工作规范及要求

（1）对端跨接线截面面积不小于被测电缆导体截面面积。

（2）作为测试回路线的电缆要求绝缘良好。

（3）若测试回路线的截面面积、导体材质与故障相不同，则需要进行等效直流电阻换算。

（4）需进行正接法和反接法两次测试，并计算平均值。

（5）作业前应掌握被测电缆的详细资料，包括截面面积、长度等。

五、考核及时间要求

（1）本考核操作时间共 25 分钟。

（2）工作完成后向考评员汇报工作完毕。

技能等级评价专业技能考核操作评分标准

工种	电力电缆安装运维工（输电）					评价等级	高级技师
项目模块	电缆运行维护与检修—电缆检测				编号	Jc0005142001	
单位			准考证号			姓名	
考试时限	25 分钟		题型	单项操作		题分	100 分
成绩		考评员		考评组长		日期	
试题正文	电桥法测量电力电缆单相低阻接地故障						
需要说明的问题和要求	（1）本项考核可设专人配合操作，仅对作业人员进行考评。 （2）操作应注意安全，根据具体任务对应标准化作业流程开展确保人身与设备安全。发生安全事故本项考核不合格。 （3）作业流程是否正确将列入考评内容。 （4）工具材料的选用与检查由被考核人员独立完成						

续表

序号	项目名称	质量要求	满分	扣分标准	扣分原因	得分
1	工作准备					
1.1	安全劳动防护用品的准备	正确佩戴安全帽，穿全套工作服，包括工作服、绝缘鞋、棉手套	5	未正确佩戴安全帽，未正确穿工作服、绝缘鞋、棉手套，每项扣1分，扣完为止		
1.2	工器具的准备	熟练正确使用各种工器具	10	未正确使用一次扣2分，扣完为止		
1.3	相关安全措施的准备	（1）正确进行工具安全性能检查。 （2）现场作业条件复核。 （3）合理布置地面材料、工具	15	未进行工具外观安全性能检查扣5分； 未对现场作业可能存在的危险点进行分析并提出防范措施扣5分； 地面工具、材料摆放不整齐、不合理扣5分； 发生安全事故本项考核不得分		
2	工作许可					
2.1	许可方式	向考评员示意准备就绪，申请开始工作	5	未向考评员示意履行许可手续扣5分		
3	工作步骤及技术要求					
3.1	判断电缆是否断线	题中只说明低阻接地，并未说明是否断线，故需事先判断故障电缆的线芯完好性（一般用万用表即可）	10	未判断线芯完好性扣5分； 判断方法不正确扣5分		
3.2	测量	正确判断无断线情况后，可开始测量				
3.3	对他端相间短接的要求	将故障相和完好相的其中一相在另一端用导线或其他方法短接	5	跨接线截面小于被测电缆导体截面扣3分； 跨接接触不好扣2分		
3.4	接线	仪器所用测量线应尽可能短而粗以减少测量误差	5	接线不正确或接触不好扣5分		
3.5	故障测试	测试前应先打开检流计的锁，调零	5	未调零扣5分		
		测试时应先按下电源对电缆充电，再转动桥臂	10	未先充电扣5分； 不会调节比率臂和测量臂扣5分		
		在电桥未平衡前只能轻按检流计按钮，不得使检流计猛烈撞针	5	3次以上猛烈撞针扣5分		
3.6	反接法再测一次	符合以上规定，用反接法再测一次	5	未进行反接法测量扣5分		
3.7	计算	记下反接法所得数据，取其平均值进行计算	5	计算结果不正确扣5分		
3.8	时间	在规定时间内完成所有操作	5	每超出规定时间3分钟扣1分，扣完为止		
4	工作结束					
4.1	作业结束	作业完成检查完毕，确认作业现场没有遗留物件，申请作业结束	5	未向考评员汇报作业结束扣1分； 现场有遗留物的不得分		
4.2	材料、工具规整	作业结束后进行现场工具材料规整	5	未进行现场工具材料规整扣5分		
合计			100			

Jc0005142002　用“冲闪”或“直闪”法测试 35kV 电缆高阻接地故障并精确定点。(100 分)

考核知识点：

1. 仪器仪表的正确使用
2. 电缆故障性质与波形的判断力
3. 电缆故障测试方法的正确应用

难易度：中

技能等级评价专业技能考核操作工作任务书

一、任务名称

用“冲闪”或“直闪”法测试 35kV 电缆高阻接地故障并精确定点。

二、适用工种

电力电缆安装运维工（输电）高级技师。

三、具体任务

根据故障性质用直闪法或冲闪法进行故障测距及定点。

四、工作规范及要求

（1）正确使用仪器仪表。

（2）故障性质判断正确、测试方法选用正确、试验接线正确、波形判断正确，路径探测正确，且精确定点不大于 1m。

（3）电缆及电容需短接放电。

（4）电缆耐压试验前，加压端应做好安全措施，防止人员误入试验场所。另一端应设置围栏并挂上警告标识牌，如另一端是上杆或锯断电缆处，应派人看守。

（5）此项工作可在仿真设备上进行模拟操作。

五、考核及时间要求

（1）本考核操作时间共 60 分钟。

（2）未完成的操作项目不得分，但不影响其他项目得分。

技能等级评价专业技能考核操作评分标准

<table>
<tr><td>工种</td><td colspan="5">电力电缆安装运维工（输电）</td><td>评价等级</td><td>高级技师</td></tr>
<tr><td>项目模块</td><td colspan="4">电缆运行维护与检修—电缆故障测寻</td><td>编号</td><td colspan="2">Jc0005142002</td></tr>
<tr><td>单位</td><td colspan="2"></td><td>准考证号</td><td colspan="2"></td><td>姓名</td><td></td></tr>
<tr><td>考试时限</td><td colspan="2">60 分钟</td><td>题型</td><td colspan="2">单项操作</td><td>题分</td><td>100 分</td></tr>
<tr><td>成绩</td><td></td><td>考评员</td><td></td><td>考评组长</td><td></td><td>日期</td><td></td></tr>
<tr><td>试题正文</td><td colspan="7">用“冲闪”或“直闪”法测试 35kV 电缆高阻接地故障并精确定点</td></tr>
<tr><td>需要说明的问题和要求</td><td colspan="7">（1）本项考核可设专人配合操作，仅对作业人员进行考评。
（2）操作应注意安全，根据具体任务对应标准化作业流程开展确保人身与设备安全。发生安全事故本项考核不合格。
（3）作业流程是否正确将列入考评内容。
（4）工具材料的选用与检查由被考核人员独立完成</td></tr>
</table>

序号	项目名称	质量要求	满分	扣分标准	扣分原因	得分
1	工作准备					
1.1	安全劳动防护用品的准备	正确佩戴安全帽，穿全套工作服，包括工作服、绝缘鞋、棉手套	5	未正确佩戴安全帽，未正确穿工作服、绝缘鞋、棉手套，每项扣 1 分，扣完为止		

续表

序号	项目名称	质量要求	满分	扣分标准	扣分原因	得分
1.2	工器具的准备	熟练正确使用各种工器具	10	未正确使用一次扣2分，扣完为止		
1.3	相关安全措施的准备	（1）正确进行工具安全性能检查。 （2）现场作业条件复核。 （3）合理布置地面材料、工具	15	未进行工具外观安全性能检查扣5分； 未对现场作业可能存在的危险点进行分析并提出防范措施扣5分； 地面工具、材料摆放不整齐、不合理扣5分； 发生安全事故本项考核不得分		
2	工作许可					
2.1	许可方式	向考评员示意准备就绪，申请开始工作	5	未向考评员示意履行许可手续扣5分		
3	工作步骤及技术要求					
3.1	现场准备	试验场地围好安全围栏	2	未做扣2分		
3.2	注意另一端安全	派人到另一端看守或装好安全围栏，防止有人接触被试电缆	2	另一端未做安全措施扣2分		
3.3	对电缆进行放电	将接地线牢固接地，然后将电缆各相分别放电并接地	2	未放电接地扣2分		
3.4	连续性检查	测量电缆连续性	2	未进行此项扣1分； 判断错误扣1分		
3.5	直流试验	对电缆进行绝缘摇测，对电缆进行直流耐压，判断故障的击穿电压	5	操作不正确扣5分		
3.6	故障判断	正确判断哪一相有问题，该相电阻多少，是否断线，属哪种性质的高阻故障（闪络性的还是恒定性的）	5	故障性质判断错误扣3分； 探测方法错误扣2分		
3.7	仪器接线	高压信号发生器与电缆连接正确；测试仪与高压发生器接线正确；高压信号发生器与电容接线正确；仪器接地可靠	5	接线不正确扣3分； 仪器接地不牢靠扣2分		
3.8	通信联络	工作前确定操作人员间的联络方式，确保通信畅通，提高工作效率	1	未能保持正常通信扣1分		
3.9	仪器使用	正确开关机，会使用仪器菜单选项	5	仪器使用不熟悉扣2分； 不会使用扣3分		
3.10	方式选择	高压信号发生器放电方式选择周期，启动后按6～7s的周期对电缆放电	4	操作错误扣2～4分		
3.11	击穿判断	根据高压信号发生器放电时表针摆动判断故障点是否击穿	4	判断不正确扣2～4分		
3.12	故障点粗侧	根据波形粗侧故障点距离	4	判断不正确扣2～4分		
3.13	精确定点	会调整磁场增益，会调整声音信号增益，故障定点	7	操作错误扣2～3分； 故障点每偏差1m扣1分，最多扣4分； 不能精确定点扣7分		
3.14	清理现场	清点仪器，清理现场	2	未清点仪器扣1分； 未清理现场扣1分		
3.15	时间	在规定时间内完成所有操作	5	每超出规定时间3分钟扣1分，扣完为止		
4	工作结束					

续表

序号	项目名称	质量要求	满分	扣分标准	扣分原因	得分
4.1	作业结束	作业完成检查完毕，确认作业现场没有遗留物件，申请作业结束	5	未向考评员汇报作业结束扣 1 分；现场有遗留物的不得分		
4.2	材料、工具规整	作业结束后进行现场工具材料规整	5	未进行现场工具材料规整扣 5 分		
合计			100			

Jc0005163003　指挥制作 110kV 交联电缆中间接头，安装接地箱。（100 分）

考核知识点：中间接头制作

难易度：难

技能等级评价专业技能考核操作工作任务书

一、任务名称

指挥制作 110kV 交联电缆中间接头，安装接地箱。

二、适用工种

电力电缆安装运维工（输电）高级技师。

三、具体任务

完成一个高压电缆中间接头制作，并安装接头处接地箱。

四、工作规范及要求

（1）工器具使用及安全措施。

（2）按要求进行操作。

（3）按要求进行人员分工。

（4）按照现场实际情况宣讲安全措施。

（5）制作过程口述。

（6）工作终结报告。

五、考核及时间要求

（1）本考核操作时间为 180 分钟，每超时 1 分钟扣 1 分，超时半小时后，此项操作不合格。

（2）工作完成后向考评员汇报工作完毕。

技能等级评价专业技能考核操作评分标准

工种	电力电缆安装运维工（输电）					评价等级	高级技师
项目模块	电缆附件安装—电缆中间头安装				编号	Jc0005163003	
单位			准考证号			姓名	
考试时限	180 分钟		题型	综合操作		题分	100 分
成绩		考评员		考评组长		日期	
试题正文	指挥制作 110kV 交联电缆中间接头，安装接地箱						
需要说明的问题和要求	（1）本此操作需要 5～7 人，监护人 1 名，安装工 2 人，配合工 2～4 人。 （2）需气体检测仪 1 个、中间接头附件一套。 （3）中间接头制作及接地线安装，工作容包括工器具准备、安全措施、危险点控制、技术措施及技术交底、人员分工、现场布置及操作。 （4）模拟指挥：按照更换要求指挥相关人员到达工作位置，并将所需的工器具安装到位，并将更换作业方法及流程口述						

续表

序号	项目名称	质量要求	满分	扣分标准	扣分原因	得分
1	安装准备					
1.1	安装前应进行现场勘查，根据现场情况及施工图、厂家安装说明编制作业指导书和施工方案	编写现场勘查记录、作业指导书、施工方案	5	不完整扣1～5分		
1.2	对安装人员进行技术和安全交底	完成交底	1	未交底扣1分		
1.3	检查所需工器具、耗材数量、种类完整	检查完成	1	未检查扣1分		
1.4	核对附件清单，检查附件是否合格、齐备，是否与电缆及安装环境相符	核对完成	1	未检查扣1分		
2	工作开始					
2.1	办理工作许可手续	作业人员向考评员履行工作许可手续	2	未办理工作许可手续扣2分		
2.2	核对电缆相位	核相完成	1	未核相扣1分		
2.3	将电缆两端用抱箍固定，接头支架安装完成	完成两端电缆固定	1	未固定扣1分		
2.4	搭设安装棚	棚内湿度小于70%，安装温度10～30℃或满足厂家要求，并有防尘措施	3	不合格扣1～3分		
3	电缆外护套处理					
3.1	根据中间接头位置确定接头中心线，接头两侧电缆以中心线为准各预留200mm，并手动切除多余电缆	完成操作	3	不正确扣1～3分		
3.2	根据安装说明，切除外护套环	切除外护套不可伤及铝护套	2	不正确扣1～2分		
3.3	去除表面沥青	沥青去除成功。注：若用喷枪烤化铝护套表面沥青，应控制靠温度，防止温度过高时电缆绝缘受损。烤完后用硬脂酸和毛巾擦拭干净。如有铝护套变形，应先进行外观矫正，防止铝护套与电缆绝缘间隙过紧造成后续热加热处理是烫伤绝缘层	3	不正确扣1～3分		
4	铝护套打底铅					
4.1	量取底铅位置，并做好标记，并用钢丝刷将铝护套表面氧化铝去除	操作完成	2	去除不完全扣1～2分		
4.2	用铝焊料在底铅位置涂一层	各个位置均匀涂上，采用三刷两涂，使铝焊料与铝护套粘贴可靠	2	涂料不合格扣1～2分		
4.3	用戳铅法或者推铅法将铅锡焊料填满铝护套表面波谷	外观大小满足安装工艺尺寸	3	不正确扣1～3分		
5	铝护套去除					
5.1	根据环切点去除铝护套	不得伤及电缆本体、内衬层	2	未切除扣2分		

续表

序号	项目名称	质量要求	满分	扣分标准	扣分原因	得分
5.2	去除铝护套后，将铝护套断口掰开至形成喇叭口，并用钢锉去除尖角部分，用 PVC 带加以保护	操作完成	3	不正确扣 1～3 分		
6	去除外护套导电层					
6.1	去除外护套导电层，做好挂断处的导通试验，并用保鲜膜包裹去除部位	操作完成	3	不正确扣 3 分		
7	电缆加热校直					
7.1	用电缆加热毯包裹电缆绝缘本体，加热温度控制在 75℃±3℃，并保持 4h	操作完成（提前完成）	3	未操作扣 3 分		
7.2	用校直板固定，密封后自然冷却至常温，冷却至常温	操作完成（提前完成）	2	未操作扣 2 分		
8	电缆绝缘预处理					
8.1	去除内衬层，并用 PVC 带将断口扎紧	去除成功，PVC 带不散开	2	未操作扣 2 分		
8.2	按照安装说明确定电缆绝缘本体长度，贴出多余电缆	长度满足要求，断口平直	2	未操作扣 2 分		
8.3	用绝缘剥削刀剥出电缆线芯	不伤及线芯	2	未操作扣 2 分		
8.4	量取电缆外屏蔽尺寸，用绝缘剥削器或玻璃片对绝缘外屏蔽进行绝缘剥离操作	操作时应控制好刀片，防止过多的将电缆绝缘剥离。同时外屏蔽断口的过渡坡长度一般为 20～40mm	2	未操作扣 2 分		
8.5	打磨主绝缘，选打磨外屏蔽的断口，在打磨绝缘表面，先用粗砂纸打磨再用细砂纸打磨，直至用到 800 号砂纸	绝缘屏蔽层断口过渡平滑，无凹坑。绝缘层表面平滑无砂带痕迹	2	未操作扣 2 分		
8.6	用卡尺量取应力锥安装处电缆绝缘垂直方向上电缆外径，不少于 4 处，每个测量点应在同一平面上测量两次，并做好记录，*X*、*Y* 两个方向上的外径相差控制在 0.5mm 范围内	操作完成	2	未操作扣 2 分		
9	橡胶件扩径					
9.1	将压杆完全伸出后，对整个装置进行清洁，仔细检查橡胶件，确保无杂质，裂纹存在，用热风枪干燥，清洁后用保鲜膜密封	操作完成	3	未操作扣 3 分		

续表

序号	项目名称	质量要求	满分	扣分标准	扣分原因	得分
9.2	安装扩径片和导引锥，在橡胶件内部涂硅油，将橡胶件套入扩径装置，并安装压片，在扩径片和导引锥上均涂上硅油，扩径过程中注意橡胶件的状态。扩径完成后保持5min，橡胶件取出后用保鲜膜密封	操作完成	3	未操作扣3分		
10	电缆线芯压接					
10.1	组装液压机，根据电缆线芯选择合适的磨具和压接管	操作完成	3	未操作扣1～3分		
10.2	线芯打磨	无毛刺	3	未打磨扣1～3分		
10.3	将电缆调直，液压机与压接管垂直并垫实后压接	操作完成	4	压接不合格扣1～4分		
10.4	压接部位处理，压接部位用屏蔽罩或半导电绕包带绕包	操作完成	4	缠绕不合格扣1～4分		
11	橡胶预制件安装					
11.1	检查绝缘表面和屏蔽罩安装情况，根据安装尺寸，在外屏蔽上做好橡胶预制件定位标记，清洁绝缘表面及屏蔽罩，在绝缘部位和屏蔽罩涂抹硅油	操作完成	2	不合格扣1～2分		
11.2	将橡胶件扩径片拔出，安装到绝缘层上，安装定位后，静止20min，使橡胶件充分回缩，清除表面硅油，用防水胶带将铝护套断口密封，用半导电带将橡胶件两端藏绕城坡型，并在橡胶件表面导通部分缠绕两层半导电带，同时橡胶件绝缘部位用绝缘带藏绕	安装正确，半导电带、绝缘带缠绕位置正确、缠绕平整	3	不合格扣1～3分		
11.3	绕包铜布，铜网在铝护套打结后用铜丝固定，再用PVC带在接头位置缠绕两层加以保护	操作完成	2	不合格扣1～2分		
11.4	将热缩管收缩到接头位置，并在两端用防水胶带加以密封	操作完成	2	不合格扣1～2分		
12	铜壳安装及密封处理					
12.1	铜壳的羊角侧安装在位于橡胶件的绝缘层，安装时在O形圈上涂上少许硅油，同时铜壳两侧与铝护套接地连接	操作完成	2	不合格扣1～2分		

续表

序号	项目名称	质量要求	满分	扣分标准	扣分原因	得分
12.2	接地线焊接，首先铜编织带截面应满足系统单相接地电流通过热稳定要求，在铜壳上焊接前，将铜壳的焊接部位涂上底铅，再将编织带均匀分布，用铜绑扎线固定在铜壳上。在铝护套上焊接时，铜编织带绑扎不可拉太紧，留用一定余线，并按工艺进行焊接	操作完成	2	不合格扣1～2分		
12.3	铜壳内灌充绝缘密封胶	灌充完成	1	不合格扣1分		
12.4	灌胶完成后，用绝缘胶带将铜壳连接部位及灌胶口密封起来，并收缩热缩管	密封、热缩完成	1	不合格扣1分		
13	接地箱安装及扫尾工作					
13.1	按照施工图要求选择相应接地箱	选择正确	1	不正确扣1分		
13.2	安装接地箱与接地端子的连接应采用机械压接方式，连板螺栓拧紧，同一线路接地线布置走向统一	安装美观	1	不合格扣1分		
13.3	安装标识牌	操作完成	1	未安装扣1分		
13.4	中间接头抱箍固定	固定完成	1	未固定扣1分		
13.5	清场	工完、料尽、场地清	1	未清场扣1分		
14	其他要求					
14.1	动作要求	动作熟练流畅	1	不熟练扣1分		
14.2	着装正确	应穿工作服、工作胶鞋，戴安全帽	2	每漏一项扣1分，扣完为止		
14.3	时间要求	按时完成	2	超过时间扣2分		
合计			100			

Jc0006142004　通过具体案例阐述个人在工器具的创新或改进方面的能力。（100 分）

考核知识点：创新

难易度：中

技能等级评价专业技能考核操作工作任务书

一、任务名称

通过具体案例阐述个人在工器具的创新或改进方面的能力。

二、适用工种

电力电缆安装运维工（输电）高级技师。

三、具体任务

阐述一个在工器具的创新或改进方面的具体案例。

四、工作规范及要求

根据以下要求，通过具体案例阐述个人在工器具的创新或改进方面的能力：

（1）工器具创新工作的背景。

（2）存在的问题描述。

（3）问题原因的分析。

（4）工具创新解决思路。

（5）工具创新的具体做法。

（6）工具创新取得的效果及推广应用情况。

五、考核及时间要求

（1）本考核操作时间共 60 分钟，每超过 2 分钟扣 1 分，到 65 分钟终止考核。

（2）工作完成后向考评员汇报工作完毕。

技能等级评价专业技能考核操作评分标准

工种	电力电缆安装运维工（输电）					评价等级	高级技师
项目模块	电缆运行维护与检修—方案编写				编号	Jc0006142004	
单位			准考证号			姓名	
考试时限	60 分钟		题型	单项操作		题分	100 分
成绩		考评员		考评组长		日期	
试题正文	通过具体案例阐述个人在工器具的创新或改进方面的能力						
需要说明的问题和要求	（1）考生在教室内完成个人创新能力的阐述。 （2）案例应为考生参与并已经实施完毕的真实案例。 （3）案例阐述应逻辑清晰，有理有据。 （4）考试采用笔答形式						

序号	项目名称	质量要求	满分	扣分标准	扣分原因	得分
1	背景	应对工具创新工作的背景做简要介绍	10	没有背景介绍扣 10 分，介绍不清楚酌情扣分		
2	提出问题	应对工具在工作中存在的问题或不足之处进行描述	10	没有问题描述扣 10 分，介绍不清楚酌情扣分		
3	原因分析	（1）应将存在的问题原因进行分析，应逻辑清晰，有理有据。 （2）必要时附图表或计算公式说明	20	没有原因分析扣 20 分，分析不清楚酌情扣分		
4	提出解决的思路	（1）提出解决问题的思路，并通过理论分析证明思路的可行性。 （2）必要时附图表或计算公式说明。 （3）思路清晰，逻辑严谨，有理有据	20	漏一项扣 10 分，扣完为止		
5	解决问题的措施	（1）措施要具体，步骤应清楚。 （2）必要时附图表或计算公式说明	20	漏一项扣 10 分，扣完为止		
6	取得的效果和推广应用情况	（1）对工具创新取得效果进行说明，如经济效益、安全效益等。 （2）对推广应用情况进行介绍	20	漏一项扣 10 分，扣完为止		
合计			100			

Jc0006142005　通过具体案例阐述个人在利用创新的方法解决检修工作中难题的能力。（100分）

考核知识点：创新

难易度：中

技能等级评价专业技能考核操作工作任务书

一、任务名称

通过具体案例阐述个人在利用创新的方法解决检修工作中难题的能力。

二、适用工种

电力电缆安装运维工（输电）高级技师。

三、具体任务

阐述一个在利用创新的方法解决检修工作中难题的具体案例。

四、工作规范及要求

根据以下要求，通过具体案例阐述个人在利用创新的方法解决检修工作中难题的能力：

（1）创新工作的背景。

（2）存在的问题描述。

（3）问题原因的分析。

（4）解决思路。

（5）具体做法。

（6）取得的效果及推广应用情况。

五、考核及时间要求

（1）本考核操作时间共60分钟，每超过2分钟扣1分，到65分钟终止考核。

（2）工作完成后向考评员汇报工作完毕。

技能等级评价专业技能考核操作评分标准

工种	电力电缆安装运维工（输电）					评价等级	高级技师
项目模块	电缆运行维护与检修—方案编写				编号	Jc0006142005	
单位			准考证号			姓名	
考试时限	60分钟		题型	单项操作		题分	100分
成绩		考评员		考评组长		日期	
试题正文	通过具体案例阐述个人在利用创新的方法解决检修工作中难题的能力						
需要说明的问题和要求	（1）考生在教室内完成个人创新能力的阐述，采用笔试形式。 （2）案例应为考生参与并已经实施完毕的真实案例。 （3）案例阐述应逻辑清晰，有理有据						

序号	项目名称	质量要求	满分	扣分标准	扣分原因	得分
1	背景	应对创新方法产生的背景做简要介绍	10	没有背景介绍扣10分，介绍不清楚酌情扣分		
2	提出问题	应对检修工作中存在的问题或不足之处进行描述	10	没有问题描述扣10分，介绍不清楚酌情扣分		
3	原因分析	（1）应将存在的问题原因进行分析，应逻辑清晰，有理有据。 （2）必要时附图表或计算公式说明	20	没有原因分析扣20分，分析不清楚酌情扣分		

续表

序号	项目名称	质量要求	满分	扣分标准	扣分原因	得分
4	提出解决的思路	（1）提出解决问题的思路，并通过理论分析证明思路的可行性。 （2）必要时附图表或计算公式说明。 （3）思路清晰，逻辑严谨，有理有据	20	漏一项扣 10 分，扣完为止		
5	解决问题的措施	（1）措施要具体，步骤应清楚。 （2）必要时附图表或计算公式说明	20	漏一项扣 10 分，扣完为止		
6	取得的效果和推广应用情况	（1）对创新方法取得效果进行说明，如经济效益、安全效益等。 （2）对推广应用情况进行介绍	20	漏一项扣 10 分，扣完为止		
合计			100			

Jc0005142006　高压电桥法故障测距。（100 分）

考核知识点：故障测距

难易度：中

技能等级评价专业技能考核操作工作任务书

一、任务名称

高压电桥法故障测距。

二、适用工种

电力电缆安装运维工（输电）高级技师。

三、具体任务

利用高压电桥法进行电缆故障测距及定位。

四、工作规范及要求

（1）工器具使用及安全措施。

（2）按要求进行操作。

（3）工作终结报告。

五、考核及时间要求

（1）本考核操作时间共 60 分钟。

（2）工作完成后向考评员汇报工作完毕。

技能等级评价专业技能考核操作评分标准

工种	电力电缆安装运维工（输电）					评价等级	高级技师
项目模块	电缆运行维护与检修—电缆故障测寻				编号	Jc0005142006	
单位			准考证号			姓名	
考试时限	60 分钟		题型	单项操作		题分	100 分
成绩		考评员		考评组长		日期	
试题正文	高压电桥法故障测距						
需要说明的问题和要求	（1）本项目需要 5 人，且已知电缆全长为 L，电缆绝缘电阻为 1000Ω。 （2）要求着装正确（穿工作服、工作胶鞋、戴安全帽）						

续表

序号	项目名称	质量要求	满分	扣分标准	扣分原因	得分
1	选择合适的测距方法					
1.1	现场向考评人员阐述为什么使用高压电桥法测距	阐述准确（电缆绝缘电阻大于 100Ω，小于 100kΩ，选择高压电桥法测距）	10	阐述不准确扣 2～10 分		
2	工作开始					
2.1	办理工作许可手续	作业人员向考评员履行工作许可手续	5	未办理工作许可手续扣 5 分		
3	测距准备					
3.1	劳动保护用品	佩戴正确，符合操作要求	3	不正确扣 1～3 分		
3.2	机具准备	正确齐全	3	不正确扣 1～3 分		
3.3	气体检测	检测合格	3	未检测扣 3 分		
3.4	核对电缆线路名称，确定故障点	电缆线路名称及故障点查找正确	3	不正确扣 3 分		
3.5	现场布防	测试点装设安全围栏、悬挂安全警示装置，检测前封闭该区域	3	不正确扣 1～3 分		
4	测距					
4.1	用低阻抗连接线在电缆对端跨接电缆	接触面平整	5	不正确扣 1～5 分		
4.2	正接法测量，高压电桥的红夹子接故障相，黑夹子接完好相	操作正确	5	不正确扣 1～5 分		
4.3	打开检流计的电池开关，选择适当的灵敏度，旋转调零按钮，检流计调至零位即关闭电池	操作完成	5	不正确扣 1～5 分		
4.4	均匀加压至电流稳定到 10mA 左右	操作正确	5	不合格 1～5 分		
4.5	打开检流计，调至调零时的灵敏度，旋转刻度盘至检流计指零，读出正接法的值	操作正确	5	不合格扣 1～5 分		
4.6	读数完毕后，降压至零并关闭开关电源，戴上绝缘手套对被试电缆进行放电、接地	电源开关关闭、被试电缆放电完成	5	不正确扣 1～5 分		
4.7	按反接法接线，按正接法步骤测量读数	完成操作	15	每个步骤错误扣 3 分，扣完为止		
5	计算故障位置（数据处理）					
5.1	正接法：$L_x=\frac{C}{100}\times\ 2L$（$L_x$ 为测量端至故障点的距离，m；C 为电桥平衡时一臂的读数）	计算正确	8	不正确扣 8 分		
5.2	反接法：$L_x=\left(1-\frac{C}{100}\right)\times 2L$（$C$ 为电桥平衡时一臂的读数）	计算正确	8	不正确扣 8 分		

续表

序号	项目名称	质量要求	满分	扣分标准	扣分原因	得分
5.3	将正接法和反接法计算的数据平均，即为电缆线路从测试点到故障点的初测距离	测距计算正确	4	不正确扣 4 分		
6	其他要求（此项目为扣分项）					
6.1	动作要求	动作熟练流畅	1	不熟练扣 1 分		
6.2	着装正确	应穿工作服、工作胶鞋，戴安全帽	2	每漏一项扣 1 分，扣完为止		
6.3	时间要求	按时完成	2	每超过 3 分钟倒扣 1 分，扣完为止		
合计			100			

Jc0005142007　低压电桥法故障测距。(100 分)

考核知识点： 故障测距

难易度： 中

技能等级评价专业技能考核操作工作任务书

一、任务名称

低压电桥法故障测距。

二、适用工种

电力电缆安装运维工（输电）高级技师。

三、具体任务

利用低压电桥法进行电缆故障测距及定位。

四、工作规范及要求

（1）工器具使用及安全措施。

（2）按要求进行操作。

（3）工作终结报告。

五、考核及时间要求

（1）本考核操作时间共 60 分钟

（2）工作完成后向考评员汇报工作完毕。

技能等级评价专业技能考核操作评分标准

工种	电力电缆安装运维工（输电）					评价等级	高级技师
项目模块	电缆运行维护与检修—电缆故障测寻				编号	Jc0005142007	
单位			准考证号			姓名	
考试时限	60 分钟		题型	单项操作		题分	100 分
成绩		考评员		考评组长		日期	
试题正文	低压电桥法故障测距						
需要说明的问题和要求	（1）本项目需要 5 人，且已知电缆全长为 L，电缆绝缘电阻为 10Ω。 （2）要求着装正确（穿工作服、工作胶鞋、戴安全帽）						

续表

序号	项目名称	质量要求	满分	扣分标准	扣分原因	得分
1	选择合适的测距方法					
1.1	现场向考评人员阐述为什么使用低压电桥法测距	阐述准确（电缆绝缘电阻小于 100Ω，选择高压电桥法测距）	10	阐述不准确扣 1～10 分		
2	工作开始					
2.1	办理工作许可手续	作业人员向考评员履行工作许可手续	5	未办理工作许可手续扣 5 分		
3	测距准备					
3.1	劳动保护用品	佩戴正确，符合操作要求	3	不正确扣 1～3 分		
3.2	机具准备	正确齐全	3	不正确扣 1～3 分		
3.3	气体检测	检测合格	3	未检测扣 3 分		
3.4	核对电缆线路名称，确定故障点	电缆线路名称及故障点查找正确	3	不正确扣 3 分		
3.5	现场布防	测试点装设安全围栏、悬挂安全警示装置，检测前封闭该区域	3	不正确扣 1～3 分		
4	测距					
4.1	用低阻抗连接线在电缆对端跨接电缆	接触面平整	5	不正确扣 1～5 分		
4.2	正接法测量，高压电桥的红夹子接故障相，黑夹子接完好相（接线图见附件）	操作正确	5	不正确扣 1～5 分		
4.3	打开检流计的电池开关，选择适当的灵敏度，旋转调零按钮，检流计调至零位即关闭电池	操作完成	5	不正确扣 1～5 分		
4.4	均匀加压至电流稳定到 10mA 左右	操作正确	5	不合格扣 1～5 分		
4.5	打开检流计，调至调零时的灵敏度，旋转刻度盘至检流计指零，读出正接法的值	至少绕包 5 层，防水胶带应覆盖绝缘带	5	不合格扣 1～5 分		
4.6	读数完毕后，降压至零并关闭开关电源，戴上绝缘手套对被试电缆进行放电、接地	电源开关关闭、被试电缆放电完成	5	不正确扣 1～5 分		
4.7	按反接发接线，按正接法步骤测量读数（故障相与正常相交换）	完成操作	15	每个步骤错误扣 3 分，扣完为止		
5	计算故障位置（数据处理）					
5.1	正接法： 由 $\frac{1-R_k}{R_k}=\frac{2L-L_x}{L_x}$ 得 $L_x=R_k\times\ 2L$（L_x 为测量端至故障点的距离，m；L 为电缆全长；R_k 为电桥读数）	计算正确	10	不正确扣 10 分		

续表

序号	项目名称	质量要求	满分	扣分标准	扣分原因	得分
5.2	将正接法和反接法计算的数据平均，即为电缆线路从测试点到故障点的初测距离	测距计算正确	10	不正确扣 10 分		
6	其他要求					
6.1	动作要求	动作熟练流畅	1	不熟练扣 1 分		
6.2	着装正确	应穿工作服、工作胶鞋，戴安全帽	2	每漏一项扣 1 分，扣完为止		
6.3	时间要求	按时完成	2	每超过 3 分钟扣 1 分，扣完为止		
合计			100			

Jc0004142008　110kV－XLPE 电缆 SF_6 封闭式终端安装。（100 分）

考核知识点：

1. 电缆附件图纸的解读能力
2. 110kV 电缆头制作理论知识
3. 电缆头工艺制作水平
4. 钳工工艺

难易度：中

技能等级评价专业技能考核操作工作任务书

一、任务名称

110kV－XLPE 电缆 SF_6 封闭式终端安装。

二、适用工种

电力电缆安装运维工（输电）高级技师。

三、具体任务

完成 XLPE 电缆封闭式终端安装。

四、操作规范及要求

（1）电缆终端头制作时尺寸应正确。

（2）电缆剥切时不应有毛刺，不得伤及主绝缘层。

（3）操作顺序应正确。

（4）现场作业应满足相关安全要求。

五、考核及时间要求

（1）本考核操作时间共 240 分钟。

（2）未完成的操作项目不得分，但不影响其他项目得分。

技能等级评价专业技能考核操作评分标准

工种	电力电缆安装运维工（输电）				评价等级	高级技师
项目模块	电缆附件安装—电缆终端头安装			编号	Jc0004142008	
单位		准考证号			姓名	
考试时限	240 分钟	题型	多项操作		题分	100 分

续表

成绩		考评员		考评组长		日期	
试题正文	110kV－XLPE 电缆 SF_6 封闭式终端安装						
需要说明的问题和要求	（1）本项考核可设专人配合操作，仅对作业人员进行考评。 （2）操作应注意安全，根据具体任务对应标准化作业流程开展确保人身与设备安全。发生安全事故本项考核不合格。 （3）作业流程是否正确将列入考评内容。 （4）工具材料的选用与检查由被考核人员独立完成						

序号	项目名称	质量要求	满分	扣分标准	扣分原因	得分
1	工作准备					
1.1	安全劳动防护用品的准备	正确佩戴安全帽，穿全套工作服，包括工作服、绝缘鞋、棉手套	5	未正确佩戴安全帽，未正确穿工作服、绝缘鞋、棉手套，每项扣 2 分，扣完为止		
1.2	工器具的准备	熟练正确使用各种工器具	10	未正确使用一次扣 1 分，扣完为止		
1.3	相关安全措施的准备	（1）正确进行工具安全性能检查。 （2）现场作业条件复核。 （3）合理布置地面材料、工具	15	未进行工具外观安全性能检查扣 5 分； 未对现场作业可能存在的危险点进行分析并提出防范措施扣 5 分； 地面工具、材料摆放不整齐、不合理扣 5 分； 发生安全事故本项考核不得分		
2	工作许可					
2.1	许可方式	向考评员示意准备就绪，申请开始工作	5	未向考评员示意履行许可手续扣 5 分		
3	工作步骤及技术要求					
3.1	固定电缆切割电缆	（1）在支撑板上安装好下法兰盘。 （2）调节水平和高度。 （3）固定电缆。 （4）以法兰盘上平面向上量锯支多余电缆。 （5）拿去下法兰后进行加热校直	3	水平调节不正确扣 0.5 分； 高度调节不合适扣 0.5 分； 电缆固定不好影响下步工作扣 0.5 分； 未（加热）消除内应力扣 0.5 分； 未校直扣 1 分		
3.2	剥外护套、焊接地环去金属护套	（1）去校直用角钢。 （2）套入尾管。 （3）剥去外护套，断口处呈锥形。 （4）除去一段石墨。 （5）从剖塑口向上除去多余铜线，清洁铜线和铅包。 （6）焊接地环。 （7）翻上铜线，装上接地外环，固定扁铜线线后扩铅。 （8）剥去金属护套。 （9）在剖塑口包自粘乙丙橡胶，PVC 带	8	忘记套尾管扣 1 分； 剥外护套熟练程度扣 0.5 分； 断锥形不好扣 1 分； 未清除石墨扣 0.5 分； 未清洁扁铜线和铅包扣 0.5 分； 焊接地环扣 1 分； 未接外环扣 0.5 分； 未扎线固定铜线扣 0.5 分； 扩铅不好扣 1 分； 剥金属护套毛糙扣 1 分； 剖铅口未包半导体带扣 0.5 分		
3.3	应力锥就位	（1）在半导体上，向下平整绕包 PVC 带。 （2）两次喷涂石墨后，除去 PVC 带（第一次 10min，第二次 15min）。 （3）清洁绝缘体表面后抹去上硅脂。 （4）应力锥内抹硅脂，用千斤顶顶入扩胀管。 （5）按安装图纸要求，将应力锥固定在电缆本体上。 （6）擦清剩余硅脂	8	包绕不平整扣 1 分； 未遮挡其余附件扣 1 分； 使半导体被喷时掌握不正确扣 1 分； 绝缘表面清洁不净扣 1 分； 应力锥和绝缘未涂抹硅脂扣 1 分； 顶入扩胀管操作不正确扣 1 分； 应力锥位置固定不正确扣 1 分； 未清洁处理扣 1 分		

续表

序号	项目名称	质量要求	满分	扣分标准	扣分原因	得分
3.4	绝缘绕包	（1）清洁接梗处，然后在导体处绕包防水带。 （2）用乙丙橡胶将绝缘端部两梯形锥体包成锥形整体。 （3）在梗处向下包 PVC 带一个来回，用尼龙线扎紧。 （4）清洁锥下部，固定橡胶衬垫。 （5）剖铅口绕包半导体带收口再从应力锥向橡皮帽包 2 分层半导体带。 （6）从应力锥向橡皮帽绕包铜丝编织带，返回时将铜皮包进去，应力锥结束。 （7）绕包绝缘乙丙橡胶带，在应力锥和橡皮帽之间的铜编织带部分绕包 5 层乙丙橡胶带，再在锥和帽间凹部包 2 层 PVC 带。 （8）在乙丙带外包 2 层 PVC 带	12	未清洁扣 1 分； 未包防水带扣 1 分； 锥体包绕不成型扣 1 分； 未包 PVC 带或不规范扣 1 分； 固定橡胶衬垫不对称扣 1 分； 绕包半导体带收口不正确扣 1 分； 少包 2 层半导体带扣 1 分； 未外包 PVC 带扣 1 分； 不合质量要求所述扣 1 分； 未搭盖扣 1 分； 少包一次乙丙带扣 1 分； 未包 PVC 带扣 1 分		
3.5	总装	（1）帽处用尼龙带扎紧： 1）套入 O 形圈，下法兰，垫圈固定于支架上。 2）检查环氧套管并擦清，安装内油管，装上临时吊环。 3）慢慢套入套管，并固定。 4）拧紧连接螺栓。 5）安装下尾管。 6）把梅花触片套入法兰盖，装入 O 形圈，套入接梗。 （2）套入法兰和屏蔽罩	5	未扎尼龙带扣 1 分； 程序有误扣 1 分； 拧连接螺栓力矩不足 30N·m 扣 1 分； 漏做一个程序扣 1 分，扣完为止		
3.6	注油	真空注油	5	操作错误扣 5 分		
3.7	电缆绝缘体施工	（1）剥去半导体。 （2）剥去绝缘层。 （3）按梯形结构做出两个半导体锥。 （4）打磨绝缘表面和半导体断口锥形使之平滑过渡。 （5）工作结束后即用不粘的塑料带包好	5	绝缘上仍有半导体残质扣 0.5 分； 由于去半导体层破坏绝缘扣 0.5 分； 电缆端部两阶梯性锥形做得不好扣 1 分； 打磨绝缘表面和外半导电层不平滑扣 2.5 分； 未立即用塑料带包上扣 0.5 分		
3.8	压接	压接端子压力足够。 压接后对端子的凸角和毛刺要打光	4	压接后有毛刺，锐也未打光扣 1 分； 有裂纹扣 1 分； 压接后电阻大于导体本体电阻 5% 不合格扣 1 分； 压接不到位扣 1 分		
3.9	橡皮衬垫的安装	（1）套入 O 形圈和铝法兰。 （2）在电缆上定出衬垫的位置。 （3）利用扩张工具将衬垫定在电缆上	5	定位不合适扣 1 分； 未套 O 形圈扣 2 分； 扩张不良扣 2 分		
3.10	时间		5	每超出规定时间 3 分钟扣 1 分，扣完为止		
4	工作结束					
4.1	作业结束	作业完成检查完毕，确认作业现场没有遗留物件，申请作业结束	3	未向考评员汇报作业结束扣 1 分； 现场有遗留物的不得分		
4.2	材料、工具规整	作业结束后进行现场工具材料规整	2	未进行现场工具材料规整扣 2 分		
合计			100			

Jc0004142009　110kV 交联电缆直线接头的安装（单相）。（100 分）

考核知识点：

1. 电缆附件图纸的解读能力
2. 110kV 电缆头制作理论知识
3. 电缆头工艺制作水平
4. 钳工工艺

难易度： 中

技能等级评价专业技能考核操作工作任务书

一、任务名称

110kV 交联电缆直线接头的安装（单相）。

二、适用工种

电力电缆安装运维工（输电）高级技师。

三、具体任务

制作 110kV 交联电缆直线接头。

四、操作规范及要求

（1）电缆终端头制作时尺寸应正确。

（2）电缆剥切时不应有毛刺，不得伤及主绝缘层。

（3）操作顺序应正确。

（4）现场作业应满足相关安全要求。

五、考核及时间要求

（1）本考核操作时间共 300 分钟。

（2）未完成的操作项目不得分，但不影响其他项目得分。

技能等级评价专业技能考核操作评分标准

工种	电力电缆安装运维工（输电）					评价等级	高级技师
项目模块	电缆附件安装—电缆终端头安装				编号	Jc0004142009	
单位			准考证号			姓名	
考试时限	300 分钟		题型	单项操作		题分	100 分
成绩		考评员		考评组长		日期	
试题正文	110kV 交联电缆直线接头的安装（单相）						
需要说明的问题和要求	（1）本项考核可设专人配合操作，仅对作业人员进行考评。 （2）操作应注意安全，根据具体任务对应标准化作业流程开展确保人身与设备安全。发生安全事故本项考核不合格。 （3）作业流程是否正确将列入考评内容。 （4）工具材料的选用与检查由被考核人员独立完成						

序号	项目名称	质量要求	满分	扣分标准	扣分原因	得分
1	工作准备					
1.1	安全劳动防护用品的准备	正确佩戴安全帽，穿全套工作服，包括工作服、绝缘鞋、棉手套	5	未正确佩戴安全帽，未正确穿工作服、绝缘鞋、棉手套，每项扣 1 分，扣完为止		
1.2	工器具的准备	熟练正确使用各种工器具	10	未正确使用一次扣 2 分，扣完为止		

续表

序号	项目名称	质量要求	满分	扣分标准	扣分原因	得分
1.3	相关安全措施的准备	（1）正确进行工具安全性能检查。 （2）现场作业条件复核。 （3）合理布置地面材料、工具	15	未进行工具外观安全性能检查扣5分； 未对现场作业可能存在的危险点进行分析并提出防范措施扣5分； 地面工具、材料摆放不整齐、不合理扣5分； 发生安全事故本项考核不得分		
2	工作许可					
2.1	许可方式	向考评员示意准备就绪，申请开始工作	5	未向考评员示意履行许可手续扣5分		
3	工作步骤及技术要求					
3.1	支撑、校直、外护套擦拭	为了便于操作，选好位置，将要进行施工的部分支架好，同时校直，锯去部分电缆，让其自然回缩	3	支架不利操作扣1分； 未校直整理扣1分； 未进行应力消除准备扣1分		
3.2	对电缆外护套进行试验	为了防止电缆在施放过程中将外护层破坏，应对其进行试验	5	对接不正确扣2分； 操作不合要求扣2分； 试验标准不正确扣1分		
3.3	剥切外护套	切口整齐	1	划伤金属护套扣1分		
3.4	剥除金属护套	切口齐，无毛刺	1	伤及内层扣1分		
3.5	去防水层	整齐	1	有损其他结构扣1分		
3.6	定长度	金属护套200mm，防水带50mm，绝缘半导体50mm，绝缘350mm，反应力锥110mm，内半导体20mm和1/2连接管长	5	尺寸有误每项扣1分，扣完为止		
3.7	去半导电屏蔽	剥除干净，不伤及主绝缘	5	伤及主绝缘扣5分		
3.8	绝缘表面打磨	分别用150、200、400目砂纸打光	4	不分层次打磨扣2分； 不光滑扣2分		
3.9	两边分别套入金属护套	套入金属护套对电缆外层用干净布或纸包好，并将200mm护层清洁干净	2	一处不合要求扣1分，扣完为止		
3.10	剥除绝缘及内半导电层	按上述尺寸露出缆芯	1	伤及线芯扣1分		
3.11	削反应力锥	梯度标准	5	剥削不合要求扣5分		
3.12	留内半导体层	切口平整	2	未留半导电层扣1分； 切口不平扣1分		
3.13	压接	套联接管，用60t以上压接钳压接分六角模和圆模两次压接接管，砂磨光滑，无凸刺	3	压接工具选用不正确扣1分； 不分两次压接扣1分； 不光滑扣1分		
3.14	涂硅脂	在绝缘上涂硅脂将多余的擦去	1	不合要求扣1分		
3.15	接管上绕包半导电带	紧密，半搭盖	1	不合要求扣1分		
3.16	绕绝缘	从接管处开始包绕绝缘，厚度符合设计要求，这里要求10mm左右，应力锥位置从半导电屏蔽20mm处开始，应力锥形状标准	3	不合要求扣3分		
3.17	加强锥增绕	附锥高度为应力锥2/3，长度100mm，坡度与应力锥一致	2	不合要求扣1～2分		
3.18	绕包防水胶带	绕包整个接头两层和厚防水布带连接	1	包绕不紧密扣1分		

续表

序号	项目名称	质量要求	满分	扣分标准	扣分原因	得分
3.19	安装金属护管	两端封	2	封焊不合要求扣 1 分； 时间太长扣 1 分		
3.20	包绕防水胶带	包绕连接处	1	包绕不严扣 1 分		
3.21	包防火胶带	包绕连接处	1	包绕不平整扣 1 分		
3.22	时间	在规定时间内完成所有操作	5	每超出规定时间 3 分钟扣 1 分，扣完为止		
4	工作结束					
4.1	作业结束	作业完成检查完毕，确认作业现场没有遗留物件，申请作业结束	5	未向考评员汇报作业结束扣 1 分； 现场有遗留物的不得分		
4.2	材料、工具规整	作业结束后进行现场工具材料规整	5	未进行现场工具材料规整扣 5 分		
合计			100			